D1828624

KOMPAKTWISSEN
DER MENSCH

Extremitätenskelett

Die Knochen der Knochengürtel und Gliedmaßen

Seite 40

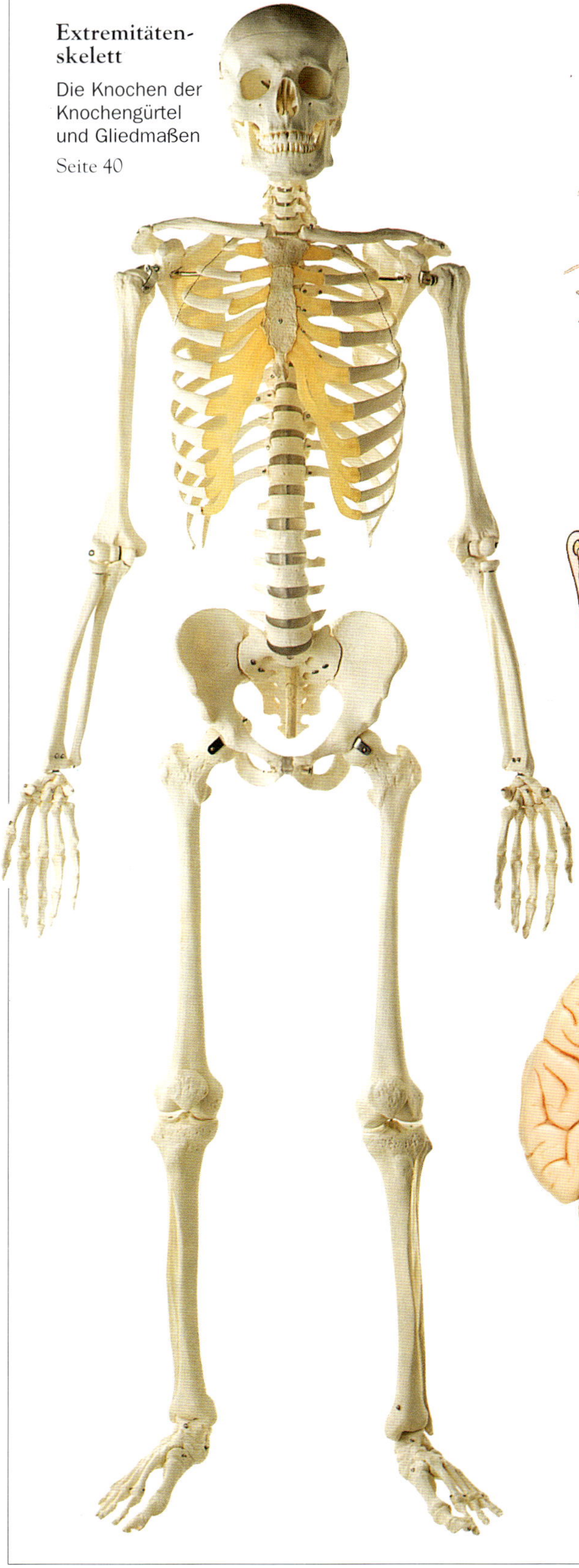

Neuron

Eine einzelne Nervenzelle

Seite 58

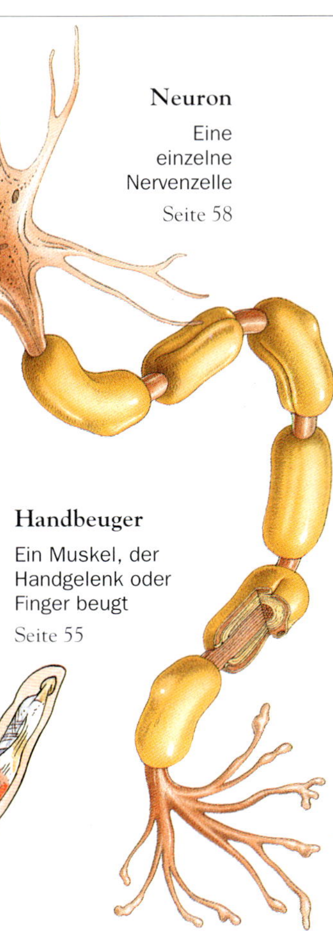

Handbeuger

Ein Muskel, der Handgelenk oder Finger beugt

Seite 55

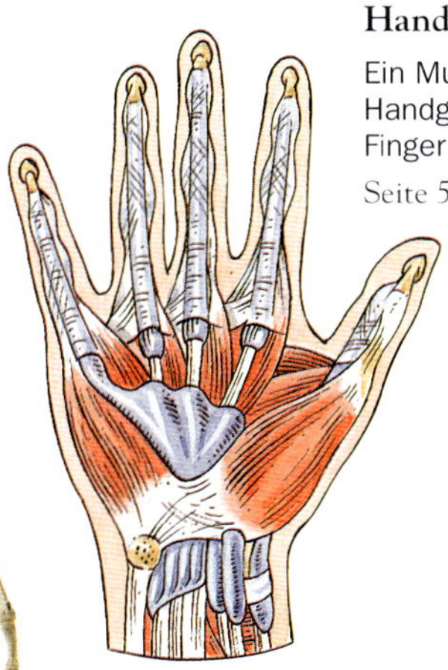

Gehirn

Ein Informationsverarbeitungsorgan

Seite 64

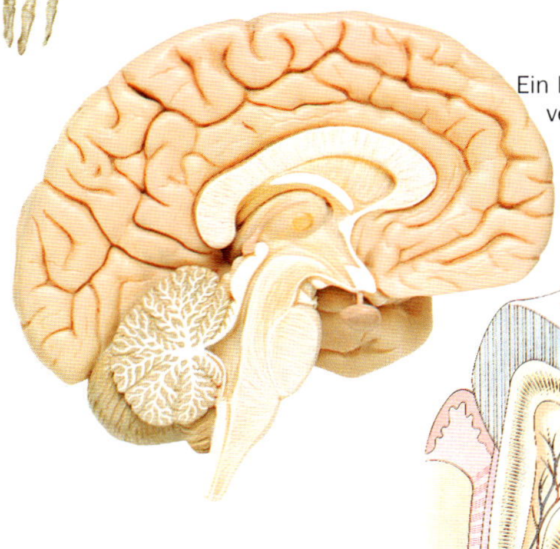

Zahn

Ein hartes Gebilde im Mund zum Zerteilen oder Zermahlen der Nahrung

Seite 118

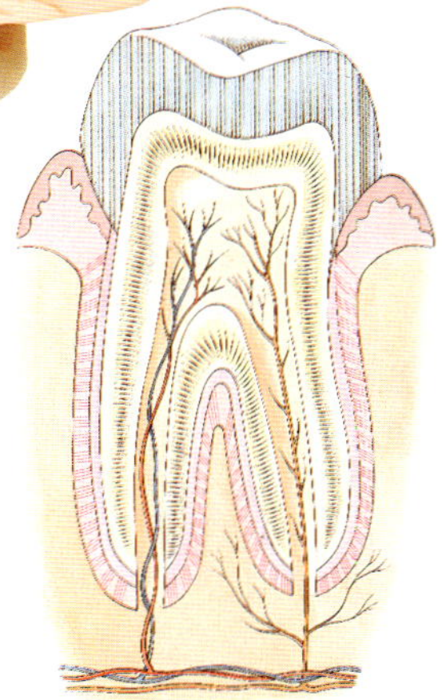

KOMPAKTWISSEN

Der Mensch

David Burnie

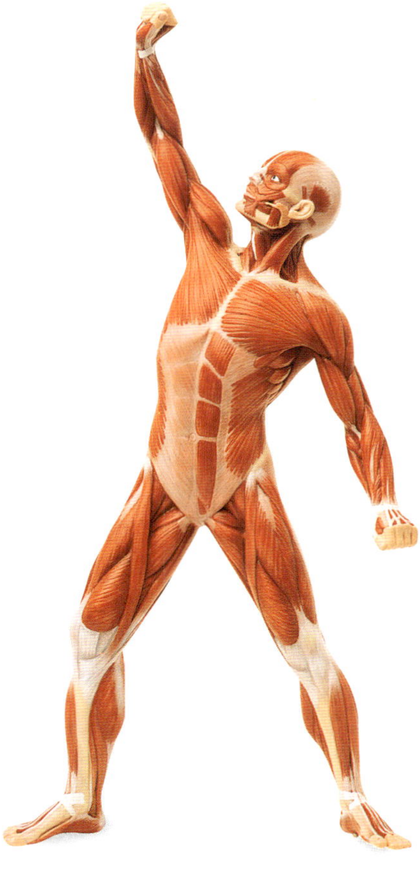

coventgarden

coventgarden
BEI DORLING KINDERSLEY

Projektbetreuung Gillian Cooling & Fiona Robertson

Bildbetreuung (Projekt) Mark Regardsoe

Bildbetreuung Ann Cannings

Design Sarah Cowley

Herstellung Louise Barratt & Ruth Cobb

Lektorat Stephen Setford

Cheflektorat Helen Parker

Chefbildlektorat Peter Bailey

Bildrecherche Giselle Harvey

Pädagogische Beratung
Richard Walker, BSc., PhD., PGCE

Kimi Hosoume, B.A., Lawrence Hall of Science,
University of California at Berkeley

Medizinische Beratung
Dr. Frances Williams MB BChir MRCP DTM & H

Modelle von Somso Modelle, Coburg, Deutschland

Bibliografische Information Der Deutschen Bibliothek
Die Deutsche Bibliothek verzeichnet diese Publikation in der Deutschen Nationalbibliografie; detaillierte bibliografische Daten sind im Internet über http://dnb.ddb.de abrufbar.

Titel der englischen Originalausgabe:
The Concise Encyclopedia Of The Human Body

© Dorling Kindersley Limited, London, 2003
Ein Unternehmen der Penguin-Gruppe
Text © 2003 David Burnie

© der deutschsprachigen Ausgabe by
Dorling Kindersley Verlag GmbH, Starnberg, 2003

Alle deutschsprachigen Rechte vorbehalten

Übersetzung Dr. Sebastian Vogel
Redaktion/Lektorat Michael Holtmann
Satz Verlagsbüro Michael Holtmann, Bayreuth

ISBN 3-8310-9024-6

Printed and bound in Slovakia

Besuchen Sie uns im Internet
www.dk.com

Wissenschaftliche Namen

Viele Körperteile haben zwei Namen, einen wissenschaftlichen und einen umgangssprachlichen. Selbst Mediziner verwenden aber häufig die umgangssprachlichen Namen, und deshalb wurden sie auch in diesem Buch weitgehend verwendet. Nur wenn kein umgangssprachlicher Name existiert oder wenn er sehr ungebräuchlich ist (z.B. bei den Muskeln), findet sich im Text die wissenschaftliche Bezeichnung.

Inhalt

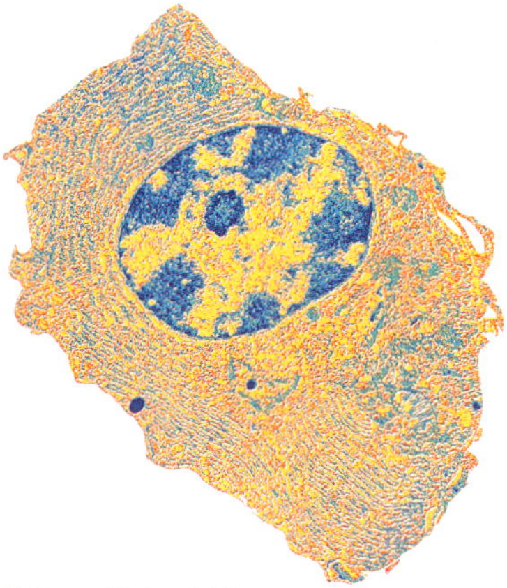

Zellen (Seite 26)
Der menschliche Körper besteht aus vielen Milliarden Zellen, die zu genauen Strukturen geordnet sind. Mehr über die verschiedenen Zelltypen auf den Seiten 26–31.

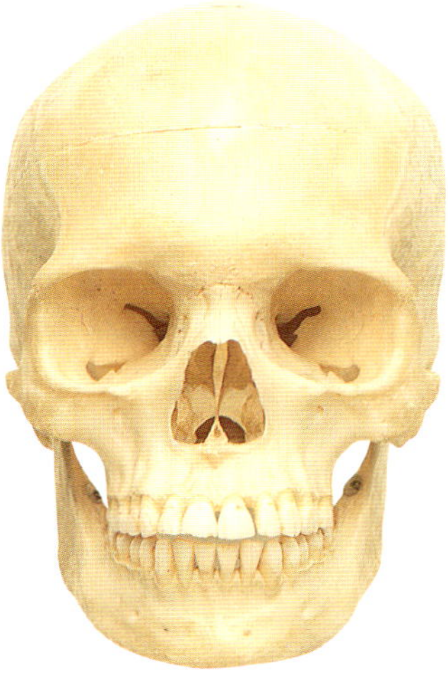

Der Schädel (Seite 38–39)
Dieses komplizierte Gebilde aus ineinander greifenden Knochen wird auf ungewöhnliche Weise zusammengehalten. Mehr über den Schädel und das übrige Skelett auf Seite 34–47.

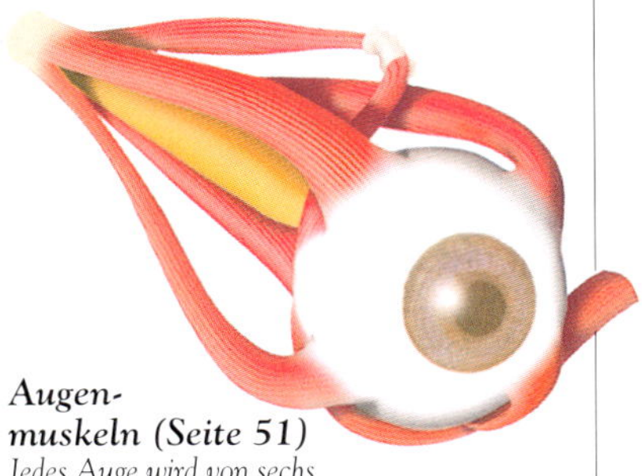

Augenmuskeln (Seite 51)
Jedes Auge wird von sechs Muskeln bewegt. Einer davon hat ein besonderes Rollensystem, das einzige im menschlichen Körper. Mehr über die Augenmuskeln und ihre Funktion auf Seite 51.

NERVENSYSTEM 58–67
Das schnelle Nachrichtenübermittlungssystem des Körpers

SINNE 68–75
Wahrnehmung von Veränderungen in der Außenwelt

HOMÖOSTASE 76–77
Aufrechterhaltung des stabilen Zustandes

HORMONE 78–81
Das System chemischer Signalsubstanzen zur Steuerung der Körperfunktionen

KREISLAUF 82–91
Der Flüssigkeitsstrom, der Nachschub liefert und Abfälle entsorgt

KRANKHEIT & IMMUNITÄT 92–101
Krankheitsursachen und Krankheitsabwehr

ERNÄHRUNG & STOFFWECHSEL 102–109
Lebenswichtige Rohstoffe und ihre Verwertung

ATMUNG 110–115
Gasaustausch zwischen Luft und Blut

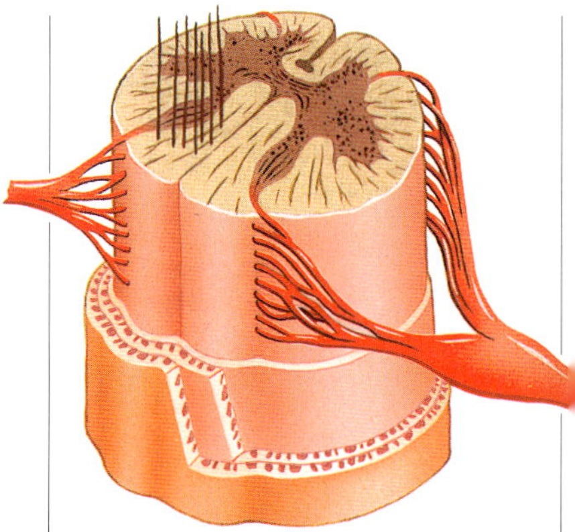

Rückenmark (Seite 62)
Das Rückenmark übermittelt Millionen elektrische Signale zwischen fast allen Körperteilen und ermöglicht eine sofortige Reaktion, wenn man etwas Heißes oder Spitzes berührt. Mehr über seine Funktion auf Seite 62–63.

Blut (Seite 82)
Blut ist eine äußerst komplizierte Flüssigkeit. Was sie im Einzelnen enthält und welche Aufgaben sie erfüllt, steht auf Seite 82–91.

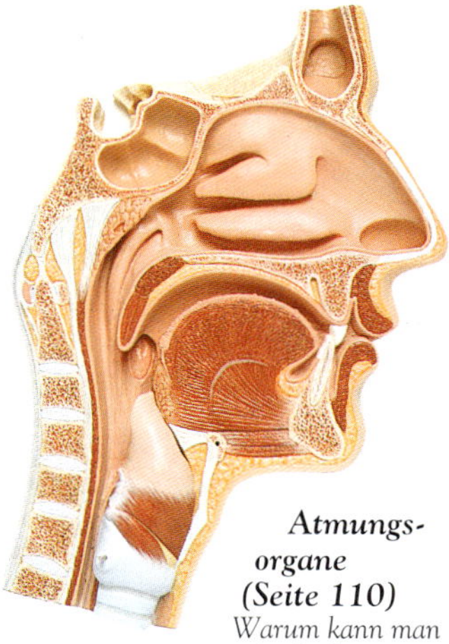

Atmungsorgane (Seite 110)
Warum kann man nicht gleichzeitig atmen und schlucken? Was passiert eigentlich beim Husten oder Niesen? Mehr über Atmung und Atmungsorgane auf Seite 110–115.

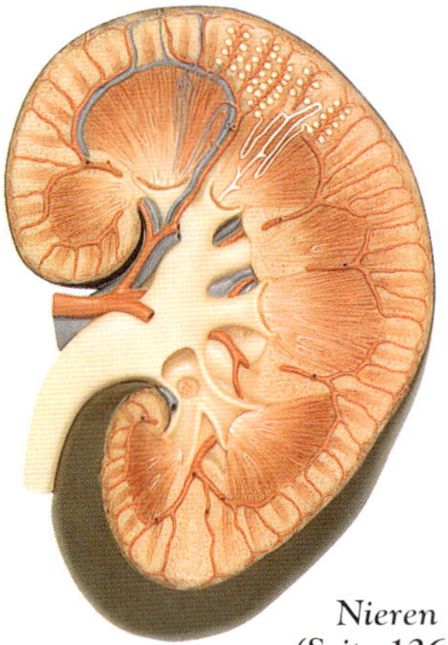

Nieren (Seite 126)
Die Nieren sind die körpereigenen Filter. Mit ihrem komplizierten System winziger Kanäle befreit sich der Organismus von Abfallstoffen, während benötigte Substanzen erhalten bleiben. Mehr über ihre Funktion auf Seite 126–127.

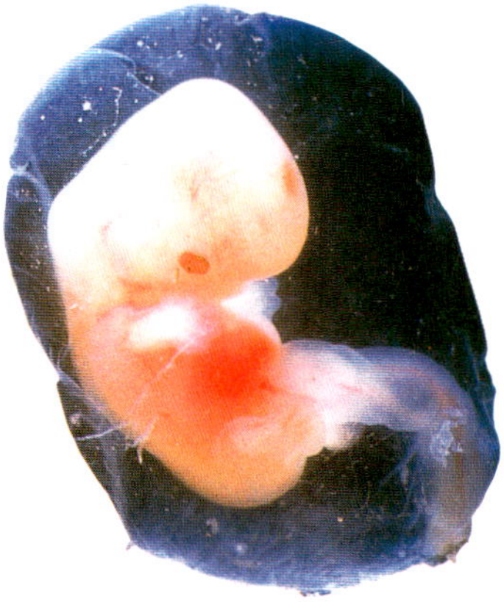

Der menschliche Embryo (Seite 137)
Neun Monate dauert es, bis eine einzige Zelle sich zu einem lebensfähigen Baby entwickelt hat. Mehr über diese Zelle, ihre Entstehung und die Entwicklung eines neuen Menschen auf Seite 136–139.

Francis Crick und James Watson (Seite 148 & 151)
Die beiden Wissenschaftler zeigten, wie die chemischen Anweisungen des Körpers gespeichert sind und weitergegeben werden. Mehr über sie und viele andere auf Seite 148–151.

Wie man dieses Buch benutzt

Diese Enzyklopädie erläutert die wichtigsten Begriffe und Gedanken der Humanbiologie und ihren Gebrauch. Sie ist nach Themenbereichen wie »Nerven« oder »Muskeln« gegliedert. So kann man nicht nur einzelne Wörter, sondern auch ganze Themen sehr leicht finden. Einzelne Wörter sollte man im Register am Ende des Buches nachschlagen. Ganze Themen findet man im Register oder im Inhaltsverzeichnis auf Seite 5–7. Dort sind die Abschnitte und Themenbereiche aufgeführt.

Überschrift und Einleitung
Jeder Themenbereich beginnt mit einer Überschrift. Alle Stichworte unter dieser Überschrift haben mit Nerven zu tun. Eine Einleitung macht mit dem Thema vertraut und gibt einen kurzen Überblick über die nachfolgenden Erklärungen.

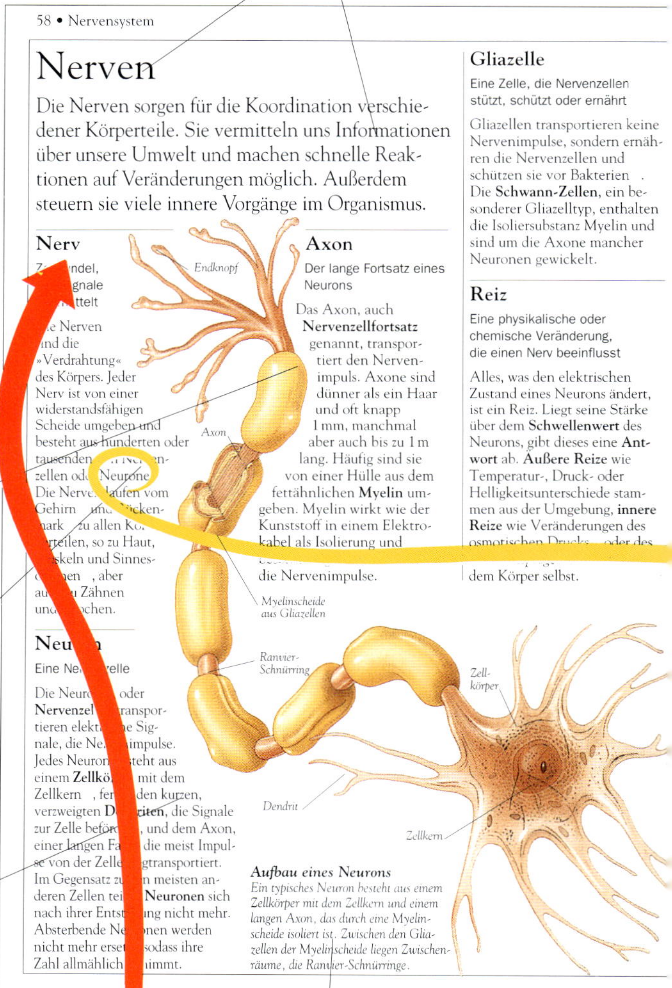
58 • Nervensystem

Nerven

Die Nerven sorgen für die Koordination verschiedener Körperteile. Sie vermitteln uns Informationen über unsere Umwelt und machen schnelle Reaktionen auf Veränderungen möglich. Außerdem steuern sie viele innere Vorgänge im Organismus.

Nerv

Z... ndel, ... gnale ... ttelt

... e Nerven ... ind die »Verdrahtung« des Körpers. Jeder Nerv ist von einer widerstandsfähigen Scheide umgeben und besteht aus hunderten oder tausenden ... Nerven-zellen oder Neurone. Die Nerven laufen vom Gehirn und Rücken-mark zu allen Kör... perteilen, so zu Haut, ... skeln und Sinnes-organen, aber au... u Zähnen und ... ochen.

Neu... n

Eine Ne... zelle

Die Neur... oder **Nervenzel**... transportieren elekt... e Signale, die Ne... impulse. Jedes Neuron ... steht aus einem **Zellkö**... mit dem Zellkern, fer... den kurzen, verzweigten **D... riten**, die Signale zur Zelle beför..., und dem Axon, einer langen Fa... die meist Impulse von der Zelle ... gtransportiert. Im Gegensatz zu ... n meisten anderen Zellen tei... **Neuronen** sich nach ihrer Entst... ung nicht mehr. Absterbende Ne... onen werden nicht mehr erset... sodass ihre Zahl allmählich ... nimmt.

Axon

Der lange Fortsatz eines Neurons

Das Axon, auch **Nervenzellfortsatz** genannt, transportiert den Nervenimpuls. Axone sind dünner als ein Haar und oft knapp 1 mm, manchmal aber auch bis zu 1 m lang. Häufig sind sie von einer Hülle aus dem fettähnlichen **Myelin** umgeben. Myelin wirkt wie der Kunststoff in einem Elektrokabel als Isolierung und ... die Nervenimpulse.

Gliazelle

Eine Zelle, die Nervenzellen stützt, schützt oder ernährt

Gliazellen transportieren keine Nervenimpulse, sondern ernähren die Nervenzellen und schützen sie vor Bakterien. Die **Schwann-Zellen**, ein besonderer Gliazelltyp, enthalten die Isoliersubstanz Myelin und sind um die Axone mancher Neuronen gewickelt.

Reiz

Eine physikalische oder chemische Veränderung, die einen Nerv beeinflusst

Alles, was den elektrischen Zustand eines Neurons ändert, ist ein Reiz. Liegt seine Stärke über dem **Schwellenwert** des Neurons, gibt dieses eine **Antwort** ab. **Äußere Reize** wie Temperatur-, Druck- oder Helligkeitsunterschiede stammen aus der Umgebung, **innere Reize** wie Veränderungen des osmotischen Drucks ... oder des ... dem Körper selbst.

Aufbau eines Neurons
Ein typisches Neuron besteht aus einem Zellkörper mit dem Zellkern und einem langen Axon, das durch eine Myelinscheide isoliert ist. Zwischen den Gliazellen der Myelinscheide liegen Zwischenräume, die Ranvier-Schnürringe.

Hauptabbildung
Meist verdeutlicht ein großes Foto oder Schema mehrere zusammenhängende Artikel. Es erläutert sie oder zeigt ihren Zusammenhang. Mit dieser Zeichnung eines Neurons wird sein Aufbau erklärt.

Querverweis
Ein kleines Zeichen hinter einem Wort weist darauf hin, dass es sich um ein Haupt- oder Unterstichwort an anderer Stelle der Enzyklopädie handelt. Die Seitenzahl findet sich in dem Kasten »Siehe auch«.

Unterstichwort
Unterstichworte sind ***fett*** *gedruckt. Sie geben die Bedeutung eines Wortes an, das mit dem Hauptstichwort zusammenhängt. Dieses Unterstichwort erklärt den Begriff »Dendrit«.*

Gebrauch des Registers
Das Register führt alle Stichworte in alphabetischer Reihenfolge mit ihren Seitenzahlen auf. Unter »Nerv« im Register findet man beispielsweise die Seitenzahl 58. Das gesuchte Wort kann ein Hauptstichwort sein, aber auch ein Unterstichwort, das fett gedruckt in einem Haupteintrag steht. Manche Stichworte stehen auch in Tabellen.

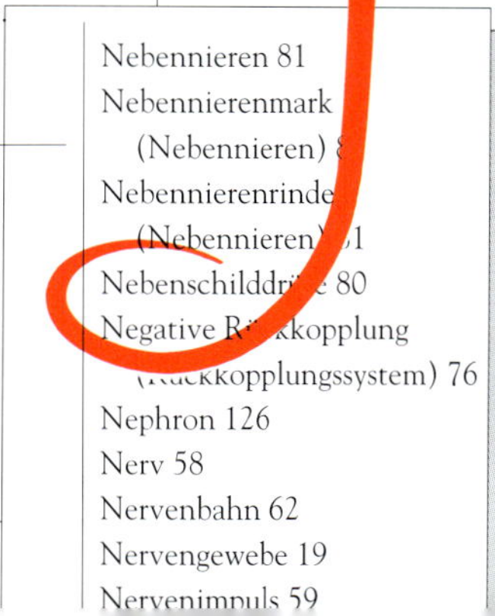

Legenden und Beschriftungen
Eine Legende mit Überschrift erklärt, was auf einem Bild zu sehen ist, hier beispielsweise der Aufbau eines typischen Neurons. Einzelne Teile der Abbildung werden durch Beschriftungen erläutert.

…uptstichwort
…er ist »Nerven-
…puls« das
…uptstichwort.

Definition
Die Definition ist eine kurze, genaue Beschreibung. Hier wird die Nerv-Muskel-Endplatte definiert.

Erklärungen
Die Erklärung liefert genauere Informationen über das Stichwort. Sie erläutert, was ein Begriff bedeutet, wie er verwendet wird und wie er mit anderen Begriffen aus demselben Themenbereich zusammenhängt. Hier wird die Bedeutung der Nerv-Muskel-Endplatte beschrieben.

Kolumnentitel
Der Kolumnentitel gibt zum schnellen Nachschlagen das Thema an. Dieser Abschnitt des Buches handelt vom Nervensystem.

Biografien
Auf Seite 59 steht eine Biografie von Camillo Golgi, der entscheidend an der Erforschung der Nerventätigkeit mitwirkte. Diese Enzyklopädie enthält viele Biografien berühmter Wissenschaftler in Verbindung mit ihren Forschungsgebieten. Eine umfassendere Liste berühmter Biologen und Ärzte findet sich auf Seite 148–151.

Fotos
Genaue Fotos zeigen Strukturen innerhalb und außerhalb des Körpers.

Räumliche Modelle
An manchen Stellen werden lebende Strukturen durch besondere Modelle dargestellt. Dieses zeigt die einzelnen Gehirnteile.

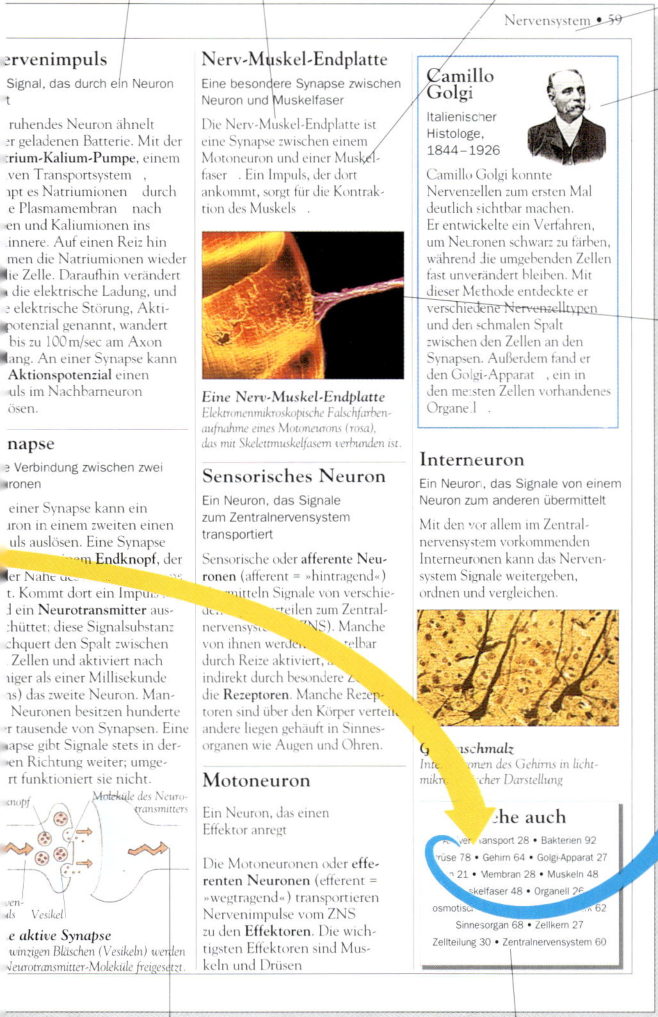

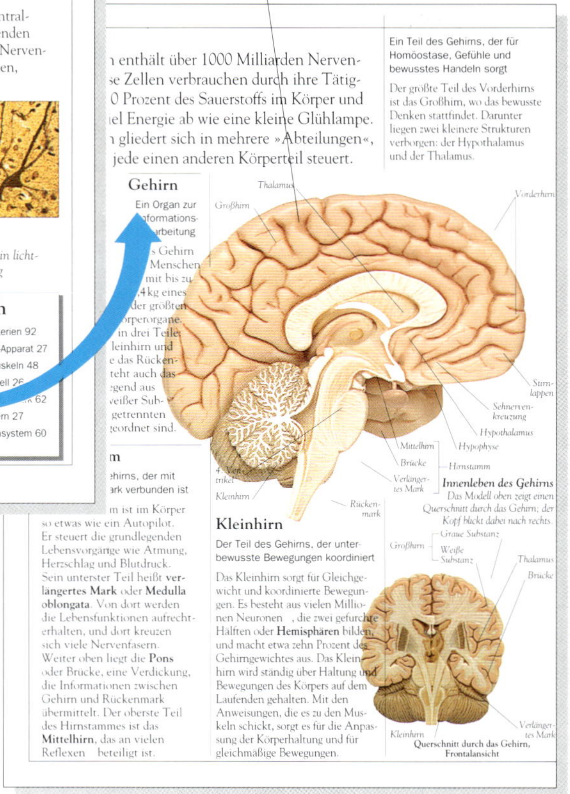

Schemata und andere Zeichnungen
Ein Schema zeigt den Aufbau eines Gegenstandes oder einen Ablauf im Organismus. Hier ist beispielsweise der Aufbau einer Synapse dargestellt, d.h. eine Verbindung zwischen zwei Neuronen.

»Siehe auch«-Kasten
Zu jedem Thema gehört ein »Siehe auch«-Kasten. Er verweist auf andere Haupt- oder Unterstichworte, die zum besseren Verständnis beitragen. Hier weist der »Siehe auch«-Kasten auf einige wichtige Strukturen im Nervensystem hin.

Der Körper des Menschen

Auf der Erde leben heute rund sechs Milliarden Menschen. Trotz dieser riesigen Zahl ist jeder einzelne – von eineiigen Zwillingen abgesehen – einzigartig. Wir unterscheiden uns in Größe und Aussehen. Die Farbe von Haut, Haaren und Augen ist bei Menschen und Bevölkerungsgruppen verschieden. Solche Abweichungen gibt es bei allen Lebewesen, aber bei uns selbst nehmen wir sie deutlicher wahr als bei Tieren und Pflanzen. Dennoch ist unser Körper stets nach den gleichen Prinzipien aufgebaut, und er funktioniert auf die gleiche Weise. Immer enthält er die gleichen Zelltypen, die gleichen Knochen, die gleichen Muskelgruppen und das gleiche Steuerungssystem. Ohne sie könnte er nicht funktionieren.

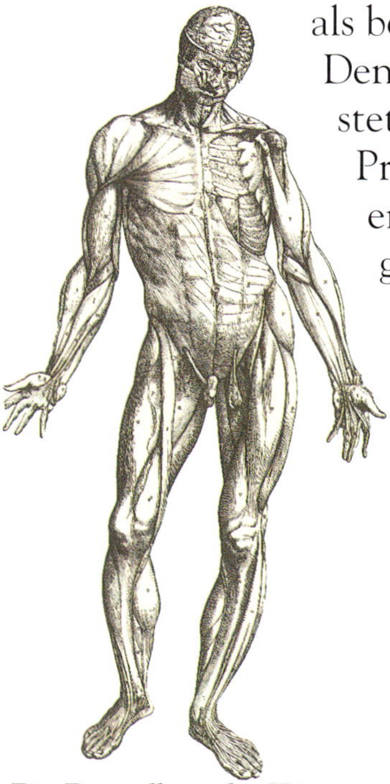

Die Darstellung des Körpers
Dieser Kupferstich aus dem 16. Jahrhundert stammt aus dem Buch De Humanis fabrica des Anatomen Andreas Vesalius. Er sezierte gewissenhaft und stellte mit seinen Beobachtungen viele hergebrachte Überzeugungen in Frage.

Erste Vorstellungen

Seit jeher versuchen die Menschen zu verstehen, wie unser Körper funktioniert und warum manchmal etwas schief geht. Im alten China untersuchte man ihn eingehend, und in Ägypten gab es zur Zeit der Pharaonen, um 3000 v. Chr., besondere Schulen für die Priester, die auch Ärzte waren. Aber diese ersten Vorstellungen vom Körper waren nicht nur von Beobachtungen, sondern auch von Mythen und Aberglauben geprägt. Über seine Einzelteile wusste man eigentlich kaum etwas, und die Heilung von Krankheiten hatte mehr mit Glück als mit Können zu tun.

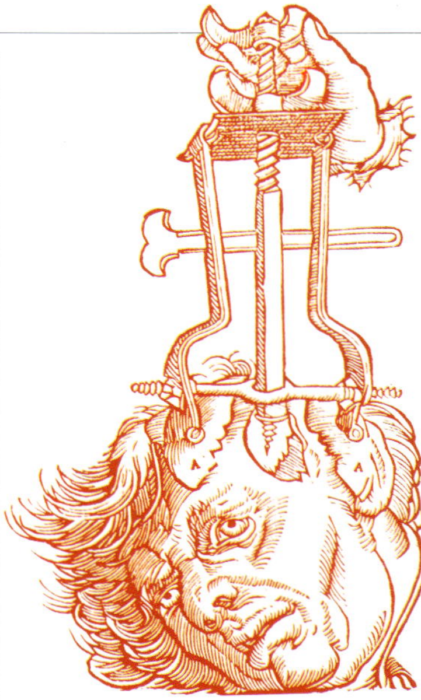

Tod oder Heilung
Früher beging man häufig Fehler in den beiden Schlüsselbereichen der Diagnose und Therapie (s. S. 93). Dieser Stich aus dem frühen 15. Jahrhundert zeigt, wie der Schädel eines Menschen geöffnet wird. Mit solchen drastischen Maßnahmen wollte man böse Geister aus dem Körper entweichen lassen.

Tiere als Helfer
Blutegel ernähren sich von Blut. Beim Fressen erzeugen sie einen Gerinnungshemmer (s. S. 84), damit das Blut lange fließt. In der abendländischen Medizin wurden Blutegel bis ins 19. Jahrhundert verwendet. Heute benutzt man künstliche Gerinnungshemmer.

Unsichtbare Feinde
Heute sterilisiert man chirurgische Instrumente, um sie von Bakterien zu befreien. Bevor dies im 19. Jahrhundert üblich wurde, richteten Operationen häufig mehr Schaden als Nutzen an.

Eine verborgene Welt
Seit dem 19. Jahrhundert konnte man mit verbesserten Mikroskopen (s. S. 16) die Feinstruktur des Gewebes (s. S. 18) untersuchen. Gleichzeitig entwickelte man neue chemische Farbstoffe (s. S. 59, Camillo Golgi), die einzelne Zellen deutlich hervortreten ließen.

Ein Auge, das alles sieht
Im 20. Jahrhundert ermöglichte das Elektronenmikroskop die sehr genaue Untersuchung einzelner Zellen. Elektronenmikroskopische Aufnahmen zeigen die Veränderungen von Zellen bei Krankheiten, z. B. wenn sie zu Krebszellen werden (s. S. 31).

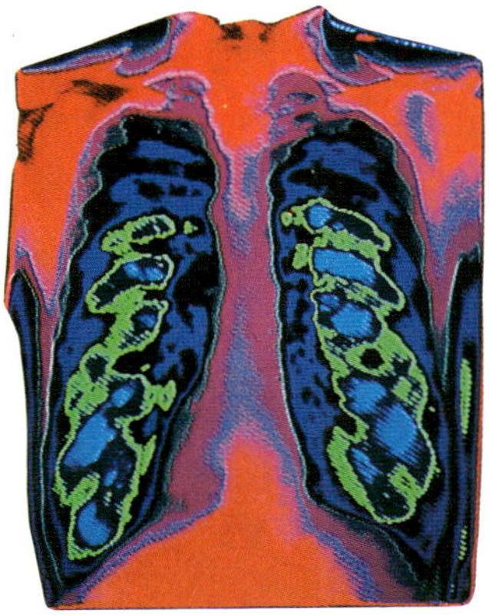

Der Körper bei der Arbeit
Neue bildgebende Verfahren wie die hier gezeigte Angiografie lassen den inneren Aufbau des Körpers erkennen. Dieses Falschfarben-Angiogramm zeigt den Lungenkreislauf (s. S. 90) im Brustkorb.

Anatomische Zeichnungen

Als einer der Ersten betrachtete der griechische Arzt Hippokrates (ca. 460–377 v. Chr.) den Körper unter wissenschaftlichen Gesichtspunkten. Die erste zutreffende Beschreibung erschien aber erst 2000 Jahre später. Sie trug den Titel *De Humanis Corporis Fabrica* (*»Die Beschaffenheit des menschlichen Körpers«*) und stammte von dem Belgier Andreas Vesalius (1514–1564), der mit nur 24 Jahren Professor für Anatomie in Padua wurde. In seinem Buch war auf genauen Zeichnungen zum ersten Mal zu erkennen, wie die Körperteile zusammenhängen.

Verborgene Welten

Im 15. Jahrhundert gab es keine Mikroskope; Vesalius konnte nur beschreiben, was er mit bloßem Auge sah. Nachdem aber im 17. Jahrhundert das Lichtmikroskop und im 20. Jahrhundert das Elektronenmikroskop erfunden war, konnte man in die verborgene Welt der Zellen eindringen, jener winzigen Bausteine aller Lebewesen einschließlich unserer selbst. Heute wissen wir nicht nur, wie Zellen aussehen, sondern auch wie sie arbeiten und wie sie ihre chemischen Anweisungen an einen neu entstehenden Menschen weitergeben. Je mehr man über den Körper erfuhr, desto mehr Begriffe gab es für seine verschiedenen Teile und Vorgänge. Das vorliegende Buch soll diese Begriffe erklären, sodass Aufbau und Funktion des Körpers besser verständlich werden.

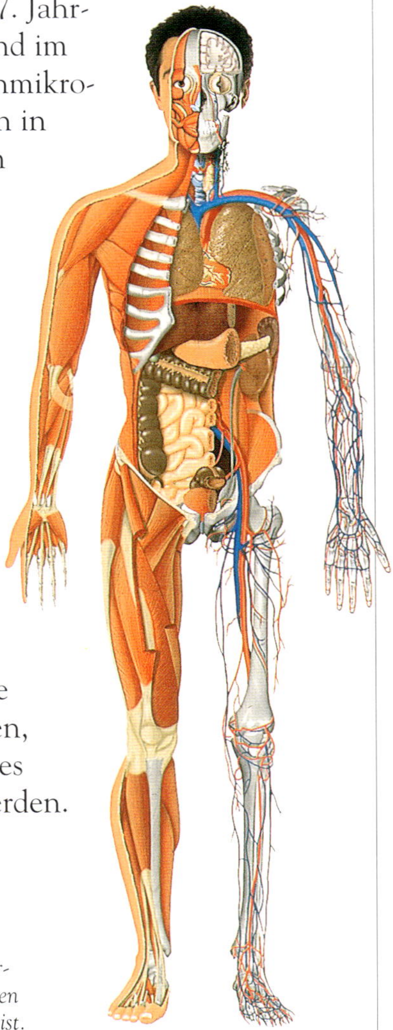

Der virtuelle Körper
Heute untersucht man nicht nur den echten Organismus, sondern auch virtuelle, vom Computer erzeugte »Körper«. Diese Computergrafik zeigt einige Organsysteme (s. S. 18), deren Zusammenwirken für das Leben unentbehrlich ist.

Die Wissenschaft vom Körper

Der menschliche Körper ist das am eingehendsten untersuchte Objekt überhaupt. Spezialisten für verschiedene Fachgebiete untersuchen, wie er aufgebaut ist und wie seine Teile funktionieren.

Biologie

Die Wissenschaft vom Leben

Die Biologie beschäftigt sich mit allen Lebewesen, die **Humanbiologie** speziell mit dem Menschen. Die Menschen sind eine von Millionen Lebensformen oder **Arten**, die es auf der Erde gibt.

Anatomie

Die Wissenschaft vom Aufbau des Körpers

Früher konnte man den Aufbau des Körperinneren nur durch **Sezieren** erforschen, d.h. durch Aufschneiden von Leichen. Heute untersucht der **Anatom** den Aufbau lebender Menschen auch mit modernen bildgebenden Verfahren.

Physiologie

Die Wissenschaft von den Körperfunktionen

Der menschliche Körper unterliegt wie alles auf der Erde den Gesetzen der Physik. Der **Physiologe** untersucht auf physikalischer Grundlage Vorgänge wie den Gasaustausch, die Wanderung der Nervenimpulse oder die Temperaturregulation.

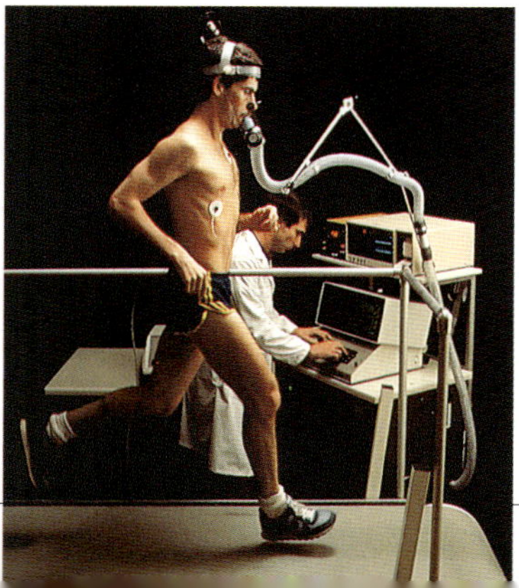

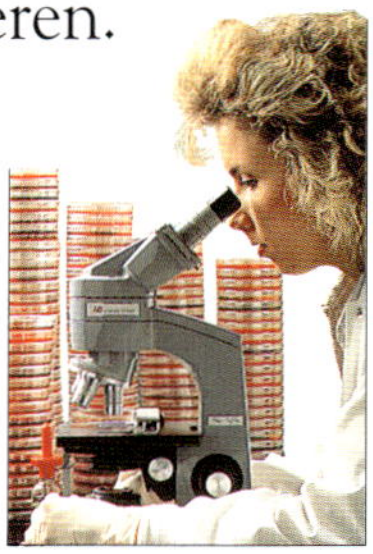

Bakterien
Eine Pathologin betrachtet Bakterienkulturen aus dem Körper unter dem Mikroskop.

Pathologie

Die Wissenschaft von den Krankheiten

Der **Pathologe** untersucht Krankheiten und ihre Auswirkungen auf den Körper. Der **Onkologe** befasst sich mit Ursachen und Entwicklung von Krebs, der **Epidemiologe** mit Gründen und Ausbreitung von Epidemien.

Histologie

Die Wissenschaft von den Geweben

Ein **Histologe** erforscht die Feinstruktur von Gewebe. Das geschieht meist unter dem Mikroskop, und besondere Farbstoffe machen Teile der Zellen leichter erkennbar. **Cytologie** ist die Untersuchung einzelner Zellen.

Biochemie

Die Wissenschaft von den chemischen Vorgängen im Körper

Der **Biochemiker** untersucht die chemischen Substanzen im Körper und ihre Reaktionen. Dazu ahmt man im Labor die Bedingungen des Körperinneren nach, auch lebende Menschen werden untersucht.

Untersuchung des Körpers
Durch Messung chemischer Konzentrationen oder verbrauchter Energie erfährt man Neues über die Körperfunktion.

Siehe auch

Epidemie 93 • Gasaustausch 115
Gewebe 18 • Kernresonanzbildgebung 17 • Krankheit 92 • Krebs 31
Mikroskop 16 • Nervenimpuls 59
Organ 18 • Organsystem 18
Temperaturregulation 76 • Zelle 26

FACHGEBIETE

Wissenschaften von Organen oder Organsystemen haben oft einen besonderen Namen.

Kardiologie
Die Wissenschaft vom Herzen (s. S. 86–87)

Dermatologie
Die Wissenschaft von der Haut (s. S. 32–33)

Endokrinologie
Die Wissenschaft von den Hormonen (s. S. 78–81)

Gastroenterologie
Die Wissenschaft vom Verdauungssystem (s. S. 116–125)

Gynäkologie
Die Wissenschaft von den weiblichen Fortpflanzungsorganen (s. S. 128–131)

Hämatologie
Die Wissenschaft vom Blut (s. S. 82–85)

Immunologie
Die Wissenschaft vom Immunsystem (s. S. 92–101)

Neurologie
Die Wissenschaft vom Nervensystem (s. S. 58–67)

Ophthalmologie
Die Wissenschaft von den Augen (s. S. 68–71)

Orthopädie
Die Wissenschaft von Knochen und Bewegungsapparat (s. S. 34–47)

Wortbestandteile

Viele Begriffe in diesem Buch bestehen aus Teilen, die aus dem Lateinischen oder Griechischen stammen. Einige häufig vorkommende Wortbestandteile und ihre Bedeutung sind in der Tabelle aufgeführt.

Wortbestandteil

Ein lateinisches oder griechisches Wort, das zu einem biologischen Fachbegriff gehört

Ein Begriff kann mehrere Bestandteile haben. »Hepatocyt« besteht z.B. aus »hepato-« (Leber) und »cyt« (Zelle). Ein Hepatocyt ist also eine Leberzelle.

Lateinische und griechische Wortbestandteile

Bestandteil	Bedeutung	Beispiel	Seite
ab	weg von	**Ab**duktor	46
ad	hin zu	**Ad**duktor	46
anti	gegen	**Anti**körper	98
bio	Leben	Anti**bio**tikum	95
brachi	Arm	Vena **brachi**alis	91
cyt	Zelle	Lympho**cyt**	83
derm	Haut	Epi**derm**is	32
di	zwei, zweimal	**di**ploid	133
epi	auf, über	**Epi**thel	19
ferent	tragend	ef**ferent**es Neuron	59
gastro	Magen	**Gastro**loge	121
gen	Ursache	Anti**gen**	98
genese	Entstehung	Oo**genese**	129
hämo	Blut	**Hämo**globin	82
hepato	Leber	**Hepato**cyt	122
homöo	ähnlich	**Homöo**stase	76
homo	gleich	**homo**log	133
kardi	Herz	**Kardi**ologe	90
leuko	weiß	**Leuko**cyt	83
makro	groß	**Makro**molekül	20
meso	in der Mitte	**Meso**derm	137
mikro	klein	**Mikro**organismus	92
mono	ein, einmal	**Mono**saccharid	22
myo	Muskel	**Myo**sin	48
nephro	Niere	**Nephro**n	126
neuro	Nerv	**Neuro**n	58
osteo	Knochen	**Osteo**cyt	34
patho	Krankheit	**patho**gen	92
pect	Brust	Musculus **pect**oralis	52
peri	nahe, um herum	**Peri**ost	35
phag	fressen	**Phag**ocytose	29
plasm	lebende Materie	Cyto**plasm**a	26
poly	viele	**Poly**saccharid	22
ren	Niere	Ad**ren**alin	81
skler	hart	Arterio**skler**ose	89
tri	drei, dreimal	**Tri**glycerid	23

Hintergrundbild:
Ein Lymphocyt

Körperbereiche

Wissenschaftler und Ärzte müssen die Bereiche des Körpers mit genauen Begriffen bezeichnen und ihre Lage exakt benennen. Einige solche Kennzeichnungen werden hier erläutert.

Kopf

Der Körperteil, der das Gehirn beherbergt

Im Kopf liegen das Gehirn und viele Sinnesorgane. Er besteht aus dem schützenden Schädel, einer Kapsel aus ineinander greifenden Knochen, die das Gehirn umgeben und das Gerüst des **Gesichts** bilden. Der Kopf wird von Knochen und Muskeln im Hals aufrecht gehalten. Zwei besondere Wirbel am oberen Ende der Wirbelsäule ermöglichen Kipp- und Drehbewegungen. Der Wortteil **cephal**- bedeutet »Kopf-«. **Zervikal** heißt »zum Hals gehörig«.

Rumpf

Der Hauptteil des Körpers mit Herz, Lunge und Verdauungssystem

Der Rumpf gliedert sich ganz grob in zwei Hälften. Oben, vom unteren Ende des Halses bis zum Zwerchfell, befindet sich der Brustkorb oder **Thorax**, der Herz und Lunge enthält. Der Brustkorb besteht aus Rippen und kann seine Form verändern, sodass Luft in die Lunge gesogen wird. Den unteren Teil des Rumpfes bildet der **Bauch**, auch **Abdomen** genannt. Er liegt unter dem Brustkorb, und seine Organe sind nicht durch Knochen, sondern durch Muskelschichten geschützt. Der Bauch enthält die meisten Organe des Verdauungssystems, aber auch andere Organe wie Nieren und Blase.

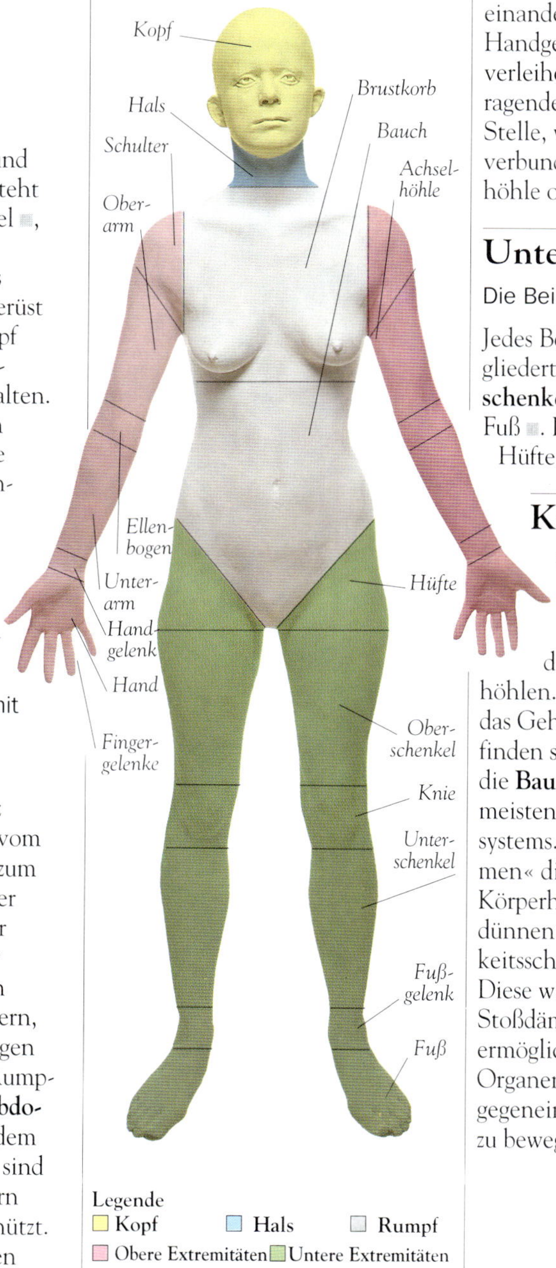

Die wichtigsten Körperteile
Die Zeichnung zeigt die wichtigsten Körperteile.

Obere Extremitäten

Die Arme

Die Extremitäten werden auch als Gliedmaßen bezeichnet. Jeder Arm enthält 30 Knochen und gliedert sich in drei Teile: **Oberarm, Unterarm** und Hand. Die Knochen treffen in vielen Gelenken aufeinander: Schulter, Ellenbogen, Handgelenk und Fingergelenke verleihen dem Arm eine hervorragende Beweglichkeit. Unter der Stelle, wo der Arm mit dem Rumpf verbunden ist, liegt die Achselhöhle oder **Axilla**.

Untere Extremitäten

Die Beine

Jedes Bein enthält 30 Knochen und gliedert sich in drei Teile: **Oberschenkel, Unterschenkel** und Fuß. Die Gelenke des Beines sind Hüfte, Knie und Fußgelenk.

Körperhöhle

Ein geschlossener Hohlraum im Körper

Viele Organe liegen in den geschlossenen Körperhöhlen. Die **Schädelhöhle** enthält das Gehirn, in der **Brusthöhle** befinden sich Herz und Lunge, und die **Bauchhöhle** beherbergt die meisten Teile des Verdauungssystems. Häufig »schwimmen« die Organe in der Körperhöhle in einer dünnen Flüssigkeitsschicht. Diese wirkt als Stoßdämpfer und ermöglicht es den Organen, sich gegeneinander zu bewegen.

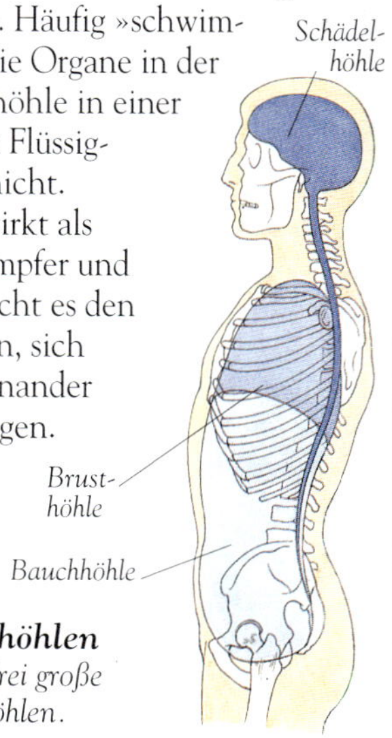

Körperhöhlen
Es gibt drei große Körperhöhlen.

Achse

Gedachte Linie, die von oben nach unten durch die Körpermitte läuft

Die Körperachse oder **Mittellinie** teilt den Körper in zwei Hälften, die sich aber ein wenig unterscheiden, weil der Mensch nicht genau symmetrisch gebaut ist. Am deutlichsten wird das im Körperinneren. Die meisten Organe liegen wie die Leber nur auf einer Seite, und manche paarigen Organe, z. B. die Lunge, sind nicht auf beiden Seiten genau gleich groß. Auch von außen ist der Mensch asymmetrisch. Bei vielen Menschen liegt ein Auge oder Ohr höher als das andere.

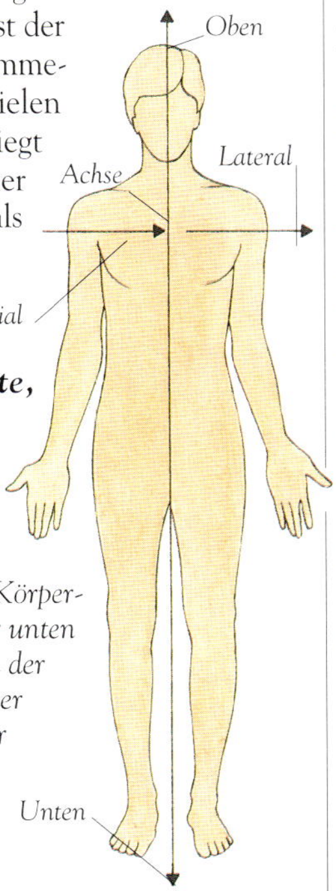

Oben, Mitte, unten
Mit verschiedenen Begriffen beschreibt man, ob ein Körperteil oben oder unten und näher an der Mittellinie oder weiter von ihr entfernt liegt.

Oben

In Richtung des Kopfes oder des oberen Körperendes

In der Anatomie spricht man häufig davon, dass ein Körperteil höher liegt als ein anderer. Die Nebennieren liegen z. B. oberhalb der Nieren. In wissenschaftlichen Namen wird oft das lateinische Wort »superior« verwendet. Das Blutgefäß, welches das Blut aus den oberen Körperteilen ableitet, heißt beispielsweise obere Hohlvene oder Vena cava superior, und der Musculus rectus superior ist einer der obersten Muskeln, die das Auge drehen.

Unten

In Richtung der Füße oder des unteren Körperendes

Häufig muss man in der Anatomie Dinge bezeichnen, die im Körper weiter unten liegen als andere. Der Magen liegt beispielsweise unter dem Zwerchfell. Er befindet sich auch dann noch unterhalb davon, wenn man auf dem Kopf steht, denn der Begriff bezieht sich immer auf die stehende Körperhaltung. In wissenschaftlichen Begriffen findet sich dafür häufig das lateinische Wort »inferior«: untere Hohlvene oder Vena cava inferior.

Medial

An der Mittellinie oder in ihrer Nähe

Medial liegen Teile, die sich in der Nähe der Mittellinie befinden. Der eher seitliche Bereich wird als **lateral** bezeichnet.

Oberflächlich

An der Körperoberfläche oder in ihrer Nähe

Oberflächliche Strukturen befinden sich in der Nähe der Körperaußenseite oder an der Außenseite eines Organs. Die Epidermis ist z. B. eine oberflächliche Hautschicht, und die Hornhaut ist eine oberflächliche Schicht im Auge. **Tief liegende** Teile befinden sich weiter von der Körperoberfläche entfernt. Die Rippen liegen z. B. tiefer als die Haut des Brustkorbs.

Peripher

In Bereichen am Rand des Körpers

Periphere Teile liegen weit weg vom Körperzentrum. Zum peripheren Nervensystem gehören z. B. Nerven, die bis in Finger und Zehen reichen.

Vorn

An der Körpervorderseite

Die vorderen Körperteile liegen vor anderen. Das Herz befindet sich z. B. vor der Wirbelsäule. Die vordere Körperseite nennt man auch Bauchseite oder **ventrale** Seite.

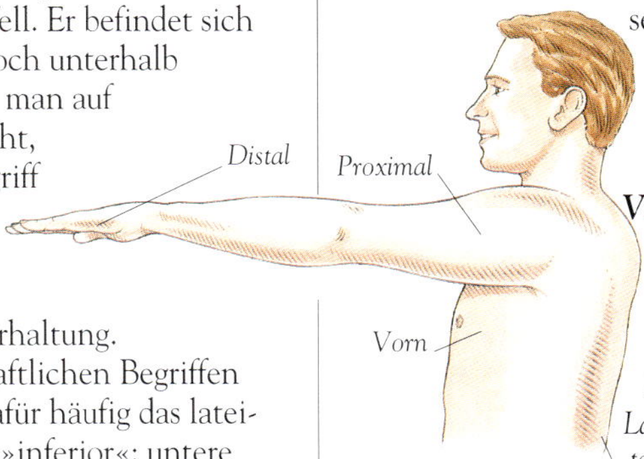

Vorn, hinten, körpernah, körperfern
Diese Angaben beschreiben die Lage der Körperteile zueinander.

Hinten

An der Körperrückseite

Die hinteren Körperteile liegen hinter anderen. Ein Wirbelfortsatz befindet sich z. B. hinter dem übrigen Wirbel, aus dem er herausragt. Die hintere Körperseite heißt auch Rücken- oder **dorsale** Seite.

Proximal

In der Nähe eines Befestigungspunktes

Viele Körperteile, z. B. Arme, Finger und Fingernägel, sind an einem Ende befestigt. Ein proximaler Teil liegt in der Nähe der Befestigungsstelle, ein **distaler** Teil weiter davon entfernt.

Siehe auch

Blase 127 • Brustkorb 37 • Ellenbogen 45
Epidermis 32 • Fingergelenk 42 • Fuß 43
Fußgelenk 45 • Gelenk 44 • Hals 36
Hand 42 • Handgelenk 45 • Hohlvene 91
Hornhaut 68 • Hüfte 45 • Knie 45
Leber 122 • Musculus rectus 51
Nebennieren 81 • Nieren 126 • Schädel 38
Schulter 45 • Sinnesorgan 68
Verdauungssystem 116 • Wirbel 36
Wirbelfortsatz 36 • Zwerchfell 114

Das Körperinnere

Mit moderner Technik können wir heute auch ins Innere eines lebenden Körpers blicken. Manche Verfahren eignen sich zur Darstellung von Knochen oder Zähnen, andere zeigen innere Organe.

Mikroskopie

Die stark vergrößerte Betrachtung sehr kleiner Gegenstände

Die Zellen des Körpers sind viel zu klein, als dass man sie mit bloßem Auge sehen könnte. Um sie zu erkennen, muss man sie mit einem **Mikroskop** mehrere hundert Mal vergrößern. In einem **Lichtmikroskop** durchdringen Lichtstrahlen eine dünne Gewebescheibe und werden dann von Linsen so gebündelt, dass ein vergrößertes, **lichtmikroskopisches Bild** entsteht. Das **Elektronenmikroskop** bedient sich eines Strahls aus Elektronen an Stelle des Lichtes und erzeugt **elektronenmikroskopische Aufnahmen**. Das Elektronenmikroskop erreicht eine stärkere Vergrößerung als das Lichtmikroskop, liefert aber nur schwarz-weiße Bilder. Viele der elektronenmikroskopischen Aufnahmen im Buch wurden vom Computer künstlich eingefärbt.

Elektronenmikroskopie
Ein Makrophage in einer elektronenmikroskopischen Falschfarbenaufnahme

Endoskopie

Verfahren, mit dem man in Körperhöhlen und Organe blicken kann

Bei der Endoskopie wird ein biegsames Instrument, das **Endoskop**, in einen Körperhohlraum geschoben. Es beleuchtet seine Umgebung und überträgt ihr Bild nach außen. Mit der Endoskopie untersucht man häufig den Magen und andere Teile des Verdauungskanals. Eine ähnliche Methode, die **Arthroskopie**, dient zur Untersuchung von Gelenken.

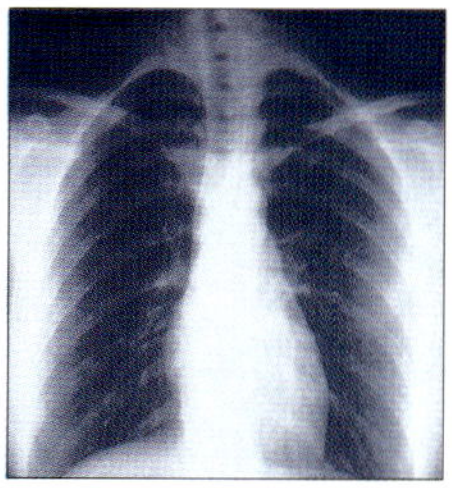

Röntgen
Röntgenbilder zeigen das Körperinnere, hier z. B. den Brustkorb.

Röntgen

Untersuchung des Körpers mit Röntgenstrahlen

Die **Röntgenstrahlen** durchdringen weiche Körperteile, werden aber von dichtem Material wie Knochen oder Zahnbein absorbiert. Nachdem sie den Körper durchlaufen haben, werden sie auf einem fotografischen Film aufgefangen. Dieser schwärzt sich an den Stellen, wo die Röntgenstrahlen durchgelassen wurden, und bleibt weiß an den Stellen, wo sie absorbiert wurden. So entsteht eine **Röntgenaufnahme**. Röntgenstrahlen können lebende Zellen schädigen und dürfen deshalb nur vorsichtig angewandt werden.

Angiografie

Die Untersuchung von Blutgefäßen mit einem Farbstoff, der Röntgenstrahlen absorbiert

Hierbei bringt man einen ungefährlichen Farbstoff, der Röntgenstrahlen absorbiert, in die Blutgefäße. Dann zeigt die als **Angiogramm** bezeichnete Röntgenaufnahme die Umrisse der Arterien und Venen.

Angiogramm
Falschfarben-Angiogramm des Herzens mit den Hauptarterien als gelben Linien

Computertomografie

Die Untersuchung des Körpers mit Röntgenaufnahmen aus vielen verschiedenen Winkeln

Bei der Computertomografie **(CT)** dreht sich eine Maschine langsam um einen Körperteil und gibt dabei Röntgenstrahlen ab. Ein Computer analysiert ihre Absorption und konstruiert daraus ein sehr genaues Bild. Computertomogramme zeigen viel mehr Einzelheiten als normale Röntgenaufnahmen, und man kann auf ihnen alle Gewebe in einem Körperquerschnitt erkennen.

Barium-Kontrastmittel

Flüssigkeit, die bei der Untersuchung des Verdauungskanals hilft

Barium ist ein dichtes Element, das Röntgenstrahlen absorbiert. Das Barium-Kontrastmittel besteht aus einer Bariumverbindung in einer weißen Flüssigkeit. Diese schluckt der Patient, und während sie durch das Verdauungssystem wandert, werden Röntgenaufnahmen gemacht. Das Barium absorbiert die Strahlung, sodass die Umrisse des Verdauungskanals deutlich zu erkennen sind

Kernspinresonanztomografie

Untersuchungsverfahren, das Magnetismus und Radiowellen nutzt

Bei der Kernspinresonanztomografie bewegt sich der ganze Körper durch eine Maschine, die ein starkes Magnetfeld erzeugt. In diesem Feld richten sich die Teilchen innerhalb der Wasserstoffatome des Körpers aus, und dann werden sie durch Radiowellen angeregt, die Ausrichtung vorübergehend zu verlassen. Dabei geben die Atome jedes Mal ein Signal ab, das ein Computer empfangen und auswerten kann. Der Computer speichert Signale aus dem ganzen Körper und konstruiert daraus auf Knopfdruck ein Bild jedes beliebigen Körperteils.

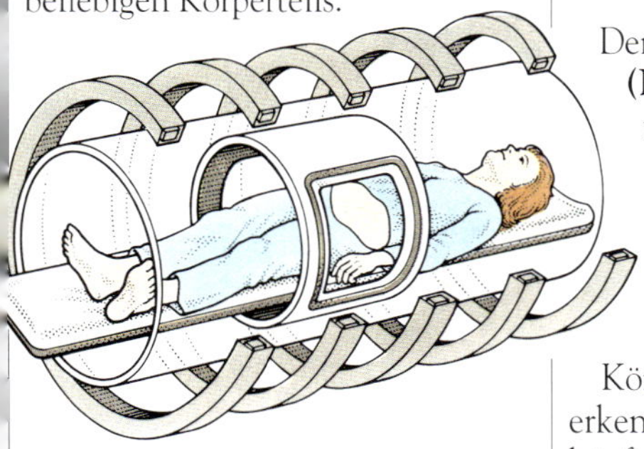

Kernspintomografie
Die Kernspintomografie ist ungefährlich und schmerzlos. Hier wird ein genaues Querschnittsbild des Bauches hergestellt.

Ultraschalluntersuchung

Eine Untersuchungsmethode mit Schallwellen

Das **Ultraschallgerät** schickt Impulse hochfrequenter Schallwellen in den Körper, analysiert das zurückgeworfene Echo und konstruiert daraus ein Bild. Die Ultraschalluntersuchung ist völlig ungefährlich, weil sie ohne Strahlung auskommt. Sie dient vor allem zur Untersuchung eines Fetus im Mutterleib und wird in der Regel etwa in der 16. bis 18. Schwangerschaftswoche durchgeführt.

Thermografie

Darstellung der vom Körper abgegebenen Wärme

Ein **Thermogramm** ist ein Bild, das die Oberflächentemperatur der einzelnen Körperteile in unterschiedlichen Farben wiedergibt. Mit der Thermografie findet man Bereiche mit anormaler Temperatur, die manchmal ein Hinweis auf Erkrankungen des Kreislaufssystems oder auf Krebszellen sind.

Positronenemissionstomografie

Ein Untersuchungsverfahren mit radioaktiven Substanzen

Der Positronenemissionstomograf **(PET)** verfolgt ungefährliche radioaktive Substanzen, die zuvor injiziert worden. Im Gegensatz zu anderen Bildgebungsverfahren erzeugt der PET Bilder, in denen man die laufenden Körperfunktionen erkennt. Er dient häufig zur Untersuchung des Gehirns.

Biopsie

Entnahme einer kleinen Gewebeprobe zu Untersuchungszwecken

Hat der Arzt den Verdacht auf eine Erkrankung, nimmt er zur Bestätigung der Diagnose manchmal eine Biopsie aus dem betroffenen Körperteil: Er entfernt ein kleines Gewebestück, dessen Zellen dann im Mikroskop auf Anomalien untersucht werden. Als **Autopsie** bezeichnet man die genaue Untersuchung eines Verstorbenen zur Feststellung der Todesursache.

Siehe auch

Atom 20 • Blutdruck 89 • Blutgefäß 88
Diagnose 93 • Elektron 20 • Element 20
Fetus 137 • Gelenk 44 • Gewebe 18
Knochen 34 • Krebs 31 • Kreislaufsystem 90 • Netzhaut 69
Schwangerschaft 138 • Verdauungskanal 116 • Zahnbein 118 • Zelle 26

Augenspiegel

Ein Instrument zur Untersuchung des Augeninneren

Der Augenspiegel wirft einen Lichtstrahl ins Auge, sodass man die Netzhaut sehen kann. Netzhautveränderungen sind manchmal ein Hinweis auf Krankheiten.

Stethoskop

Ein Instrument, mit dem man die Geräusche von Herz und Lunge hören kann

Das Stethoskop sammelt die Geräusche aus der Brust eines Menschen, sodass sie leicht zu hören sind. Der Arzt sucht mit dem Stethoskop nach ungewöhnlichen Geräuschen bei Atmung oder Herzschlag. Das Instrument besteht üblicherweise aus einem biegsamen Kunststoffschlauch mit zwei Ohrbügeln und einem Mikrofon, das den Schall aufnimmt. Das Mikrofon besteht aus einer Kunststoffmembran und einer Metallglocke mit einem Loch in der Mitte. Auch bei der Blutdruckmessung wird das Stethoskop verwendet.

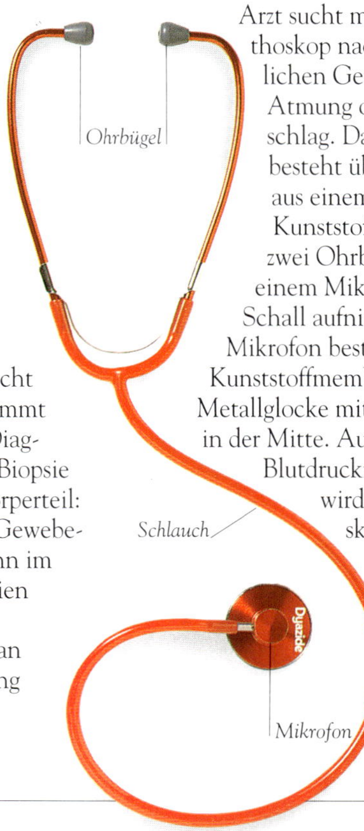

Stethoskop
Die Glocke nimmt tiefe, die Membran nimmt hohe Töne auf.

Strukturebenen im Körper

Der menschliche Körper ist in einer Hierarchie von Strukturebenen organisiert. Die Organsysteme bestehen aus mehreren Organen, die ihrerseits aus Geweben und Zellen aufgebaut sind.

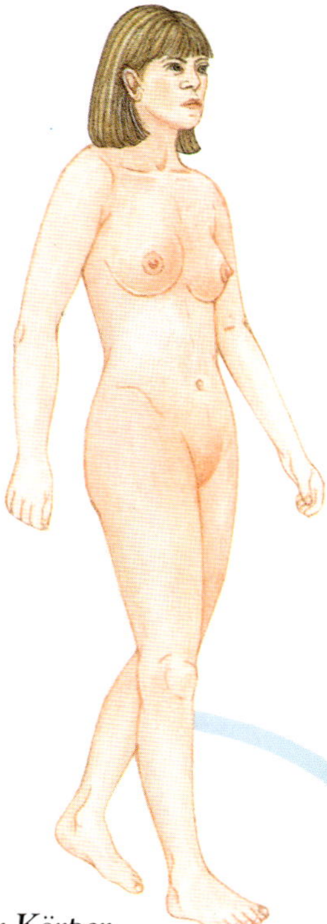

1 Der Körper
Der menschliche Körper ist in mehreren Ebenen organisiert.

KÖRPERSYSTEME

System	Seite
Haut u. Anhangsgebilde	32–33
Skelett	34–47
Muskulatur	48–57
Nervensystem	58–67
Endokrines System	78–81
Kreislaufsystem	82–91
Lymphsystem	96–97
Immunsystem	98–101
Atmungssystem	110–115
Verdauungssystem	116–125
Ausscheidungssystem	126–127
Fortpflanzungssystem	128–131

Hintergrund:
Modell des menschlichen Körpers

Organsystem

Gruppe von Organen, die gemeinsam bestimmte Aufgaben wahrnehmen

Der Körper ist in mehreren Ebenen organisiert. Auf der obersten gibt es mindestens zwölf Organsysteme. Jedes davon sorgt für einen lebensnotwendigen Vorgang wie Verdauung, Ausscheidung oder sexuelle Fortpflanzung. Ein System besteht aus mehreren Organen. Die meisten Organe gehören jeweils zu einem System, aber manche, z. B. die Bauchspeicheldrüse, wirken in zwei Systemen mit. Die Organe setzen sich aus verschiedenen Geweben zusammen, die ihrerseits aus Zellen mehrerer Typen aufgebaut sind.

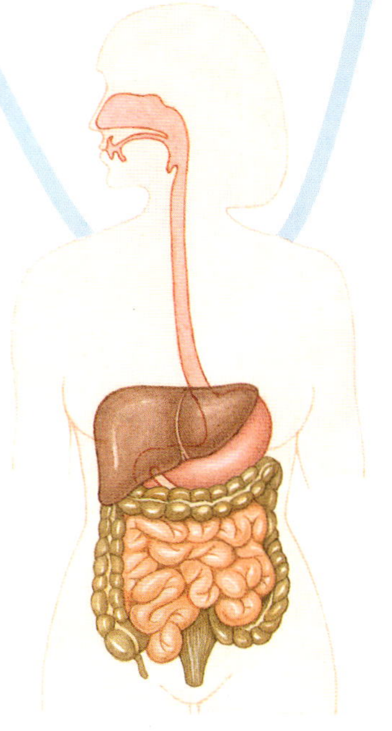

2 Systeme
Das Verdauungssystem besteht aus mehreren Organen, die zusammenwirken.

Organ

Ein Gebilde aus mehreren Geweben, das ganz bestimmte Aufgaben ausführt

Organe sind beispielsweise Augen, Lunge, Nieren, Haut und Magen. Sie bestehen jeweils aus mehreren Geweben und führen ganz bestimmte, lebenswichtige Funktionen aus. Die Zellen in den Organen sind jeweils auf bestimmte Tätigkeiten spezialisiert.

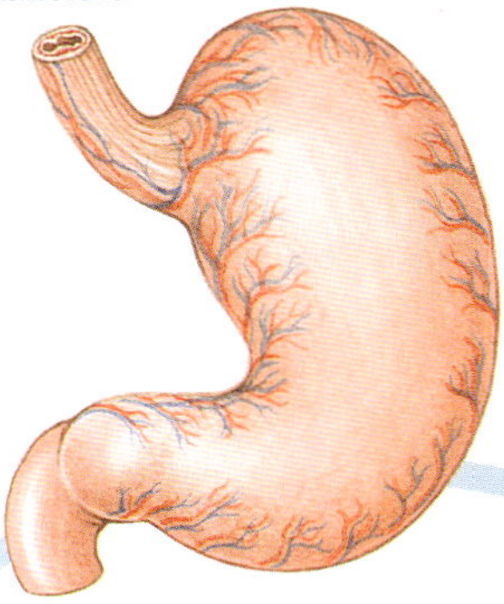

3 Organe
Eines der Organe im Verdauungssystem ist der Magen.

Gewebe

Eine Ansammlung zusammenwirkender Zellen

Ein Gewebe enthält Zellen verschiedener Typen, die gemeinsam bestimmte Aufgaben erfüllen. Die vielen Gewebetypen lassen sich in vier Gruppen einteilen: Epithel-, Binde-, Muskel- und Nervengewebe. Ist das Gewebe – z. B. nach einem Schnitt in die Haut – geschädigt, wird der betroffene Bereich durch langsame Zellteilung repariert, ein Vorgang, den man **Regeneration** nennt. Die neuen Zellen sehen häufig anders aus als die ursprünglichen und bilden **Narbengewebe**, das den geschädigten Bereich dauerhaft kennzeichnet. Die Regenerationsfähigkeit der einzelnen Gewebe ist unterschiedlich; Bindegewebe wird gut repariert, Nervengewebe überhaupt nicht.

Epithelgewebe

Ein Gewebe, das in oder auf dem Körper eine flache Schicht bildet

Als **Epithel** bezeichnet man eine Schicht dicht bei dicht stehender Zellen. Es kann nur eine Zelle dick sein oder aus mehreren Zell-Lagen bestehen. Epithel bildet die Haut sowie die Auskleidung von Verdauungskanal und Atemwegen. Es bringt Geschlechtszellen hervor und bedeckt auch die innere Oberfläche der Drüsen. Epithelgewebe schützt die Körperoberfläche, verhindert das Eindringen von Mikroorganismen und wirkt durch die Teilung seiner Zellen der Abnutzung entgegen.

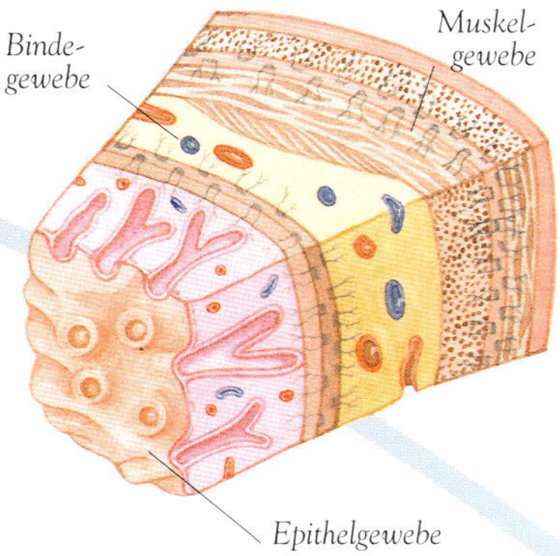

4 Gewebe
Die Wand des Magens ist schichtweise aus drei verschiedenen Geweben aufgebaut.

Bindegewebe

Ein Gewebe, das den Körper stützt und zusammenhält

Bindegewebe bildet das Gerüst des Körpers und schützt ihn vor Schäden. Es umfasst Knochen und Knorpel, die das Skelett bilden, sowie mehrere andere Gewebe, welche die Organe schützen und stützen. Viele Bindegewebszellen produzieren Fasern aus Kollagen und Elastin, die das Gewebe elastisch und widerstandsfähig machen. **Fettgewebe** ist Bindegewebe, das viel Fett speichert. Blut ist flüssiges Bindegewebe, das im Körper kreist.

Muskelgewebe

Ein Gewebe, das Bewegungen erzeugt

Die Zellen im Muskelgewebe ziehen sich auf einen Reiz von Nerven oder Hormonen hin zusammen. Durch ihre Verkürzung bewegen sie entweder einen Körperteil, oder sie ändern die Form hohler Organe. Es gibt drei Arten von Muskelgewebe; die Zellen sind bei allen wie lange Fasern geformt. Die Skelettmuskulatur ist mit Knochen verbunden, die glatte Muskulatur befindet sich in weichen Körperteilen. Die Herzmuskulatur kommt ausschließlich im Herzen vor.

Nervengewebe

Ein Gewebe, das elektrische Signale übermittelt

Nervengewebe bildet das wichtigste Kommunikationssystem. Es besteht aus Neuronen, die Nervenimpulse weiterleiten, und Gliazellen, die den Neuronen als Schutz und Stütze dienen. Neuronen gehören zu den längsten Zellen im Körper. Nach ihrer Entstehung teilen sie sich nicht mehr.

Schleimhaut

Eine Haut, die eine nach außen offene Körperhöhle auskleidet

Schleimhäute sind Zellschichten, die den Verdauungskanal und die Atemwege auskleiden. Ihre äußeren Zellen produzieren **Schleim**, der die Oberfläche feucht hält und Teilchen wie beispielsweise den Staub aus der Luft festhält. Alle Schleimhäute bestehen aus einer Schicht Epithelgewebe und einer dahinter liegenden Bindegewebsschicht. Die Bindegewebsschicht der meisten Schleimhäute liegt ihrerseits auf Muskelgewebe.

Siehe auch

Atemwege 110 • Ausscheidung 77
Bauchfell 116 • Bauchspeicheldrüse 123 • Blut 82 • Brustfell 112
Drüse 78 • Elastin 24 • Fett 23
Geschlechtszelle 128 • glatte Muskulatur 49 • Gliazelle 58 • Haut 32
Herz 86 • Herzmuskulatur 48
Hormon 78 • Knochen 34 • Knorpel 35
Kollagen 24 • Körperhöhle 14
Mikroorganismus 92 • Nerv 58
Nervenimpuls 59 • Neuron 58
sexuelle Fortpflanzung 128 • Skelett 34
Skelettmuskulatur 48 • Verdauung 116
Verdauungskanal 116
Zelle 26

Seröse Haut

Eine Haut, die eine nicht nach außen offene Körperhöhle auskleidet

Seröse Häute kleiden die Körperhöhlen aus und umgeben die darin gelegenen Organe. Sie erzeugen eine Flüssigkeit, die als »Schmiermittel« dient und die Organe leicht gegeneinander beweglich macht. Zu den serösen Häuten gehören das Brustfell, das die Lunge umgibt, und das Bauchfell, das die Bauchhöhle auskleidet.

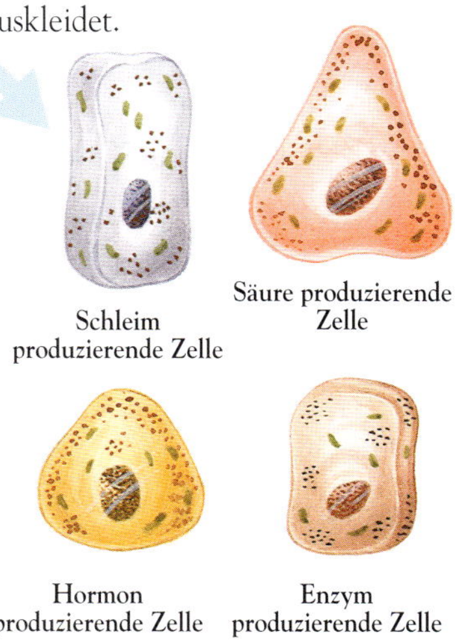

5 Zellen
Es gibt im Körper viele verschiedene Zelltypen. Diese vier findet man in der Magenwand.

Chemische Abläufe im Körper

Der Mensch besteht aus vielen chemischen Substanzen. Diese reagieren miteinander und erzeugen alle Stoffe, die zum Aufbau des Körpers gebraucht werden, sowie auch die notwendige Energie.

Atom

Ein winziges Materieteilchen

Der menschliche Körper enthält eine Riesenzahl von Atomen, die auf höchst raffinierte Weise angeordnet sind. Ein Atom besteht aus Teilchen, die man **Protonen, Neutronen** und **Elektronen** nennt. Es ist der kleinste eigenständige Baustein eines Elements. Im Körper liegen Atome aber meist nicht getrennt vor, sondern sie bilden chemische Verbindungen.

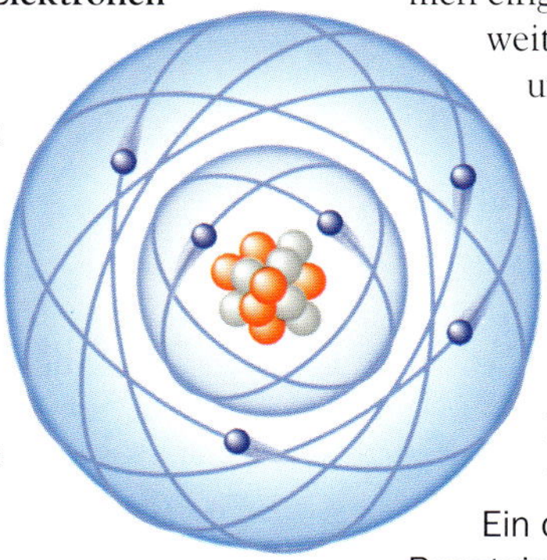

Ein Kohlenstoffatom
In diesem Kohlenstoffatom umkreisen sechs Elektronen (blau) den Kern aus sechs Protonen (rot) und sechs Neutronen (grau).

Element

Eine reine Substanz, die nur Atome eines einzigen Typs enthält

Auf der Erde kommen über 90 Elemente natürlich vor, aber nur 25 davon findet man im menschlichen Organismus. Vier Elemente – Kohlenstoff, **Wasserstoff, Sauerstoff** und **Stickstoff** – machen über 95 Prozent seines Gewichts aus. Wir verschaffen uns die Elemente vor allem durch die organischen Bestandteile der Nahrung und indem wir Wasser zu uns nehmen. Die meisten der anderen 21 Elemente nimmt man mit mineralstoffreicher Nahrung auf.

Kohlenstoff

Ein Element, das in allen Lebewesen vorkommt

Das Leben auf der Erde basiert auf dem Element Kohlenstoff. Jedes Kohlenstoffatom kann chemische Bindungen mit vier anderen Atomen eingehen. Das können weitere Kohlenstoffatome und/oder Atome anderer Elemente sein. So kann Kohlenstoff eine Riesenzahl chemischer Verbindungen bilden.

Molekül

Ein chemischer Baustein aus mindestens zwei verknüpften Atomen

In einem Molekül werden mehrere Atome von chemischen Bindungen zusammengehalten. Die kleinsten Moleküle bestehen nur aus zwei Atomen, die größten, zum Beispiel die der DNA, enthalten über eine Million von ihnen. Solche Riesenmoleküle nennt man auch **Makromoleküle**. Kohlenstoffhaltige Makromoleküle sind ein unentbehrlicher Teil des Organismus.

Ein Cysteinmolekül
Cystein ist eine der wenigen schwefelhaltigen Aminosäuren und ein wichtiger Baustein des Strukturproteins Keratin.

Chemische Bindung

Eine Verbindung zwischen Atomen

Chemische Bindungen halten die Moleküle zusammen. Es gibt zwei wichtige Typen: In einer **kovalenten Bindung** teilen sich Nachbaratome einige ihrer äußeren Teilchen, der Elektronen. Zu diesem Typ gehören fast alle Bindungen in den kohlenstoffhaltigen Molekülen des Körpers. In einer **Ionenbindung** werden Elektronen von den Atomen aufgenommen oder abgegeben; dabei entstehen elektrische Kräfte, die für den Zusammenhalt der Atome sorgen. Ionenbindungen findet man in **Salzen** und anderen Mineralstoffen.

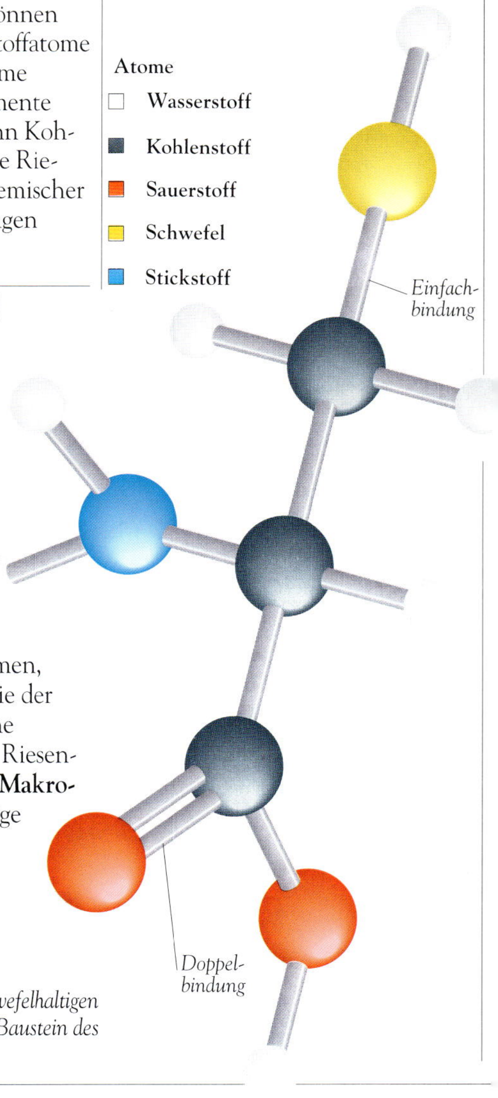

Chemische Verbindung

Eine Substanz aus mindestens zwei Elementen

In einer Verbindung lagern sich die Atome in genauen Verhältnissen zusammen und werden durch chemische Bindungen verknüpft. Häufig haben Verbindungen ganz andere Eigenschaften als die in ihnen enthaltenen Elemente.

Organische Verbindung

Eine kohlenstoffhaltige chemische Verbindung

Im menschlichen Körper gibt es vier Haupttypen organischer Verbindungen: Kohlenhydrate, Proteine, Lipide und Nucleinsäuren. Alle basieren auf dem Element Kohlenstoff.

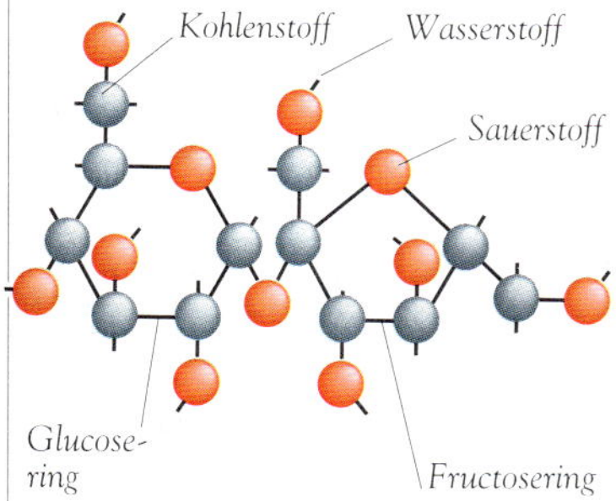

Ein Saccharosemolekül
Normaler Rübenzucker besteht aus der organischen Verbindung Saccharose, einem Kohlenhydrat. In ihrem Molekül ist ein sechseckiger Glucosering an einen fünfeckigen Fructosering gekoppelt.

Anorganische Verbindung

Eine chemische Verbindung, die keinen Kohlenstoff enthält

Die meisten anorganischen Verbindungen im Körper sind einfache Substanzen wie zum Beispiel das Wasser (die häufigste anorganische Verbindung im Organismus), das Gas Sauerstoff (O_2) und die Mineralstoffe. Auch das Gas **Kohlendioxid** (CO_2) rechnet man zu den anorganischen Verbindungen, obwohl es Kohlenstoff enthält.

Ionenverbindung

Eine Verbindung, die Ionen enthält

Eine typische Ionenverbindung ist das Kochsalz. Es enthält Natriumatome, denen ihre Elektronen verloren gegangen sind, und Chloratome, die sie aufgenommen haben. Solche Atome bezeichnet man als **Ionen**. Wenn man Salz isst, lösen und trennen sich die Natrium- und Chlorionen. Körperflüssigkeiten enthalten viele verschiedene Ionen in genau geregelter Konzentration.

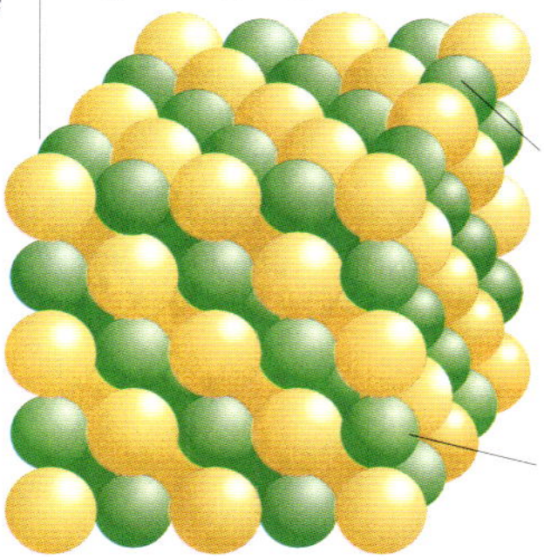

Salzkristalle
Kochsalz, chemisch Natriumchlorid genannt, besteht aus Natrium- und Chlorionen.

Chemische Reaktion

Eine chemische Veränderung

Hierbei machen Elemente oder Verbindungen eine Veränderung durch. Solche Vorgänge werden vielfach durch besondere Proteine, die Enzyme, beschleunigt. In manchen chemischen Reaktionen werden Substanzen gespalten, in anderen aufgebaut. Die Gesamtheit aller Reaktionen im Organismus bezeichnet man als Stoffwechsel.

Oxidation

Eine chemische Reaktion, in der eine Substanz sich mit Sauerstoff verbindet

In dem Vorgang der Zellatmung setzt der Organismus mit Hilfe von Sauerstoff Energie frei. Ohne ständige Sauerstoffversorgung überlebt ein Mensch nicht länger als ein paar Minuten.

Wasser

Lebensnotwendige Flüssigkeit

Wasser ersetzt verlorene Flüssigkeit.

Wasser (H_2O) ist eine Verbindung aus Wasserstoff und Sauerstoff. Es kommt in allen Lebewesen vor und macht 50 bis 75 Prozent des Körpergewichts aus. Wasser ist ein gutes Lösungsmittel und kann an vielen chemischen Reaktionen mitwirken. Außerdem ist es ein guter Wärmespeicher, sodass der Körper mit seiner Hilfe die Temperatur konstant halten kann. Und schließlich kann es Substanzen leicht transportieren.

Lösung

Einheitliche Mischung einer Substanz, die in einer anderen gelöst ist

Der menschliche Organismus enthält viele **gelöste Substanzen**. Bei dem **Lösungsmittel**, in dem sie sich lösen, handelt es sich in den meisten Fällen um Wasser. Eine wichtige Gruppe organischer Verbindungen, die Lipide, ist aber nicht wasserlöslich. Lipide sind entscheidend daran beteiligt, die Zellen von ihrer wässerigen Umgebung zu trennen.

Konzentration

Die Stärke einer Lösung

Eine Lösung, die im Verhältnis zum Lösungsmittel eine große Menge der gelösten Substanz enthält, ist **konzentriert**. Ist die Menge der gelösten Substanz gering, spricht man von einer **verdünnten** Lösung.

Siehe auch

DNA 25 • Enzym 24 • Kohlenhydrat 22
Lipid 23 • Mineralstoff 108
Nucleinsäure 25 • Protein 24
Stoffwechsel 102 • Zellatmung 104
Zelle 26

Kohlenhydrate

Sie sind die wichtigsten chemischen Brennstoffe des Organismus. Durch ihren Abbau gewinnt er die Energie, die seine Zellen zum Leben brauchen.

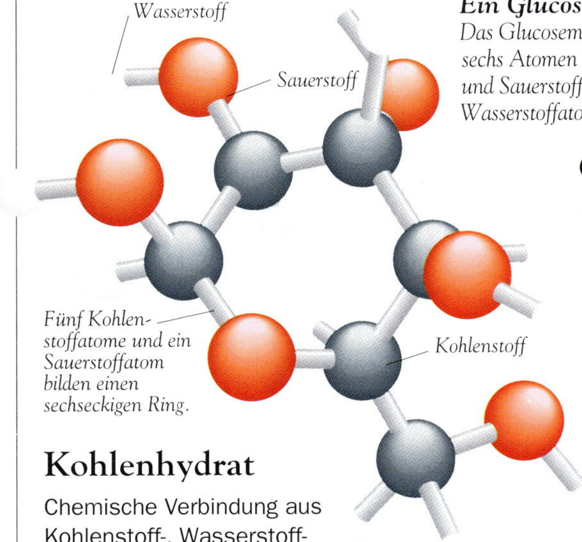

Ein Glucosemolekül
Das Glucosemolekül besteht aus je sechs Atomen Kohlenstoff (schwarz) und Sauerstoff (rot) sowie zwölf Wasserstoffatomen (weiß).

Kohlenhydrat

Chemische Verbindung aus Kohlenstoff-, Wasserstoff- und Sauerstoffatomen

Kohlenhydratmoleküle enthalten meist doppelt so viele Wasserstoffatome wie Kohlenstoff- und Sauerstoffatome. Die Moleküle der einfachsten Kohlenhydrate, der **Monosaccharide**, bestehen aus höchstens sechs Kohlenstoffatomen und haben eine ringförmige Atomanordnung. Ein **Disaccharid** besteht aus zwei verknüpften Monosacchariden; **Polysaccharide** sind lange Ketten aus manchmal mehreren hundert Monosacchariden.

Zucker

Ein einfaches, süß schmeckendes Kohlenhydrat

Die meisten Zucker sind Mono- oder Disaccharide. Zu ihnen gehören die Glucose, die in den meisten Pflanzen- und Tierzellen vorkommt, die **Fructose (Fruchtzucker)** in Früchten und Honig und die **Saccharose (Rohrzucker)** aus Pflanzensaft. Zucker geben dem Körper fast augenblicklich Energie.

Glucose

Häufigste Zucker im Organismus

Die Glucose, auch **Traubenzucker** genannt, ist ein Monosaccharid. Sie ist der wichtigste Brennstoff des Körpers und wird in der aeroben Zellatmung unter Energiefreisetzung abgebaut. Der Körper bezieht die Glucose unmittelbar aus der Nahrung oder durch Verdauung anderer Kohlenhydrate wie Stärke oder Saccharose. Die Glucosemenge im Blut wird durch Hormone kontrolliert. Glucose kann zur Speicherung in Glycogen umgewandelt und durch dessen Abbau wieder zurückgewonnen werden.

Lactose

Ein Disaccharid in der Milch

Lactose (Milchzucker) ist für Säuglinge ein wichtiger Energielieferant. Sie kommt in Muttermilch, Kuhmilch und Milchprodukten vor und wird von dem Verdauungsenzym **Lactase** abgebaut.

Milch
Manche Erwachsenen können das Enzym Lactase nicht produzieren und die Lactose in der Milch nicht verdauen.

Stärke

Ein Polysaccharid, das Pflanzen als Energiespeicher dient

Stärke kommt in Getreide wie Weizen und Reis, aber auch in anderen Pflanzen wie der Kartoffel vor. Ihre langen, verzweigten Molekülketten werden in der Verdauung zu **Maltose** abgebaut, einem Zucker aus zwei Glucoseeinheiten. Aus Maltose gewinnt der Organismus dann die Glucose selbst.

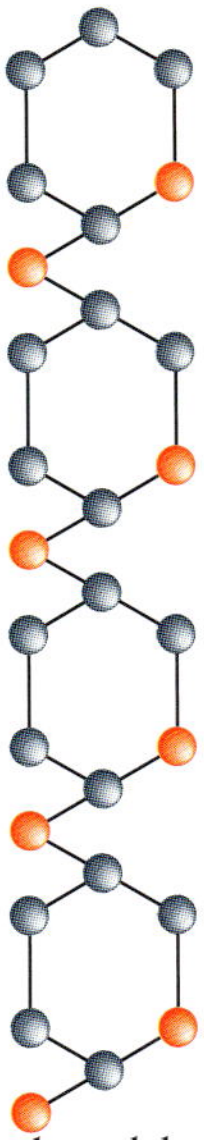

Stärkemolekül

Cellulose

Ein Polysaccharid, das Pflanzen als Baumaterial dient

Die Cellulose ähnelt der Stärke. Sie kommt in Gemüse und anderen pflanzlichen Nahrungsmitteln vor. Im Gegensatz zur Stärke können wir sie aber nicht verdauen; sie durchläuft den Organismus unverändert und ist ein wichtiger Bestandteil der Ballaststoffe in der Nahrung.

Glycogen

Ein Polysaccharid, das dem Organismus als Energiespeicher dient

Das Glycogen **(tierische Stärke)** stellt der Körper durch Verkettung von Glucosemolekülen her und speichert es in Leber und Muskeln. Wird Glucose im Organismus knapp, wird Glycogen abgebaut und die dabei gebildete Glucose ins Blut ausgeschüttet.

Siehe auch

Aerobe Zellatmung 104 • Atom 20
Ballaststoffe 107 • Enzym 24 • Hormon 78
Kohlenstoff 20 • Leber 122 • Milch 141
Molekül 20 • Muskeln 48 • Sauerstoff 20
Verdauung 116 • Wasserstoff 20 • Zelle 26

Lipide

Im Gegensatz zu den meisten anderen organischen Verbindungen stoßen Lipide das Wasser ab. Als wichtige Zellbausteine können sie einzelne Bestandteile von ihrer wässerigen Umgebung trennen. Außerdem sind sie eine konzentrierte Energiequelle.

Lipid

Eine wasserunlösliche organische Verbindung

Zu den Lipiden gehören Fette, Öle und ähnliche Substanzen. Ihre Moleküle ■ enthalten Kohlenstoff und Wasserstoff sowie wenige Sauerstoffatome. Der Organismus nutzt die Lipide auf vielfältige Weise: Manche bilden die Plasmamembran ■ um die Zellen oder die Membranhüllen der Organellen ■. Andere dienen als Energiespeicher, als Schutzpolster oder als Isolation gegen übermäßigen Wärmeverlust. Einige Lipide sind auch chemische Botenstoffe oder Hormone ■.

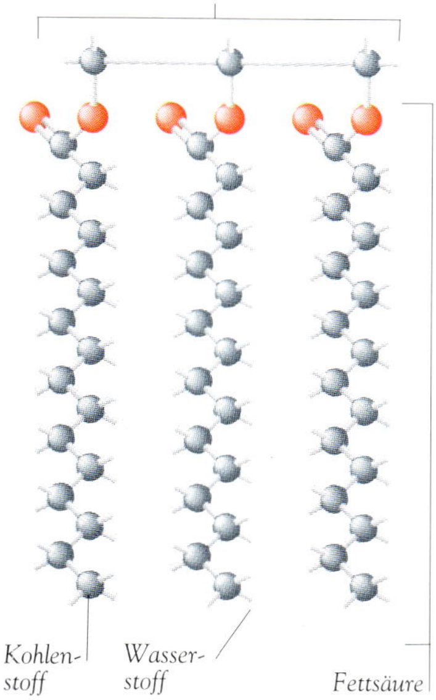

Ein typisches Lipid
Lipide wie Fette und Öle enthalten Triglyceride, deren komplizierte Moleküle Energie speichern. Triglyceride bestehen aus Fettsäuren und Glycerin.

Fett

Ein Lipid, das bei Raumtemperatur fest ist

Fette bestehen aus **Triglyceriden**, chemischen Verbindungen, deren Moleküle **Glycerin** enthalten. Das Glycerin ist mit drei **Fettsäuren** verbunden, die fast ausschließlich aus einer langen Kette von Kohlenstoff- und Wasserstoffatomen bestehen. In einem **Monoglycerid** ist das Glycerin nur mit einer Fettsäure verbunden. Die Kohlenstoffatome **gesättigter Fette** werden durch chemische Einfachbindungen ■ zusammengehalten. Gesättigte Fette kommen im Körper häufig vor und finden sich auch in Fleisch, Eiern und Milchprodukten.

Öl

Ein Lipid, das bei Raumtemperatur flüssig ist

Öle sind flüssige Fette. Sie kommen in Pflanzen häufig vor und sind ein wichtiger Bestandteil einer ausgewogenen Ernährung ■. Viele pflanzliche Öle sind **ungesättigt**, d. h., ihre Kohlenstoffkette enthält mindestens eine chemische Doppelbindung. **Mehrfach ungesättigte Fette** wie Sonnenblumenöl enthalten mehrere Doppelbindungen.

Steroid

Kompliziert gebautes Lipid mit Ringanordnung aus Kohlenstoffatomen

Steroide sind sehr vielgestaltig und erfüllen unterschiedliche Aufgaben. Zu ihnen gehören Hormone, einige Vitamine ■ und das Cholesterin.

Siehe auch

Arteriosklerose 89 • ausgewogene Ernährung 106 • chemische Bindung 20 • Gallensalze 122 • Hormon 78 • Leber 122
Molekül 20 • Organell 26 • organische Verbindung 21 • Plasmamembran 28
Vitamin 108

Cholesterin

Steroid, das zur Hormonproduktion und zum Fetttransport dient

Cholesterin wird für den Aufbau von Plasmamembranen, Steroidhormonen und Gallensalzen ■ gebraucht. Es entsteht in der Leber ■ und ist auch in Fleisch, Eiern und Milchprodukten enthalten. Der Organismus braucht es zwar, aber in zu großer Menge trägt es zu der gefährlichen Krankheit Arteriosklerose ■ bei.

Eidotter enthält Lecithin.

Phospholipid

Lipid, das als Membranbaustein dient

Phospholipidmoleküle bilden die Plasmamembranen rund um die Zellen und auch die Membranhüllen mancher Organellen. Jedes derartige Molekül hat einen »Kopf« und zwei »Schwänze«. Der Kopf ist **hydrophil** und wird von Wasser angezogen, die Schwänze sind **hydrophob** und stoßen es ab. Das wichtigste Phospholipid im Organismus ist das **Lecithin**, auch **Phosphatidylcholin** genannt; es kommt u. a. im Eigelb vor.

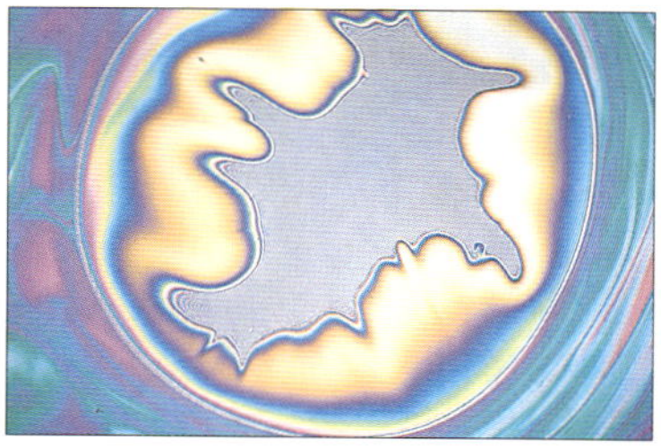

Öl auf dem Wasser
Öl und Wasser mischen sich nicht, sondern bilden getrennte Schichten.

Proteine

Proteine gehören zu den kompliziertesten Körpersubstanzen. Viele tausend Proteintypen führen die unterschiedlichsten Aufgaben aus – manche dienen zum Beispiel als Bausteine von Haaren und Nägeln, andere steuern chemische Reaktionen.

Protein

Eine chemische Verbindung aus Aminosäurebausteinen

Proteine sind organische Verbindungen. Ihre Moleküle sind Ketten aus Aminosäuren, die in genau festgelegter Reihenfolge verknüpft sind. Während der Proteinsynthese faltet sich die Kette, sodass das Molekül seine charakteristische Form annimmt. Auf Grund dieser Form kann es dann eine bestimmte Aufgabe erfüllen. Zur Herstellung der Proteine dienen die in den Genen codierten Anweisungen.

Aminosäure

Ein Proteinbaustein

Es gibt im Organismus 20 verschiedene Aminosäuren, die sich in unterschiedlichster Reihenfolge anordnen können. Aminosäuren enthalten Kohlenstoff, Sauerstoff und Wasserstoff. Außerdem besitzen sie mindestens eine **Aminogruppe** (NH_2) aus einem Stickstoff- und zwei Wasserstoffatomen. Die chemische Bindung zwischen benachbarten Aminosäuren nennt man **Peptidbindung**, und die Kette aus Aminosäuren heißt **Peptid**.

Siehe auch

Arterie 88 • Bindegewebe 19 • chemische Reaktion 21 • Gen 132 • Hämoglobin 82 Knochen 34 • Knorpel 35 • Kohlenstoff 20 • Molekül 20 • organische Verbindung 21 • Proteinsynthese 132 Sauerstoff 20 • Sehne 49

Essenzielle Aminosäure

Eine Aminosäure, die der Organismus nicht selbst herstellen kann

Der menschliche Organismus kann nicht alle Aminosäuren aus einfachen Rohstoffen herstellen, wandelt aber manche Aminosäuren in andere um. Zehn der 20 Aminosäuren, die der Körper braucht, sind essenziell: Sie müssen mit der Nahrung aufgenommen werden. Die übrigen zehn entstehen durch chemische Umwandlung aus diesen essenziellen Aminosäuren.

Enzym

Ein Protein, das chemische Reaktionen im Körper beschleunigt

Enzyme wirken als **Katalysatoren**: Sie beschleunigen chemische Reaktionen um das Tausend-oder Millionenfache. Ohne Enzyme würden chemische Vorgänge wie die Verdauung so langsam ablaufen, dass Leben nicht möglich wäre.

Enzymgesteuerte Reaktionen
Jedes Enzym beschleunigt eine einzige Reaktion. Die beteiligten Moleküle passen zum Enzym wie ein Schlüssel zum Schloss.

Strukturprotein

Ein Protein, das als Baustein dient

Strukturproteine stützen und schützen viele Körperteile. Das häufigste Protein dieser Gruppe ist das **Kollagen**; es bildet widerstandsfähige Fasern und verstärkt Knorpel, Sehnen, Knochen und anderes Bindegewebe. Haut, Haare und Nägel enthalten das Strukturprotein **Keratin**, das zäh, Wasser abweisend und widerstandsfähig gegen chemische Angriffe ist. Ein anderes Protein, das **Elastin**, macht die Haut geschmeidig und sorgt dafür, dass die Arterien sich mit dem Herzschlag ausdehnen und zusammenziehen können.

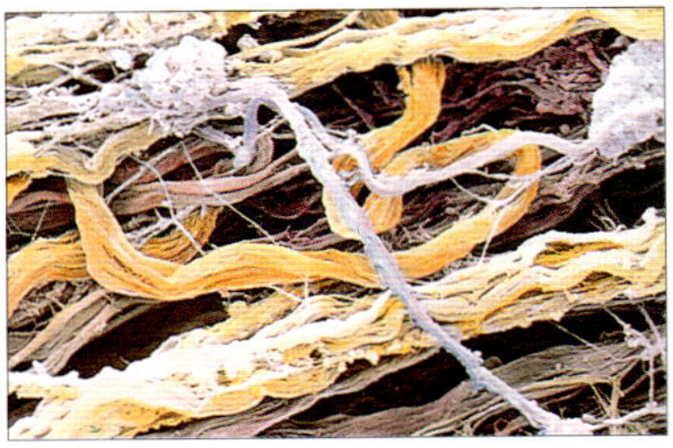

Kollagenfasern
Kollagen bildet zähe, biegsame Fasern, die das Reißen des Gewebes verhindern.

Transportprotein

Ein Protein, das andere Substanzen durch den Körper befördert

Transportproteine nehmen Substanzen an einer Stelle auf und laden sie an einer anderen ab. Das wichtigste Protein dieser Gruppe ist das Hämoglobin, das im Blut den Sauerstoff transportiert.

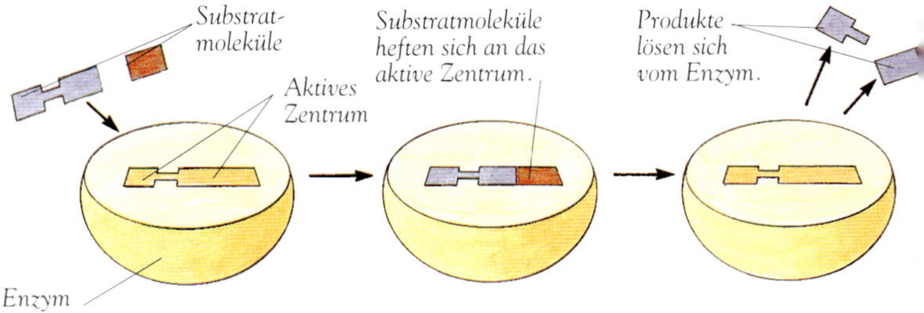

1 *Die an der Reaktion beteiligten Moleküle (Substrate) passen in das so genannte aktive Zentrum des Enzyms.*

2 *Das Enzym hält die Substrate fest, sodass sie reagieren und die Produkte bilden können.*

3 *Die Produkte werden freigesetzt. Das Enzym hat sich nicht verändert und kann weitere Moleküle aufnehmen.*

Nucleinsäuren

Sie sind im Organismus das Gegenstück zu einem Computerprogramm, denn sie speichern mit einem besonderen chemischen Code alle Informationen für Aufbau und Funktion des gesamten Körpers.

Nucleinsäure

Eine komplizierte organische Verbindung, die Information enthält

Nucleinsäuren sind organische Verbindungen aus vielen kleinen Bausteinen, den **Nucleotiden**. Es gibt im Organismus zwei Typen von Nucleinsäuren: DNA und RNA. Die DNA enthält die Gene, die dem Körper die Herstellung von Proteinen befehlen und deshalb einen chemischen »Bauplan« darstellen. Die DNA liegt zum größten Teil in den Zellkernen. Die RNA dient als Überträger: Sie liest die Information in der DNA ab, befördert sie aus dem Zellkern und sorgt für ihre Umsetzung.

DNA

Eine Substanz, die im Organismus die Information speichert

Ein Molekül der DNA (vom englischen **d**esoxyribo**n**ucleic **a**cid) oder Desoxyribonucleinsäure (DNS) besteht aus mehreren Millionen Atomen. Es setzt sich aus zwei langen Strängen zusammen, die sich in Form der **Doppelhelix** umeinander winden. Zusammengehalten werden die Stränge durch chemische Gruppen, die Basen. Die Reihenfolge (Sequenz) der Basen codiert die genetischen Anweisungen jeder einzelnen Zelle und ist von Mensch zu Mensch ein wenig unterschiedlich. Jede Zelle hat in den Chromosomen die vollständige Ausstattung mit DNA-Molekülen.

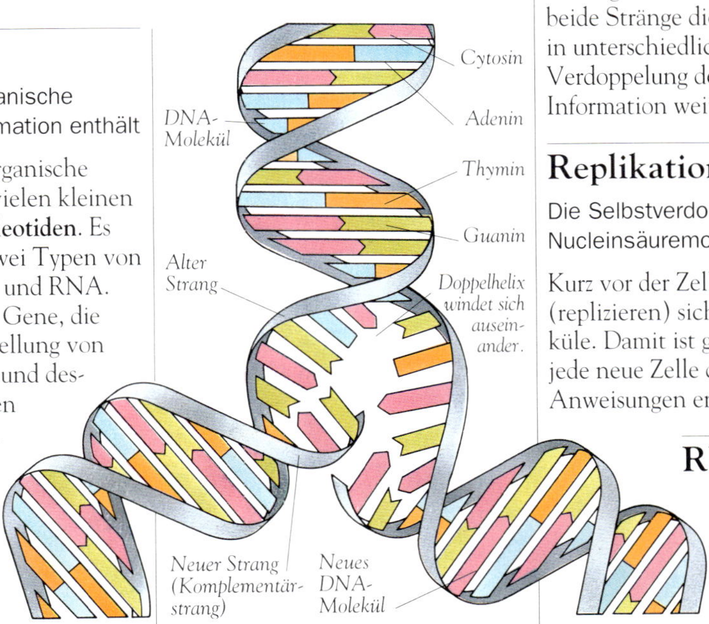

DNA-Replikation
Bei der Replikation windet sich die DNA-Doppelhelix auseinander. Die Stränge trennen sich, und an jedem von ihnen entsteht eine komplementäre Kopie. Es entstehen zwei neue DNA-Moleküle, jedes mit einem alten und einem neuen Strang.

Base

Baustein des Informationsspeichers in einer Nucleinsäure

In den Nucleinsäuren kommen nur vier verschiedene Basen vor. Diese legen wie die Buchstaben des Alphabets die durch den genetischen Code verschlüsselten Anweisungen fest. Werden sie entschlüsselt, befehlen sie der Zelle, alle benötigten Proteine herzustellen. Die Basen der DNA heißen **Cytosin, Guanin, Thymin** und **Adenin**. In der RNA sind es die gleichen, nur steht hier **Uracil** an Stelle des Thymins.

Basenpaar

Zwei chemisch verbundene Basen

Im DNA-Molekül ist jede Base chemisch mit ihrem Partner im anderen Strang verbunden. Adenin paart sich immer mit Thymin, und Cytosin immer mit Guanin. Wegen dieser genauen Paarung tragen beide Stränge dieselbe Information in unterschiedlicher Form. Bei der Verdoppelung der Stränge wird die Information weitergegeben.

Replikation

Die Selbstverdoppelung eines Nucleinsäuremoleküls

Kurz vor der Zellteilung verdoppeln (replizieren) sich die DNA-Moleküle. Damit ist gewährleistet, dass jede neue Zelle die vollständigen Anweisungen erhält.

RNA

Nucleinsäure, die Informationen zur Proteinherstellung weitergibt

Es gibt zwei wichtige Typen der RNA (vom englischen **r**ibo**n**ucleic **a**cid) oder Ribonucleinsäure: Die **Messenger-RNA** (kurz **mRNA**) liest einen Teil der Information in einem DNA-Strang ab und transportiert sie aus dem Zellkern, sodass sie zur Proteinherstellung genutzt werden kann (Transkription). Die **Transfer-RNA (tRNA)** befördert die zur Proteinherstellung notwendigen Aminosäuren zu einem Ribosom, das die mRNA abliest und die Aminosäuren in richtiger Ordnung zusammenfügt (Translation).

Siehe auch

Chromosom 132 • Gen 132
genetischer Code 132 • organische Verbindung 21 • Protein 24 • Ribosom 27
Transkription 132 • Translation 132
Zellkern 27 • Zellteilung 30

Zellen

Unser Körper besteht aus über 50 Billionen Zellen, die eng zusammenarbeiten. Jede ist eine mikroskopisch kleine Welt, in der viele tausend chemische Reaktionen genau geregelt ablaufen.

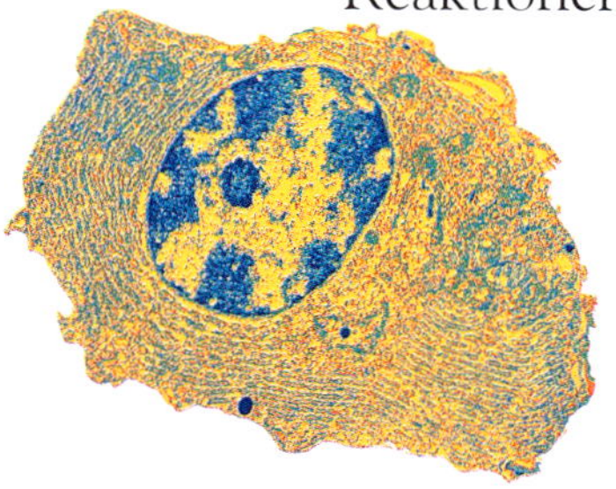

Eine typische menschliche Zelle
Um den Zellkern: die Membranschichten des endoplasmatischen Reticulums

Zelle

Die kleinste lebende Einheit

Zellen sind die kleinsten vollständig lebendigen Bausteine des Körpers. Eine typische Zelle besteht aus dem Cytoplasma, einer dicklichen Flüssigkeit, die einen Zellkern enthält. Umgeben ist sie von einer dünnen Hülle, der Plasmamembran ■, die ganz bestimmte Substanzen in die Zelle hinein- oder herauslässt. Es gibt viele verschiedene Zelltypen. Sie sind nicht zufällig gemischt, sondern meist in Gruppen angeordnet, die man Gewebe ■ nennt. Zellen pflanzen sich durch Zweiteilung ■ fort.

Siehe auch

Aerobe Zellatmung 104 • Atemwege 110
Chromosom 132 • DNA 25 • Eileiter 129
Elastin 24 • Entwicklung 142 • Enzym 24
Gewebe 18 • Gewebeflüssigkeit 96
Ion 21 • Keratin 24 • Kollagen 24
Lipid 23 • Messenger-RNA 25
Mikroskop 16 • Mineralstoff 108
organische Verbindung 21 • Phagocytose 29 • Plasmamembran 28
Protein 24 • Proteinsynthese 132
Ribosom 27 • Samenzelle 128
Translation 132 • Zellteilung 30

Organell

Gebilde innerhalb einer Zelle, das eine bestimmte Funktion erfüllt

Wenn man sich eine Zelle als Fabrik vorstellt, entsprechen die Organellen einzelnen Abteilungen. Sie tragen jeweils mit einer ganz bestimmten Tätigkeit zum Leben der Zelle bei. Organellen halten die vielen chemischen Vorgänge einer Zelle voneinander getrennt, damit die Reaktionen sich gegenseitig nicht stören. Zahl und Art der Organellen sind je nach der Funktion der Zelle unterschiedlich.

Cytoplasma

Inhalt einer Zelle mit Ausnahme von Plasmamembran und Zellkern

In der durchsichtigen, geleeartigen Flüssigkeit des Cytoplasmas liegen die Organellen. Häufig kreist es in der Zelle. Das Cytoplasma besteht zu fast 90 Prozent aus Wasser, das gelöste Ionen ■, mikroskopisch kleine Teilchen und organische Verbindungen ■ enthält.

Cytoskelett

Ein Geflecht dünner Fäden in einer Zelle

Im Cytoplasma liegt ein Geflecht hauchdünner Fäden und Röhren, die nur unter einem sehr starken Mikroskop ■ sichtbar werden. Diese Strukturen bilden das »Skelett« der Zelle. Sie halten die Organellen an der richtigen Stelle fest, bewegen sie während der Zellteilung und ermöglichen es der Zelle auch, ihre Form zu verändern.

Endoplasmatisches Reticulum

Membransystem, das zahlreiche Substanzen herstellt und speichert

Das endoplasmatische Reticulum oder kurz **ER** ist ein zusammenhängendes System aus gefalteten Membranen. Das **raue endoplasmatische Reticulum** ist mit Ribosomen ■ besetzt, kleinen Organellen, die Proteine erzeugen. Am **glatten endoplasmatischen Reticulum** fehlen die Ribosomen; es ist an der Lipidsynthese ■ beteiligt.

Aufbau einer Zelle
Jede Zelle enthält viele Organellen und einen Zellkern.

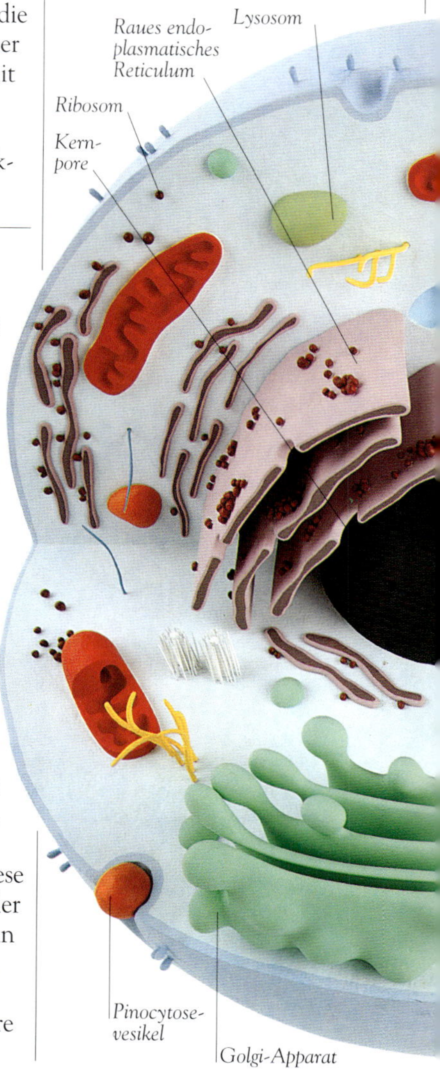

Ribosom

Ein Aggregat aus vielen Molekülen, an dem die Proteine zusammengesetzt werden

Ribosomen gehören zu den kleinsten Organellen einer Zelle, sind dafür aber häufig sehr zahlreich. Sie sind im Cytoplasma verteilt oder an das endoplasmatische Reticulum geheftet. Ribosomen sind der Ort der Proteinsynthese: Hier findet die Translation der Anweisungen in der Messenger-RNA statt. Zellen, die viele Proteine erzeugen, besitzen eine große Zahl von Ribosomen, sodass ihr Cytoplasma regelrecht gepunktet aussieht.

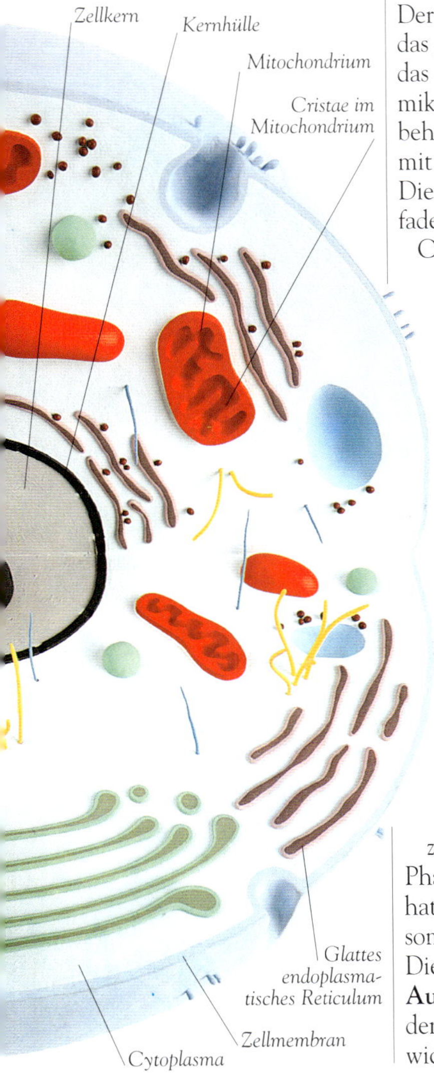

Golgi-Apparat

Ein Verpackungs- und Transportsystem für viele von der Zelle erzeugte Substanzen

Viele Körperzellen bilden besondere Substanzen, die sie an ihrer Oberfläche oder in die Umgebung freisetzen. Der Golgi-Apparat besteht aus Membranen, die diese Substanzen speichern und dann aus der Zelle ausstoßen. Außerdem entstehen hier die Lysosomen.

Zellkern

Die Steuerungszentrale einer Zelle

Der Zellkern ist in vielen Zellen das größte Organell und oft auch das einzige, das man im Lichtmikroskop sehen kann. Er beherbergt die DNA-Moleküle mit der Erbinformation der Zelle. Die DNA ist in seinem Inneren zu fadenförmigen Strukturen, den Chromosomen, zusammengewunden. Von der übrigen Zelle ist der Zellkern durch die **Kernhülle** getrennt. Durch Löcher in dieser Hülle, die **Kernporen**, tritt der Zellkern mit seiner Umgebung chemisch in Kontakt.

Lysosom

Ein Speicher für Abbausubstanzen

Lysosomen enthalten Enzyme, die lebendes Material sehr wirksam abbauen können. Sie beseitigen abgenutzte Organellen und verdauen Fremdsubstanzen, welche die Zelle durch Phagocytose aufgenommen hat. Manchmal zerstören Lysosomen auch ihre eigene Zelle. Diese »Selbstverdauung« oder **Autolyse** kommt vor allem in den ersten Stadien der Entwicklung häufig vor.

Mitochondrium

Ein Organell, das Energie gewinnt

In den **Mitochondrien** läuft die aerobe Zellatmung ab, mit der die Zelle Energie gewinnt. Sie besitzen zwei Membranen: die Äußere ist glatt, die Innere dagegen ist zu Cristae gefaltet, an denen die Zellatmung stattfindet. Braucht eine Zelle viel Energie, können die Mitochondrien wachsen, sich teilen und so den Bedarf befriedigen.

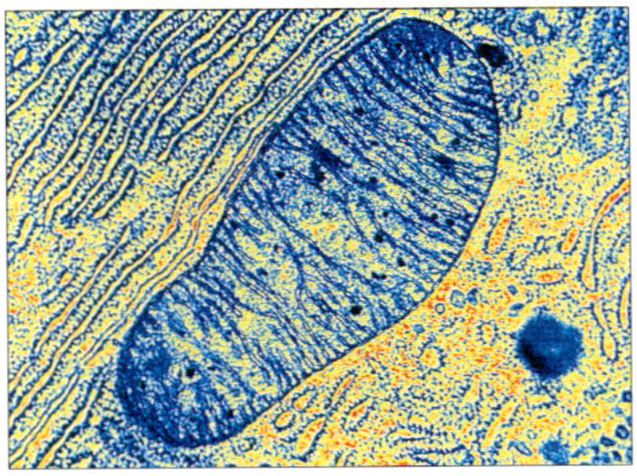

Mitochondrium in einer Zelle
Das Mitochondrium enthält im Inneren stark gefaltete Membranen.

Cilien

Kurze, haarähnliche Fortsätze, die vorwärts und rückwärts rudern

Mit Hilfe der Cilien bewegt eine Zelle Substanzen über ihre Oberfläche. Cilien findet man in Eileitern und Atemwegen.

Flagelle

Ein langer, haarartiger Fortsatz, der vor allem zur Bewegung dient

Flagellen stehen in der Regel einzeln und bewegen die Zelle fordert, indem sie von einer Seite zur anderen schlagen. Sie sind ein typisches Merkmal von Samenzellen.

Extrazelluläres Material

Unbelebte Substanzen außerhalb der Zellen

Die meisten Körperzellen werden von Gewebeflüssigkeit umspült. Manche sind aber auch von festen Substanzen umgeben, z. B. von Proteinen und Mineralstoffen.

Zellmembranen

Zellmembranen erkennt man nur mit einem sehr starken Mikroskop. Sie wirken wie eine Schutzschicht: Manche Dinge lassen sie passieren, andere nicht. Trotz ihres zarten Aussehens sind Zellmembranen sehr widerstandsfähig, und wenn sie beschädigt wurden, verschließen sie sich von selbst wieder.

Plasmamembran

Eine dünne Barriere zwischen einer Zelle und ihrer Umgebung

Als **Membran** bezeichnet man jedes dünne Häutchen um ein Organell, eine Zelle oder eine andere Struktur. Die Plasmamembran oder **Zellmembran** umgibt eine Zelle; sie besteht aus einer Doppelschicht aus Phospholipidmolekülen. Die Moleküle passen zusammen wie die Teile eines beweglichen Mosaiks und verschließen jede kleine Lücke sofort wieder. Die Plasmamembran enthält auch andere Lipide, z. B. das Cholesterin sowie eine Reihe von Proteinen. Viele dieser Proteine dienen als Kanäle und lassen Substanzen in die Zelle hinein oder aus ihr heraus.

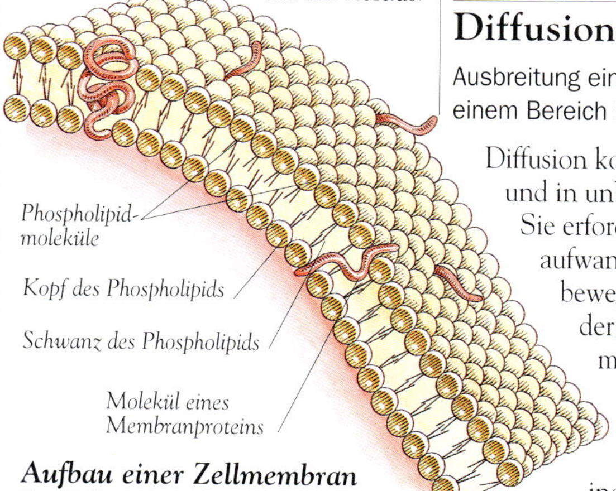

Aufbau einer Zellmembran
Die Zellmembran besteht aus einer Doppelschicht von Phospholipidmolekülen. Die Molekülköpfe ziehen Wasser an, die Schwänze stoßen es ab; deshalb ordnen sich die Phospholipide zur Doppelschicht an.

Selektiv permeable Membran

Eine Schranke mit Löchern

Permeabel heißt eine Membran, die bestimmte Moleküle passieren lässt. Die Plasmamembran um eine Zelle ist selektiv permeabel oder **semipermeabel**: Sie lässt manche Moleküle durch, versperrt anderen jedoch den Weg. Nur durch diesen Stoffaustausch mit der Umgebung kann eine Zelle am Leben bleiben. Anders als unbelebte Membranen wird die Plasmamembran von Hormonen, Histamin und anderen Substanzen beeinflusst. Solche Stoffe können ihre Durchlässigkeit und damit das chemische Gleichgewicht in der Zelle verändern.

Diffusion

Ausbreitung einer Substanz aus einem Bereich hoher Konzentration

Diffusion kommt in Lebewesen und in unbelebter Materie vor. Sie erfordert keinen Energieaufwand. Die Moleküle bewegen sich auseinander, bis sie sich gleichmäßig verteilt haben. Für die **erleichterte Diffusion** sorgen besondere Proteine in der Plasmamembran, die Substanzen wie der Glucose beim Durchtritt »helfen«. Für diesen Vorgang ist wie für die normale Diffusion keine Energie erforderlich.

Osmose

Die Wanderung von Wasser durch eine semipermeable Membran von einer verdünnten in eine konzentrierte Lösung

Osmose, eine Art der Diffusion, läuft zwischen zwei Lösungen unterschiedlicher Konzentration ab, die durch eine semipermeable Membran getrennt sind. Die Membran versperrt großen gelösten Molekülen den Durchtritt, Wasser kann sie jedoch passieren. Die Wassermoleküle wandern durch die Membran, bis die Konzentration beider Lösungen sich ausgeglichen hat. Osmose kommt im Organismus und in unbelebter Materie vor. Sie erfordert keinen Energieaufwand. Verlässt das Wasser eine Zelle schneller, als es in sie eindringt, schrumpft die Zelle **(Plasmolyse)**.

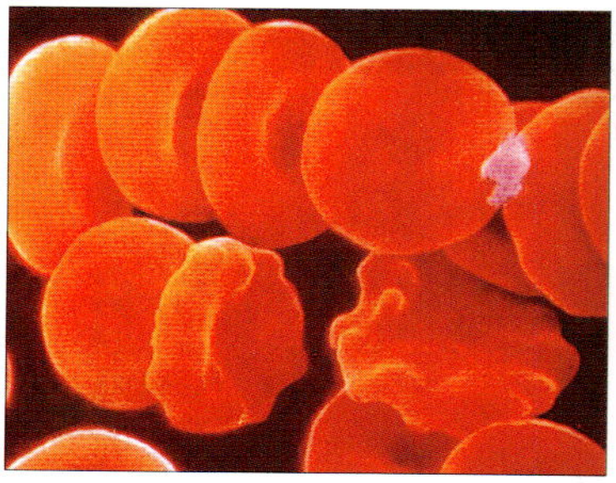

Schrumpfung roter Blutzellen
Rote Blutzellen, aus denen das Wasser austritt, schrumpfen und werden runzelig.

Aktiver Transport

Der Transport von Molekülen durch eine Membran unter Energieaufwand

Anders als Diffusion und Osmose lässt der aktive Transport die Konzentration einer Lösung steigen. Er erfordert Energie, die meist aus der Verbindung ATP (Adenosintriphosphat) stammt. Die Zellen nutzen den aktiven Transport, um Substanzen aufzunehmen oder auszuscheiden. Er wird von Proteinen in einer Membran ausgeführt. Aktiven Transport leistet beispielsweise die Natrium-Kalium-Pumpe der Nervenzellen.

Symbole

- Gelöstes Molekül
- Wassermolekül
- Zellmembran
- Zellumgebung
- Zellinneres

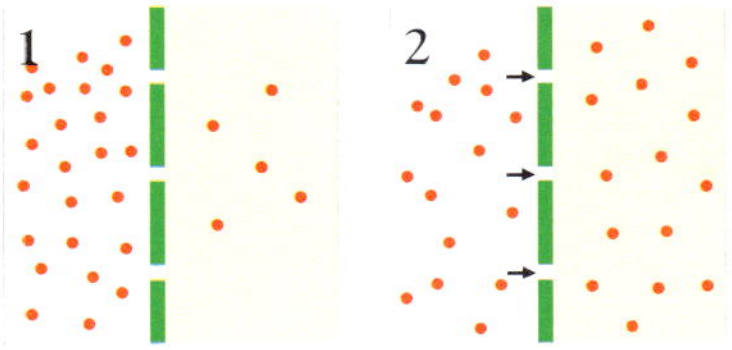

Diffusion
(1) Die Konzentration der gelösten Moleküle ist außerhalb der Zelle höher; deshalb (2) wandern sie von der hohen zur niedrigen Konzentration: Der Unterschied gleicht sich aus.

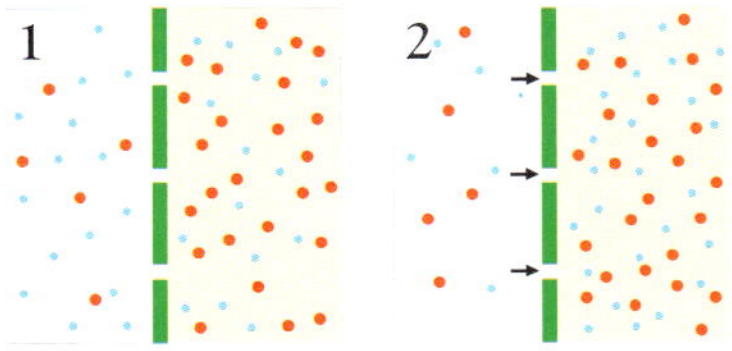

Osmose
(1) Die Konzentration der Wassermoleküle ist im Zellinneren geringer; deshalb (2) wandern sie durch die Zellmembran: Der Unterschied gleicht sich aus.

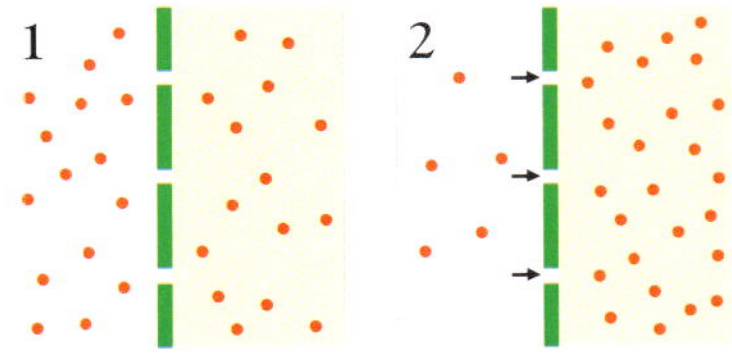

Aktiver Transport
(1) Die Konzentration der gelösten Moleküle ist innerhalb und außerhalb der Zelle gleich. (2) Gelöste Moleküle werden aktiv durch die Membran transportiert, sodass sie schließlich in der Zelle konzentrierter sind als in der Umgebung.

Osmotischer Druck

Der Druck, den man aufwenden muss, damit Wasser nicht durch eine semipermeable Membran in eine Lösung wandert

Das Wasser, das bei der Osmose wandert, sorgt in seiner Umgebung für eine Druckzunahme. Der osmotische Druck einer Lösung ist umso größer, je mehr gelöste Teilchen sich in einem bestimmten Volumen befinden. Deshalb wandern Wassermoleküle in eine solche Lösung.

Isotonisch

Mit gleichem osmotischem Druck

Der osmotische Druck von Zellen und Körperflüssigkeiten wird ständig überwacht und reguliert, ein Vorgang, den man Osmoregulation nennt. Normalerweise sind die Zellen im Organismus im Vergleich zur Umgebung isotonisch: Sie geben durch Osmose weder Wasser ab, noch nehmen sie Wasser auf. Wird eine Zelle **hypotonisch**, ist ihr Inneres weniger konzentriert als die Umgebung, sodass sie Wasser verliert und schrumpft. Eine **hypertonische** Zelle dagegen ist stärker konzentriert als ihre Umgebung; die Osmose sorgt dann dafür, dass die Zelle Wasser aufnimmt und anschwillt.

Wasserpotenzial

Das Bestreben des Wassers, sich bei der Osmose durch eine semipermeable Membran zu bewegen

Das Wasserpotenzial einer Zelle hängt vom osmotischen Druck der Flüssigkeit in ihrem Inneren ab. Enthält sie gelöste Substanzen in hoher Konzentration, ergibt sich ein hoher osmotischer Druck, und das Wasserpotenzial ist niedrig. Dann drückt das höhere Wasserpotenzial der Umgebung weiteres Wasser in die Zelle.

Pinocytose

Flüssigkeitsaufnahme durch Umschließen

Bei der Pinocytose umschließt die Zelle ein Flüssigkeitströpfchen und nimmt es in sich auf. Dabei stülpt sich die Zellmembran ein, sodass ein Bläschen oder **Vesikel** entsteht. Dieses enthält die Flüssigkeit, die dann verdaut wird. Zur Pinocytose sind die meisten Körperzellen in der Lage, zur Phagocytose nur wenige.

Phagocytose

Aufnahme von Teilchen durch Umschließen

Viele Zellen können nicht nur einzelne Moleküle aufnehmen, sondern auch größere Teilchen oder ganze Zellen. Sie beseitigen auf diese Weise Abfälle oder greifen Krankheitserreger an. Dazu bildet die Zelle zunächst dünne Ausstülpungen, die man **Pseudopodien** nennt. Diese schließen das Teilchen oder die andere Zelle ein, verbinden sich und nehmen den Gegenstand in sich auf. Er wird zunächst in einem membranumhüllten Vesikel aufbewahrt. Dieses verbindet sich dann mit Lysosomen, der Inhalt wird verdaut. Auf Phagocytose spezialisierte Zellen heißen Phagocyten.

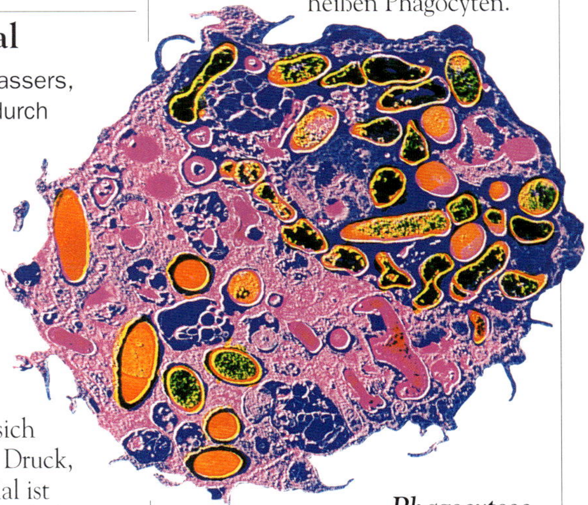

Phagocytose
Diese Zelle hat zahlreiche Bakterien aufgenommen, die als grüne und rote Gebilde in ihrem Inneren zu erkennen sind.

Siehe auch

ATP 105 • Cholesterin 23
Glucose 22 • Histamin 94
Hormon 78 • Konzentration 21
Krankheit 92 • Lipid 23 • Lösung 21
Lysosom 27 • Molekül 20
Natrium-Kalium-Pumpe 59
Nervenzelle 58 • Organell 26
Osmoregulation 77 • Phagocyten 95
Phospholipid 23 • Protein 24 • Zelle 26

Zellteilung

Jeden Tag produziert unser Körper durch Zellteilung mehrere Milliarden neue Zellen. Manche davon werden zum Wachsen gebraucht, andere ersetzen abgestorbene Vorgänger. Durch eine besondere Form der Zellteilung entstehen die Fortpflanzungszellen.

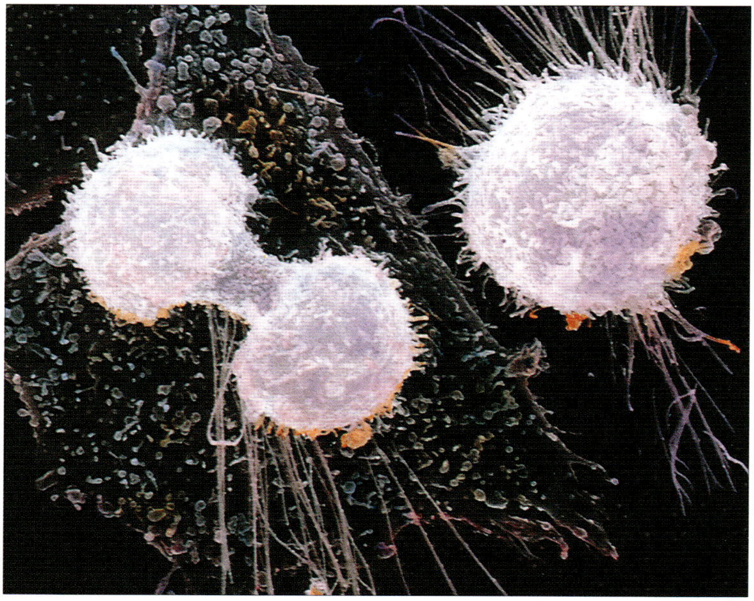

Zellteilung
Elektronenmikroskopische Falschfarbenaufnahme des letzten Stadiums der Mitose. Die neuen Zellen (links) sind noch durch eine Cytoplasmabrücke verbunden. Wenn sie verschwindet, sind die Zellen fertig.

Zellteilung

Die Fortpflanzung der Zellen durch Verdoppelung

Zellen können sich auf zweierlei Weise teilen: durch Mitose oder durch Meiose. Die Mitose, die bei Wachstum und Reparatur abläuft, besteht aus einer einzigen Zellteilung und lässt zwei neue Zellen entstehen. Manche Zellen teilen sich ständig, andere **spezialisieren** sich auf eine bestimmte Aufgabe und verlieren die Teilungsfähigkeit. Die Meiose dient der Fortpflanzung; sie umfasst zwei Teilungen, bei denen vier neue Zellen gebildet werden.

Zellzyklus

Der Lebenszyklus einer Zelle

Wie der gesamte Körper, so hat auch jede Zelle ihren Lebenszyklus. Seine Länge ist je nach Zelltyp unterschiedlich. Zellen, die stark abgenutzt werden, wie beispielsweise in Haut ▪ und Verdauungskanal ▪, bilden sich durch Zellteilung ungefähr alle 24 Stunden neu. Stark spezialisierte Zellen teilen sich meist viel seltener. Die Neuronen ▪ oder Nervenzellen zum Beispiel verdoppeln sich nach ihrer Entstehung überhaupt nicht mehr. Die Teilung selbst dauert etwa eine Stunde. In der übrigen Zeit, der **Interphase**, führt jede Zelle ihre normale Tätigkeit aus, und ihre Chromosomen ▪ werden zur Vorbereitung der nächsten Teilung kopiert.

Somatische Zelle

Eine Zelle, die nicht an der sexuellen Fortpflanzung beteiligt ist

Die allermeisten Zellen sind somatische Zellen, die durch Mitose entstehen. Sie sind auf verschiedene Aufgaben spezialisiert und sehen vielfach unterschiedlich aus, enthalten aber dieselben Gene ▪. Außerdem sind sie diploid, sie besitzen einen doppelten Chromosomensatz. Sie sind nicht an der sexuellen Fortpflanzung beteiligt und geben ihre Gene deshalb nicht an die nächste Generation weiter.

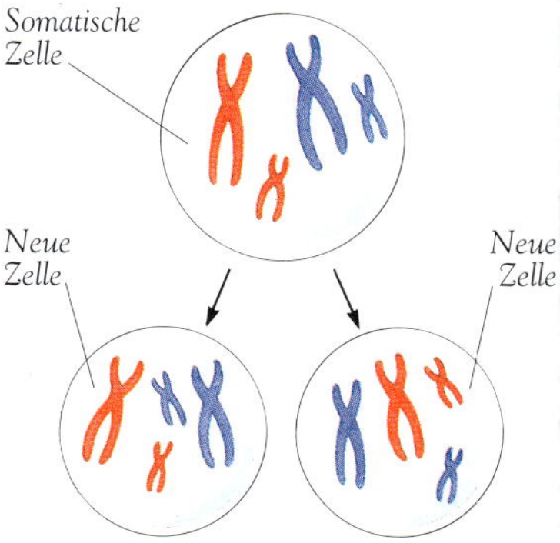

Mitose
Bei der Mitose, einer einzigen Zellteilung, entstehen zwei Tochterzellen. Sie enthalten jeweils einen doppelten Chromosomensatz und gleichen genau der Ausgangszelle.

Mitose

Teilung eines Zellkerns bei der Entstehung zweier gleichartiger Zellen

Mitose ist das Mittel für Wachstum und Reparatur: Eine somatische Zelle bringt zwei neue Zellen mit gleichartigen Chromosomen hervor. Bevor die Mitose beginnt, werden die Chromosomen der Zelle verdoppelt, und jedes von ihnen bildet eine X-förmige Struktur aus zwei Chromatiden ▪. Während der Mitose verdichten sich die Chromatiden; anschließend werden sie auseinander gezogen, und zwei neue Zellkerne ▪ bilden sich. Nach der Mitose teilt sich das Cytoplasma, fertige neue Zellen sind entstanden.

Meiose

Eine Form der Zellteilung, bei der andersartige Zellen entstehen

Die Meiose spielt sich im Fortpflanzungssystem ab und bringt Geschlechtszellen hervor. Sie besteht aus zwei nacheinander ablaufenden Zellteilungen, die vier neue Zellen entstehen lassen. Diese sind haploid – sie besitzen jeweils einen einzigen Chromosomensatz und sind genetisch unterschiedlich. Bei Männern ist die Meiose ein Teil der Spermatogenese in den Hoden. Bei Frauen gehört sie zur Oogenese in den Eierstöcken.

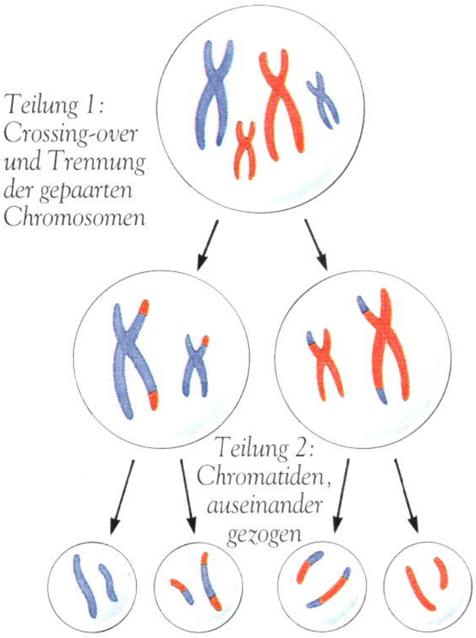

Meiose
Während der beiden Meioseteilungen werden die Gene der Zelle gemischt und neu kombiniert. Die vier dabei entstehenden Zellen sind genetisch unterschiedlich.

Spindelapparat

Ein System winziger Röhren, das die Chromatiden während der Zellteilung trennt

Bei der Zellteilung werden die Chromatiden getrennt und auf verschiedene Zellen verteilt. Dafür ist der Spindelapparat der Zelle verantwortlich. Er hat zwei Pole an Organellen, die man **Centriolen** nennt. Die Pole sind durch winzige Röhren verbunden, welche die Chromatiden zu ihnen ziehen.

Crossing-over

Genaustausch zwischen gleichartigen Chromosomen

Zu Beginn der Meiose lagern sich Paare gleichartiger (homologer) Chromosomen nebeneinander und bilden Strukturen, die man **Tetraden** nennt. Da jedes Chromosom aus zwei Chromatiden besteht, liegen in einer Tetrade vier Chromatiden nebeneinander (tetra ist das griechische Wort für »vier«). Die Chromatiden bilden **Chiasmata** (Einzahl **Chiasma**): Sie überkreuzen sich und tauschen Stücke aus. Anschließend trennen sich die Chromosomen. Das Crossing-over ist wichtig, denn es sorgt im Organismus für die neue Zusammenstellung oder **Rekombination** von Genen.

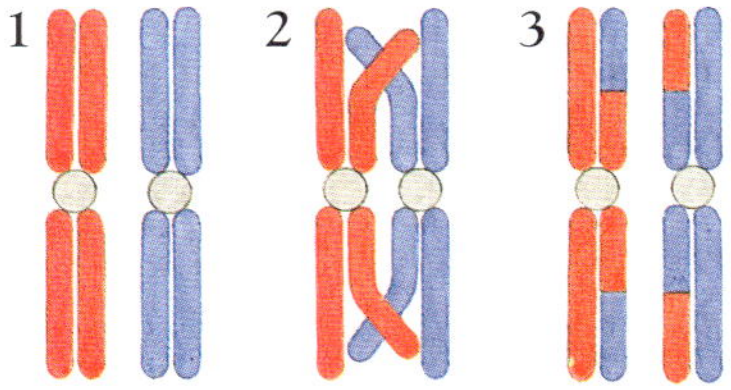

Rekombination
(1) Vor der Meiose lagern sich homologe Chromosomen zu Tetraden zusammen. (2) Die Chromatiden verschiedener Chromosomen überkreuzen sich und tauschen Stücke aus. (3) Die Chromosomen trennen sich. Jedes Paar trägt jetzt eine neue Kombination von Genen oder Allelen der Eltern.

Zufällige Segregation

Die zufällige Aufteilung eines doppelten Chromosomensatzes

Die Meiose beginnt mit einer einzigen Zelle, die einen doppelten Chromosomensatz besitzt. Ein Satz stammt dabei ursprünglich vom Vater, der andere von der Mutter. Bei der Meiose teilen sich die Chromosomen auf, die neuen Zellen erhalten eine Mischung aus den Chromosomen beider Eltern. Dieser Vorgang der zufälligen Segregation ist ein weiterer Weg, auf dem neue Genkombinationen entstehen.

Siehe auch

Chromatiden 132 • Chromosom 132
diploide Zelle 133 • Eierstock 129
Fortpflanzungssystem 128 • Gen 132
Geschlechtszelle 128 • haploide Zelle 133
Haut 32 • Hoden 128
homologe Chromosomen 133 • Neuron 58
Oogenese 129 • Organell 26
Spermatogenese 128
Verdauungskanal 116 • Virus 92
Zellkern 27

Krebs

Eine Krankheit, die durch unkontrollierte Zellteilung entsteht

Es gibt viele verschiedene Krebsarten, aber alle haben eines gemeinsam: Die Zellen teilen sich unkontrolliert, und das führt zu Wucherungen, die man **Tumoren** nennt. Nachdem ein Tumor entstanden ist, wächst er häufig sehr schnell, und dann kann er die normalen Körperfunktionen beeinträchtigen. Außerdem bilden Tumoren häufig **Metastasen**: Einige ihrer Zellen lösen sich und lassen an anderen Stellen neue Tumoren entstehen. Vermutlich entsteht Krebs, wenn bestimmte Gene, die in normalen Zellen vorhanden sind, aktiviert werden. Für diese Aktivierung können sehr unterschiedliche Auslöser sorgen, z. B. die **Karzinogene**, Chemikalien, die für eine Unordnung in der DNA der Zellen sorgen; eine andere Ursache sind Viren.

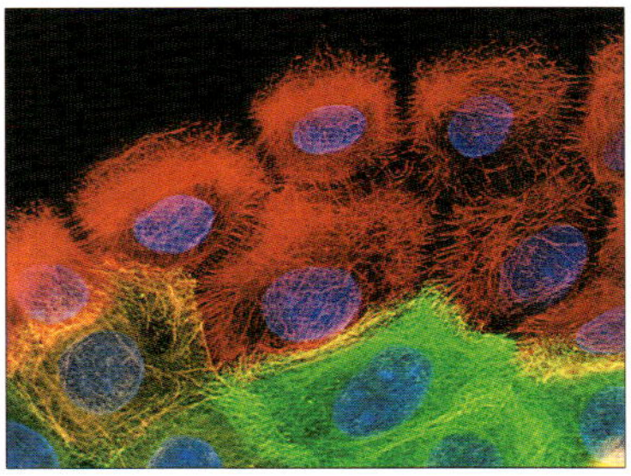

Krebszellen
Die lichtmikroskopische Aufnahme zeigt Zellen eines Plattenepithelkarzinoms, einer Art von Hautkrebs.

Haut, Haare & Nägel

Die Haut ist das größte Organ. Zusammen mit Haaren und Nägeln bildet sie eine höchst wirksame Schranke zwischen Organismus und Außenwelt.

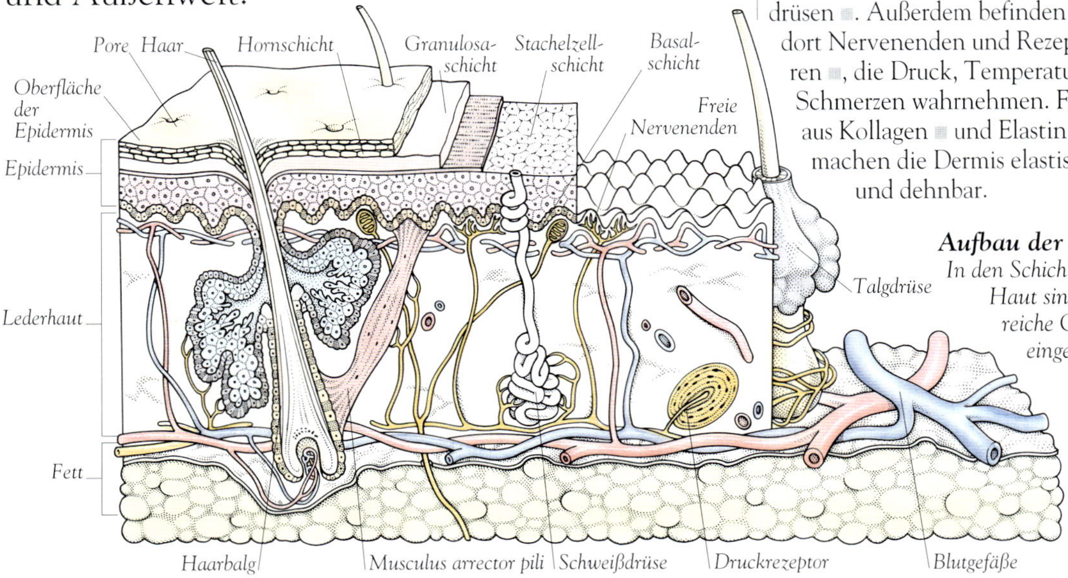

Aufbau der Haut
In den Schichten der Haut sind zahlreiche Gebilde eingebettet.

Lederhaut

Der innere Teil der Haut

Die Lederhaut oder Dermis ist dicker als die Epidermis und enthält nur lebende Zellen sowie ein dichtes Geflecht von Blutkapillaren, Haarbälgen und Schweißdrüsen ▪. Außerdem befinden sich dort Nervenenden und Rezeptoren ▪, die Druck, Temperatur und Schmerzen wahrnehmen. Fasern aus Kollagen ▪ und Elastin ▪ machen die Dermis elastisch und dehnbar.

Haut und ihre Anhangsgebilde

Organe und Strukturen zum Schutz der Körperaußenseite

Die Haut und ihre Anhangsgebilde, vor allem Haare und Nägel, bilden die **äußere Körperhülle**. Sie schützen den Organismus und sind für die Homöostase ▪ von Bedeutung.

Haut

Die äußere Körperbedeckung

Die Haut ist ein Organ ▪ aus mehreren Zellschichten ▪. Sie verhindert das Austrocknen. Außerdem schützt sie den Organismus vor mechanischer Beschädigung, vor Mikroorganismen ▪, die Infektionen ▪ hervorrufen könnten, und vor ultravioletter Strahlung. Sie ist wichtig für die Temperaturregulation ▪ und hat Nervenzellen, die Druck, Temperatur und Schmerzen wahrnehmen. Bei Erwachsenen hat sie eine Oberfläche von bis zu 2 m^2.

Epidermis

Die Außenschicht der Haut

Die Epidermis ist recht dünn, besteht aber aus mindestens vier Zellschichten. Am tiefsten liegt die **Basalschicht (Stratum basale)** aus nebeneinander stehenden Zellen, die sich ständig teilen und die neuen Zellen nach außen schieben. Darüber befindet sich die **Stachelzellschicht (Stratum spinosum)** aus acht bis zehn Zell-Lagen mit stachelförmigen Fortsätzen. Auf ihrem weiteren Weg nach außen gelangen die Zellen in die **Granuloseschicht (Stratum granulosum)**, wo sie sich mit Keratin ▪ füllen, während der Zellkern ▪ sich auflöst. Wenn sie ganz außen in der **Hornschicht (Stratum corneum)** ankommen, sind sie flach und völlig abgestorben. Die äußersten Zellen werden ständig abgeschilfert und von unten ersetzt.

Hautleiste

Eine Leiste an der Haut von Händen und Füßen

Hände und Füße müssen häufig etwas greifen oder sich am Boden abstoßen. Damit sie nicht abrutschen, ist ihre Oberfläche dicht mit schmalen, weniger als 1 mm hohen Leisten besetzt, die bei jedem Menschen ein einzigartiges Muster bilden. Sie enthalten Schweißgänge und hinterlassen einen **Fingerabdruck**, wenn man einen Gegenstand berührt.

Fingerabdrücke
Alle Menschen außer eineiigen Zwillingen haben unterschiedliche Fingerabdrücke.

Melanin

Ein Pigment in der Haut

Melanin ist ein dunkelbrauner Farbstoff, der in der Epidermis und in Haaren sowie in der Netzhaut und der Iris des Auges vorkommt. Es absorbiert die schädliche Ultraviolettstrahlung im Sonnenlicht und verhindert, dass sie den Organismus schädigen kann. Durch Einwirkung von ultraviolettem Licht steigt die Melaninproduktion, und die Haut wird braun. Menschen mit dunkler Haut besitzen viel Melanin. Bei Hellhäutigen ist seine Menge geringer, manchmal liegt es aber gehäuft in kleinen Hautflecken, den **Sommersprossen**. Die Melaninproduktion wird durch ein einziges Gen gesteuert. Menschen, denen dieses Gen fehlt, nennt man Albinos; sie haben sehr helle Haut und weiße oder hellgelbe Haare.

Melanin
Die Hautfarbe hängt davon ab, wie viel Melanin die Haut produziert. Die Hautfarbe schwankt bei verschiedenen Bevölkerungsgruppen stark.

Talgdrüse

Eine Drüse, die Talg produziert

Talgdrüsen sind in der Regel mit Haarbälgen verbunden. Sie produzieren den **Talg**, eine fettige Flüssigkeit, die Haut und Haare weich und geschmeidig hält. Talgdrüsen verteilen sich über den ganzen Körper mit Ausnahme der Handflächen und Fußsohlen. An Armen, Beinen und Rumpf sind sie recht klein, im Gesicht und am Hals jedoch größer und zahlreicher.

Schweißdrüse

Ein Drüsenknäuel, das Schweiß produziert

Die Schweißdrüsen liegen in der Lederhaut. Sie sind jeweils durch einen kurzen **Schweißgang** mit einer kleinen Vertiefung in der Oberfläche verbunden, der **Pore**. Wird der Körper zu warm, produzieren die Drüsen salzigen **Schweiß**, der nach außen dringt. Er verdunstet und nimmt dabei Wärme vom Blut unter der Hautoberfläche auf, sodass der Körper abkühlt. Der Vorgang der Schweißproduktion heißt Transpiration.

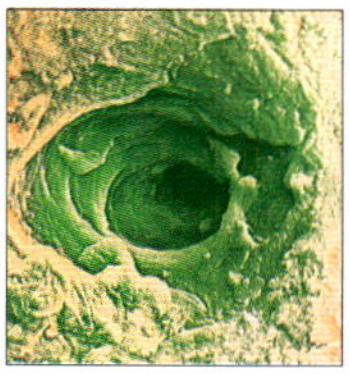

Pore

Haar

Ein Faden aus toten Zellen, der in der Haut verwurzelt ist

Haare wachsen auf dem ganzen Körper mit Ausnahme von Handflächen, Fußsohlen, Lippen, Teilen der Geschlechtsorgane und Brustwarzen. Sie schützen die Haut und erleichtern die Wahrnehmung von Dingen, die in die Nähe ihrer Oberfläche kommen. Ein Haar besteht aus toten Zellen, die Keratin enthalten. Seine Struktur hängt davon ab, wo und wann es wächst. Ein Fetus ist anfangs von feinem **Primärhaar** bedeckt; an seine Stelle treten später das **Woll- oder Vellushaar**, das auf dem ganzen Körper wächst, und das dickere **Terminalhaar** der Kopfhaut, das auch Augenbrauen und Wimpern bildet. Haare entspringen in den **Haarbälgen** oder **Haarfollikeln** der Haut, die durch Epidermis und Lederhaut reichen. Am unteren Ende des Haarbalges liegen Zellen, die sich teilen und das Haar wachsen lassen. Follikel mit runder Öffnung bringen glatte Haare hervor; ist die Öffnung oval oder gebogen, wird das Haar gewellt.

Gänsehaut

Kleine Erhöhungen rund um die Haarbälge

Wenn man friert oder plötzlich Angst hat, bekommt man unter Umständen eine Gänsehaut. Jede ihrer vielen kleinen Erhöhungen wird durch einen winzigen glatten Muskel hervorgerufen, den **Musculus arrector pili**. Er stellt den Haarbalg senkrecht und lässt uns »die Haare zu Berge stehen«.

Nagel

Eine harte Abdeckung an Fingern und Zehen

Die Nägel schützen Finger und Zehen vor Schäden und ermöglichen die Handhabung kleiner Gegenstände. Nägel bestehen fast ausschließlich aus Keratin. Sie werden von Zellen gebildet, die sich ständig teilen, und wachsen im Monat bis zu 5 mm. Das schmale **Nagelhäutchen** am hinteren Ende des Nagels gehört zur Hornschicht der Haut. Der weiße **Halbmond** unter dem Nagel enthält einen Teil der Zellen, die durch ihre Teilung den Nagel bilden.

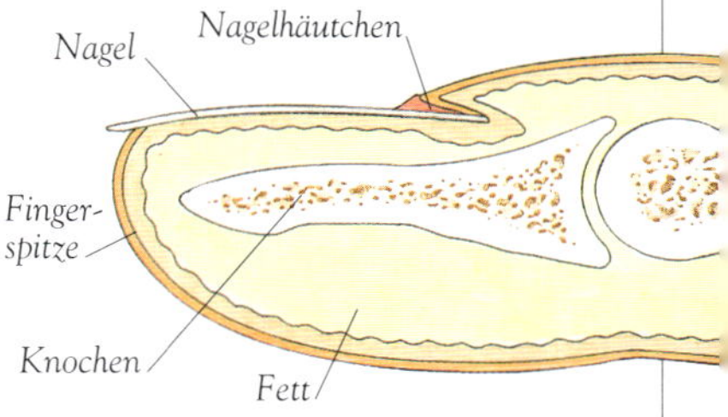

Aufbau eines Nagels
Der Nagel entspringt in einer Schicht aktiver Zellen an Seiten und Hinterende.

Siehe auch

Albinismus 146 • Drüse 78 • Elastin 24 • Fetus 137 • Gen 132 • glatte Muskulatur 49 • Homöostase 76 • Infektion 92 • Iris 68 • Kapillare 88 • Keratin 24 • Kollagen 24 • Mikroorganismus 92 • Netzhaut 69 • Organ 18 • Rezeptor 59 • Temperaturregulation 76 • Transpiration 77 • Zelle 26 • Zellkern 27

Skelettgewebe

Das Skelett ist das kräftige, biegsame Stützgerüst, das dem Körper seine Form verleiht. Es schützt ihn und macht ihn beweglich. Wie alle anderen Körperteile ist das Skelett lebendig: Es passt sich an die Erfordernisse des täglichen Lebens an und repariert sich bei Schäden selbst.

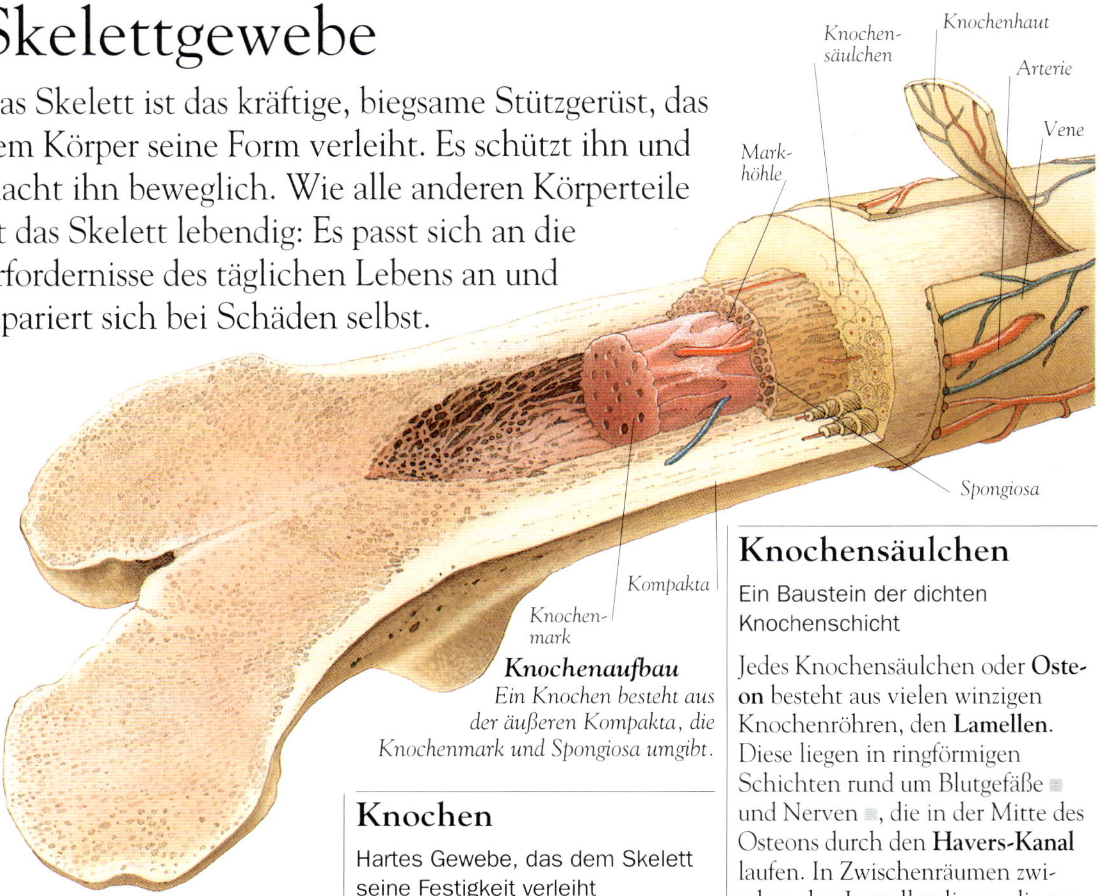

Knochenaufbau
Ein Knochen besteht aus der äußeren Kompakta, die Knochenmark und Spongiosa umgibt.

Skelett

Ein kräftiges inneres Gerüst, das den Körper stützt und schützt

Das Skelett, das vor allem aus Knochen und Knorpel besteht, gliedert sich in Achsen- ■ und Extremitätenskelett ■. Es gibt dem Körper seine Form, schützt innere Organe und dient als Verankerung für die Muskeln, die es bewegen. Außerdem speichert es Mineralstoffe ■ und bildet Blutzellen.

Siehe auch

Achsenskelett 36 • Bandscheibe 37
Bindegewebe 19 • Blutgefäß 88
Embryo 137 • Extremitätenskelett 40
Gelenk 44 • Haut 32 • Hormon 78
Kehlkopf 111 • Kollagen 24
Mineralstoff 108 • Nerv 58
Zahnschmelz 118 • Zelle 26

Knochen

Hartes Gewebe, das dem Skelett seine Festigkeit verleiht

Knochen sind lebendes Bindegewebe ■; sie bestehen aus Kollagen ■ sowie den Mineralstoffen Calcium und Phosphor. Seine weit voneinander getrennten Zellen ■, die **Osteocyten**, sind von Kollagenfasern umgeben, die den Knochen widerstandsfähig machen. Das Gewebe wird ständig von den **Osteoblasten** genannten Zellen auf- und von den **Osteoklasten** abgebaut.

Kompakta

Harte äußere Schicht der Knochen

Die harte Außenschicht der Knochen nennt man **Substantia compacta** oder kurz Kompakta. Sie ist nach dem Zahnschmelz ■ das zweithärteste Körpermaterial und kann große Kräfte auffangen, ohne zu brechen. Sie besteht aus parallelen, nur im Mikroskop sichtbaren Strukturen, den Knochensäulchen.

Knochensäulchen

Ein Baustein der dichten Knochenschicht

Jedes Knochensäulchen oder **Osteon** besteht aus vielen winzigen Knochenröhren, den **Lamellen**. Diese liegen in ringförmigen Schichten rund um Blutgefäße ■ und Nerven ■, die in der Mitte des Osteons durch den **Havers-Kanal** laufen. In Zwischenräumen zwischen den Lamellen liegen die ausgereiften Knochenzellen (Osteocyten), die durch mikroskopisch kleine Kanäle verbunden sind.

Spongiosa

Wabenförmiger Teil der Knochen

Die **Substantia spongiosa** der Knochen, kurz Spongiosa oder **Bälkchenschicht**, besteht aus einem Gewirr kleiner Knochenbalken, den **Trabeculae** (Einzahl **Trabecula**). Die Hohlräume enthalten meist rotes Knochenmark.

Knochenmark

Weiches Gewebe im Knocheninneren

Das Knochenmark liegt in der Spongiosa und in der **Markhöhle** in der Mitte langer Knochen. **Rotes Knochenmark** bildet Blutzellen, **gelbes Knochenmark** speichert Fett.

Knochenhaut

Eine Haut, die als Hülle der Knochen dient

Die Knochenhaut **(Periost)** ist dünn, aber widerstandsfähig. Sie bedeckt die gesamte Knochenoberfläche mit Ausnahme der Gelenke und bildet eine Anheftungsstelle für Sehnen. Sie ist unentbehrlich für Wachstum und Reparatur der Knochen; außerdem enthält sie Kapillaren, die den Knochen ernähren.

Knorpel

Zähes, biegsames Gewebe, das stützt und Bewegungen erleichtert

Der Knorpel, eine Form des Bindegewebes, wird von den Knorpelzellen (**Chondrocyten**) gebildet. Er enthält Fasern des Proteins Kollagen, die in eine geleeartige Substanz eingelagert sind. Das Kollagen verleiht dem Knorpel seine Festigkeit, die Grundsubstanz macht ihn biegsam. Knorpel enthält wenige Blutgefäße und keine Nerven.

Hyaliner Knorpel

Glatte, glänzende Form des Knorpels

Der hyaline oder **glasige Knorpel** ist der am weitesten verbreitete Knorpeltyp. Er kleidet mit seiner glatten, glänzenden Oberfläche viele Gelenke aus. Mit seiner Hilfe können die Knochen leicht übereinander gleiten.

Fibröser Knorpel

Eine Form des Knorpels mit hohem Kollagengehalt

Fibröser Knorpel (Faserknorpel) dient als Stoßdämpfer in Bandscheiben, Knien, Handgelenken.

Elastischer Knorpel

Hat lange, dehnbare Fasern

Er enthält das federnde Protein Elastin und kommt im Kehlkopf und im äußeren Teil des Ohres vor.

Fraktur

Ein Knochenbruch

Bei sehr starker Belastung kann ein Knochen brechen. Häufig muss man dann dafür sorgen, dass er wieder seine ursprüngliche Form annimmt. Vielfach hält man dazu die Bruchflächen in der richtigen Stellung zusammen, bis die Heilung abgeschlossen ist. Bei einem **offenen** oder **komplizierten Bruch** durchstoßen die gebrochenen Knochen die Haut; bei einem **einfachen** oder **geschlossenen Bruch** ist das nicht der Fall.

Heilung eines Knochenbruchs

Bis zur vollständigen Heilung durchläuft der gebrochene Knochen mehrere Stadien.

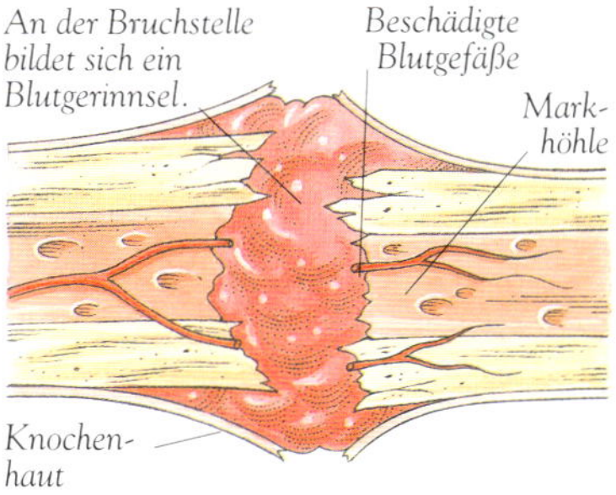

1 *Ca. 6–8 Stunden nach der Verletzung entsteht an der Bruchstelle ein Blutgerinnsel.*

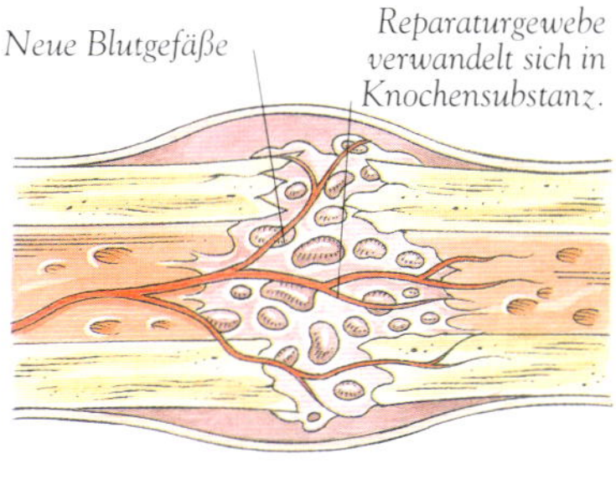

2 *Blutgefäße wachsen in das Gerinnsel ein; geschädigtes Gewebe wird abgebaut. Die Bruchenden werden durch Kollagenfasern verbunden; Reparaturgewebe (der Kallus) bildet sich. An seine Stelle tritt später die Knochensubstanz.*

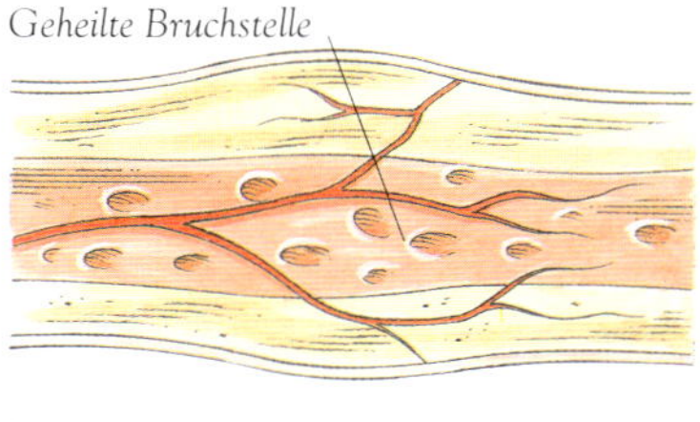

3 *Form wird wieder hergestellt: An den Rändern der Bruchstelle: kompakte Knochenmasse.*

Clopton Havers

Englischer Arzt, ca. 1650–1702

Mit Knochen beschäftigte man sich schon seit langem, aber Clopton Havers gehörte zu den Ersten, die ihre Feinstruktur mit dem Mikroskop untersuchten. Dabei entdeckte er in der Kompakta die ringförmigen Schichten rund um winzige Röhren, die deshalb auch Havers-Kanäle heißen. Er verfasste das wichtige Lehrbuch *Osteologia Nova* (»Neue Lehre von den Knochen«).

Knochenbildung

Die Entstehung der Knochen

Anfangs besteht das Skelett vorwiegend aus Knorpel. Die Knochenbildung beginnt, wenn der Embryo sechs Wochen alt ist, und setzt sich bis ins Erwachsenenalter fort. Die Osteoblasten lagern Mineralstoffe in den Knorpel ein und verwandeln ihn so in Knochen. Im höheren Alter kann das Skelett durch Veränderungen des Hormonspiegels schwächer werden, sodass Knochen brechen. Dieser Zustand heißt **Osteoporose**.

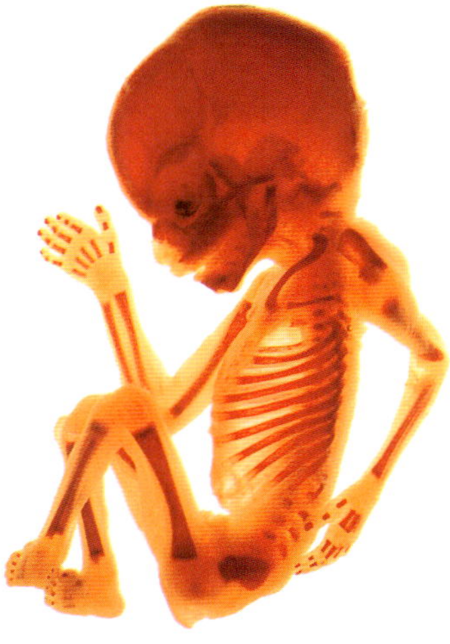

Das Skelett eines Fetus

Röntgenaufnahme vom Skelett eines zwölf Wochen alten Fetus. Gewebe, das sich bereits in Knochen verwandelt hat, erscheint rot, Knorpel ist weiß.

Achsenskelett

Das Achsenskelett läuft in der Körpermitte von oben nach unten. Mit knapp der Hälfte der 206 Knochen des Menschen schützt und stützt es wichtige innere Organe wie Herz und Lunge. Es ist mit den Knochengürteln verbunden, an denen die Extremitäten verankert sind.

Achsenskelett

Der zentrale Teil des Skeletts

In der Körpermitte zieht sich eine gedachte Mittellinie oder Achse ■ von oben nach unten. Die Knochen an dieser Mittellinie oder in ihrer Nähe gehören zum Achsenskelett. Es umfasst den Schädel ■, die Wirbel, die Rippen, das Brustbein und das Zungenbein. Mit Gehörknöchelchen besteht das Achsenskelett aus 80 Knochen.

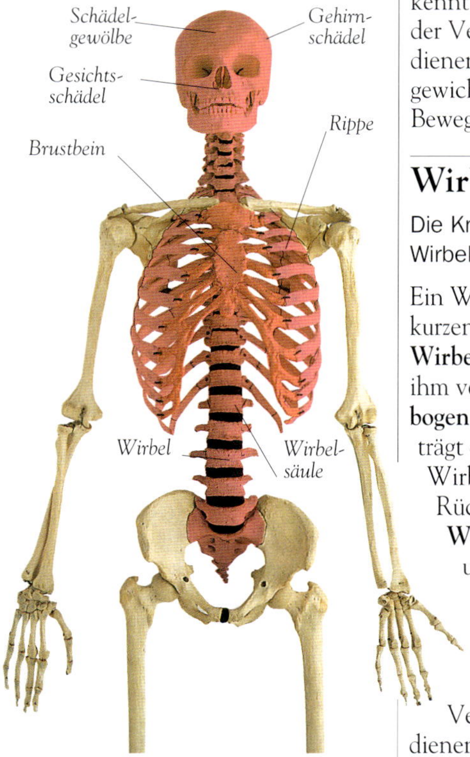

Das Achsenskelett
Das Achsenskelett (rot) läuft in der Körpermitte von oben nach unten.

Wirbelsäule

Kräftige, biegsame Säule aus Knochen, die in der Körpermitte von oben nach unten verläuft

Die Wirbelsäule, die man auch **Rückgrat** nennt, besteht aus Wirbeln, die durch Gelenke ■ verbunden sind. Jedes Gelenk erlaubt geringfügige Bewegungen, und alle zusammen machen die Wirbelsäule sehr biegsam. Von der Seite erkennt man vier **Krümmungen**, die der Verstärkung der Wirbelsäule dienen, den Körper im Gleichgewicht halten und Stöße bei Bewegungen auffangen.

Wirbel

Die Knochen, aus denen die Wirbelsäule besteht

Ein Wirbel besteht aus einem kurzen, säulenförmigen **Wirbelkörper** und dem mit ihm verbundenen **Wirbelbogen**. Der Wirbelkörper trägt das Körpergewicht. Der Wirbelbogen schützt das Rückenmark ■, das durch den **Wirbelkanal** von oben nach unten verläuft. Am Wirbelbogen befinden sich mehrere Wirbelfortsätze, die der Verbindung zu anderen Wirbeln und der Verankerung von Muskeln ■ dienen. Die Wirbelsäule besteht aus 24 einzelnen Wirbeln und neun weiteren, die teilweise oder ganz verschmolzen sind.

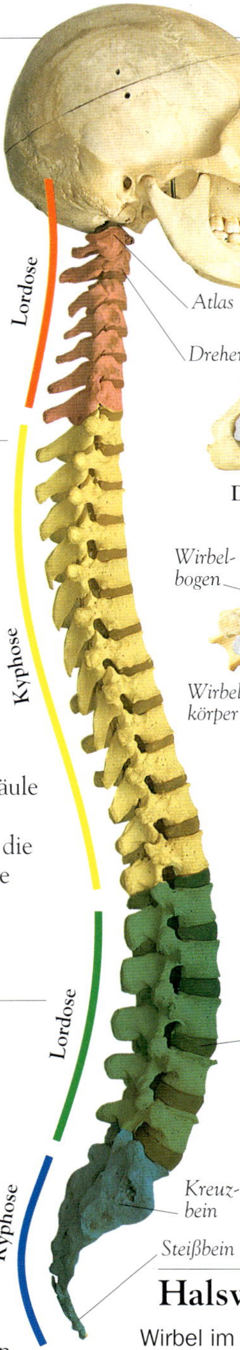

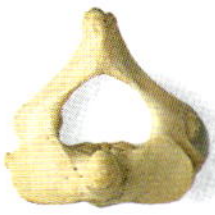

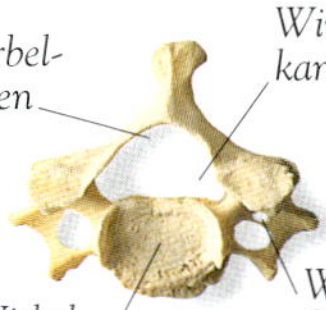

Bedeutung der Farben

- Halswirbel
- Brustwirbel
- Lendenwirbel
- Kreuzbeinwirbel

Schädel und Wirbelsäule
Die Wirbelsäule hat vier Krümmungen, zwei nach vorn und zwei nach hinten.

Halswirbel

Wirbel im Halsbereich

Die sieben Halswirbel bilden den obersten Teil der Wirbelsäule, der nach vorn gebogen ist (Lordose). Im Vergleich zu den meisten anderen Wirbeln sind die Halswirbel klein und leicht. Der erste, **Atlas** genannt, und der zweite, der **Dreher**, ermöglichen dem Schädel mit ihrer besonderen Form die Drehung und die Bewegung nach oben und unten.

Brustwirbel

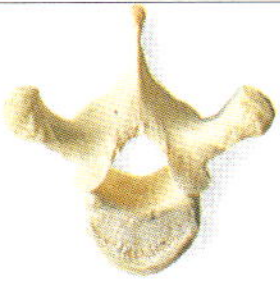

Die Wirbel hinter dem Brustkorb

Die zwölf Brustwirbel bilden den mittleren Teil der Wirbelsäule, der nach hinten gebogen ist (Kyphose). An ihnen sind die Rippen verankert.

Lendenwirbel

Die Wirbel im unteren Rücken

Die fünf Lendenwirbel bilden den unteren, nach vorn gekrümmten Teil der Wirbelsäule. Ihre Krümmung bildet das **Hohlkreuz**. Die Lendenwirbel sind von allen Wirbeln die größten und tragen das meiste Gewicht.

Kreuzbein

Ein dreieckiger Knochen am unteren Ende der Wirbelsäule

Das Kreuzbein besteht aus fünf **Kreuzbeinwirbeln**, die bei der Geburt getrennt sind, sich aber um das 20. Lebensjahr zu einem einzigen Knochen verbinden. Das Kreuzbein ist nach hinten gebogen und stellt eine kräftige Verankerung für den Beckengürtel ▪ dar.

Steißbein

Eine Gruppe kleiner Knochen ganz am Ende der Wirbelsäule

Das Steißbein bildet das untere Ende der Wirbelsäule; es besteht meist aus vier kleinen **Steißbeinwirbeln**, die im frühen Erwachsenenalter verschmelzen.

Bandscheibe

Ein Knorpelpolster zwischen benachbarten Wirbeln

Bandscheiben bestehen aus einem geleeartigen Mittelteil, der von fibrösem Knorpel ▪ umhüllt ist. Sie machen die Wirbel beweglich und schützen sie, da sie Stöße auffangen.

Bandscheibenvorfall

Krankheit, bei der eine Bandscheibe ihre normale Lage verlässt

Bei starker Belastung der Wirbelsäule kann eine Bandscheibe aus ihrer normalen Position verdrängt werden. Ihr weiches Zentrum wird durch den umgebenden Knorpel geschoben und drückt oft auf einen in der Nähe liegenden Rückenmarksnerv. Meist geschieht das im unteren Teil des Rückens, wo der Bandscheibenvorfall sich auf den Ischiasnerv ▪ auswirken kann.

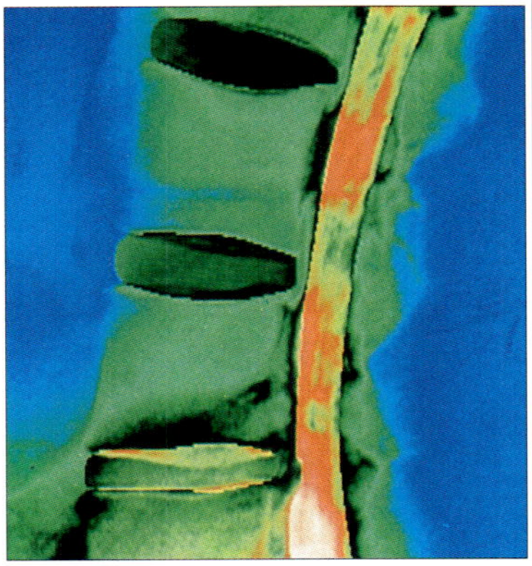

Bandscheibenvorfall
Falschfarben-Röntgenaufnahme: drei Bandscheiben (dunkelgrün) und drei Wirbel (hellgrün). Das Zentrum der unteren Scheibe hat sich nach vorn geschoben.

Zungenbein

Ein Knochen im Rachen

Das U-förmige Zungenbein verankert die Zungenmuskeln im Hals. Es ist nicht unmittelbar mit dem Skelett verbunden, sondern wird von Muskeln und Bändern ▪ gehalten.

Brustbein

Der Knochen auf der Vorderseite der Brust

Das flache Brustbein **(Sternum)** ist über Knorpelbänder mit den Rippen verbunden. Es besteht aus drei Teilen. Oben liegt das **Manubrium** und darunter der **Brustbeinkörper**. Am **Schwertfortsatz** am unteren Ende sind keine Rippen befestigt.

Brustkorb

Ermöglicht die Atmung und schützt innere Organe

Der Brustkorb besteht aus zwölf Paaren flacher, gebogener Knochen, den **Rippen**. Sie sind untereinander durch Zwischenrippenmuskeln ▪ verbunden. Jede Rippe ist mit ihrem Hinterende an einem Brustwirbel befestigt. Die ersten sieben Paare, auch **echte Rippen** genannt, sind mit ihrem Vorderende über biegsame Streifen aus Rippenknorpel am Brustbein befestigt. Die nächsten drei Paare, die **falschen Rippen**, sind jeweils mit den über ihnen liegenden Rippen verbunden, und die beiden untersten, die **Costae fluitantes**, sind nur an der Wirbelsäule verankert.

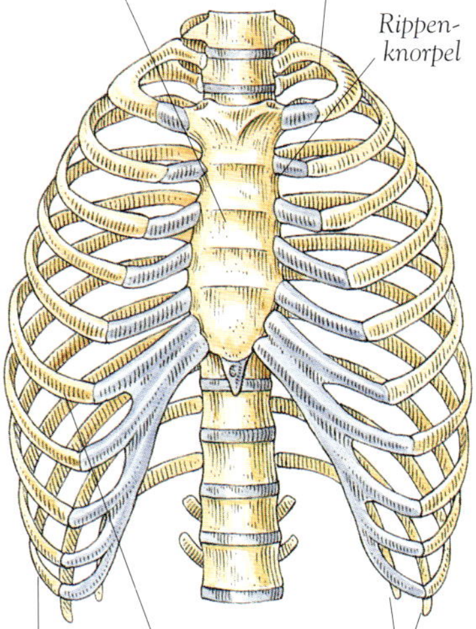

Der Brustkorb
Er besteht aus zwölf Rippenpaaren (gelb), die in ihrer Mehrzahl über Rippenknorpel (blau) am Brustbein befestigt sind.

Siehe auch

Achse 15 • Bänder 44 • Beckengürtel 41
fibröser Knorpel 35 • Gehörknöchelchen 73 • Gelenk 44 • Ischiasnerv 61 • Muskeln 48 • Rückenmark 62
Rückenmarksnerv 61 • Schädel 38
Zwischenrippenmuskulatur 53

Der Schädel

Der Schädel ist ein kompliziertes Gebilde aus 22 Knochen. Er dient als Schutzhülle für das Gehirn und beherbergt die wichtigsten Sinnesorgane. Beim Erwachsenen sind alle Schädelknochen mit Ausnahme des Unterkiefers starr verbunden, sodass sie sich nicht bewegen können. Auf diese Weise wird der Schädel außerordentlich widerstandsfähig.

Der Schädel von der Seite
Das Foto zeigt die Außenseite des Schädels mit einigen Schädelknochen. Außen ist der Schädel sehr hart, aber die Strukturen in seinem Inneren, insbesondere im Nasenbereich, sind empfindlicher.

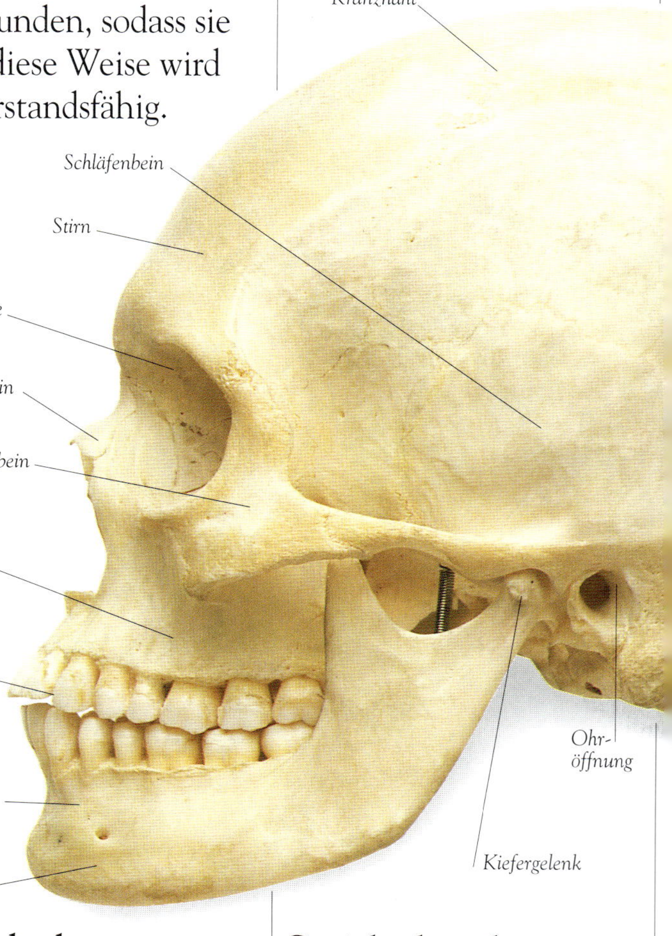

Schädel

Eine Knochenhülle für Gehirn und Sinnesorgane

Der Schädel besteht aus einer Knochenkapsel, die das Gehirn schützt, und einer Reihe kleinerer Knochen, die Sinnesorgane umschließen und den Mund bilden. Er setzt sich aus insgesamt 22 Knochen zusammen, acht davon paarig, sechs unpaarig. Der Schädel gliedert sich in Gehirn- und Gesichtsschädel. Er beherbergt zudem die Knochen des Innenohres.

Gehirnschädel

Der Teil des Schädels, der das Gehirn umgibt

Der Gehirnschädel ist eine sehr widerstandsfähige Kapsel aus acht ineinander greifenden **Schädelknochen**. Das **Stirnbein** bildet die Stirn, die beiden **Scheitelbeine** liegen seitlich und bilden die Oberseite des Kopfes. Zwei **Schläfenbeine** bilden den Bereich um die Ohren, und das **Hinterhauptsbein** befindet sich an der Rück- und Unterseite des Schädels. Das **Siebbein** bildet einen Teil der Nasenhöhle, das **Keilbein** einen Teil der Schädelunterseite. Der Gehirnschädel umgibt und schützt das Gehirn. An seiner Unterseite befindet sich das **Große Hinterhauptsloch (Foramen magnum)**, das die Verbindung zwischen dem oberen Teil des Rückenmarks und dem Gehirn ermöglicht.

Schädelnaht

Ein unbewegliches Gelenk zwischen den Schädelknochen

Die Schädelnähte sind eine besondere Art von Gelenken zwischen den Schädelknochen. Die Knochen greifen dabei wie Puzzlesteine ineinander, sodass sie sich nicht bewegen können. Es gibt vier wichtige Schädelnähte: die **Kranznaht (Sutura coronalis)**, die **Pfeilnaht (Sutura sagittalis)**, die **Lambdanaht (Sutura lambdoidea)** und die **Schuppennaht (Sutura squamosa)**.

Gesichtsknochen

Die Knochen, die das Gesicht bilden

14 Schädelknochen bilden das Gesicht. Zwei davon, **Pflugscharbein** und **Unterkiefer**, sind einmal vorhanden; alle anderen sind paarig: **Nasenbeine, Oberkieferknochen, Jochbeine, Tränenbeine, Gaumenbeine** und **untere Nasenmuscheln**. Beweglich ist nur der Unterkiefer. Alle anderen Gesichtsknochen werden durch Schädelnähte an ihrem Platz gehalten.

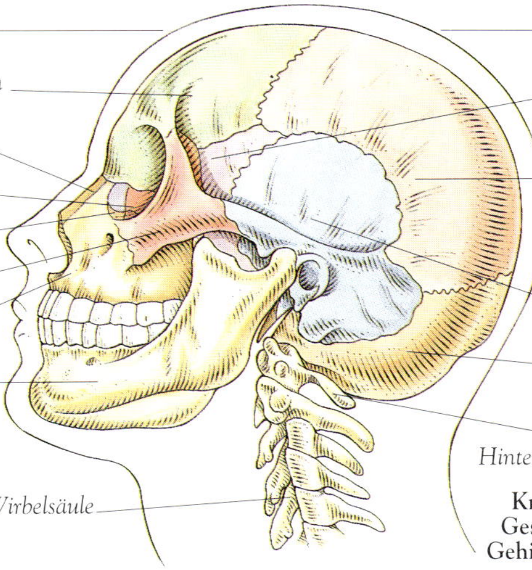

Knochen des Gesichts- und Gehirnschädels

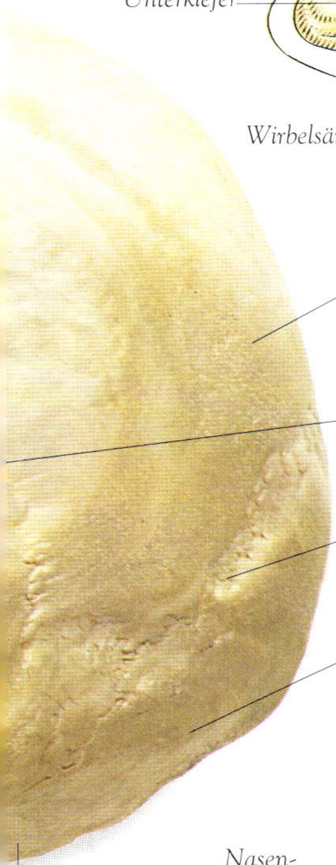

Kiefer

Knochen, die einen Teil des Mundes bilden und die Zähne tragen

Der **Oberkiefer** setzt sich aus zwei **Oberkieferknochen (Maxillen)** zusammen, die unbeweglich mit dem übrigen Schädel verbunden sind. Der **Unterkiefer** besteht dagegen aus einem einzigen U-förmigen Knochen (**Mandibel**). Er ist über die **Kiefergelenke** am Schädel befestigt. Der Unterkiefer kann sich nach oben und unten sowie zur Seite bewegen.

Nebenhöhlen

Luftgefüllte Hohlräume im Schädel

Viele Knochen rund um die Nasenhöhle enthalten Nebenhöhlen. Sie sind mit Schleimhäuten ausgekleidet. Bei der **Nebenhöhlenentzündung (Sinusitis)** sind die Schleimhäute entzündet, und ein »verstopftes« Gefühl stellt sich ein. Ursachen können Infektionen oder Allergien sein.

Fontanelle

Eine Lücke zwischen den Schädelknochen

Das Skelett eines Babys besteht anfangs aus Knorpel und weichem Gewebe, das durch Knochenbildung langsam hart wird. Bei der Geburt enthält der Schädel noch bewegliche Lücken, die Fontanellen. Durch die kann der Schädel sich beim Durchqueren des mütterlichen Beckens während der Geburt verformen. Zudem erlauben sie beim Säugling das schnelle Gehirnwachstum. Die größten derartigen Lücken heißen entsprechend ihrer Lage **vordere** und **hintere Fontanelle**.

Schädel eines Fetus von oben

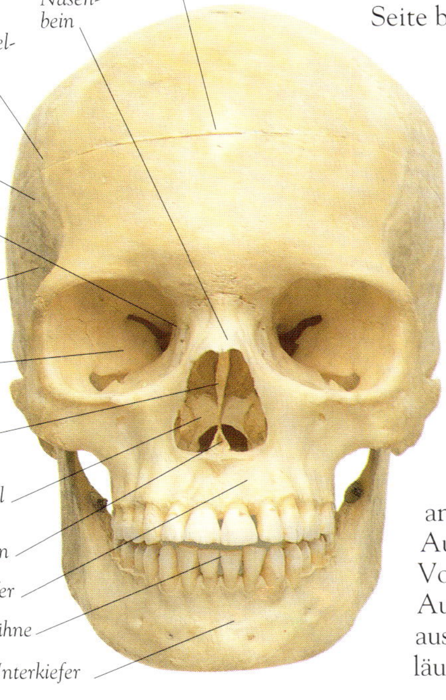

Der Schädel von vorn

Augenhöhlen

Die Hohlräume für die Augen

Jede Augenhöhle besteht aus Teilen von sieben ineinander greifenden Knochen. Sie schützt das Auge und dient als Verankerung für die Augenmuskeln. Von vorn sieht die Augenhöhle rund aus, nach hinten läuft sie spitz zu.

Siehe auch

Allergie 100 • Becken 41
Entzündung 94 • Gehirn 64 • Gelenk 44
Infektion 92 • Innenohr 73
Knochenbildung 35 • Knorpel 35
Mund 120 • Rückenmark 62
Schleimhaut 19 • Sinnesorgan 68

Das Extremitätenskelett

Zum Extremitätenskelett gehören die Knochen der Gliedmaßen einschließlich der Knochengürtel, mit denen sie am Achsenskelett verankert sind. Manche dieser Knochen sind eng miteinander verbunden und fast unbeweglich; andere können sich in viele Richtungen bewegen.

Extremitätenskelett

Die Knochen von Gliedmaßen und Knochengürteln

Es umfasst die **Extremitäten**: Arme und Beine. Außerdem gehören die Knochen dazu, die Arme und Beine mit dem übrigen Skelett ■ verbinden. Das Extremitätenskelett besteht aus 126 Knochen; über 80 Prozent davon befinden sich in Händen ■ und Füßen ■.

Knochengürtel

Ring aus Knochen, der die Gliedmaßen mit dem Rumpf verbindet

Die beiden Knochengürtel sind der Schulter- und der Beckengürtel. Beide verbinden Gliedmaßen mit dem Körper und machen sie beweglich. Der Schultergürtel ist sehr flexibel, aber recht schwach. Der Beckengürtel ist stärker, aber fast starr.

Schultergürtel

Der Gürtel, der die Arme am Achsenskelett verankert

Der Schultergürtel besteht rechts und links aus jeweils zwei Knochen: dem **Schlüsselbein (Clavicula)** und dem **Schulterblatt (Scapula)**. Das lange, schmale Schlüsselbein bildet am einen Ende mit dem Brustbein ■, am anderen mit dem Schulterblatt ein Gelenk. Das Schulterblatt ist flach, dreieckig und in einer Ecke vertieft. Mit dem Oberarmknochen, dessen Kopf in die Vertiefung passt, bildet es das Schultergelenk ■.

Das Skelett
Die Gürtel und Gließmaßen des Extremitätenskeletts machen den Körper beweglich. Arme und Beine enthalten trotz ihrer unterschiedlichen Größe dieselbe Zahl von Knochen. In der Abbildung rechts ist das Extremitätenskelett rot gekennzeichnet.

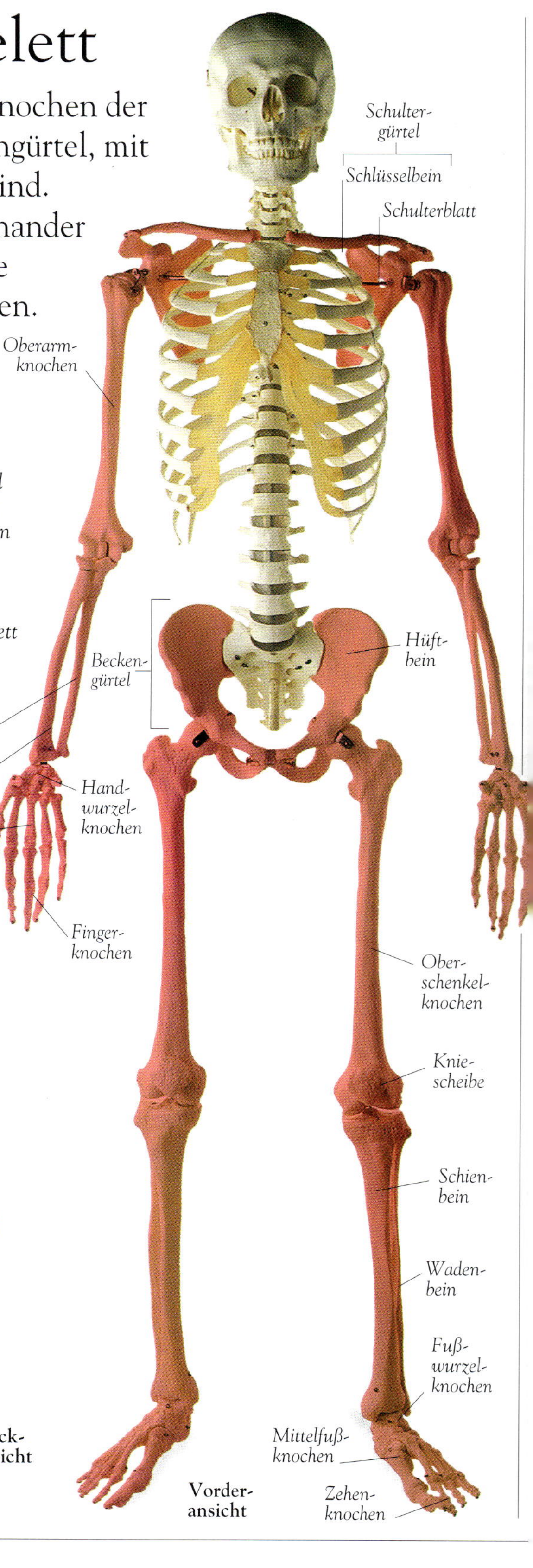

Vorderansicht

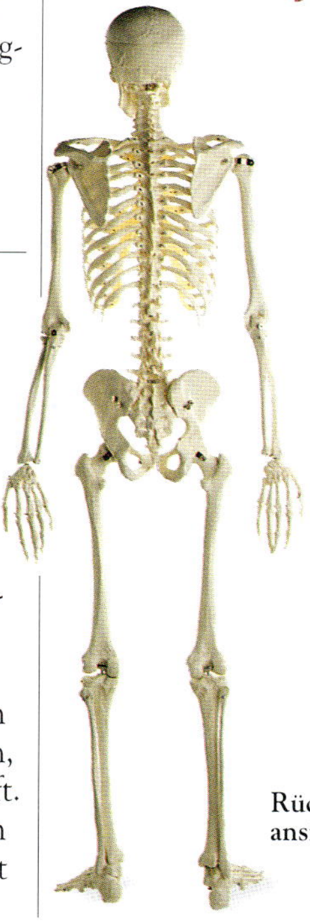

Rückansicht

Oberarmknochen

Der lange Knochen im Oberarm

Der Oberarmknochen (**Humerus**) ist der längste Armknochen. Sein körpernahes Ende trägt einen runden Gelenkkopf, der in die Vertiefung des Schulterblattes passt. Am körperfernen Ende befinden sich zwei Gelenke: eines zur Elle, das andere zur Speiche. Sie bilden zusammen den Ellenbogen ▪.

Elle

Der äußere Unterarmknochen

Sie verläuft vom Ellenbogen zur Kleinfingerseite des Handgelenks. An ihrem körpernahen Ende ist sie über einen hakenförmigen Fortsatz mit dem Oberarmknochen verbunden. Die Rückseite dieses Hakens bildet die Spitze des Ellenbogens.

Speiche

Der innere Knochen des Unterarms

Sie verläuft vom Ellenbogen zur Daumenseite des Handgelenks. An ihrem körpernahen Ende ist sie scheibenförmig abgeflacht. Diese Fläche ist drehbar, sodass die Speiche sich mit der Elle überkreuzt, wenn man den Arm mit der Handfläche nach unten ausstreckt. Dreht man die Handfläche nach oben, liegen beide Knochen parallel.

Beckengürtel

Gürtel, der mit den Beinen verbunden ist und den Bauchraum stützt

Er besteht aus den beiden **Hüftbeinen**, die vorn in einem Gelenk zusammentreffen und hinten starr mit dem Kreuzbein ▪ verbunden sind. Jedes Hüftbein besteht eigentlich aus drei verschmolzenen Knochen. Der größte, das **Darmbein**, bildet die Hüfte. Die kleineren, **Sitzbein** und **Schambein**, sind zu einem Ring verbunden. An der runden Gelenkpfanne für den Kopf des Oberschenkelknochens sind alle drei beteiligt.

Becken

Der Beckengürtel und seine Nachbarknochen

Das Becken besteht aus dem Beckengürtel, dem Kreuzbein und dem Steißbein ▪. Mit seiner schalenförmigen Struktur stützt es die Bauchorgane, und die Öffnung in seiner Mitte, der **Beckeneingang**, dient bei Frauen als Geburtskanal.

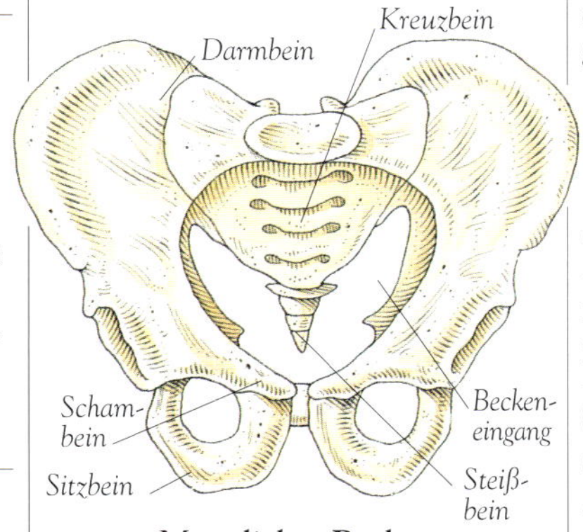

Männliches Becken

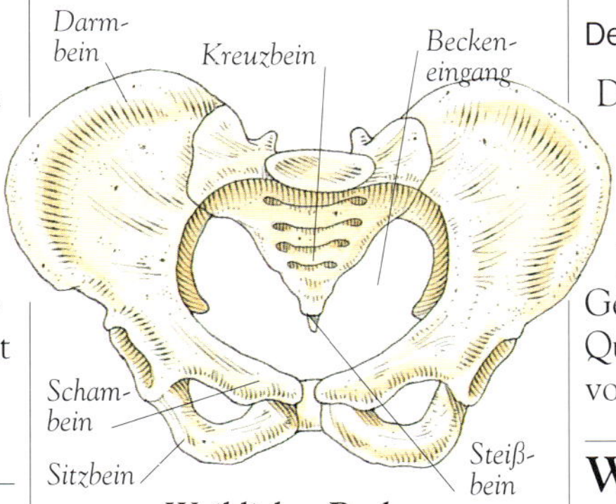

Weibliches Becken

Das Becken eines Erwachsenen
Das weibliche Becken ist breiter als das männliche und hat einen größeren Beckeneingang. Bei der Geburt passt der Kopf des Kindes gerade eben durch die Öffnung.

Oberschenkelknochen

Der lange Knochen im Oberschenkel

Der **Oberschenkelknochen (Femur)** ist der größte Knochen des Menschen. Mit dem Kopf an seinem körpernahen Ende passt er in die Gelenkpfanne des Beckens. Das körperferne Ende bildet einen Teil des Knies ▪.

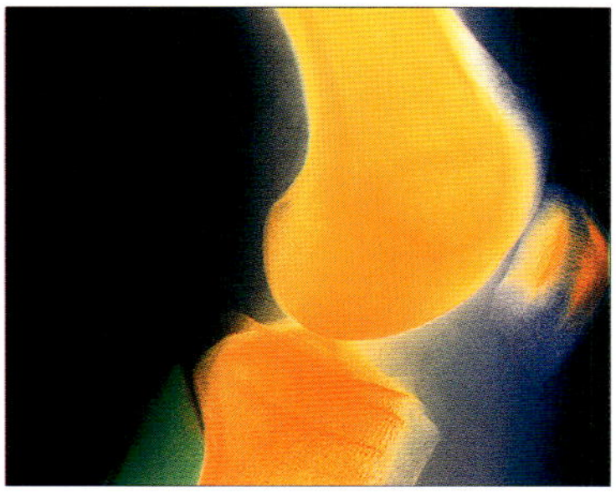

Die Kniescheibe im Röntgenbild
Neben der Kniescheibe (Mitte rechts) sind auch Oberschenkelknochen und Schienbein gut zu erkennen.

Kniescheibe

Eine Knochenscheibe zum Schutz des Knies

Die Kniescheibe (**Patella**), ein kleiner, scheibenförmiger Knochen, liegt über dem Knie und schützt es. Sie bildet sich in einer Sehne ▪, die sie auch an ihrem Platz hält.

Schienbein

Der große Unterschenkelknochen

Das Schienbein (**Tibia**), der größte Knochen unterhalb des Knies, läuft vom Knie zum Fußgelenk und bildet mit seinen breiten Enden einen Teil dieser Gelenke. Sein mittlerer Teil ist im Querschnitt fast dreieckig und hat vorn eine scharfe Kante.

Wadenbein

Der kleine Unterschenkelknochen

Das Wadenbein (**Fibula**) ist viel dünner als das Schienbein und trägt nur einen kleinen Teil des Körpergewichts. Sein oberes Ende ist knapp unter dem Knie mit dem Schienbein verbunden, das untere bildet einen Teil des Fußgelenks.

Siehe auch

Brustbein 37 • Ellenbogen 45 • Fuß 43
Geburt 140 • Hand 42 • Handgelenk 45
Knie 45 • Kreuzbein 37 • Schulter 45
Sehne 49 • Skelett 34 • Steißbein 37

Die Hand

Die Hände sind die beweglichsten Körperteile. Sie sind stark genug zum Festhalten schwerer Gewichte und gleichzeitig so empfindsam, dass sie genaue Bewegungen ausführen können.

Hand

Der Teil des Arms, der zum Greifen dient

Die Hand enthält 27 Knochen, die drei Gruppen bilden: die Handwurzelknochen im Handgelenk, die Mittelhandknochen in der Handfläche und die Fingerknochen. Über 30 Muskeln erlauben der Hand vielfältige Bewegungen.

Handwurzelknochen

Knochen im Handgelenk

Die acht kleinen Handwurzelknochen werden durch Bänder fest zusammengehalten. Sie bilden zwei Reihen, und ihre Namen geben ihre Form an. In der körpernahen Reihe liegen das **Kahnbein** (Os scaphoideum), das **Mondbein** (Os lunatum), das **Dreiecksbein** (Os triquetrum) und das **Erbsenbein** (Os pisiforme). Die zweite Reihe besteht aus **großem** und **kleinem Vieleckbein** (Os trapezium und Os trapezoideum), dem **Kopfbein** (Os capitatum) und dem **Hakenbein** (Os hamatum).

Sesambein

Knochen innerhalb einer Sehne

Die wie Sesamkörner geformten Sesambeine bilden sich bei anhaltendem Druck innerhalb einer Sehne. Viele Menschen haben in den Händen auch Sesambeine.

Das Skelett der Hand
Die Falschfarben-Röntgenaufnahme zeigt die 27 Handknochen. Zusätzlich können Sesambeine vorhanden sein.

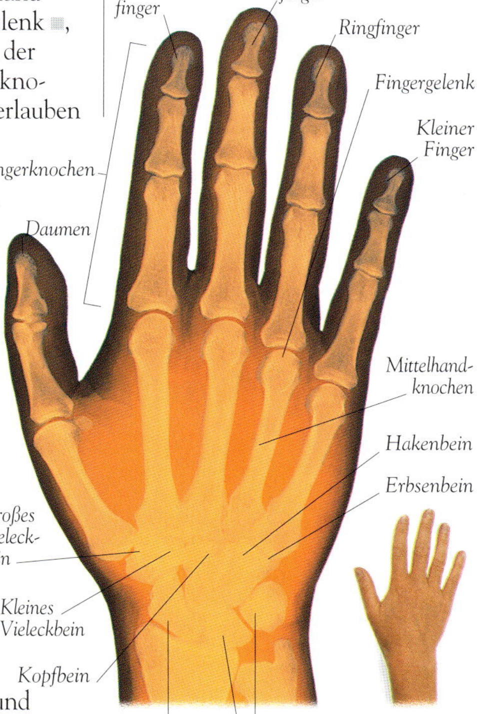

Hand des Menschen

Mittelhandknochen

Knochen in der Handfläche

Die fünf langen Mittelhandknochen bilden das Gerüst der Handfläche. Sie sind jeweils am einen Ende mit einem Handwurzelknochen und am anderen mit einem Fingerknochen durch ein Gelenk verbunden. Der Mittelhandknochen des Daumens ist »opponierbar«: Wir können ihn den anderen Fingern gegenüberstellen.

Fingerknochen

Die Knochen in den Fingern

Die Fingerknochen sind dünn und bilden jeweils ein oder zwei Gelenke. Jeder **Finger** mit Ausnahme des **Daumens** enthält drei Fingerknochen; beim Daumen sind es nur zwei.

Fingergelenk

Ein Gelenk zwischen Fingerknochen

Die Hand enthält insgesamt 14 Gelenke: zwei im Daumen, je drei in den anderen Fingern. Wegen dieser vielen Gelenke ist die Hand sehr geschickt und beweglich.

Der Gebrauch der Hände
Die Abbildungen zeigen, wie vielseitig die Hand ist.

Tätigkeiten wie das Klettern, bei denen die Hände einen Teil des Körpergewichts halten, erfordern viel Kraft.

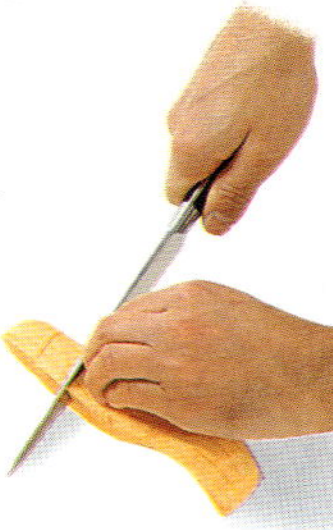

Alltagstätigkeiten wie das Gemüseschneiden erfordern Geschicklichkeit und Genauigkeit.

Malerei erfordert häufig sehr heikle Handbewegungen.

Siehe auch

Bänder 44 • Gelenk 44 • Handgelenk 45
Muskeln 48 • opponierbarer Daumen 55
Sehne 49

Der Fuß

Die Fußknochen gehören zu den am stärksten belasteten Knochen des Körpers. Sie müssen oft viele Stunden lang das Körpergewicht tragen und helfen auch, das Gleichgewicht zu halten.

Fuß

Der Teil des Beins, der für Stütze, Gleichgewicht und Bewegung sorgt

Ein Fuß enthält 26 Knochen, die wie bei der Hand drei Gruppen bilden: die Fußwurzelknochen im Fußgelenk, die Mittelfußknochen über der Fußsohle und die Zehenknochen. Starke Bänder halten die Knochen zusammen, sodass sie das Körpergewicht tragen können.

Fußwurzelknochen

Knochen im Fußgelenk

Der Fuß enthält sieben Fußwurzelknochen. Einer davon, das **Sprungbein** (Talus), bildet ein Gelenk mit den beiden Unterschenkelknochen, dem Schien- und dem Wadenbein. Der größte, das **Fersenbein** (Calcaneus), bildet die Ferse. Die anderen fünf sind kleiner und bilden das Fußgewölbe: **Kahnbein** (Os naviculare), **Würfelbein** (Os cuboideum), **inneres, mittleres** und **äußeres Keilbein** (Os cuneiforme mediale, intermedium und laterale).

Mittelfußknochen

Die Knochen zwischen Fußgelenk und Zehen

Die fünf Mittelfußknochen sind die längsten Knochen des Fußes. Der **erste Mittelfußknochen** auf der Fußinnenseite ist dicker und kräftiger als die anderen und trägt einen großen Teil des Körpergewichts.

Zehenknochen

Die Knochen in den Zehen

Alle Zehen enthalten Zehenknochen: der **große Zeh** zwei, alle anderen Zehen drei. Sie sind ähnlich gebaut wie die Fingerknochen.

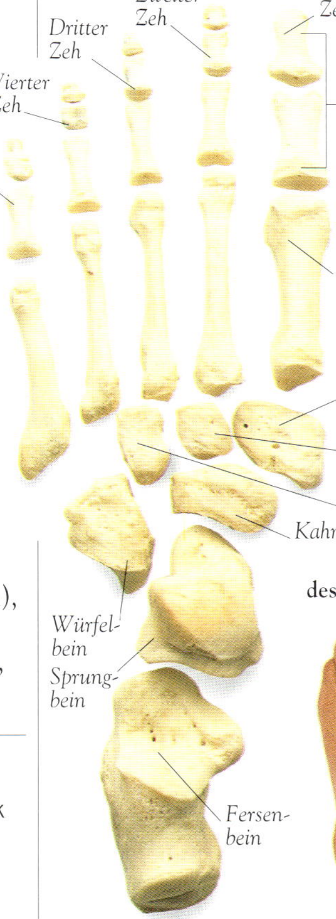

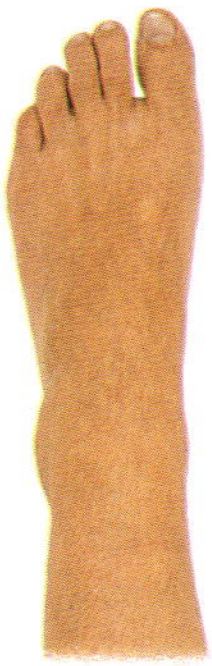

Fuß des Menschen

Das Skelett des Fußes
Die 26 Fußknochen sind ähnlich angeordnet wie die Knochen der Hand. Der Fuß ist aber weniger beweglich.

Fußgewölbe

Die biegsame Wölbung des Fußes

Beim Wachstum nimmt der Fuß eine gewölbte Form an, sodass ein Teil der Sohle den Boden nicht berührt. Diese Form verteilt das Körpergewicht und wirkt als Stoßdämpfer. Das Gewölbe wird von Sehnen und Bändern zusammengehalten.

Fußabdrücke
Diese Fußabdrücke zeigen, dass nur ein Teil der Sohle den Boden berührt. Der Biegung auf der Fußinnenseite entspricht der Lage des Fußgewölbes.

Senkfuß

Ein Fuß mit verminderter Wölbung

Beim Senkfuß sind Bänder und Sehnen geschwächt. Deshalb ist das Gewölbe flach oder nicht mehr vorhanden, und die gesamte Sohle berührt den Boden. Der Senkfuß kommt recht häufig vor und lässt sich durch Krankengymnastik korrigieren.

Ballenzeh

Eine Schwellung am Ansatz des großen Zehs

Der Ballenzeh ist eine Veränderung am großen Zeh. Das Grundgelenk ist verdickt und abgeknickt, und die umgebende Haut kann sich entzünden. Die Ursache sind meist zu enge Schuhe, der Ballenzeh kann aber auch erblich sein.

Siehe auch

Fußgelenk 45 • erbliche Eigenschaften 134
Gelenk 44 • Bänder 44 • Sehne 49

Gelenke

An fast allen Bewegungen, vom Kauen bis zum Gehen und Laufen, sind Gelenke beteiligt. Wegen der Gelenke können Knochen sich gegeneinander bewegen, und das Skelett wird biegsam. Es gibt verschiedene Gelenktypen, die jeweils andere Bewegungen zulassen.

Gelenk

Eine Verbindungsstelle zwischen Knochen im Skelett

Die Gelenke befinden sich im Skelett an den Stellen, wo verschiedene Knochen aufeinander treffen. An **unbeweglichen Gelenken** wie den Schädelnähten greifen Knochen starr ineinander. Ein **teilweise bewegliches Gelenk**, beispielsweise zwischen den Wirbeln, erlaubt geringfügige Bewegungen. An **beweglichen Gelenken** schließlich können die Knochen sich ungehindert bewegen. Manche Menschen haben **lose Gelenke**, die sie besonders weit biegen oder dehnen können. Die Knochen sind in allen Gelenken durch Gewebeschichten (meist aus Knorpel) getrennt.

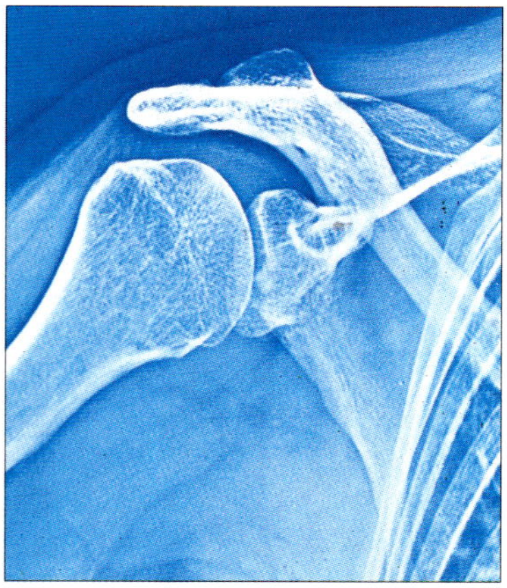

Das Schultergelenk
Falschfarben-Röntgenaufnahme der drei Knochen, die das Schultergelenk bilden. Den Zwischenraum füllen Knorpel und Synovialflüssigkeit aus.

Synovialgelenk

Ein bewegliches Gelenk mit einem flüssigkeitsgefüllten Innenraum

Synovialgelenke – Schulter, Ellenbogen, Hüfte, Knie sowie alle Finger- und Zehengelenke – ermöglichen ungehinderte Bewegungen. Ihre Knochen sind mit einer dünnen Schicht aus hyalinem Knorpel bedeckt, und dazwischen befindet sich die **Synovialflüssigkeit** oder **Gelenkschmiere**. Durch die Synovialflüssigkeit können die Knochen leicht übereinander gleiten. Das ganze Gelenk ist in der festen **Gelenkkapsel** eingeschlossen. Diese ist von der **Synovialmembran (Gelenkinnenhaut)** ausgekleidet, die die Synovialflüssigkeit produziert.

Meniskus

Ein Knorpelpolster in einem Synovialgelenk

Ein Meniskus ist ein halbmondförmiges Knorpelstück, das in Knie-, Hand- und Kiefergelenken vorkommt. Die Menisken sind mit der Gelenkkapsel verbunden und tragen zur Verminderung der Reibung bei. Die Menisken im Knie können bei Überanstrengung Schaden nehmen und müssen dann entfernt werden, damit das Gelenk weiterhin beweglich bleibt.

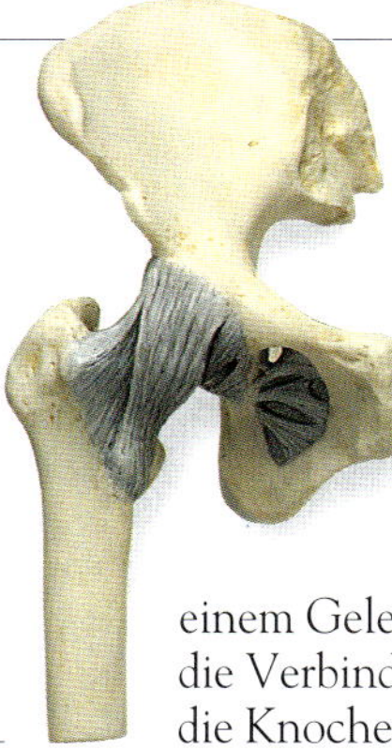

Bänder

Faseriges Bindegewebe, das die Gelenke zusammenhält

Bänder verbinden die Knochen an einem Gelenk. Manchmal ist die Verbindung so fest, dass die Knochen sich kaum bewegen können. Andere Bänder sind loser und erlauben einen Stellungswechsel der Knochen. Bänder sind sehr zugfest. Manchmal reißen sie zwar, aber dazu bedarf es eines sehr kräftigen Rucks.

Ebenes Gelenk

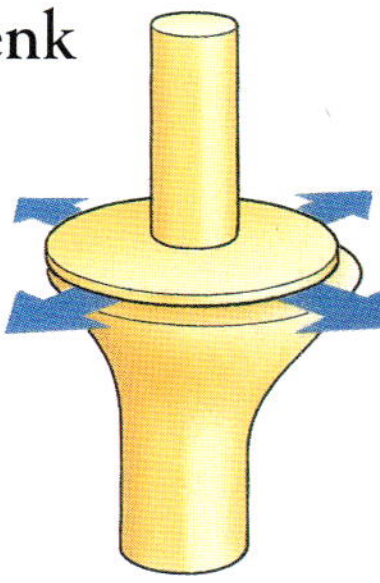

Ein Gelenk, das seitliche Bewegungen gestattet

In einem **ebenen Gelenk** sind die Knochenoberflächen praktisch nicht gewölbt und gleiten seitlich übereinander. Ebene Gelenke liegen z. B. zwischen den Handwurzel- und zwischen den Fußwurzelknochen.

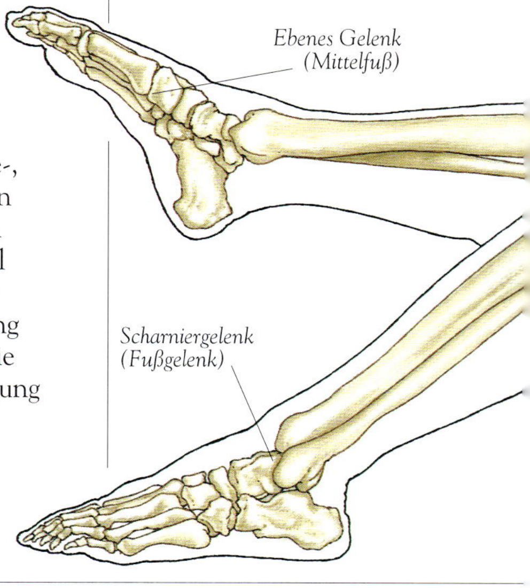

Scharniergelenk

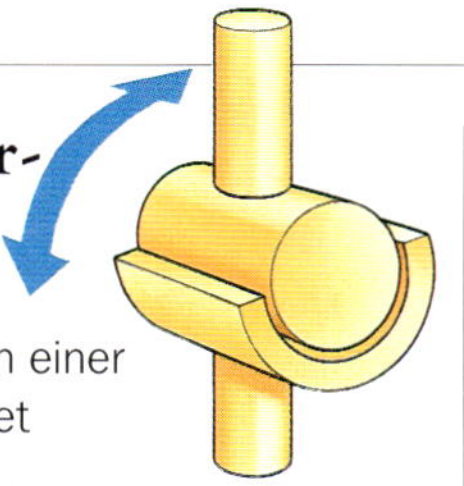

Gelenk, das Bewegungen in einer Ebene gestattet

In einem Scharniergelenk passt eine zylinderförmige Fläche in eine gebogene Vertiefung. Ein Beispiel ist das **Knie** mit Oberschenkelknochen, Schienbein und Wadenbein. Sprungbein, Schienbein und Wadenbein bilden das **Fußgelenk**; auch die Gelenke in Fingern und Zehen sind Scharniergelenke. Der **Ellenbogen** ist ein rotierendes Scharniergelenk aus Oberarmknochen, Elle und Speiche.

Sattelgelenk

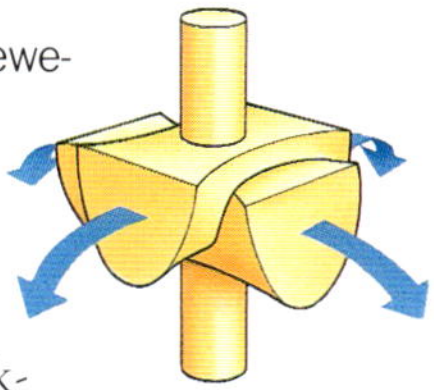

Gelenk, das Bewegungen in zwei Ebenen gestattet

Es besteht aus zwei rechtwinklig zusammenpassenden, U-förmigen Oberflächen. Über ein solches Gelenk ist der Daumen mit der Hand verbunden.

Ellipsoidgelenk

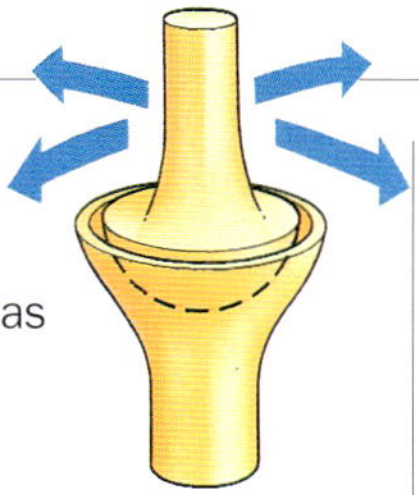

Ovales Gelenk, das Bewegungen in zwei Richtungen gestattet

Die Ellipsoidgelenke heißen auch **Eigelenke**. Ein ovaler Gelenkkopf passt in eine ovale Pfanne. Die Knochen können sich vorwärts und rückwärts oder von einer Seite zur anderen bewegen. Das Gelenk zwischen Speiche und Handwurzelknochen im **Handgelenk** ist ein Ellipsoidgelenk.

Kugelgelenk

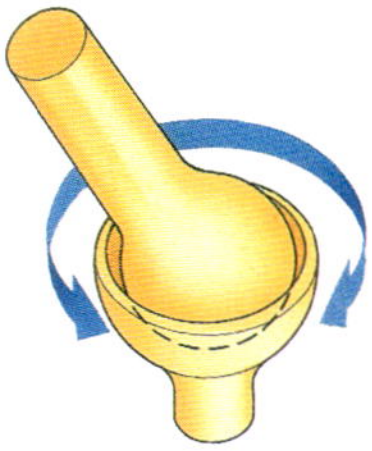

Gelenk, das Bewegungen in viele Richtungen gestattet

Im Kugelgelenk liegt ein kugelförmiger Gelenkkopf in einer hohlen Gelenkpfanne. Zu diesem beweglichsten Gelenktyp gehören das **Hüftgelenk** zwischen Beckengürtel und Oberschenkel sowie das **Schultergelenk** zwischen Schultergürtel und Oberarmknochen.

Siehe auch

Atlas 36 • Beckengürtel 41 • Dreher 36
Elle 41 • Fingerknochen 42 • Fußwurzelknochen 43 • Handwurzelknochen 42
hyaliner Knorpel 35 • Knorpel 35
Oberarmknochen 41 • Oberschenkelknochen 41 • Schädelnaht 38
Schienbein 41 • Schultergürtel 40
Speiche 41 • Sprungbein 43
Wadenbein 41 • Wirbel 36
Zehenknochen 42

Radgelenk

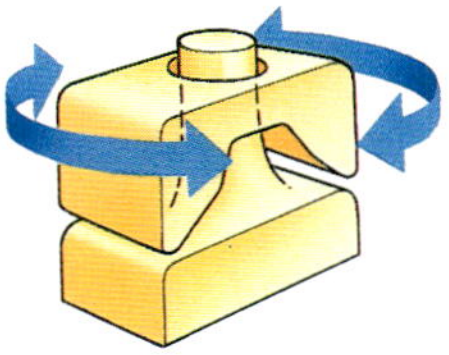

Gelenk, das die Drehung der Knochen gestattet

In einem Radgelenk dreht sich der eine Knochen in einem vom anderen gebildeten Hohlraum, so beim Gelenk zwischen Atlas und Dreher, den beiden ersten Wirbeln.

Die Gelenke des Körpers

Sehr bewegliche Gelenke sind meist schwächer als solche, die nur geringe Bewegungen zulassen.

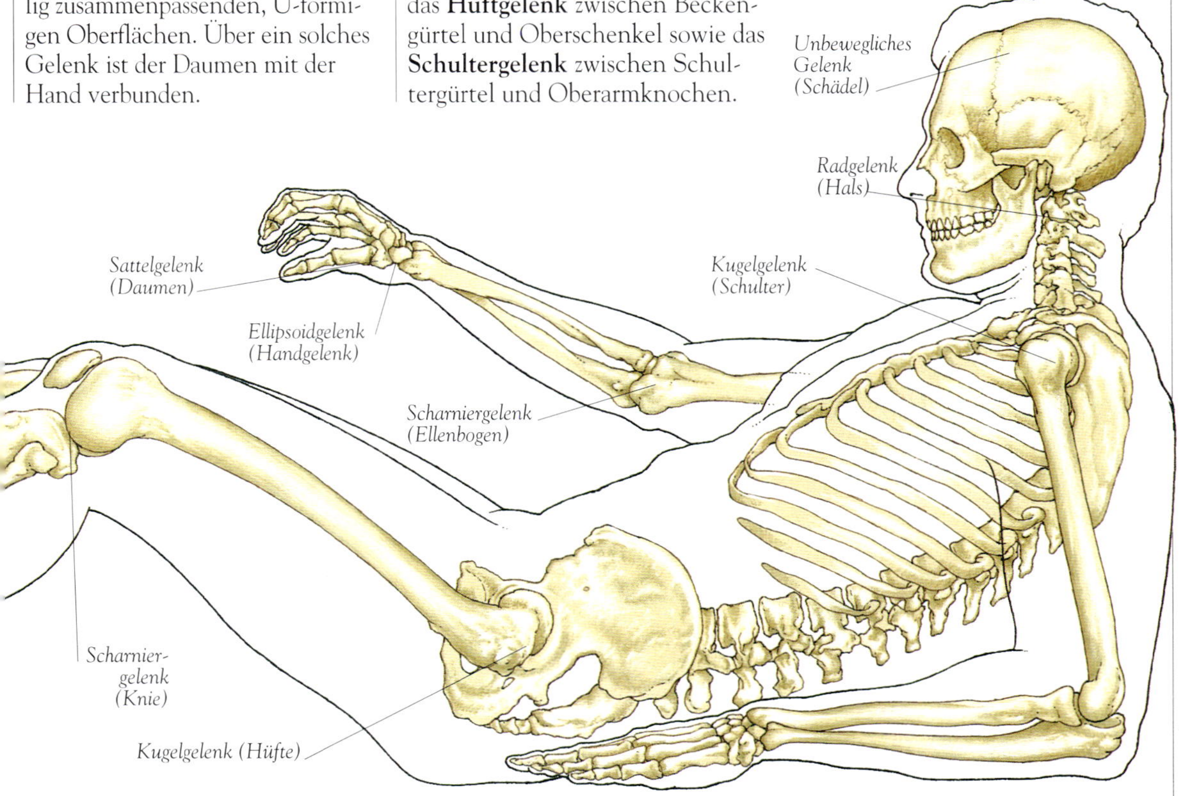

Gelenke & Bewegung

Es gibt verschiedene Formen der Bewegung: Das Beugen des Rückens nennt man Flexion, das Strecken eines Beins heißt Extension. Diese und viele andere Bewegungen ermöglichen das Zusammenwirken von Gelenken, Knochen und Muskeln.

Flexion

Eine Verkleinerung des Winkels in einem Gelenk

Durch die Flexion oder **Beugung** rücken die Knochen eines Gelenks näher zusammen. Beugt man z. B. den Ellenbogen, kommt der Unterarm dem Oberarm näher, und Finger nähern sich durch Beugen der Handfläche. Die entsprechenden Muskeln nennt man **Flexoren** oder **Beuger**. Der Flexor digitorum brevis z. B. beugt vier Zehen.

Extension

Die Vergrößerung des Winkels in einem Gelenk

Bei der Extension oder **Streckung** entfernen sich die Knochen eines Gelenks voneinander. Bei einem Fußtritt z. B. streckt man das Kniegelenk, und wenn man auf etwas zeigt, streckt man die Fingergelenke. Die entsprechenden Muskeln heißen **Extensoren** oder **Strecker**.

Siehe auch

Bänder 44 • Becken 41 • Immunsystem 98 Knorpel 35 • Körperachse 15 • Musculus adductor longus 56 • Musculus depressor labii inferioris 50 • Musculus flexor digitorum brevis 57 • Oberschenkelknochen 41 Platysma 51 • Schienbein 41 Zwischenrippenmuskulatur 53

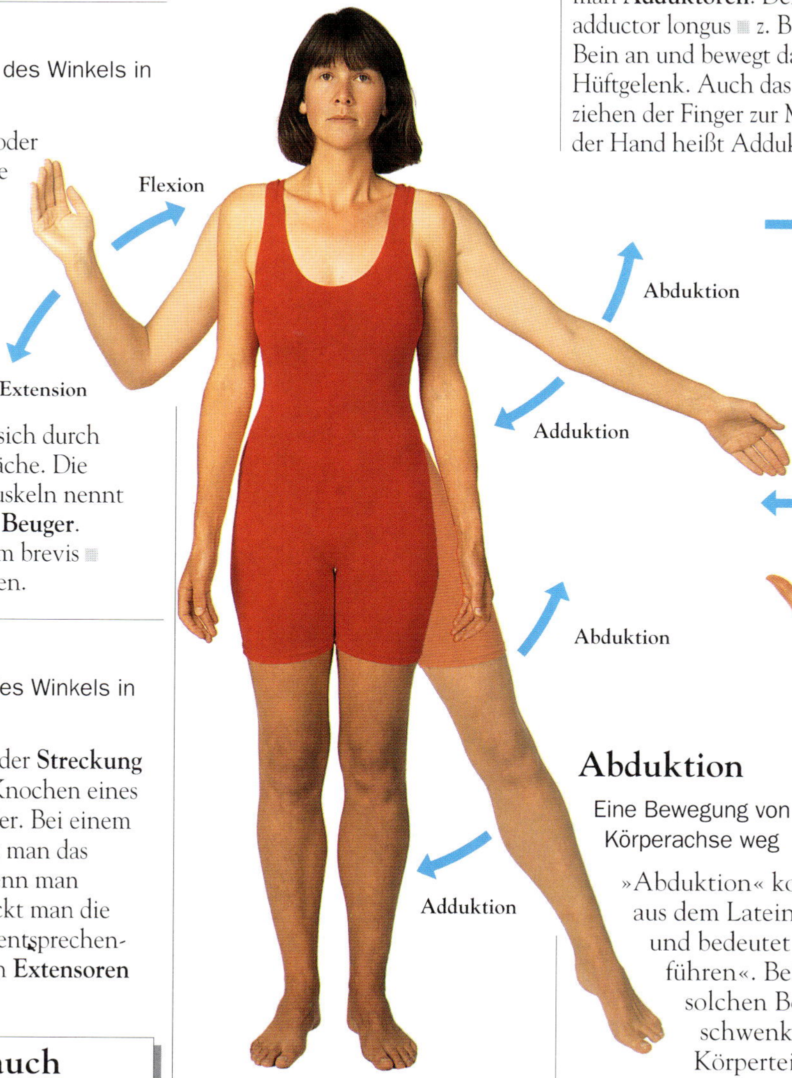

Körperbewegungen
Die Pfeile zeigen die verschiedenen Körperbewegungen. Der rechte Arm der Frau biegt und streckt sich im Ellenbogen. Der linke Arm und das linke Bein führen eine Abduktion (von der Körpermitte weg) und eine Adduktion (zur Körpermitte) aus.

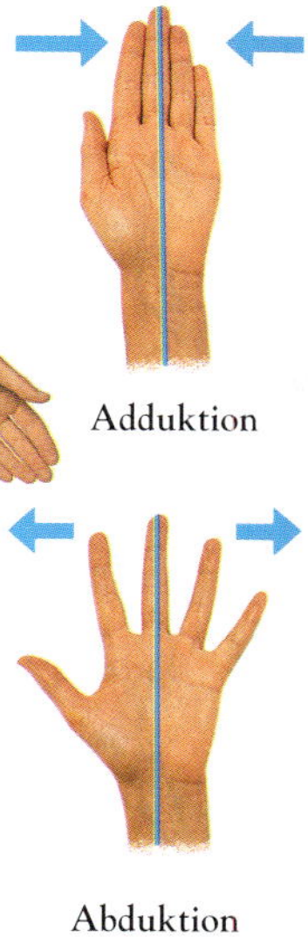

Adduktion

Eine Bewegung in Richtung der Körperachse

»Adduktion« kommt aus dem Lateinischen und bedeutet »hinführen«. In der Regel bezeichnet das Wort eine Bewegung in Richtung der Körperachse. Muskeln, die sie erzeugen, nennt man **Adduktoren**. Der Musculus adductor longus z. B. zieht das Bein an und bewegt dabei das Hüftgelenk. Auch das Zusammenziehen der Finger zur Mittellinie der Hand heißt Adduktion.

Abduktion

Eine Bewegung von der Körperachse weg

»Abduktion« kommt aus dem Lateinischen und bedeutet »wegführen«. Bei einer solchen Bewegung schwenkt ein Körperteil von der Mittellinie weg. Die Abduktion der Finger und Zehen bezieht sich auf die Mittellinie von Hand oder Fuß. Ein **Abductor** ist ein Muskel, der Bewegungen von der Körpermitte weg erzeugt.

Depression

Eine Bewegung, die etwas nach unten drückt

Auf Bewegungen angewandt, bezeichnet der Begriff »Depression« eine abwärts gerichtete Bewegung. Ein Muskel, der sie erzeugt, heißt **Depressor**. Das Platysma trägt z. B. dazu bei, den Unterkiefer nach unten zu bewegen, und der Musculus depressor labii inferioris zieht die Unterlippe abwärts.

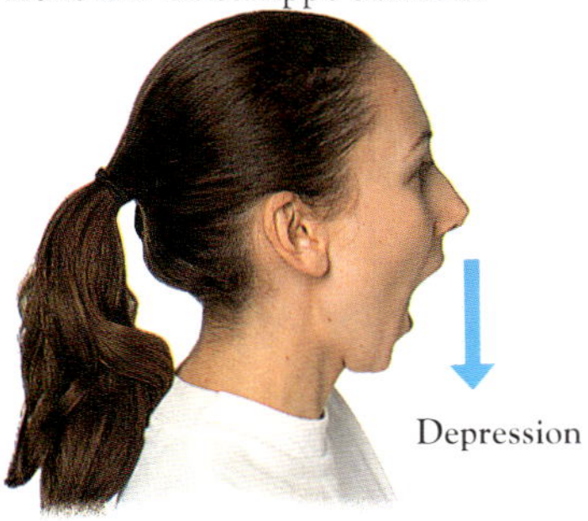

Senken des Unterkiefers
Das Bild zeigt das Senken (Depression) des Unterkiefers.

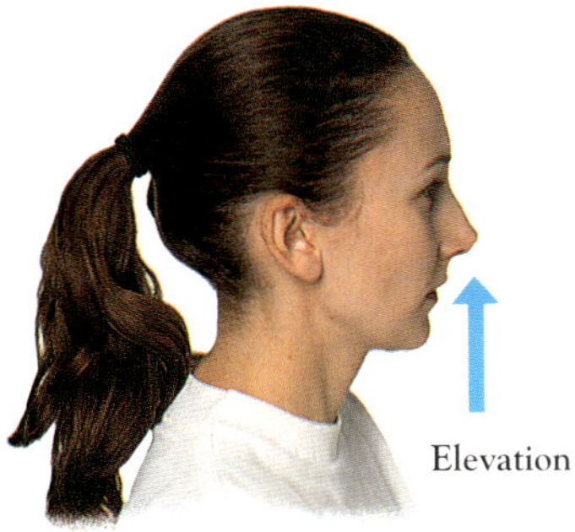

Heben des Unterkiefers
Hier ist das Heben (Elevation) des Unterkiefers zu erkennen.

Elevation

Eine Bewegung, die etwas anhebt

Bei der Elevation wird ein Körperteil gegenüber seiner Normalstellung angehoben. Beim Atmen z. B. hebt die Zwischenrippenmuskulatur den Brustkorb, sodass Luft in die Lunge gesogen wird. Ein Muskel, der für eine solche Bewegung sorgt, heißt **Levator**.

Verrenkung

Verschiebung eines Knochens aus seiner normalen Lage im Gelenk

In einem verrenkten Gelenk wurden die Knochen durch Überbelastung aus ihrer normalen Lage gedrückt oder gezogen. Das Gelenk funktioniert nicht mehr, und meist müssen die Knochen durch geeignete Behandlung wieder in die richtige Position gebracht werden.

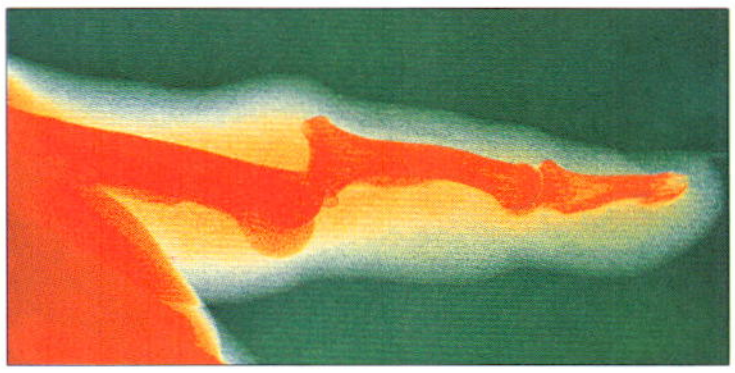

Ein verrenkter Finger
Die Falschfarben-Röntgenaufnahme zeigt zwei verrenkte Fingerknochen. Die starken Schmerzen bei einer solchen Verletzung entstehen durch die überdehnten Bänder.

Verstauchung

Überdehnung der Bänder im Gelenk

Gelenke halten auch große Belastungen aus. Wird ein Gelenk jedoch – z. B. durch plötzlichen Zug – über seinen normalen Bewegungsspielraum hinaus belastet, tritt eine Verstauchung ein: Ein oder mehrere Bänder werden überdehnt. Bei einer schweren Verstauchung muss das Gelenk unter Umständen mehrere Wochen lang ruhig gestellt werden.

Rheuma

Krankheit mit Schmerzen und Steifigkeit in Gelenken und Muskeln

»Rheuma« ist der Oberbegriff für alle Krankheiten, bei denen Gelenke und Muskeln steif werden und schmerzen. Dabei kann es sich um geringe Schmerzen ohne dauerhafte Schädigung handeln, aber auch z. B. um eine schwerwiegende Arthritis.

Arthritis

Eine Gelenkerkrankung

Arthritis ist keine einheitliche Krankheit, sondern der Name bezeichnet viele schmerzhafte Bewegungseinschränkungen der Gelenke. Bei der **Osteoarthritis** löst sich der Gelenkknorpel auf, sodass Bewegungen mühsamer werden. Diese Krankheit ist bei über 60-Jährigen häufig. Die **rheumatoide Arthritis**, bei der die Gelenke schmerzhaft anschwellen und sich in schweren Fällen stark verformen, ist eine Krankheit des Immunsystems, die im mittleren und höheren Alter vorkommt.

Künstliches Gelenk

Ein künstlicher Ersatz für ein Körpergelenk

Ein schwer erkranktes Gelenk wird manchmal durch ein künstliches ersetzt. In der **künstlichen Hüfte** tritt eine Metallkugel an die Stelle des Oberschenkelhalses. Sie dreht sich in einer Kunststoffpfanne, die ins Becken eingelassen wird. Im **künstlichen Kniegelenk** sind Oberschenkelknochen und Schienbein durch ein Scharnier verbunden oder mit Kunststoff als Ersatz für verbrauchten Knorpel überzogen.

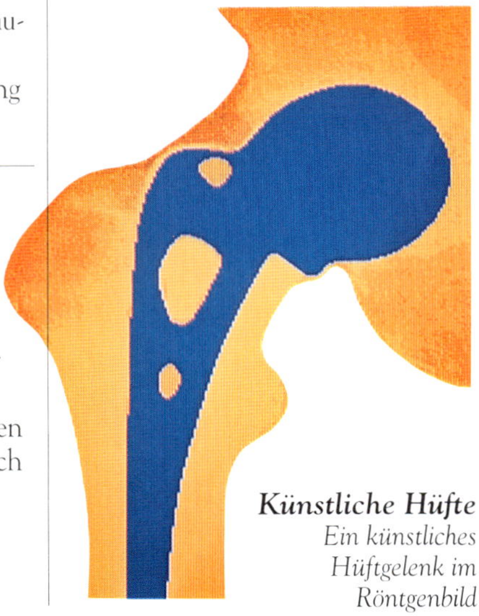

Künstliche Hüfte
Ein künstliches Hüftgelenk im Röntgenbild

Muskeln

Ob man Marathon läuft oder schlafend im Bett liegt, immer sind Muskeln tätig. Die Muskeln wandeln chemische Energie in Bewegung und Wärme um. Manche von ihnen arbeiten nur, wenn man es will, andere sorgen ständig für reibungslose Abläufe im Organismus.

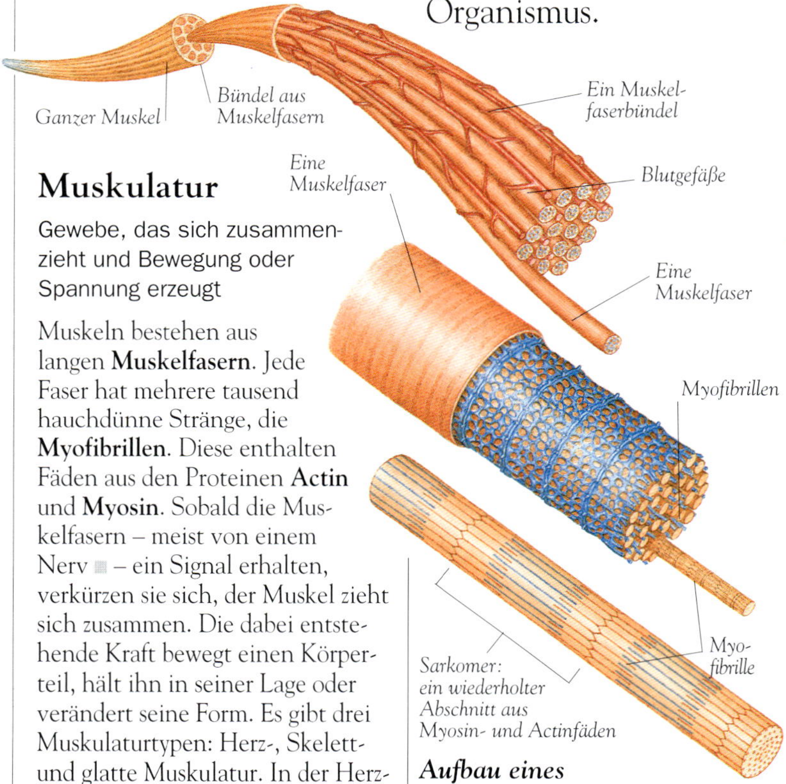

Aufbau eines Skelettmuskels

Skelettmuskulatur besteht aus Muskelfaserbündeln. Jede Faser enthält viele Myofibrillen, die ihrerseits aus Myosin- und Actinfilamenten zusammengesetzt sind.

Muskulatur

Gewebe, das sich zusammenzieht und Bewegung oder Spannung erzeugt

Muskeln bestehen aus langen **Muskelfasern**. Jede Faser hat mehrere tausend hauchdünne Stränge, die **Myofibrillen**. Diese enthalten Fäden aus den Proteinen **Actin** und **Myosin**. Sobald die Muskelfasern – meist von einem Nerv ▪ – ein Signal erhalten, verkürzen sie sich, der Muskel zieht sich zusammen. Die dabei entstehende Kraft bewegt einen Körperteil, hält ihn in seiner Lage oder verändert seine Form. Es gibt drei Muskulaturtypen: Herz-, Skelett- und glatte Muskulatur. In der Herz- und Skelettmuskulatur bilden die Actin- und Myosinfäden regelmäßig wiederholte Anordnungen, die **Sarkomere**. Glatte Muskulatur ist weniger regelmäßig gebaut und enthält keine Sarkomere.

Siehe auch

Aerobe Zellatmung 104
anaerobe Zellatmung 104 • ATP 105
Bindegewebe 19 • Glucose 22
Homöostase 76 • Hormon 78
Milchsäure 105 • Nerv 58
Peristaltik 117
vegetatives Nervensystem 60
Verdauungstrakt 116 • Vitamin 108

Herzmuskulatur

Das Gewebe des Herzmuskels

Herzmuskulatur gibt es nur im Herzen. Ihre verzweigten, länglichen Fasern sehen im Mikroskop **gestreift** aus. Die Herzmuskulatur kontrahiert und entspannt sich von selbst, ermüdet nie und lässt sich nicht vom Willen beeinflussen. Sie hat ihren eigenen Rhythmus, der sich aber durch Nerven und manche Hormone verändern kann.

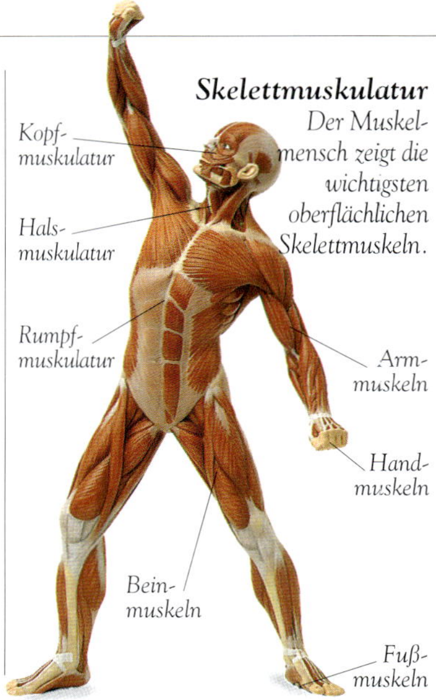

Skelettmuskulatur
Der Muskelmensch zeigt die wichtigsten oberflächlichen Skelettmuskeln.

Skelettmuskulatur

Die mit dem Skelett verbundenen Muskeln

Die Skelettmuskulatur nennt man auch **willkürliche Muskulatur**, weil man sich bewusst entscheiden kann, sie anzuspannen oder zu lockern. Sie ist mit dem Skelett verbunden und macht den Körper beweglich. Ihre Fasern sind lang und gestreift. Im menschlichen Körper gibt es über 600 einzeln benannte Skelettmuskeln, die rund 40 Prozent seines Gewichts ausmachen und viel Wärme erzeugen. Skelettmuskeln können ziehen, aber nicht drücken. Deshalb sind sie oft als **Antagonistenpaare** angeordnet. Die beiden Muskeln eines solchen Paares arbeiten gegenläufig: Wenn der eine sich zusammenzieht, entspannt sich der andere.

Ein Skelettmuskel
Die Fasern der Skelettmuskeln liegen nebeneinander und sind quer gestreift.

Glatte Muskulatur

Muskulatur in den Wänden hohler innerer Organe

Die glatte oder **unwillkürliche Muskulatur** kann man nicht absichtlich bewegen. Sie wird vom vegetativen Nervensystem und von Hormonen gesteuert. Ihre Fasern laufen in dünnen Enden aus und sind unter dem Mikroskop **nicht gestreift**. Die glatte Muskulatur bildet eine doppelte Schicht rund um Hohlorgane wie Verdauungstrakt und Blutgefäße. Die Fasern der beiden Schichten verlaufen in unterschiedlichen Richtungen und haben deshalb bei der Kontraktion entgegengesetzte Wirkungen. Glatte Muskulatur schiebt durch Peristaltik die Nahrung durch den Verdauungskanal und ist auch für viele Vorgänge der Homöostase verantwortlich.

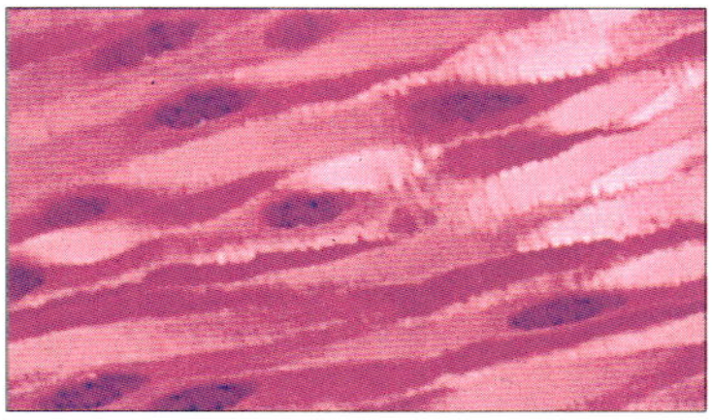

Ein glatter Muskel
Die Zellen der glatten Muskeln sind spindelförmig und liegen eng zusammen.

Sehne

Fester Strang, der einen Skelettmuskel mit einem Knochen verbindet

Sehnen verbinden Muskeln mit Knochen und auch mit anderen Muskeln. Sie bestehen aus kräftigem Bindegewebe. Bei der Muskelkontraktion zieht die Sehne am Knochen, der sich daraufhin im Gelenk bewegt. Manche Sehnen sind breit und flach, die meisten aber ähneln eher einem dünnen Kabel. Die langen Sehnen in Händen und Füßen sind von einer glitschigen **Sehnenscheide** umhüllt.

Muskelkontraktion

Die Verkürzung eines Muskels

Muskeln können sich auf zweierlei Weise zusammenziehen. Bei der **isotonischen Kontraktion** üben sie einen stetigen Zug aus und werden viel kürzer. Bei **isometrischer Kontraktion** erzeugen sie eine starke Spannung, verkürzen sich aber kaum. Mit isotonischer Kontraktion kann man dieses Buch hochheben, mit isometrischer hält man es fest. Auch wenn man sich entspannt fühlt, sorgen Muskeln mit geringer Anspannung für die richtige **Körperhaltung**. Durch diese ständige Kontraktion entsteht der **Muskeltonus**; ohne ihn würde unser Körper unter der Schwerkraft zusammenbrechen.

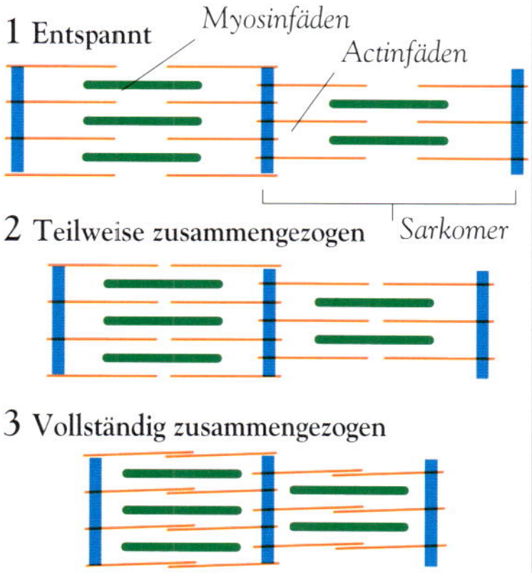

Theorie der Muskelkontraktion
Bei der Muskelkontraktion gleiten die Actinfäden zur Mitte des Sarkomers, bis sie sich mit den Myosinfäden und manchmal auch untereinander überlappen.

Gleitfilamenttheorie

Theorie über den Mechanismus der Muskelkontraktion

Wird ein Muskel durch einen Nerv angeregt, behalten nach dieser Theorie die Actin- und Myosinfäden ihre Länge bei. Sie gleiten aber übereinander, sodass die Myofibrillen und damit auch der Muskel kürzer werden. Hört das Nervensignal auf, kehren sie in den Anfangszustand zurück, und der Muskel entspannt sich.

Albert von Szent-Györgyi

Ungarisch-amerik. Biochemiker, 1893–1986

Albert von Szent-Györgyi erforschte die Muskelkontraktion sehr eingehend. Er mischte beispielsweise die Proteine Actin und Myosin und setzte dann den Energielieferanten ATP zu. Daraufhin zogen sich die Proteine wie im lebenden Muskel zusammen. Szent-Györgyis Arbeiten lieferten wichtige Aufschlüsse über die Muskelfunktion. Er isolierte auch das Vitamin C und erhielt dafür 1937 den Nobelpreis.

Ermüdung

Das allmähliche Nachlassen der Muskelspannung

Muskeln gewinnen die Energie für ihre Tätigkeit aus der Verbindung von Glucose mit Sauerstoff. Bei starker Anstrengung verbrauchen sie den Sauerstoff oft schneller, als er nachgeliefert wird. Die Folge ist anaerobe Zellatmung, bei der Milchsäure als Abfallprodukt entsteht. Sammelt sie sich im Muskelgewebe an, arbeitet es nicht mehr richtig. Erst wenn der Muskel ausruht und wieder ausreichend Sauerstoff erhält, wird die Milchsäure abgebaut.

Krampf

Eine unerwünschte Muskelkontraktion

Bei einem Krampf zieht sich ein Muskel plötzlich und oft schmerzhaft zusammen. Mögliche Ursachen sind Milchsäureanhäufung und Salzverlust durch Schwitzen.

Gesichts- & Halsmuskeln

Gesicht und Hals sind mit besonders vielgestaltigen Muskeln ausgestattet. Über 30 kleine Gesichtsmuskeln ermöglichen fein abgestufte Gefühlsäußerungen, von Freude und Überraschung bis zu Angst und Wut. Viel kräftigere Muskeln bewegen den Unterkiefer und halten den Kopf gerade. Einige von ihnen werden hier näher beschrieben.

M. frontalis

Der Muskel zum Stirnrunzeln

Der Musculus frontalis zieht sich über die ganze Stirn und vereinigt sich mit der Faserschicht auf dem Schädeldach. Durch seine Kontraktion wird die Kopfhaut nach vorn gezogen, die Stirn runzelt sich, und die Augenbrauen bewegen sich aufwärts. Mit diesem Muskel drücken wir Überraschung aus. Ein weiterer, **Musculus occipitalis** genannt, zieht die Kopfhaut nach hinten.

M. corrugator supercilii

Der Muskel, der die Augenbrauen nach unten zieht

»Corrugare« heißt »runzeln«, und »supercilii« sind die Augenbrauen. Über jedem Auge liegt einer dieser Muskeln, und beide gemeinsam ziehen die Augenbrauen in der Mitte zusammen und abwärts. Sie werden tätig, wenn man die Stirn runzelt oder sich gegen helles Licht schützen will. Durch die Abwärtsbewegung werden die Augen gegen das Licht abgeschirmt.

M. orbicularis oculi

Der Muskel zum Schließen der Augen

»Orb-« heißt »Ring-«, und »oculi« heißt »des Auges«. An jeder Augenhöhle ist einer dieser Muskeln verankert und schließt durch seine Kontraktion das Auge. Durch sehr schnelle Bewegungen erzeugt er das Blinzeln. Unter ihm liegt jeweils der **M. palpebrae superioris**, der das obere Augenlid hebt und das Auge weit öffnet.

M. orbicularis oris

Der Muskel zum Spitzen der Lippen

»Oris« heißt »des Mundes«; dieser Muskel bildet einen Ring um den Mund und sorgt durch seine Kontraktion dafür, dass die Lippen dicht geschlossen gegen die Zähne drücken. Er dient zum Sprechen und zum Spitzen der Lippen. Vier andere Muskeln öffnen die Lippen: Die beiden **Musculi levatores labii superioris** beiderseits der Nase heben die Oberlippe; die **Musculi depressores labii inferioris** ziehen die Unterlippe abwärts.

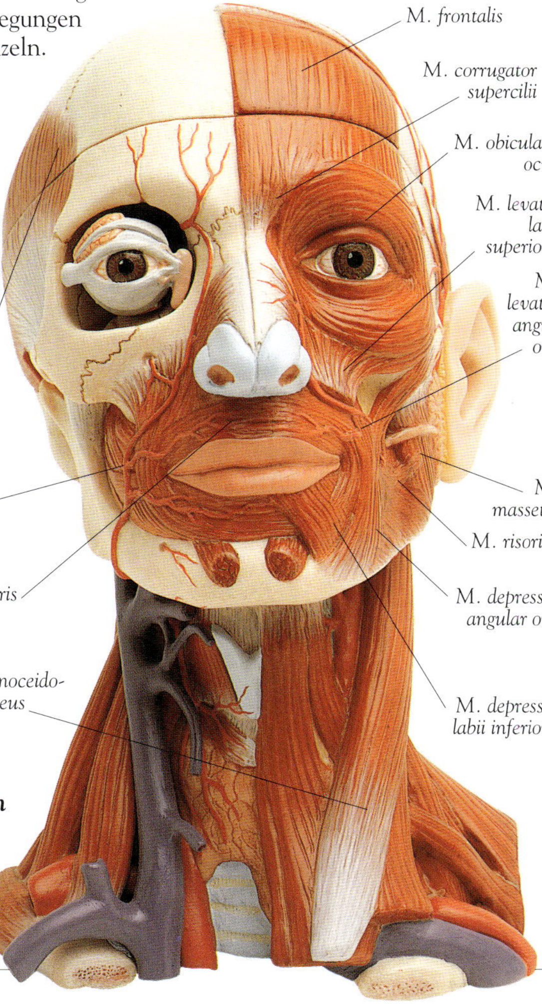

Hals- und Gesichtsmuskeln
Das Modell zeigt die wichtigsten oberflächlichen Muskeln von Hals und Gesicht.

M. risorius

Der Muskel, der den Mundwinkel dehnt

Die beiden Musculi risorii oder Lachmuskeln ziehen den Mund beim Lachen und Lächeln auseinander. Zwei andere Muskelpaare bewegen die Mundwinkel: die **Musculi levatores anguli oris** heben sie, die **Musculi depressores anguli oris** ziehen sie herab.

Platysma

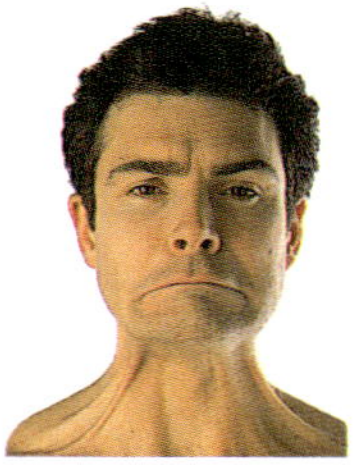

Ein Muskel, der den Mund abwärts zieht und dehnt

Das große, ebenfalls paarweise vorhandene Platysma ist ein Muskel, der sich seitlich vom Kinn zum Hals zieht. Er sieht aus wie ein auf dem Kopf stehender Fächer. Das breite Ende ist mit Schulter und Brustkorb verbunden, das schmale mit der Haut von Kiefer und Mund. Zieht man die Mundwinkel so weit wie möglich nach unten, spürt man die gespannten Platysma-Muskeln am Hals.

M. buccinator

Ein Muskel, der den Hals streckt

Die beiden Musculi buccinatores sind die größten Wangenmuskeln. Sie dienen zum Blasen und Saugen. Der M. buccinator verbindet jeweils den M. orbicularis oris mit Ober- und Unterkiefer. Zieht er sich zusammen, strafft sich die Wange.

M. masseter

Der »gefiederte Kaumuskel«

Auf beiden Seiten des Gesichts zieht sich jeweils ein M. masseter vom Unterkiefer zum Jochbein. Gemeinsam mit dem am Schläfenbein befestigten **Musculus temporalis** bewegt er den Kiefer nach oben. Beide Muskeln zusammen üben eine gewaltige Kraft aus. Beim Beißen ziehen beide M. masseter mit gleicher Kraft. Beim Kauen arbeiten sie asymmetrisch, sodass der Kiefer sich seitwärts bewegt. Dabei helfen kleine **Musculi pterygoidei** (»Flügelmuskeln«).

M. sternocleidomastoideus

Der Kopfnickermuskel

Der paarweise vorhandene M. sternocleidomastoideus läuft vom Brustbein (Sternum) zu einer Stelle seitlich am Hals unter dem Ohr. Außerdem ist er am Schlüsselbein und am Schläfenbein des Schädels befestigt. Durch gemeinsame Kontraktion ziehen die beiden Muskeln den Kopf nach vorn. Zieht sich nur einer zusammen, dreht sich der Kopf.

M. longissimus capitis

Ein Muskel, der den Kopf hebt oder dreht

Der Name bedeutet »längster Kopfmuskel«. Jeder der beiden M. longissimi capitis zieht sich an einer Seite des Halses hinten nach unten, vom Schläfenbein des Schädels bis zu den untersten Halswirbeln der Wirbelsäule. Ohne Stütze fällt der Kopf nach vorn – z. B. wenn jemand »einnickt«. Der M. longissimus capitis und mehrere andere Halsmuskeln halten den Kopf aufrecht und ermöglichen ihm die Drehung. Gedreht und schräg gestellt wird der Kopf auch von den **Musculi splenius capitis** und den **Musculi splenius cervicis**.

M. rectus oculi

Ein Muskel, der den Augapfel waagerecht oder senkrecht bewegt

Jeder Augapfel wird von sechs Muskeln (vier geraden und zwei schrägen) bewegt. Die **M. rectus lateralis, medialis, inferior** und **superior** bewegen den Augapfel von oben nach unten und seitlich. Sie sind rechtwinkelig angeordnet und laufen vom Augapfel zur Rückseite der Augenhöhle.

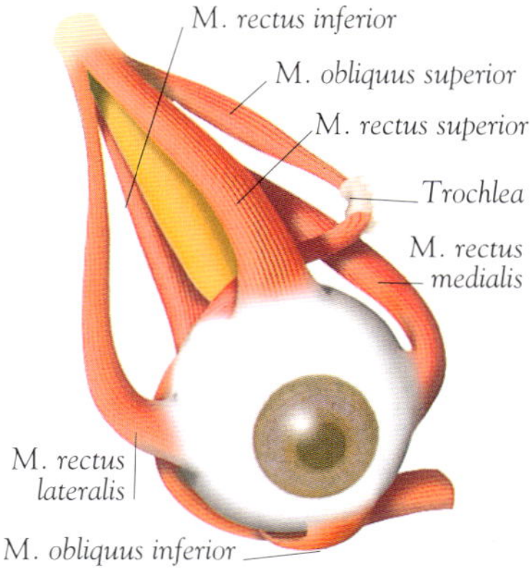

Gerade und schräge Augenmuskeln
Der Augapfel wird von sechs äußeren Muskeln bewegt. Weitere Muskeln im Inneren verformen Linse und Iris.

M. obliquus oculi

Ein Muskel, der den Augapfel diagonal bewegt

Jedes Auge hat zwei schräge Augenmuskeln: Der **M. obliquus inferior** läuft von der Unterseite des Augapfels zur Augenhöhle in der Nähe der Nase. Der **M. obliquus superior** zieht sich vom Augapfel nach vorn und dann durch die **Trochlea**, eine Knorpelöffnung. Die Trochlea wirkt wie eine Umlenkrolle und ermöglicht Bewegungen des Augapfels nach unten und außen.

Siehe auch

Augenhöhle 39 • Brustbein 37 • Halswirbel 36 • Jochbein 38 • Schädel 38
Schläfenbein 38 • Schlüsselbein 40
Unterkiefer 38 • Wirbelsäule 36

Die Rumpfmuskulatur

Der mittlere Teil des Körpers ist von zahlreichen Muskelschichten umgeben. Manche dieser mehrere dutzend Muskeln ermöglichen Bewegungen und Atmung, andere verhindern, dass der Körper unter seinem eigenen Gewicht zusammensackt.

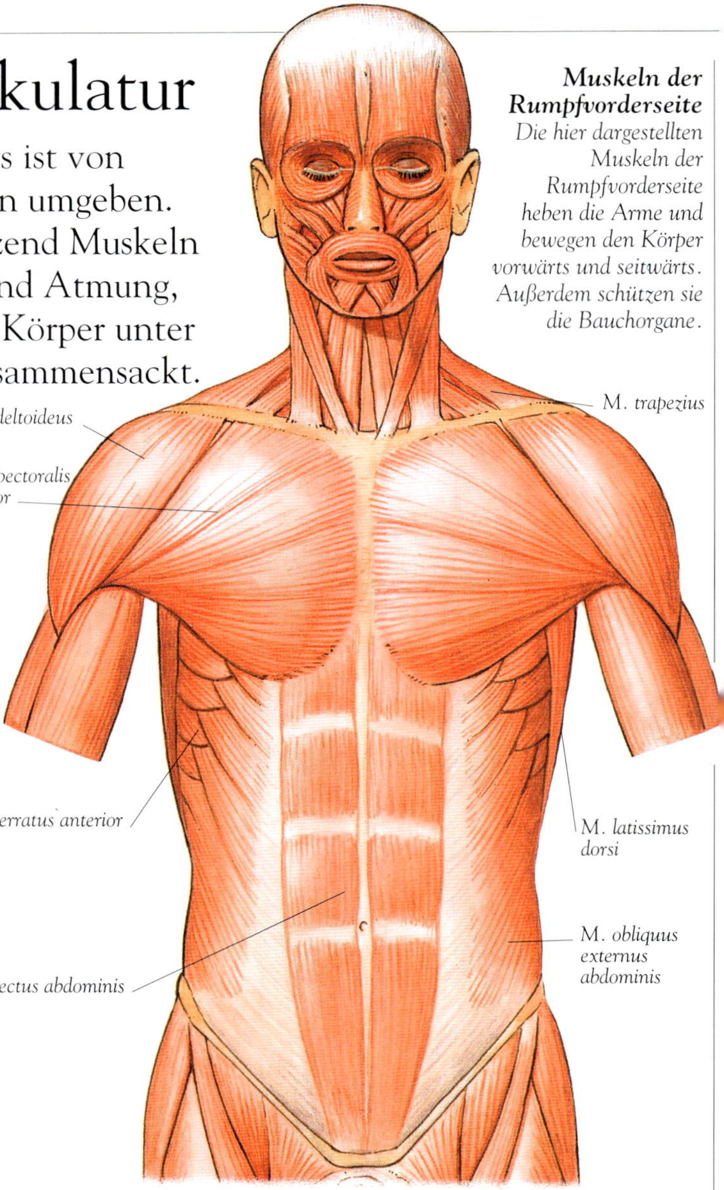

Muskeln der Rumpfvorderseite *Die hier dargestellten Muskeln der Rumpfvorderseite heben die Arme und bewegen den Körper vorwärts und seitwärts. Außerdem schützen sie die Bauchorgane.*

M. pectoralis major

Ein Muskel, der den Arm zum Körper zieht

Die beiden Musculi pectorales majores, auch **große Brustmuskeln** genannt, sind fächerförmig und gliedern sich in zwei ungleiche Teile, die am schmalen Ende beide mit dem Oberarmknochen ■ verbunden sind. Am breiten Ende setzt der kleinere Teil am Schlüsselbein ■ an, der größere an Brustbein und Rippenknorpel ■. Der Brustmuskel zieht den Arm vorwärts und zum Körper; außerdem dreht er den Arm.

M. deltoideus

Ein Schultermuskel, der den Arm bewegt

Der kräftige M. deltoideus oder **Deltamuskel** zieht sich um die Schulter und verbindet drei Knochen: Schulterblatt ■, Schlüsselbein und Oberarmknochen. Er ist an den meisten Bewegungen von Schulter und Oberarm beteiligt, stabilisiert die Schulter und bewegt den Arm in viele Richtungen. »Deltoideus« heißt »dreieckig«.

Gewichtheben *Gewichtheber setzen nicht nur Arm-, sondern auch Brust- und Schultermuskeln wie den Deltamuskel ein.*

M. serratus anterior

Ein Brustmuskel, der das Schulterblatt dreht

Die paarweise angeordneten M. serrati anteriores laufen von den oberen Rippen um die Körperseite zum Schulterblatt und ziehen es nach außen, sodass die Schulter sich hebt. »Serratus« (»sägezahnförmig«) bezeichnet die Form des Muskels.

M. rectus abdominis

Ein Muskel, der den Bauch anspannt

Die Organe des Bauchraumes ■ werden durch mehrere flächige Muskeln geschützt und festgehalten, u. a. durch die beiden M. recti abdominis, die an der Körpervorderseite vom Brustkorb aus zum Becken ■ hin verlaufen. Gemeinsam sorgen diese Muskeln dafür, dass der Rumpf sich vorwärts und seitwärts bewegt oder dreht.

M. obliquus externus abdominis

Ein schräger Bauchmuskel

Die beiden M. obliqui externi abdominis laufen von den untersten Rippen zur Mittellinie des Körpers. Zusammen mit dem M. rectus und den tiefer liegenden **M. obliqui interni abdominis** halten sie die Bauchorgane fest.

M. trapezius

Ein Rückenmuskel, der Kopf und Schultern nach hinten zieht

Die beiden **Trapezmuskeln** laufen von der Wirbelsäule und der Schädelbasis über Schultern und Rücken zum Schulterblatt. Sie heben den Kopf und stellen ihn schräg, stabilisieren und heben aber auch die Schulter. Gemeinsam bilden sie ein flaches Viereck oder Trapez – daher der Name.

M. latissimus dorsi

Ein Rückenmuskel, der den Arm nach hinten und unten zieht

Jeder dieser beiden dreieckigen Muskeln ist mit einem breiten Ende an Wirbelsäule und Beckengürtel befestigt. »Latissimus dorsi« heißt »der Breiteste im Rücken«. Der Muskel stützt den Arm, wenn man diesen über den Kopf hält, und bewegt ihn in der erhobenen Position. Drückt man den Arm dicht an die Körperseite, spürt man die Anspannung dieses Muskels.

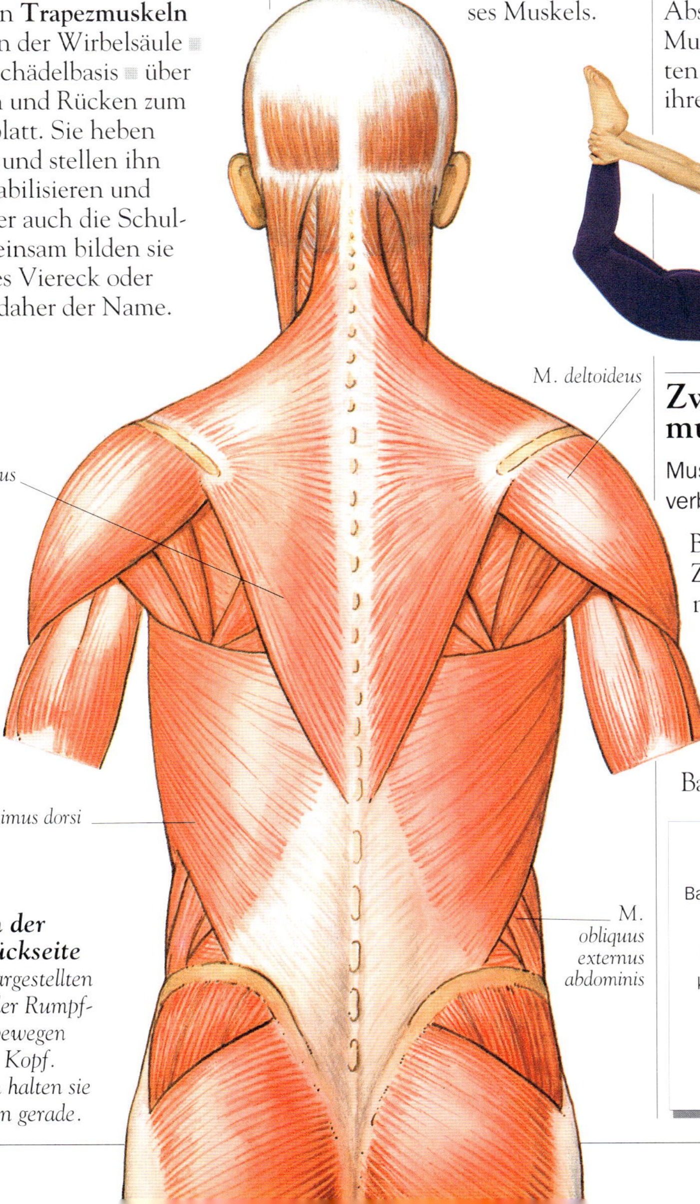

Muskeln der Rumpfrückseite
Die hier dargestellten Muskeln der Rumpfrückseite bewegen Arme und Kopf. Außerdem halten sie den Rücken gerade.

M. spinalis thoracis

Ein Muskel, der zur aufrechten Haltung des Rückens beiträgt

Wenn man ein Hohlkreuz macht, spürt man die beiden Musculi spinales thoracis, die sich auf beiden Seiten an der Wirbelsäule entlangziehen. Sie sind mit den Wirbeln verbunden und tragen zur aufrechten Körperhaltung bei. Vorwiegend setzen sie an den Dornfortsätzen der Brustwirbel im oberen Rücken an – daher auch der Name. Andere Muskeln verbinden verschiedene Abschnitte der Wirbelsäule. Muskeln zwischen benachbarten Wirbeln ermöglichen ihre Drehung.

Rückwärts gebogen
Für eine solche Biegung sorgen die M. spinales thoracis. In der gebogenen Haltung treten sie auf beiden Seiten neben der Wirbelsäule hervor.

Zwischenrippenmuskulatur

Muskeln, die benachbarte Rippen verbinden

Beim Einatmen ziehen sich die Zwischenrippenmuskeln zusammen, sodass die Rippen sich nach oben und außen bewegen. Dabei ziehen sie im Zusammenwirken mit dem Zwerchfell die Luft in die Lunge. Bei Anstrengung tragen auch Hals- und Bauchmuskeln zur Atmung bei.

Siehe auch

Bauch 14 • Becken 41 • Beckengürtel 41
Brustbein 37 • Brustwirbel 37
Lunge 112 • Mittellinie 15 • Oberarmknochen 41 • Rippen 37 • Schädel 38
Schlüsselbein 40 • Schulterblatt 40
Wirbel 36 • Wirbelfortsatz 36
Wirbelsäule 36 • Zwerchfell 114

Muskeln von Arm & Hand

Die Arm- und Handmuskeln arbeiten zusammen. Ob man einen Faden in die Nadel fädelt oder einen Tennisball über das Netz schmettert, immer üben sie an der richtigen Stelle den richtigen Druck aus. Damit erreichen sie eine verblüffende Vielseitigkeit und Präzision.

M. brachioradialis

Ein Muskel, der den Unterarm hebt und dreht

Wenn man die Handfläche nach oben dreht, wölbt sich der M. brachioradialis an der Außenseite des Unterarmes. Er verbindet Speiche und Oberarmknochen an ihren körperfernen Enden und dient dem Heben und Drehen des Unterarmes.

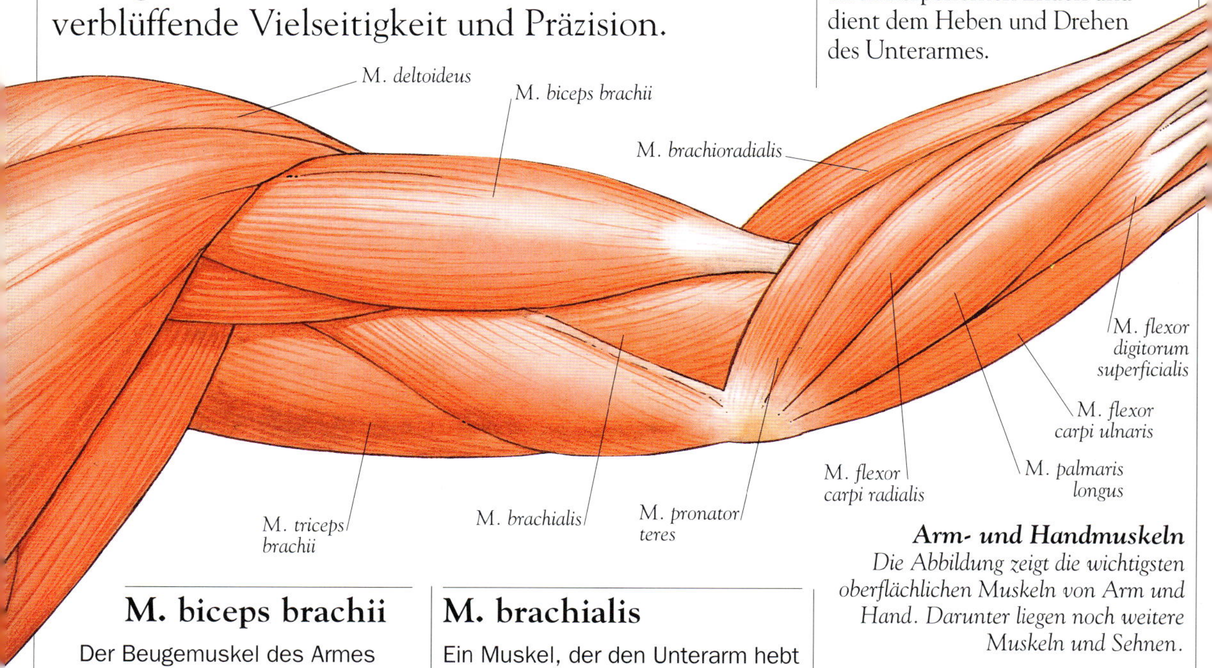

Arm- und Handmuskeln
Die Abbildung zeigt die wichtigsten oberflächlichen Muskeln von Arm und Hand. Darunter liegen noch weitere Muskeln und Sehnen.

M. biceps brachii

Der Beugemuskel des Armes

Der **Bizeps** verbindet das Schulterblatt ■ mit der Speiche ■ im Unterarm. Durch seine Kontraktion sorgt er für die Beugung ■ des Armes. »Biceps brachii« bedeutet »zwei Köpfe des Armes«: Am körpernahen Ende gabelt sich der Muskel in zwei Teile. Bodybuilder spannen gerne den Bizeps an, weil er sich bei der Kontraktion besonders auffällig verdickt.

Bizeps in Aktion
Beim Tennisspielen hebt der Bizeps durch seine Kontraktion den Arm mit dem Schläger.

M. brachialis

Ein Muskel, der den Unterarm hebt

Der M. brachialis zieht sich unter dem Bizeps vom Oberarmknochen ■ zur Elle ■. Durch seine Kontraktion hebt er den Unterarm, sodass der Ellenbogen sich ganz oder teilweise beugt.

M. triceps brachii

Der Streckmuskel des Armes

Der **Trizeps** liegt an der Rückseite des Oberarmes und streckt den Arm. »Tri-« bedeutet, dass er »drei« Köpfe hat – einer davon setzt am Schulterblatt an, die beiden anderen am Oberarmknochen. Das andere Ende ist über eine kräftige Sehne ■ am Ellenbogen mit der Elle verbunden. Wenn man den Arm kräftig streckt, spürt man die Spannung dieser Sehne.

M. pronatores

Muskeln, die die Handfläche nach unten drehen

Der **M. pronator teres** und **M. pronator quadratus** sind zwei kleine Muskeln, die im Unterarm von der Elle zur Speiche verlaufen. Durch ihre Kontraktion drehen sie den Arm so, dass die Handfläche nach unten weist.

M. supinator

Ein Muskel, der die Handfläche nach oben dreht

Der M. supinator verläuft tief im oberen Teil des Unterarmes von Elle und Oberarmknochen zur Speiche. Durch seine Kontraktion zieht er an der Speiche, sodass die Handfläche sich nach oben dreht.

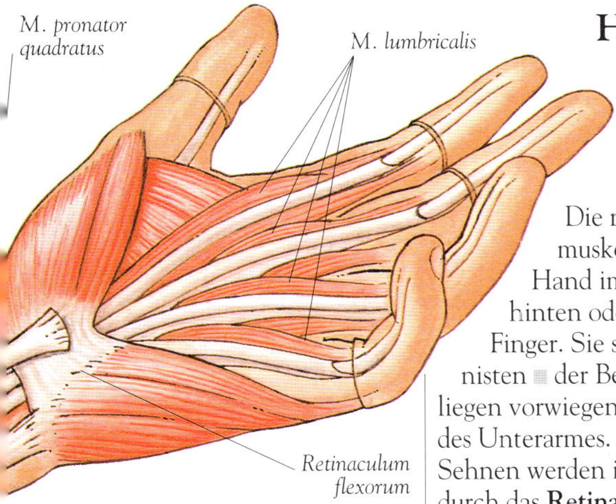

Handstreckmuskeln

Muskeln, die Hand oder Finger strecken

Die neun Streckmuskeln ■ ziehen die Hand im Gelenk nach hinten oder strecken die Finger. Sie sind Antagonisten ■ der Beugemuskeln und liegen vorwiegend an der Oberseite des Unterarmes. Ihre langen Sehnen werden im Handgelenk durch das **Retinaculum extensorum** festgehalten.

M. interossei

Muskeln, mit denen Finger und Zehen sich spreizen oder zusammenziehen können

»**Interossei**« (Einzahl »interosseus«) bedeutet »zwischen den Knochen«. Die acht Muskeln liegen in der Handfläche zwischen den Mittelhandknochen ■ und sorgen durch ihre Kontraktion für eine seitliche Bewegung der Finger.

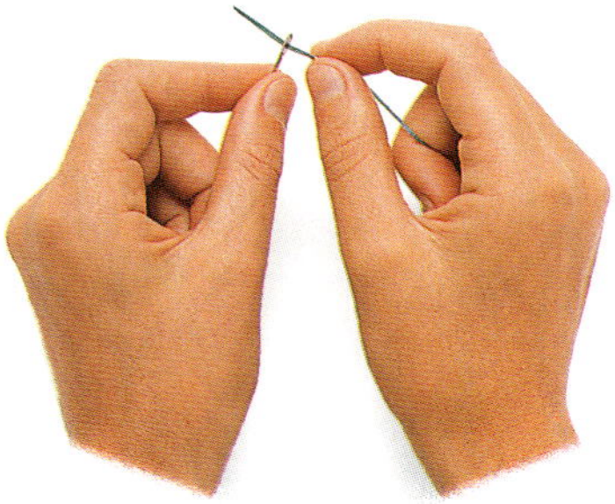

Opponierbarer Daumen
Als einzige Lebewesen können Menschen und Menschenaffen ihren Daumen den anderen Fingern gegenüberstellen oder »opponieren«.

Handbeugemuskeln

Muskeln, die Finger oder Handgelenk beugen

Wenn man mit den Fingerspitzen kräftig nach unten drückt, spürt man die Beugemuskeln ■ an der Unterseite des Unterarmes. Die sechs Muskeln setzen nahe am Ellenbogen an und sind über lange Sehnen mit Teilen der Hand verbunden. Ihre Sehnen laufen unter einem kräftigen Band am Handgelenk hindurch, dem **Retinaculum flexorum**. Mit Ausnahme des **M. palmaris longus** sind die Beugemuskeln nach ihrer Funktion benannt: der **M. flexor digitorum superficialis** liegt z. B. an der Oberfläche und beugt die Finger ■. Weitere Beugemuskeln sind **M. flexor carpi ulnaris** und **M. flexor carpi radialis**.

M. palmaris brevis

Ein Muskel, der die Haut in die Handfläche zieht

Der M. palmaris brevis ist ein kleiner Muskel, der die Haut an die Handunterseite zieht, sodass die Handfläche eine Becherform annimmt. Der Name bedeutet »kurzer Handflächenmuskel«.

M. lumbricales

Schmale Muskeln, die am Strecken der Finger beteiligt sind

»Lumbricales« bedeutet »spulwurmförmig«; diese vier dünnen Muskeln in der Mitte der Handfläche sind mit Sehnen verbunden und wirken beim Strecken der Finger mit.

M. opponens pollicis

Ein Muskel, der den Daumen der Handfläche gegenüber stellt

Der Daumen ist der beweglichste Teil der Hand. Er wird von vier Unterarm- und vier Handmuskeln bewegt. Der M. opponens pollicis gehört zu den Muskeln, die am Daumenansatz eine Verdickung bilden. Sein Name bedeutet »Daumengegenübersteller«. Er macht den Daumen **opponierbar**. Andere Daumenmuskeln sind der **M. flexor pollicis brevis**, der den Daumen beugt, und der **M. abductor pollicis brevis**, der den Daumen nach außen zieht.

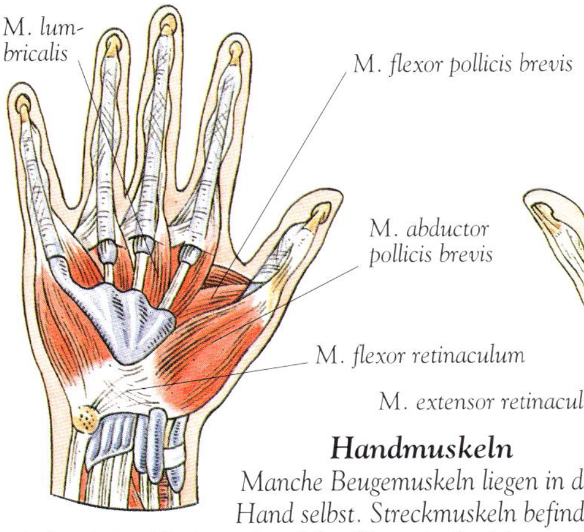

Blick auf Handfläche

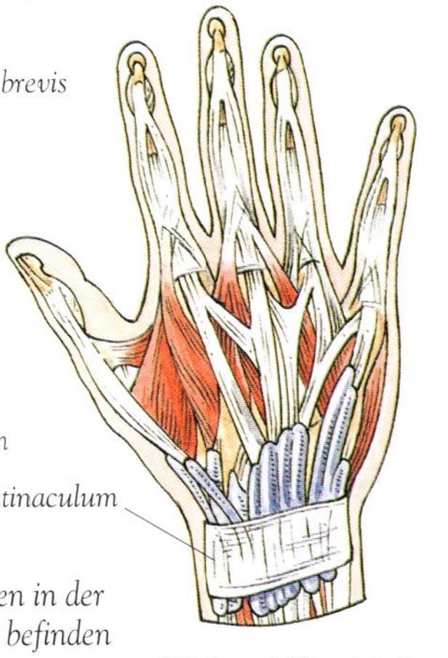

Blick auf Handrücken

Handmuskeln
Manche Beugemuskeln liegen in der Hand selbst. Streckmuskeln befinden sich auf der Oberseite des Unterarmes.

Siehe auch

Antagonisten 48 • Beuger 46 • Beugung 46
Elle 41 • Finger 42 • Mittelhandknochen 42
Oberarmknochen 41 • Schulterblatt 40
Sehne 49 • Speiche 41 • Strecker 46
Streckung 46

Muskeln von Bein & Fuß

Die Beine sind die muskulösesten Körperteile. Sie liefern die Kraft zur Fortbewegung und halten den Körper im Stehen aufrecht. Die Fußmuskeln ähneln denen der Hand, aber die Füße sind kräftiger und weniger beweglich.

Beinstreckung
Beim Hürdenlauf zieht sich der M. quadriceps femoris zusammen, das Bein streckt sich.

M. quadriceps femoris

Eine Muskelgruppe, die das Knie streckt

Dieser »vierköpfige Oberschenkelmuskel« besteht eigentlich aus vier Muskeln namens **M. rectus femoris, M. vastus lateralis, M. vastus medialis und M. vastus intermedius**. Durch seine Kontraktion bewegt er die Sehnen ▪ über dem Knie, das sich daraufhin streckt. Der Muskel dient zum Gehen und Laufen.

M. sartorius

Ein Muskel, der das Bein dreht und beugt

Der M. sartorius oder **Schneidermuskel** ist der längste Muskel des Körpers. Er zieht sich wie ein Band von der Hüfte über den Oberschenkel zur Innenseite des Schienbeins ▪. Er beugt das Bein und dreht die Hüfte.

M. adductor longus

Ein Muskel, der das Bein zur Mittellinie des Körpers zieht

Dieser Muskel zieht sich innen am Oberschenkel vom Becken ▪ zur Mitte des Oberschenkelknochens ▪. Durch seine Kontraktion zieht er das Bein nach innen. Dabei helfen auch drei andere Muskeln: **der M. adductor brevis, M. adductor magnus** und **M. pectineus**.

Fußstrecker

Muskeln, die den Fuß oder die Zehen aufwärts bewegen

Die vier Fußstrecker ▪ liegen an der Vorder- und Außenseite des Unterschenkels. Ihre langen Sehnen verlaufen um die Biegung des Fußgelenks und werden dort von den Bändern des **Retinaculum extensorum** festgehalten. Die Fußstrecker sind der **M. extensor hallucis longus** (hebt den großen Zeh), der **M. extensor digitorum longus** (hebt die anderen Zehen) und der **M. peroneus tertius** (hebt den Fuß). Auf dem Fußrücken liegt nur der **M. extensor digitorum brevis** (»kurzer Zehenstrecker«), der zusammen mit den Streckmuskeln im Unterschenkel die Zehen hebt.

M. tibialis anterior

Ein Muskel, der den Fuß streckt oder hebt

Dieser Muskel verläuft entlang des Schienbeins und verbindet dessen oberen Teil mit zwei Knochen auf der Innenseite des Fußgewölbes ▪. Durch seine Kontraktion hebt er den Fuß; außerdem stützt er das Gewölbe.

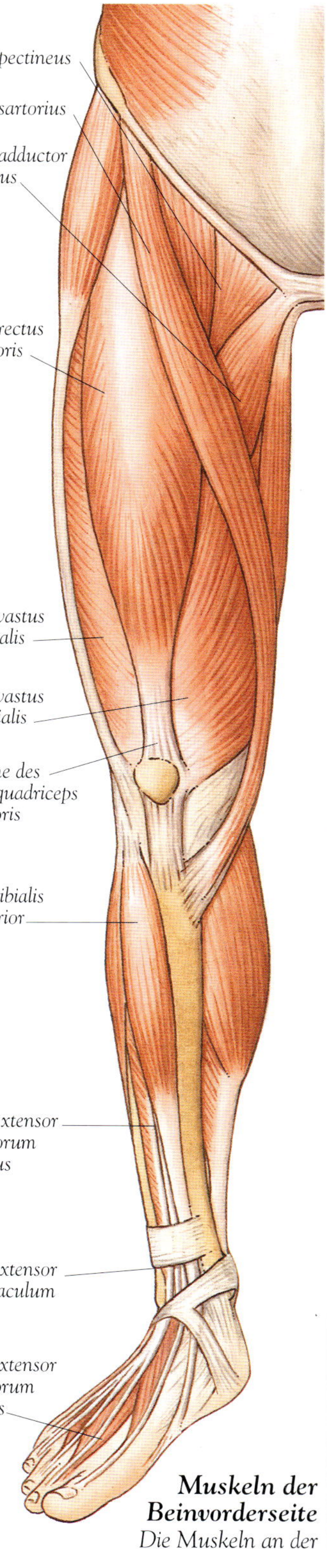

Muskeln der Beinvorderseite
Die Muskeln an der Beinvorderseite heben das Bein, strecken das Knie und beugen den Fuß nach oben.

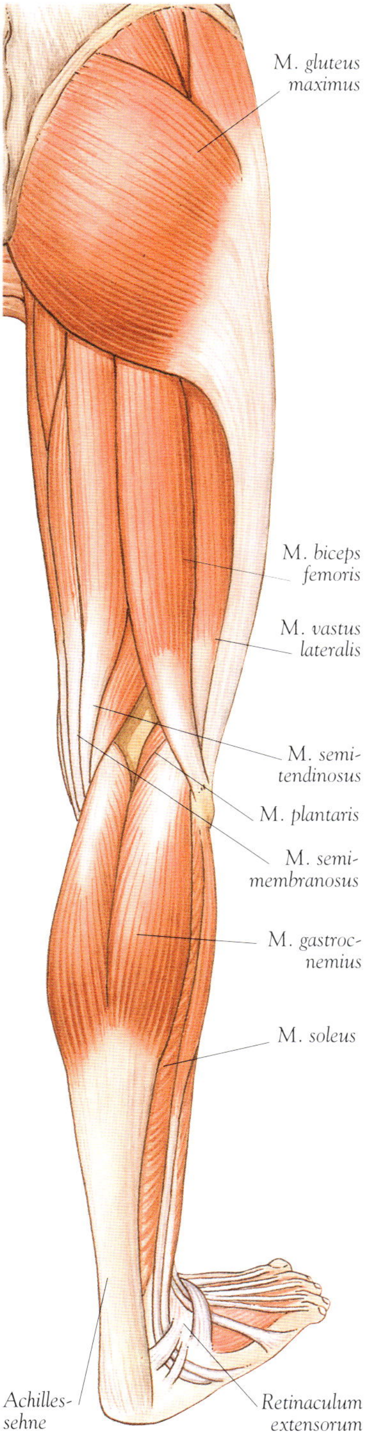

Muskeln der Beinrückseite
Die Muskeln an der Beinrückseite drehen und strecken das Bein, beugen das Knie, heben die Ferse und bewegen die Zehen nach unten.

M. gluteus maximus

Ein Muskel, der die Hüfte streckt

Der M. gluteus maximus, der **große Gesäßmuskel**, ist der größte Muskel des Körpers. Er verläuft von der Rückseite des Beckens zum oberen Teil des Oberschenkelknochens und dient zum Gehen, Stehen, Laufen und Treppensteigen – also zu jeder Streckung ▪ der Beine. Mit mehreren anderen Muskeln bildet er das **Gesäß**.

Kniesehnenmuskeln

Eine Muskelgruppe, die das Knie beugt

Wenn man im Sitzen die Beine anspannt, spürt man unten am Knie kräftige Sehnen. Sie gehören zu drei Muskeln namens **M. biceps femoris, M. semimembranosus** und **M. semitendinosus**. Zusammen sorgen sie für die Beugung ▪ des Knies und für die Streckung des Beins.

Fußbeuger

Unterschenkelmuskeln, die Fuß oder Zehen nach unten bewegen

Wenn man auf Zehenspitzen steht, spannen sich Muskeln auf der Rückseite des Beins. Das sind die Fußbeuger ▪, die Fuß und Zehen nach unten bewegen. Es gibt neun solche Muskeln, die im Unterschenkel zwei Schichten bilden. Die in der äußeren Schicht ziehen die Ferse hoch und beugen so den Fuß; die weiter innen Gelegenen ziehen über lange Sehnen die Zehen nach unten. Zu ihnen gehören der **M. flexor hallucis longus**, der den großen Zeh beugt, und der **M. flexor digitorum longus** für die Beugung der übrigen Zehen.

Siehe auch

Becken 41 • Beugung 46 • Extension 46 Extensor 46 • Fersenbein 43 • Flexion 46 Flexor 46 • Fußgewölbe 43 • Musculi interossei 55 • Oberschenkelknochen 41 Schienbein 41 • Sehne 49 • Streckung 46

M. gastrocnemius

Ein Beugemuskel, der den Fuß nach unten biegt

Dieser Muskel, auch **Zwillingswadenmuskel** oder einfach **Wadenmuskel** genannt, ist der größte Fußbeuger. Er zieht sich auf der Rückseite des Unterschenkels vom Unterende des Oberschenkelknochens zum Fersenbein ▪. Durch seine Kontraktion zieht er den Fuß abwärts, und er wirkt auch an der Beugung des Knies mit. Mit der Ferse ist er über die Achillessehne verbunden.

Achillessehne

Eine sehr kräftige Sehne an der Ferse

Die Achillessehne ist die kräftigste Sehne des Körpers. Sie ist am Fersenbein befestigt und wird von drei Muskeln bewegt: dem **M. soleus, M. plantaris** und M. gastrocnemius.

Streckung durch Sehnen
Wenn die Gymnastin auf den Zehenspitzen steht, treten die Achillessehnen deutlich hervor.

M. flexor digitorum brevis

Fußmuskel zur Beugung der Zehen

Dieser Muskel an der Fußunterseite beugt die kleinen Zehen – für den großen sind andere Muskeln zuständig. Musculi interossei ▪ im Fuß ermöglichen das Spreizen oder Zusammenziehen der Zehen.

Nerven

Die Nerven sorgen für die Koordination verschiedener Körperteile. Sie vermitteln uns Informationen über unsere Umwelt und machen schnelle Reaktionen auf Veränderungen möglich. Außerdem steuern sie viele innere Vorgänge im Organismus.

Nerv

Zellbündel, das Signale übermittelt

Die Nerven sind die »Verdrahtung« des Körpers. Jeder Nerv ist von einer widerstandsfähigen Scheide umgeben und besteht aus hunderten oder tausenden von Nervenzellen oder Neuronen. Die Nerven laufen vom Gehirn und Rückenmark zu allen Körperteilen, so zu Haut, Muskeln und Sinnesorganen, aber auch zu Zähnen und Knochen.

Neuron

Eine Nervenzelle

Die Neuronen oder **Nervenzellen** transportieren elektrische Signale, die Nervenimpulse. Jedes Neuron besteht aus einem **Zellkörper** mit dem Zellkern, ferner den kurzen, verzweigten **Dendriten**, die Signale zur Zelle befördern, und dem Axon, einer langen Faser, die meist Impulse von der Zelle wegtransportiert. Im Gegensatz zu den meisten anderen Zellen teilen **Neuronen** sich nach ihrer Entstehung nicht mehr. Absterbende Neuronen werden nicht mehr ersetzt, sodass ihre Zahl allmählich abnimmt.

Axon

Der lange Fortsatz eines Neurons

Das Axon, auch **Nervenzellfortsatz** genannt, transportiert den Nervenimpuls. Axone sind dünner als ein Haar und oft knapp 1 mm, manchmal aber auch bis zu 1 m lang. Häufig sind sie von einer Hülle aus dem fettähnlichen **Myelin** umgeben. Myelin wirkt wie der Kunststoff in einem Elektrokabel als Isolierung und beschleunigt außerdem die Nervenimpulse.

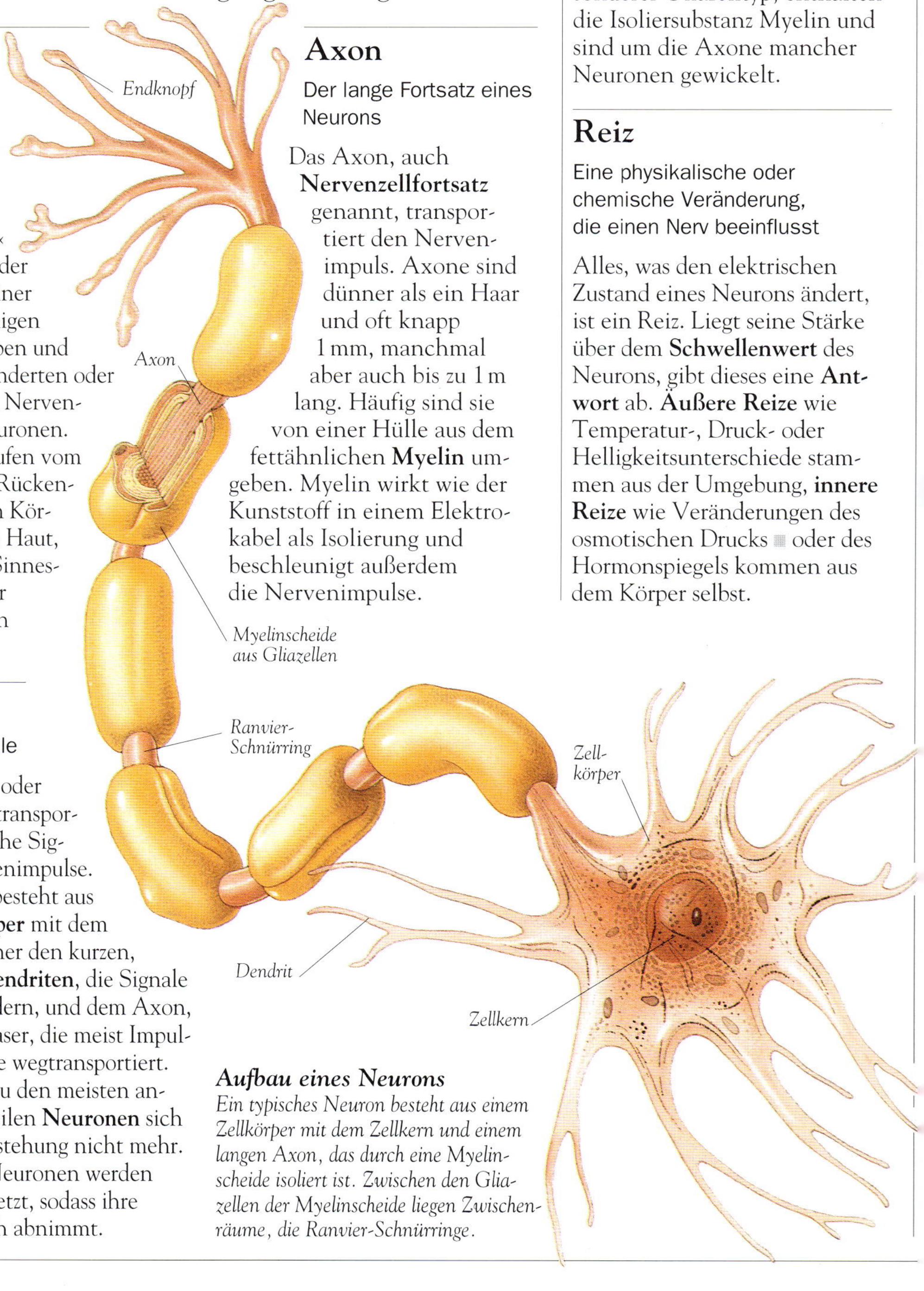

Aufbau eines Neurons
Ein typisches Neuron besteht aus einem Zellkörper mit dem Zellkern und einem langen Axon, das durch eine Myelinscheide isoliert ist. Zwischen den Gliazellen der Myelinscheide liegen Zwischenräume, die Ranvier-Schnürringe.

Gliazelle

Eine Zelle, die Nervenzellen stützt, schützt oder ernährt

Gliazellen transportieren keine Nervenimpulse, sondern ernähren die Nervenzellen und schützen sie vor Bakterien. Die **Schwann-Zellen**, ein besonderer Gliazelltyp, enthalten die Isoliersubstanz Myelin und sind um die Axone mancher Neuronen gewickelt.

Reiz

Eine physikalische oder chemische Veränderung, die einen Nerv beeinflusst

Alles, was den elektrischen Zustand eines Neurons ändert, ist ein Reiz. Liegt seine Stärke über dem **Schwellenwert** des Neurons, gibt dieses eine **Antwort** ab. **Äußere Reize** wie Temperatur-, Druck- oder Helligkeitsunterschiede stammen aus der Umgebung, **innere Reize** wie Veränderungen des osmotischen Drucks oder des Hormonspiegels kommen aus dem Körper selbst.

Nervenimpuls

Ein Signal, das durch ein Neuron läuft

Ein ruhendes Neuron ähnelt einer geladenen Batterie. Mit der **Natrium-Kalium-Pumpe**, einem aktiven Transportsystem ▪, pumpt es Natriumionen ▪ durch seine Plasmamembran ▪ nach außen und Kaliumionen ins Zellinnere. Auf einen Reiz hin strömen die Natriumionen wieder in die Zelle. Daraufhin verändert sich die elektrische Ladung, und eine elektrische Störung, Aktionspotenzial genannt, wandert mit bis zu 100 m/sec am Axon entlang. An einer Synapse kann das **Aktionspotenzial** einen Impuls im Nachbarneuron auslösen.

Synapse

Eine Verbindung zwischen zwei Neuronen

An einer Synapse kann ein Neuron in einem zweiten einen Impuls auslösen. Eine Synapse besteht aus einem **Endknopf**, der in der Nähe des Nachbarneurons liegt. Kommt dort ein Impuls an, wird ein **Neurotransmitter** ausgeschüttet; diese Signalsubstanz durchquert den Spalt zwischen den Zellen und aktiviert nach weniger als einer Millisekunde (1 ms) das zweite Neuron. Manche Neuronen besitzen hunderte oder tausende von Synapsen. Eine Synapse gibt Signale stets in derselben Richtung weiter; umgekehrt funktioniert sie nicht.

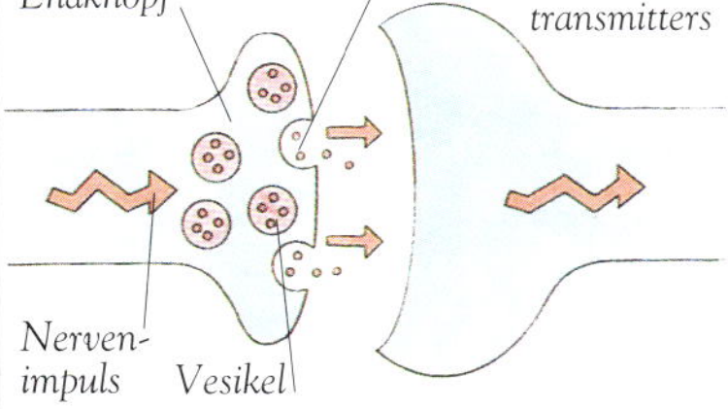

Eine aktive Synapse
Aus winzigen Bläschen (Vesikeln) werden die Neurotransmitter-Moleküle freigesetzt.

Nerv-Muskel-Endplatte

Eine besondere Synapse zwischen Neuron und Muskelfaser

Die Nerv-Muskel-Endplatte ist eine Synapse zwischen einem Motoneuron und einer Muskelfaser ▪. Ein Impuls, der dort ankommt, sorgt für die Kontraktion des Muskels ▪.

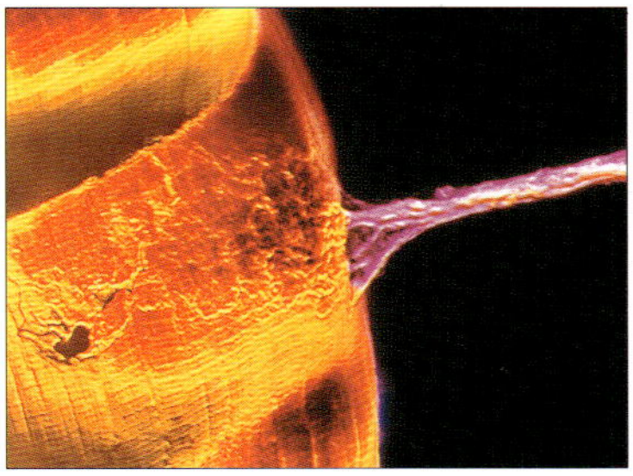

Eine Nerv-Muskel-Endplatte
Elektronenmikroskopische Falschfarbenaufnahme eines Motoneurons (rosa), das mit Skelettmuskelfasern verbunden ist.

Sensorisches Neuron

Ein Neuron, das Signale zum Zentralnervensystem transportiert

Sensorische oder **afferente Neuronen** (afferent = »hintragend«) übermitteln Signale von verschiedenen Körperteilen zum Zentralnervensystem ▪ (ZNS). Manche von ihnen werden unmittelbar durch Reize aktiviert, andere indirekt durch besondere Zellen, die **Rezeptoren**. Manche Rezeptoren sind über den Körper verteilt, andere liegen gehäuft in Sinnesorganen wie Augen und Ohren.

Motoneuron

Ein Neuron, das einen Effektor anregt

Die Motoneuronen oder **efferenten Neuronen** (efferent = »wegtragend«) transportieren Nervenimpulse vom ZNS zu den **Effektoren**. Die wichtigsten Effektoren sind Muskeln und Drüsen ▪.

Camillo Golgi

Italienischer Histologe, 1844–1926

Camillo Golgi konnte Nervenzellen zum ersten Mal deutlich sichtbar machen. Er entwickelte ein Verfahren, um Neuronen schwarz zu färben, während die umgebenden Zellen fast unverändert bleiben. Mit dieser Methode entdeckte er verschiedene Nervenzelltypen und den schmalen Spalt zwischen den Zellen an den Synapsen. Außerdem fand er den Golgi-Apparat ▪, ein in den meisten Zellen vorhandenes Organell ▪.

Interneuron

Ein Neuron, das Signale von einem Neuron zum anderen übermittelt

Mit den vor allem im Zentralnervensystem vorkommenden Interneuronen kann das Nervensystem Signale weitergeben, ordnen und vergleichen.

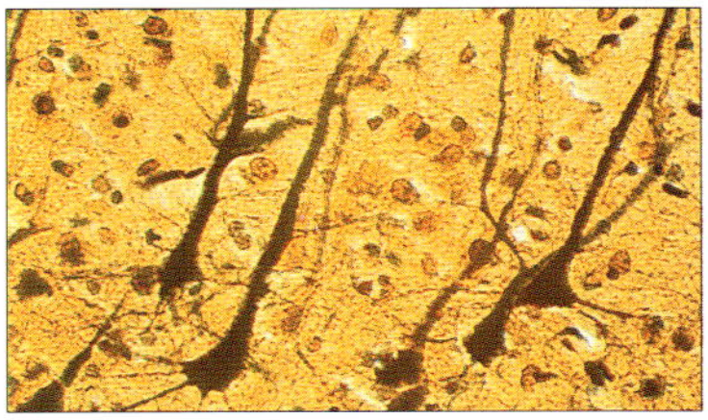

Gehirnschmalz
Interneuronen des Gehirns in lichtmikroskopischer Darstellung

Siehe auch

Aktiver Transport 28 • Bakterien 92
Drüse 78 • Gehirn 64 • Golgi-Apparat 27
Ion 21 • Membran 28 • Muskeln 48
Muskelfaser 48 • Organell 26
osmotischer Druck 29 • Rückenmark 62
Sinnesorgan 68 • Zellkern 27
Zellteilung 30 • Zentralnervensystem 60

Nervensystem

Durch den ganzen Körper ziehen sich viele Milliarden verknüpfte Neuronen. Zusammen bilden sie das Kommunikationsnetz des Nervensystems. Sie sammeln, verarbeiten und übermitteln alle Informationen, die der Organismus braucht.

Nervensystem

Ein Netz aus Neuronen, das sich durch den ganzen Körper zieht

Das Nervensystem steuert und koordiniert die Tätigkeiten des Organismus. Zum **Zentralnervensystem (ZNS)** gehören Rückenmark ▪ und Gehirn. Es analysiert Informationen, speichert sie und gibt Anweisungen. Das **periphere Nervensystem** besteht aus **peripheren Nerven**, die Signale zwischen dem ZNS und dem übrigen Organismus übertragen.

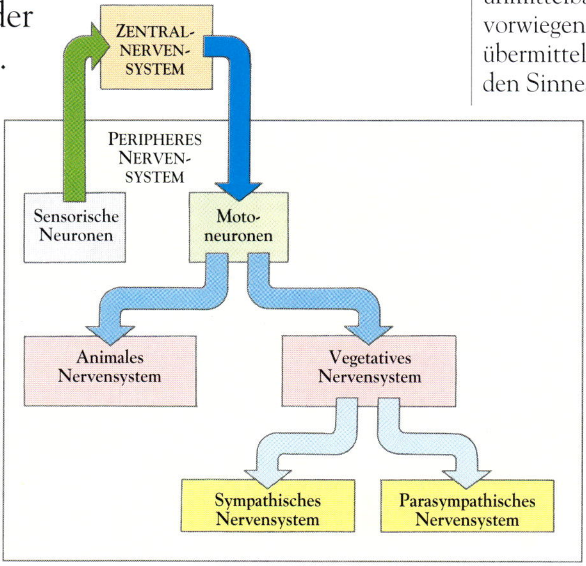

Das Nervensystem (schematisch)
Sensorische Neuronen sammeln Informationen und leiten sie zum ZNS weiter. Das ZNS analysiert sie und gibt seinerseits Anweisungen an das periphere Nervensystem.

Animales Nervensystem

Der Teil des Nervensystems, der willkürliche Handlungen steuert

Bei jeder bewussten Bewegung ist das animale Nervensystem tätig. Es übermittelt Signale an die Skelettmuskeln ▪, die sich daraufhin zusammenziehen. Das animale Nervensystem, das zum peripheren Nervensystem gehört, zieht sich durch den ganzen Körper.

Siehe auch

Drüse 78 • glatte Muskulatur 49
Neuron 58 • Oberarmknochen 41 • Puls 87
Rezeptor 59 • Riechhügel 75
Rückenmark 62 • Schienbein 41 • Sehnervenkreuzung 71 • Skelettmuskulatur 48
Speiche 41 • Wirbel 36

Vegetatives Nervensystem

Der Teil des Nervensystems, der unwillkürliche Handlungen steuert

Das vegetative Nervensystem, ein Teil des peripheren Nervensystems, sorgt für viele Vorgänge im Körperinneren. Es steuert die glatte Muskulatur ▪ der inneren Organe, reguliert Puls ▪ und Blutdruck und steuert viele Drüsen. Seine beiden Teile, das **sympathische** und das **parasympathische Nervensystem**, haben entgegengesetzte Wirkungen und halten den Körper gemeinsam in einem stabilen Zustand.

Gehirnnerven

Periphere Nerven, die unmittelbar im Gehirn entspringen

Periphere Nerven gehen von zwei Bereichen aus: vom Gehirn und vom Rückenmark. Zwölf Gehirnnervenpaare entspringen unmittelbar im Gehirn. Sie steuern vorwiegend Muskeln im Kopf oder übermitteln Informationen von den Sinnesorganen zum Gehirn.

Riechnerv

Ein Gehirnnerv für die Geruchswahrnehmung

Geruchsnerven transportieren Impulse, die das Gehirn als Gerüche deutet. Die Nerven bilden zwei Riechhügel ▪, kleine Verdickungen unmittelbar unter der Gehirnvorderseite.

Gesichtsnerv

Ein Nerv zur Steuerung des Gesichtsausdrucks

Der Gesichtsnerv läuft über Gesicht und Hals. Wie viele Nerven enthält er zwei Typen von Neuronen ▪. Motoneuronen regulieren die Muskeln für den Gesichtsausdruck, sensorische Neuronen übermitteln Informationen zum Gehirn.

Sehnerv

Ein Gehirnnerv für die visuelle Wahrnehmung

Die Sehnerven übermitteln Signale von den Augen zum Gehirn, das daraus dann ein Bild aufbaut. Die Sehnerven münden nicht unmittelbar ins Gehirn, sondern überkreuzen sich vorher in der Sehnervenkreuzung ▪ (Chiasma opticum). Auf diese Weise verarbeitet jede Gehirnhälfte nur die Hälfte des Gesichtsfeldes. Drei weitere Gehirnnerven steuern die Augenbewegungen sowie die Formveränderung von Linse und Pupille.

Spinalnerven

Periphere Nerven, die im Rückenmark entspringen

Es gibt 31 Spinalnervenpaare, die jeweils in den Lücken zwischen den Wirbeln ■ im Rückenmark entspringen. Man unterteilt sie in vier Gruppen: die **zervikalen, thorakalen, lumbalen** und **sakralen** Spinalnerven. Von der Mitte des Rückenmarks erstrecken sich die Spinalnerven nach außen zu Rezeptoren ■, Muskeln und Drüsen im Rumpf. Die Nerven aus dem oberen und aus dem unteren Rückenmarksabschnitt bilden »Geflechte« (Plexus). Die wichtigsten sind das **Halsgeflecht (Plexus cervicalis)**, das **Armgeflecht (Plexus brachialis)**, der **Plexus lumbalis** und der **Plexus sacralis**. Die Nerven der Geflechte steuern Arme und Beine.

Ischiasnerv

Ein Nerv, der Muskeln in Bein und Fuß steuert

Der im Plexus sacralis entspringende Ischiasnerv ist der größte Nerv des Körpers. Er beginnt nahe am unteren Ende des Rückenmarks, zieht sich durch den Oberschenkel und gabelt sich hinter und über dem Knie in zwei Äste. Einer, der **Nervus tibialis**, läuft in der Nähe des Schienbeins am hinteren Unterschenkel entlang. Der andere wird zu den beiden **Nervi peronei** an der Vorderseite des Unterschenkels. Der Ischiasnerv kontrolliert viele Muskeln zum Stehen und Gehen.

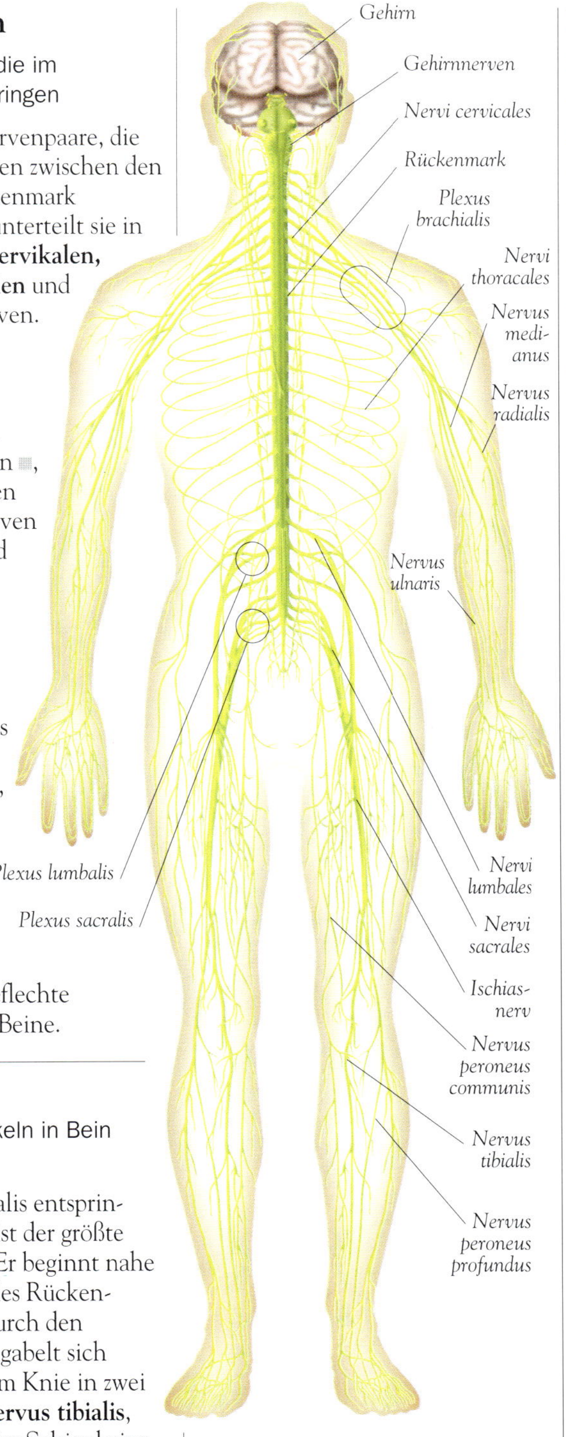

Das Nervensystem im Körper
Das Zentralnervensystem (ZNS) besteht aus Gehirn und Rückenmark, zum peripheren Nervensystem gehören sämtliche Nerven, die sich durch den Körper erstrecken.

Nervus radialis

Ein Nerv, der Muskeln an der Außenseite von Hand und Arm steuert

Der Nervus radialis ist einer von drei Nerven für die Steuerung von Arm und Hand. Er zieht sich durch den Arm und liegt im Unterarm in der Nähe der Speiche ■ (Radius) – daher der Name. Er steuert viele Muskeln, die Hand und Finger strecken. Der **Nervus medianus** zieht sich durch die Mitte des Unterarmes und sorgt für die Beugung von Handgelenk und Fingern. Beide Nerven entspringen im Plexus brachialis.

Nervus ulnaris

Ein Nerv, der Muskeln an der Innenseite von Hand und Arm steuert

Der Nervus ulnaris entspringt im Plexus brachialis, zieht sich durch den Arm und läuft durch eine Vertiefung auf der Rückseite des Elllenbogens. Er liegt dort dicht unter der Haut und wird bei plötzlichen Bewegungen leicht eingeklemmt. Da er über den Oberarmknochen läuft, nennt man diesen auch **Musikantenknochen**. Der Nervus ulnaris übermittelt Wahrnehmungen aus dem kleinen Finger; deshalb prickelt dieser Finger auch nach einem Schlag auf den Musikantenknochen.

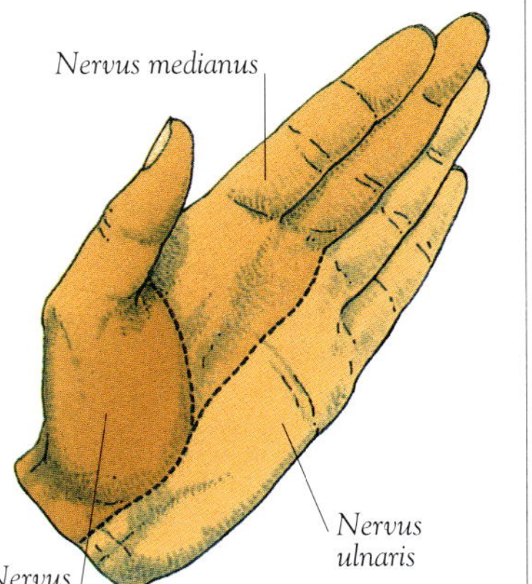

Die Nerven der Hand
Jeder der drei Nerven wirkt auf ein genau abgegrenztes Gebiet.

Das Rückenmark

Das Rückenmark ist die »Datenautobahn« im körpereigenen Kommunikationsnetz. Es übermittelt Informationen vom Körper zum Gehirn und leitet Anweisungen in andere Körperbereiche. Durch Reflexe kann es schnell auf Gefahren reagieren.

Rückenmark

Ein Strang aus Nervengewebe in der Wirbelsäule

Das Rückenmark ist ein Fortsatz des Gehirns ■. Es überträgt Botschaften zum Gehirn und ist auch an vielen Reflexen beteiligt. Es zieht sich von der Unterseite des Schädels ■ bis unterhalb der Rückenmitte und ist durch ein Rohr aus Wirbeln ■ geschützt. Seine Dicke schwankt, in der Mitte ist es aber etwa so dick wie ein Finger. Das Rückenmark enthält zahlreiche Neuronen ■; hier entspringen die Paare der Spinalnerven ■, die sich im Körper weiter verzweigen.

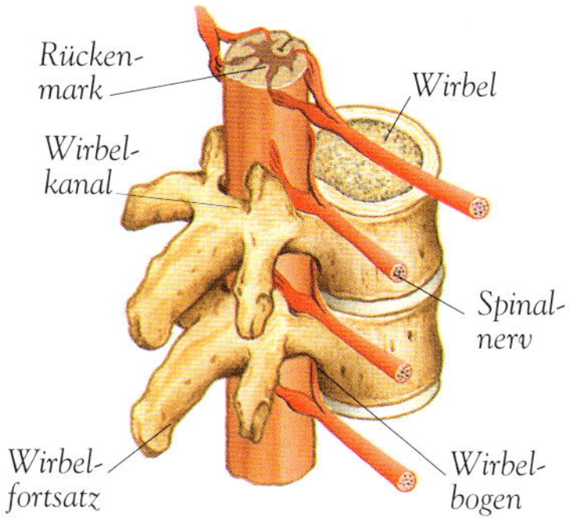

Die Wirbelsäule
Das Rückenmark zieht sich durch den Wirbelkanal und ist durch die Wirbelbögen geschützt.

Siehe auch

Axon 58 • Bänder 44 • Gehirn 64
Gliazelle 58 • Interneuron 59
Motoneuron 59 • Neuron 58 • Schädel 38
sensorisches Neuron 59 • Spinalnerven 61
Steißbein 37 • Wirbel 36

Graue Substanz

Gewebe, das vorwiegend aus den Zellkörpern der Neuronen besteht

Das Rückenmark ist im Querschnitt ungefähr oval und enthält in der Mitte die H-förmige graue Substanz. Diese übermittelt Informationen zwischen Rückenmark und Spinalnerven und besteht vor allem aus den Zellkörpern der Neuronen. Sie enthält außerdem Gliazellen ■ und Blutgefäße.

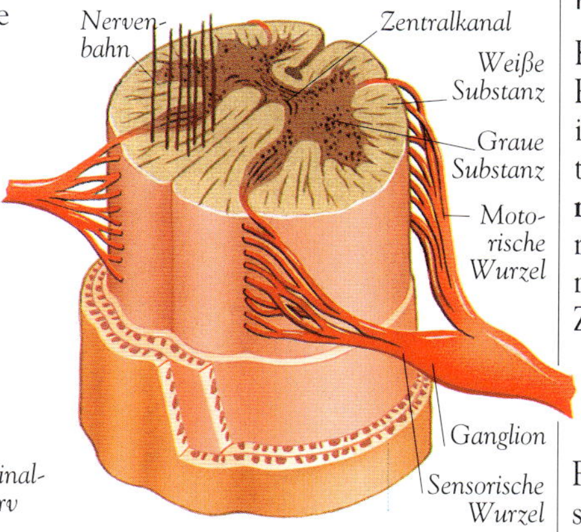

Aufbau des Rückenmarks
Das Rückenmark enthält einen Kern aus grauer Substanz, der von weißer Substanz umgeben ist.

Weiße Substanz

Ein Gewebe, das vorwiegend aus Axonen besteht

Der äußere Teil des Rückenmarks besteht aus weißer Substanz. Diese enthält vor allem Axone ■ und übermittelt Signale vom und zum Gehirn, aber auch innerhalb des Rückenmarks. Die Axone sind von Myelin umgeben, das der Substanz ihre weiße Farbe verleiht.

Liquor

Eine Flüssigkeit, die Gehirn und Rückenmark ernährt und schützt

Das gesamte Zentralnervensystem wird vom Liquor umspült. Diese durchsichtige Flüssigkeit wirkt als Stoßdämpfer, der Rückenmark und Gehirn vor plötzlichen Erschütterungen schützt. Außerdem enthält er Nährstoffe aus dem Blut, und er transportiert Abfallsubstanzen ab. Das Zentralnervensystem von Erwachsenen liegt in ungefähr einer Tasse voll Liquor, der sich um Gehirn und Rückenmark im **Subarachnoidalraum** und in der Mitte des Rückenmarks im **Zentralkanal** befindet.

Nervenwurzel

Die Ansatzstelle eines Nerven am Rückenmark

Kurz vor der Mündung ins Rückenmark gabelt sich ein Nerv in zwei Nervenwurzeln. In Richtung der Körpervorderseite liegt die **motorische Wurzel** mit Motoneuronen, die Signale vom Rückenmark zu den Muskeln übermitteln. Zum Rücken hin befindet sich die **sensorische Wurzel**, deren sensorische Neuronen ■ die Signale aus dem Körper zum Rückenmark leiten. In der sensorischen Wurzel befindet sich eine Verdickung, das **Ganglion**, das die Zellkörper der sensorischen Neuronen enthält.

Nervenbahn

Ein Neuronenbündel in Rückenmark oder Gehirn

Eine Nervenbahn ist eine Kommunikationsverbindung innerhalb des Zentralnervensystems. Sie besteht aus Neuronen, die Signale gemeinsam im Körper von Ort zu Ort transportieren. Nervenbahnen ziehen sich durch das Rückenmark und auch durch das Gehirn.

Rückenmark und Spinalnerven
Das Rückenmark verläuft in dem knöchernen Wirbelkanal. Zwischen den Wirbeln setzen die Spinalnerven an. Bei Erwachsenen endet das Rückenmark unter der zwölften Rippe; dort beginnt die Cauda equina.

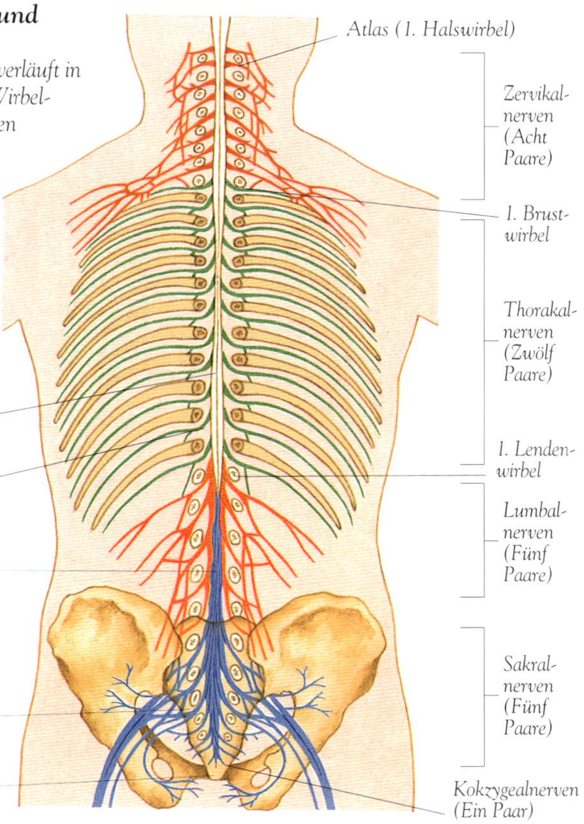

Streckreflex

Ein Reflex, der einer plötzlichen Muskelbelastung entgegenwirkt

Ein Muskel, der plötzlich belastet wird, spannt sich an. Das verlangsamt seine Streckung und verhütet Verletzungen. In diese Kategorie gehört auch der **Kniesehnenreflex**. Um ihn zu prüfen, klopft der Arzt auf das Band unter der Kniescheibe. Diese zieht sich daraufhin nach unten, und die Oberschenkelmuskeln werden kurz gedehnt. Funktioniert der Reflex, ziehen sich die Muskeln plötzlich zusammen, das Bein zuckt nach oben.

Angeborener Reflex

Bei der Geburt vorhandener Reflex

Im Nervensystem sind schon bei der Geburt bestimmte Reflexe programmiert. Manche davon erkennt man nur beim Säugling, andere bleiben während des ganzen Lebens erhalten. Ein **konditionierter Reflex** wurde durch Erfahrung oder Wiederholung erlernt.

Cauda equina

Eine Nervengruppe am Ende des Rückenmarks

»Cauda equina« heißt »Pferdeschwanz«. Sie ist eine fächerförmige Nervengruppe, die vom Ende des Rückenmarks ausgeht. Dort zweigen Nerven ab, und der verbleibende Strang wird schmaler. Schließlich ist nur noch ein dünner, am Steißbein befestigter Gewebestrang übrig.

Reflex

Schnelle Reaktion auf einen Reiz

Reflexe schützen in Sekundenbruchteilen vor Gefahren. Der Körper reagiert, ohne auf bewusste Gedanken zu warten. Meist werden Reflexe von einfachen Nervenbahnen ausgelöst, den Reflexbögen. An ihnen ist häufig nur das Rückenmark, nicht aber das Gehirn beteiligt.

Reflexbogen

Eine Nervenbahn, die an einem Reflex mitwirkt

Reflexe müssen schnell einsetzen, und deshalb laufen ihre Signale auf den kürzesten Wegen. Tritt man z. B. auf einen spitzen Gegenstand, schickt ein sensorisches Neuron ein Signal ans Rückenmark. Ein Interneuron leitet es an ein motorisches Neuron weiter, und der Fuß bewegt sich. Ins Gehirn gelangt das Signal erst später.

Rückzugsreflex

Ein Reflex, der den Körper von einer Gefahrenquelle entfernt

Berührt man etwas Heißes oder Schmerzhaftes, zieht dieser Reflex die Hand zurück. Der Rückzugsreflex ist am auffälligsten an Händen und Füßen.

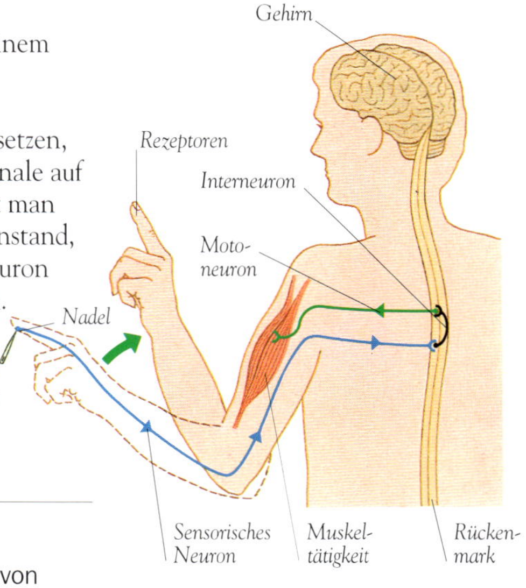

Rückzugsreflex
Rezeptoren in der Hand nehmen nach einem Nadelstich die Schmerzen wahr und schicken Signale über ein sensorisches Neuron zum Rückenmark. Dieses gibt daraufhin über ein motorisches Neuron das Aktivierungssignal an einen Muskel.

Das Gehirn

Das Gehirn enthält über 1000 Milliarden Nervenzellen. Diese Zellen verbrauchen durch ihre Tätigkeit rund 20 Prozent des Sauerstoffs im Körper und geben so viel Energie ab wie eine kleine Glühlampe. Das Gehirn gliedert sich in mehrere »Abteilungen«, von denen jede einen anderen Körperteil steuert.

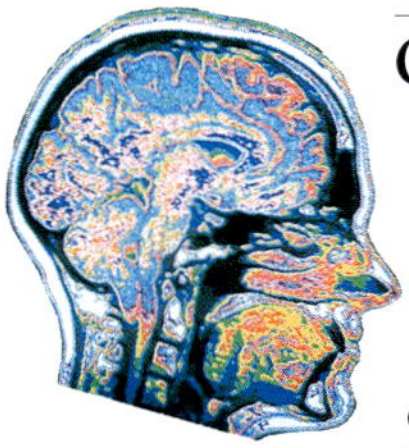

Das Gehirn im Computertomogramm

Gehirn

Ein Organ zur Informationsverarbeitung

Das Gehirn des Menschen ist mit bis zu 1,4 kg eines der größten Körperorgane. Es gliedert sich in drei Teile: Hirnstamm, Kleinhirn und Großhirn. Wie das Rückenmark ■, so besteht auch das Gehirn vorwiegend aus grauer ■ und weißer Substanz ■, die in getrennten Schichten angeordnet sind.

Hirnstamm

Der Teil des Gehirns, der mit dem Rückenmark verbunden ist

Der Hirnstamm ist im Körper so etwas wie ein Autopilot. Er steuert die grundlegenden Lebensvorgänge wie Atmung, Herzschlag und Blutdruck. Sein unterster Teil heißt **verlängertes Mark** oder **Medulla oblongata**. Von dort werden die Lebensfunktionen aufrechterhalten, und dort kreuzen sich viele Nervenfasern. Weiter oben liegt die **Pons** oder Brücke, eine Verdickung, die Informationen zwischen Gehirn und Rückenmark übermittelt. Der oberste Teil des Hirnstammes ist das **Mittelhirn**, das an vielen Reflexen ■ beteiligt ist.

Vorderhirn

Ein Teil des Gehirns, der für Homöostase, Gefühle und bewusstes Handeln sorgt

Der größte Teil des Vorderhirns ist das Großhirn, wo das bewusste Denken stattfindet. Darunter liegen zwei kleinere Strukturen verborgen: der Hypothalamus und der Thalamus.

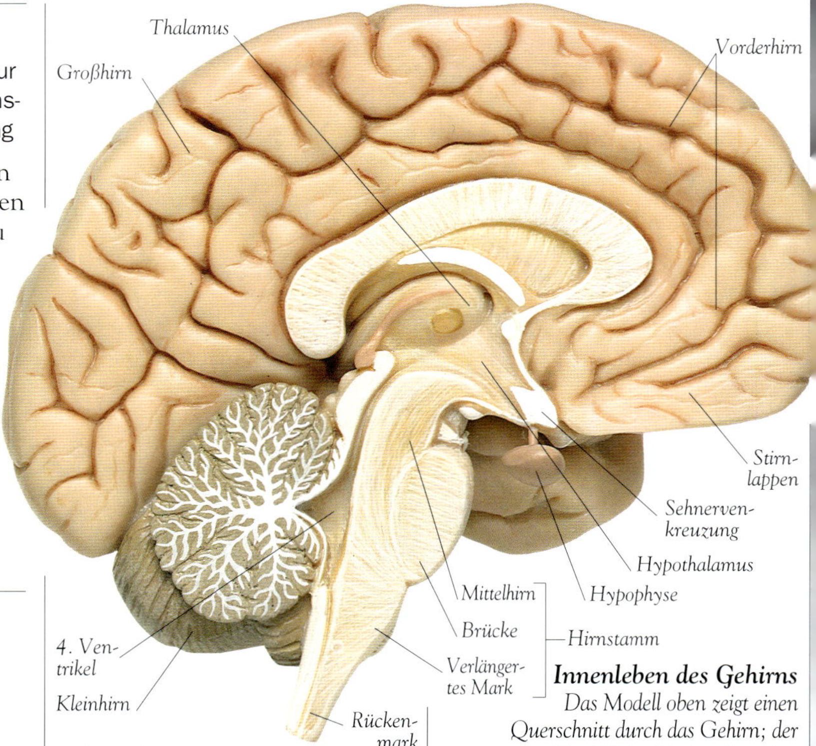

Innenleben des Gehirns
Das Modell oben zeigt einen Querschnitt durch das Gehirn; der Kopf blickt dabei nach rechts.

Kleinhirn

Der Teil des Gehirns, der unterbewusste Bewegungen koordiniert

Das Kleinhirn sorgt für Gleichgewicht und koordinierte Bewegungen. Es besteht aus vielen Millionen Neuronen ■, die zwei gefurchte Hälften oder **Hemisphären** bilden, und macht etwa zehn Prozent des Gehirngewichtes aus. Das Kleinhirn wird ständig über Haltung und Bewegungen des Körpers auf dem Laufenden gehalten. Mit den Anweisungen, die es zu den Muskeln schickt, sorgt es für die Anpassung der Körperhaltung und für gleichmäßige Bewegungen.

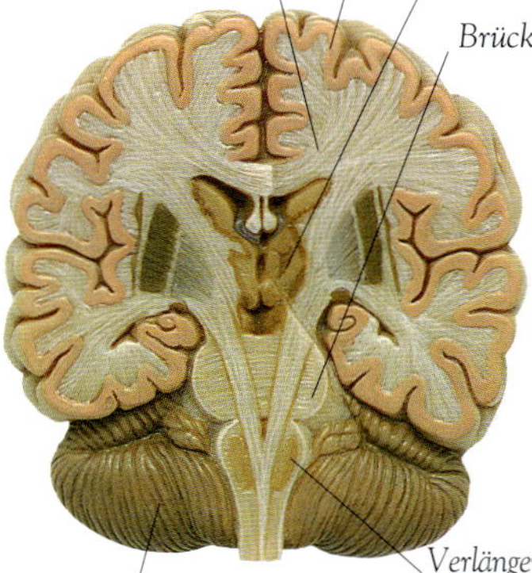

Querschnitt durch das Gehirn, Frontalansicht

Großhirn

Der Teil des Gehirns, der für Gefühle und bewusstes Denken verantwortlich ist

Das Großhirn macht etwa 85 Prozent des Gehirngewichts aus. Es hat zwei Hälften, die **Großhirnhemisphären**. Diese bestehen aus Windungen oder **Gyri** (Einzahl **Gyrus**), die durch kleine Vertiefungen (**Sulci**, Einzahl **Sulcus**) und größere Furchen (**Fissuren**) getrennt sind. Ihre äußere Schicht besteht jeweils aus grauer Substanz und wird Großhirnrinde genannt. In ihr verarbeitet das Großhirn die Informationen. Unter der Rinde liegt eine Schicht aus weißer Substanz, und darunter befinden sich Bereiche aus grauer Substanz, die **Basalganglien**. Nervenbahnen stellen die Verbindungen zwischen den Teilen einer Hemisphäre und auch zwischen den Hemisphären hier.

Sensorisches Feld

Analysiert Informationen von Sinnesrezeptoren

Ein sensorisches Feld erhält Informationen von einem Sinnesorgan oder anderen Rezeptoren im Körper. Es ordnet und analysiert die Information, sodass sie verstanden wird. Die Informationen der einzelnen Sinnesorgane werden von verschiedenen Teilen der Gehirnrinde verarbeitet. So gelangen die Signale der Augen zunächst in die **Sehrinde** auf der Gehirn-Rückseite.

Motorisches Feld

Steuert willkürliche Bewegungen

Motorische Felder steuern die Skelettmuskulatur. Die motorischen Nerven kreuzen sich an der Stelle, wo sie das Gehirn verlassen, sodass jedes motorische Feld die Muskeln der gegenüberliegenden Körperseite kontrolliert. Ist ein solches Feld – z. B. durch einen Schlaganfall – geschädigt, bewegt der zugehörige Körperteil sich nicht mehr normal.

Assoziationsfeld

Bereich der Großhirnrinde, der an Denken und Verstehen beteiligt ist

Erst die Assoziationsfelder machen in vollem Umfang unsere bewusste Wahrnehmung möglich. Mit ihrer Hilfe können wir Erfahrungen analysieren und die Dinge logisch oder künstlerisch betrachten. Im Gegensatz zu sensorischen und motorischen Feldern sind die Assoziationsfelder nicht auf beiden Seiten des Gehirns gleich. Bei vielen ist die linke Hemisphäre für Logik und Vernunft, die rechte für die Wahrnehmung von Formen und Gefühlen zuständig.

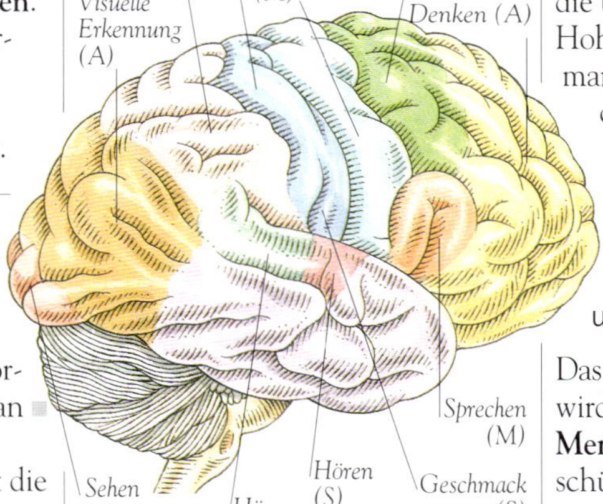

Felder der Großhirnrinde
Die Großhirnrinde hat motorische (M), sensorische (S) und Assoziationsfelder (A).

Hypothalamus

Bereich des Vorderhirns, der den Zustand des Körpers überwacht

Der Hypothalamus liegt unterhalb des Thalamus. Er überwacht unter anderem Körpertemperatur und Nahrungsaufnahme, um eventuelle Ungleichgewichte durch entsprechende Anweisungen zu korrigieren. Einen Teil seiner Signale übermittelt der Hypothalamus über das vegetative Nervensystem, andere veranlassen die Hypophyse dazu, Hormone auszuschütten.

Thalamus

Ein Bereich des Vorderhirns, der Sinnesinformationen zum Großhirn übermittelt

»Thalamus« bedeutet »inneres Zimmer«. Er ist ein kleiner, runder Haufen aus Nervenzellen tief im Inneren der beiden Gehirnhemisphären. Der Thalamus übermittelt Informationen von den Sinnesorganen zu den Sinnesfeldern der Großhirnrinde und leitet motorische Signale in umgekehrter Richtung.

Ventrikel

Ein flüssigkeitsgefüllter Hohlraum im Gehirn

Das Gehirn enthält vier Ventrikel, die untereinander und mit dem Hohlraum um Gehirn und Rückenmark verbunden sind. Sie erzeugen den Liquor, eine Flüssigkeit, die als Stoßdämpfer wirkt.

Gehirnhäute

Schützende Häute um Gehirn und Rückenmark

Das gesamte Zentralnervensystem wird durch drei Gehirnhäute oder **Meningen** (Einzahl Meninx) geschützt. Die äußere, **Dura mater**, ist innen am Schädel befestigt und bildet rund um das Rückenmark einen Schlauch. In ihrem Inneren liegt die **Arachnoidea** oder **Spinnwebenhaut**, ein netzartiges Zellgeflecht. Die innere Hirnhaut oder **Pia mater** ist stark durchblutet und mit der Oberfläche von Gehirn und Rückenmark verbunden.

Siehe auch

Bewusstsein 66 • graue Substanz 62
Hormon 78 • Hypophyse 79 • Liquor 62
Nervenbahn 62 • Neuron 58
Reflex 63 • Rezeptor 59
Rückenmark 62 • Schlaganfall 84
Sinnesorgan 68 • Skelettmuskulatur 48
Unterbewusstsein 66 • vegetatives Nervensystem 60 • weiße Substanz 62

Gehirn & Verhalten

In jedem wachen Augenblick stehen wir mit unserer Umwelt in Wechselbeziehung. Das Gehirn empfängt Eindrücke von innerhalb und außerhalb des Körpers, verarbeitet sie und reagiert darauf, sodass wir uns auf bestimmte Weise verhalten.

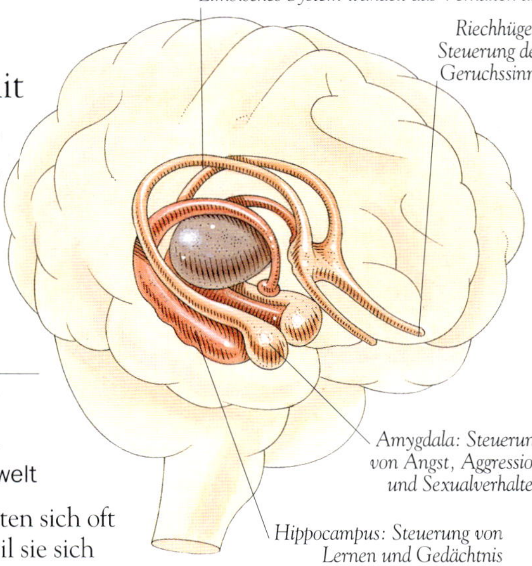

Das limbische System
Das limbische System im Gehirn steuert Gefühle und Verhalten.

Bewusstsein

Wahrnehmung des Ich und der Umgebung

Soweit wir wissen, sind Menschen die einzigen Lebewesen, die sich ihrer Existenz völlig **bewusst** sind. Bewusstsein entsteht im Großhirn ■ und ist die höchste Ebene der geistigen Tätigkeit. Es ist von **unterbewussten** Abläufen begleitet, die sich ohne unser unmittelbares Wissen abspielen. Bei **Bewusstlosigkeit** ist der Körper am Leben, aber das Gehirn nimmt seine Umgebung nicht wahr und reagiert nicht darauf. Als **Koma** bezeichnet man einen Zustand tiefer Bewusstlosigkeit, der durch Verletzungen oder Krankheit hervorgerufen werden kann.

Intelligenz

Die Fähigkeit, zu analysieren und zu überlegen

Intelligenz besteht aus einer Reihe von Fähigkeiten, so der Fähigkeit, zu lernen, sich zu erinnern und Probleme zu lösen. Ein Klassenprimus muss nicht unbedingt intelligent sein; solche Menschen haben manchmal nur ein gutes Gedächtnis.

Siehe auch

Erbliche Eigenschaften 134 • Geruch 75
Großhirn 65 • Hypothalamus 65
Körpertemperatur 76 • Nervenimpuls 59
Vorderhirn 64

Verhalten

Ein Muster von Reaktionen auf die Außenwelt

Einfache Tiere verhalten sich oft sehr vorhersehbar, weil sie sich ausschließlich von ererbten »Anweisungen«, den **Instinkten**, leiten lassen. Auch Menschen zeigen – vor allem kurz nach der Geburt – **instinktive** oder **angeborene Verhaltensweisen**. Zu einem großen Teil entwickelt sich unser Verhalten aber durch **Lernen**. Anders als bei den meisten Tieren dauert das Erwachsenwerden bei Menschen sehr lange. In dieser Zeit lernen wir den zwischenmenschlichen Umgang und alle Fähigkeiten, die im späteren Leben nützlich sind.

Lernen und Überlegen
Das menschliche Gehirn kann Informationen, die es früher gelernt hat, mit neuen Situationen und Problemen verknüpfen. Das Kind steht vor einer neuen Aufgabe und löst sie, indem es die Formen erkennt und sich an frühere Aufgaben erinnert.

Gefühl

Ein Geisteszustand

Freude, Enttäuschung, Hoffnung und Wut – all das sind Gefühle. Sie werden meist durch bestimmte Erlebnisse ausgelöst, können sich aber auch durch andere Faktoren – z. B. Drogen – verändern. Gefühle werden vom **limbischen System** gesteuert, einem Teil des Vorderhirns ■ auf der Unterseite des Großhirns. Das limbische System nimmt auch Geruch ■ wahr und steuert das instinktive Verhalten.

Gedächtnis

Die Fähigkeit, sich zu erinnern

Das Gehirn kann eine gewaltige Informationsmenge aufnehmen und speichern. Wie und wo das im Einzelnen geschieht, ist noch nicht ganz geklärt. Man weiß aber, dass es zwei wichtige Typen des Gedächtnisses gibt. Das **Kurzzeitgedächtnis** speichert die meisten oder vielleicht alle Erlebnisse, aber lediglich für kurze Zeit. Das **Langzeitgedächtnis** nimmt nur ausgewählte Informationen auf, die dann aber jahrelang erhalten bleiben.

Händigkeit

Der bevorzugte Gebrauch einer Hand

Etwa 90 Prozent aller Menschen sind **Rechtshänder**, das heißt, sie führen mit der rechten Hand alle Tätigkeiten aus, die genaue Koordination erfordern. Die übrigen zehn Prozent sind entweder **Linkshänder**, oder sie können beide Hände gleich gut benutzen. Für die Händigkeit ist das Großhirn verantwortlich. Sie ist eine erbliche Eigenschaft, lässt sich aber durch Lernen verändern. Früher wurden linkshändige Kinder gezwungen, Rechtshänder zu werden. Heute ist den meisten Menschen klar, dass es keine Rolle spielt, welche Hand man benutzt.

Gleiche Siegchancen?
Ein rechts- und ein linkshändiger Squashspieler auf demselben Spielfeld

Tagesrhythmus

Ein körperlicher Zyklus, der etwa 24 Stunden dauert

Viele Vorgänge im Organismus laufen im Tagesrhythmus ab. Man schläft etwa alle 24 Stunden für die gleiche Zeit. Auch Blutdruck und Körpertemperatur steigen und fallen in einem 24-Stunden-Zyklus. Gesteuert wird dies von der **biologischen Uhr**, einem vermutlich im Hypothalamus angesiedelten chemischen Mechanismus.

Schlaf

Ein Ruhezustand mit verändertem Bewusstsein

Durch Schlafen kann der Körper sich ausruhen, und das Gehirn »lädt seine Batterien wieder auf«. Schlaf ist nicht das Gleiche wie Bewusstlosigkeit, denn ein schlafender Mensch kann aufwachen. Der normale Schlaf läuft nach einem bestimmten Muster ab. Zu Beginn steht eine Phase, die als **Tiefschlaf** oder **Non-rapid-eye-movement-Schlaf (NREM-Schlaf)** bezeichnet wird. In dieser Phase sind Gehirn und Augen kaum tätig, aber der Körper kann sich bewegen. Nach 90 bis 120 Minuten setzt plötzlich der **leichte Schlaf** oder **Rapid-eye-movement-Schlaf (REM-Schlaf)** ein. Jetzt bewegen sich die Augen, und die Augenlider zucken. Das Gehirn ist sehr aktiv, aber der Körper bleibt ruhig. Der REM-Schlaf dauert zehn bis 60 Minuten; dann beginnt der Zyklus von vorn.

Träumen

Eine Folge von Fantasiebildern im Schlaf

Wir träumen während des REM-Schlafes, wenn das Gehirn am aktivsten ist. In einem Traum verbindet das Gehirn offenbar wahllos Gegenstände und Erfahrungen, wobei es häufig Vergangenheit und Gegenwart vermischt. Aus Sicht mancher Fachleute gibt es Träume, wenn das Gehirn ungezügelt arbeitet.

Schlafwandeln

Gehen im Schlaf

Das Schlafwandeln tritt während des NREM-Schlafes bei ziemlich untätigem Gehirn ein. Ein Schlafwandler bewegt sich meist langsam und nimmt Menschen um sich herum nicht wahr.

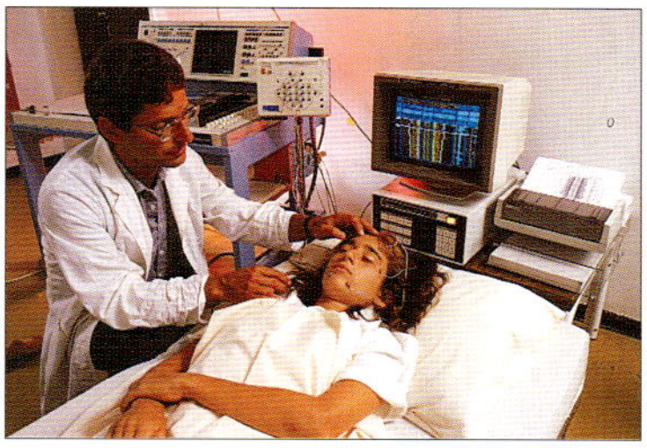

Aufzeichnung der Gehirnströme
Elektroden am Kopf der Patienten übertragen die Gehirnströme zum Elektroenzephalografen, der sie aufzeichnet.

Gehirnströme

Elektrische Wellen, erzeugt von den Neuronen im Gehirn

Das Gehirn verarbeitet im Rahmen seiner Tätigkeit jede Sekunde viele Millionen Nervenimpulse, die rund um den Kopf ein **elektrisches Feld** erzeugen. Die Stärke dieses Feldes kann man mit einem als **Elektroenzephalograf** bezeichneten Gerät messen, das dann ein **Elektroenzephalogramm** oder **EEG** ausgibt. In einem solchen Diagramm erkennt man, dass das Feld wellenförmig steigt und fällt. Es gibt vier Typen solcher Wellen. Die **Alphawellen** treten auf, wenn man wach ist, **Deltawellen** entstehen während des NREM-Schlafes, **Beta-** und **Thetawellen** bei angestrengter Gehirntätigkeit.

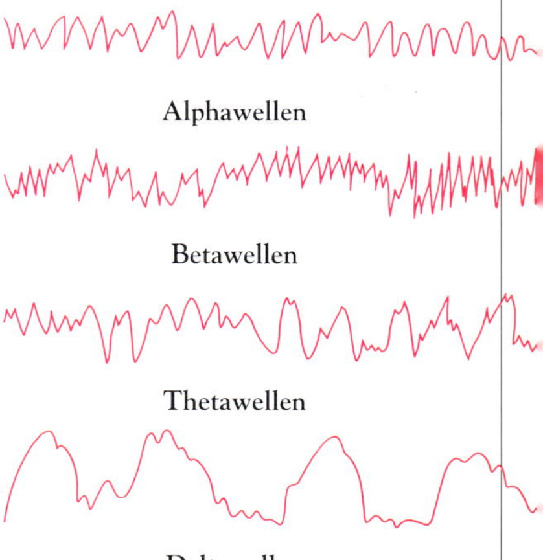

Gehirnströme
An den Wellen der Gehirnströme erkennt man, ob das Gehirn normal funktioniert oder ob eine Erkrankung vorliegt.

Sehen

Das Sehen ist für die meisten Menschen der wichtigste der »fünf Sinne«. Mit seiner Hilfe machen wir uns ein Bild von unserer Umwelt. Die Bilder entstehen aus den Signalen der Augen und helfen uns bei der Fortbewegung und bei der Kommunikation.

Sinn

Ein System, das ganz bestimmte Veränderungen innerhalb oder außerhalb des Körpers wahrnimmt

Mit Hilfe der Sinne können wir auf unsere Umwelt und auf Veränderungen im Organismus reagieren. Menschen haben fünf Sinne – Sehen, Hören, Gleichgewicht, Geschmack und Geruch –, die durch Rezeptoren ▪ in besonderen **Sinnesorganen** arbeiten. Die Rezeptoren für andere Sinne, beispielsweise für den Tastsinn, sind über den ganzen Körper verteilt.

Sehen

Die Sinneswahrnehmung von Licht

Beim Sehen wird die von einem Gegenstand kommende Lichtenergie gesammelt und vom Auge so gebündelt, dass ein **Bild** entsteht. Dieses Bild fällt auf die Lichtrezeptoren, lichtempfindliche Zellen, die daraufhin Signale an das Gehirn übermitteln.

Auge

Ein Sinnesorgan für die Lichtwahrnehmung

Das Auge besteht aus dem kugelförmigen **Augapfel** mit einem Durchmesser von rund 2,5 cm, der in der knöchernen Augenhöhle ▪ liegt. Seine Oberfläche besteht aus drei Schichten: aus der äußeren, **Lederhaut** oder **Sclera**, in der Mitte die **Aderhaut (Choroidea)** und ganz innen die **Netzhaut** oder **Retina**. Die flexible Linse unterteilt den Augapfel in zwei ungleiche Teile.

Hornhaut

Eine durchsichtige Schicht auf der Vorderseite des Augapfels

Die Hornhaut oder **Cornea** schützt die Vorderseite des Auges und trägt zur Bündelung des Lichtes bei. Sie ist von der **Bindehaut** oder **Conjunctiva** bedeckt, die auch die Augenlider innen überzieht. Die Bindehaut wird durch **Tränenflüssigkeit** feucht gehalten. Diese enthält das Lysozym, ein Enzym, das Bakterien ▪ tötet und damit Infektionen verhindert. Die Tränenflüssigkeit wird von den **Tränendrüsen** gebildet.

Iris

Ring aus Muskelgewebe zwischen Hornhaut und Linse

Die Iris oder Regenbogenhaut verändert die Größe der **Pupille**, des Loches, welches das Licht ins Auge einlässt. Sie enthält glatte Muskulatur ▪ und wird durch einen automatischen Reflex ▪ gesteuert. In hellem Licht macht die Iris die Pupille kleiner, bei Dämmerung erweitert sie sie.

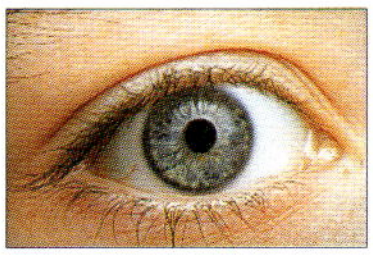
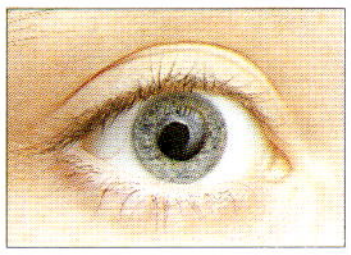

Erweiterte Pupillen
In hellem Licht zieht die Pupille sich zusammen (links), damit nicht zu viel Licht ins Auge fällt und die Nervenzellen nicht geschädigt werden. Bei schwacher Beleuchtung erweitert sich die Pupille (rechts) und lässt so viel Licht wie möglich einfallen.

Linse

Gewölbte Struktur, die Lichtstrahlen bricht und so ein Bild erzeugt

Jedes Auge enthält eine Linse aus durchsichtigem Protein. Ihre Form wird von dem ringförmigen **Ziliarmuskel** so verändert, dass wir jeden Gegenstand scharf sehen können, ein Vorgang, den man Akkomodation ▪ nennt. Das Bild, das die Linse auf die Netzhaut wirft, steht auf dem Kopf. Das gilt aber schon von Geburt an, und deshalb bemerken wir es nicht. Die Linse wird mit fortschreitendem Alter weniger flexibel, und das führt häufig zu einer Sehschwäche, die man als Weitsichtigkeit ▪ bezeichnet.

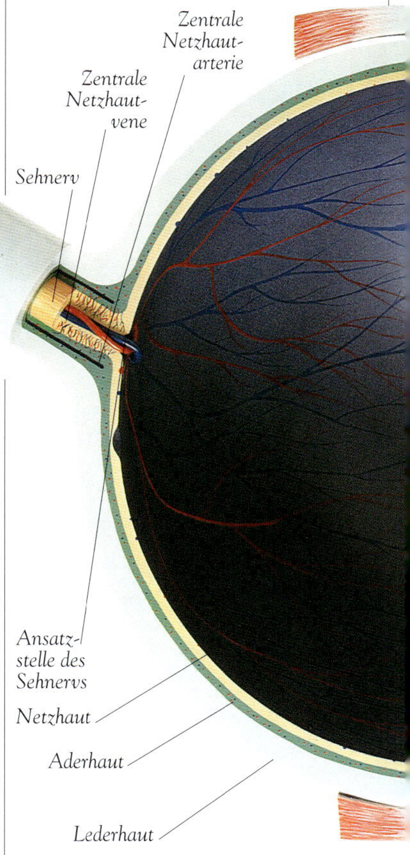

Ein Schnitt durch das Auge
Das Modell zeigt einen Querschnitt durch das rechte Auge von oben.

Netzhaut

Eine Haut mit lichtempfindlichen Zellen

Die dünne Netzhaut kleidet die hintere Hälfte des Auges aus. Sie ist stark durchblutet und enthält rund 125 Millionen dicht nebeneinander stehende Lichtrezeptoren. Diese lichtempfindlichen Zellen sind mit dem Sehnerv ■ verbunden, der ihre Signale an das Gehirn weiterleitet. Der Mittelpunkt der Netzhaut, die **Sehgrube** oder **Fovea**, nimmt Einzelheiten bei hellem Licht besonders gut wahr. Bei schwacher Beleuchtung funktioniert er schlecht.

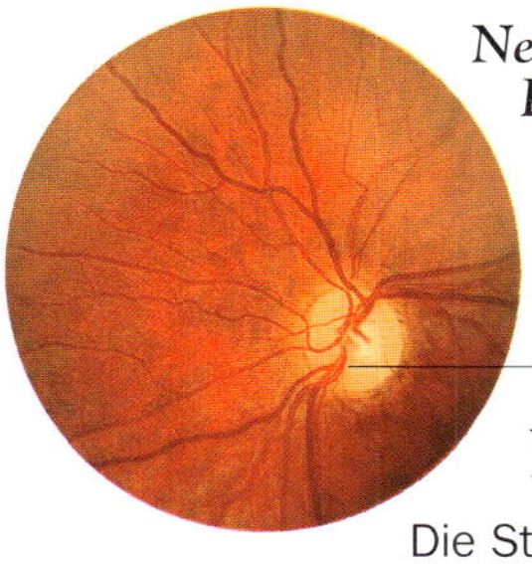

Netzhaut und blinder Fleck
In der Netzhaut ist der blinde Fleck als heller Kreis zu erkennen.

Blinder Fleck

Die Stelle, an der der Sehnerv die Netzhaut verlässt

Der blinde Fleck ist ein kleiner Bereich der Netzhaut, der kein Licht wahrnimmt. Er kennzeichnet die Stelle, an der der zum Gehirn führende Sehnerv am Augapfel einsetzt. Normalerweise bemerkt man den blinden Fleck nicht, weil das Gehirn die von ihm erzeugte »Lücke« nicht zur Kenntnis nimmt.

Lichtrezeptor

Eine Zelle, die auf Licht anspricht

Lichtrezeptoren enthalten die **Sehpigmente**, farbige Substanzen, deren Moleküle sich bei Einwirkung von Licht verändern. Diese Veränderung löst einen Nervenimpuls aus, der zum Gehirn wandert. Es gibt zwei Arten von Lichtrezeptoren: **Stäbchen** und **Zapfen**. Die Stäbchen sind zahlreicher und enthalten das Pigment **Rhodopsin**. Sie funktionieren bei schwachem Licht gut, aber nur schwarz-weiß. Ähnliche Pigmente in den Zapfen sorgen für das Farbensehen ■.

Siehe auch

Akkomodation 70 • Augenhöhle 39
Bakterien 92 • Farbensehen 71 • glatte Muskulatur 49 • Reflex 63 • Rezeptor 59
Sehnerv 60 • Weitsichtigkeit 70

Glaskörper

Eine durchsichtige Substanz, die das Auge zum größten Teil ausfüllt

Der geleeartige Glaskörper füllt das Auge hinter der Linse aus. Er verleiht dem Augapfel seine Form und hält die Netzhaut in der richtigen Lage fest. Der Bereich vor der Linse ist mit dem flüssigen **Kammerwasser** gefüllt, das unter leichtem Druck steht und die Hornhaut nach außen wölbt.

Augenlid

Eine Hautfalte, die das Auge schützt und reinigt

Die Augenlider schützen die Augen auf mehrfache Weise. Sie schließen sich sehr schnell, wenn etwas sich dem Auge nähert, aber auch im Schlaf und bei sehr hellem Licht schließen sie sich. Beim **Blinzeln** reinigen sie die Augen, sodass diese von Staub und anderen Teilchen befreit werden. Bei starker Helligkeit verhindern **Wimpern** und **Augenbrauen**, dass zu viel Licht ins Auge fällt.

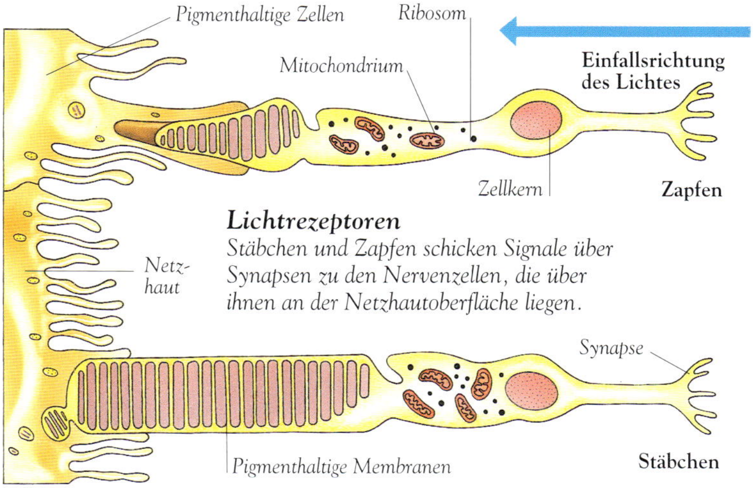

Lichtrezeptoren
Stäbchen und Zapfen schicken Signale über Synapsen zu den Nervenzellen, die über ihnen an der Netzhautoberfläche liegen.

Fortsetzung nächste Seite ➤

Sehstörungen

Die häufigsten Störungen der Sehfähigkeit beruhen auf Formveränderungen von Linse, Hornhaut oder Augapfel. Im Alter werden die Augen auch weniger anpassungsfähig.

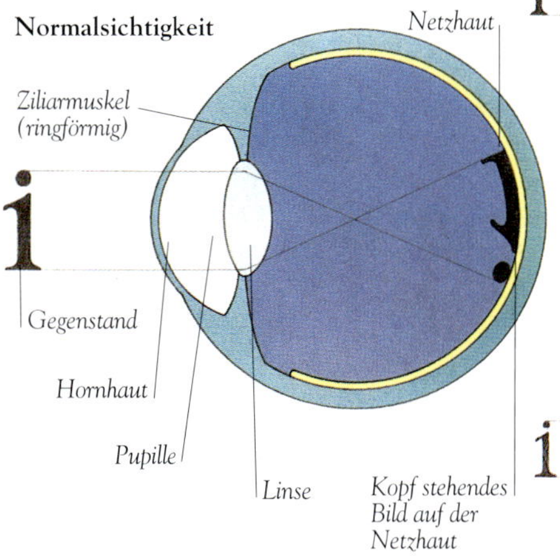

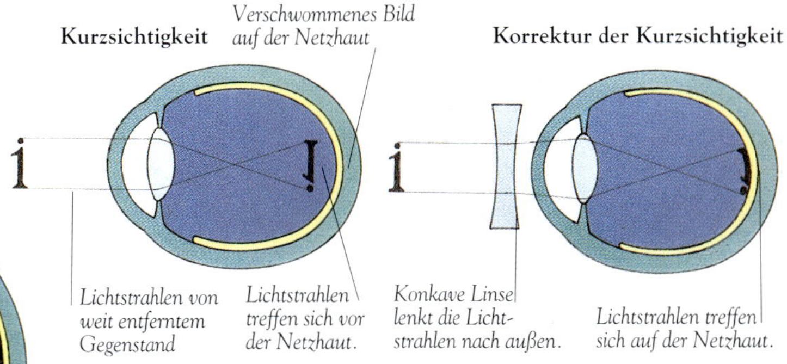

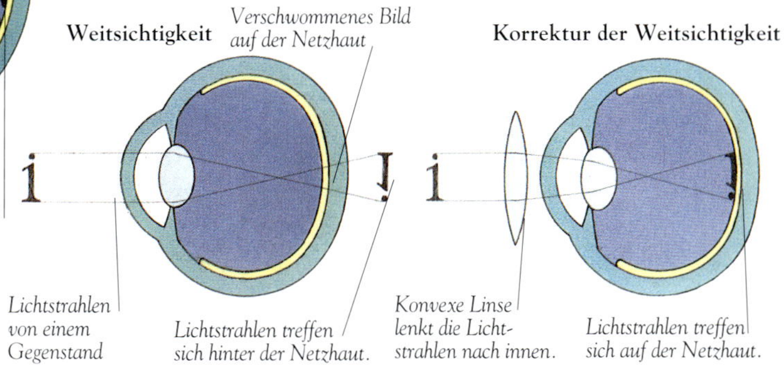

Akkomodation

Scharfstellen durch eine Formveränderung der Augenlinse

Das Licht, das ins Auge fällt, wird von Hornhaut und Linse **gebrochen**. Die Hornhaut hat eine feste Form, die Linse dagegen wird durch Augenmuskeln in ihrer Form verändert, ein Vorgang, den man Akkomodation nennt. Blickt man in die Ferne, gelangen die Lichtstrahlen fast parallel ins Auge. Dann ist die Linse dünn und flach, weil sie das Licht kaum beugen muss. Betrachtet man aber einen Gegenstand in der Nähe, streben die Lichtstrahlen auseinander. Dann zieht sich der Ziliarmuskel zusammen, sodass die Linse dicker und stärker gewölbt ist und die Strahlen sammeln kann.

Siehe auch

Augapfel 68 • geschlechtsgekoppeltes Allel 135 • Hornhaut 68 • Lichtrezeptor 69 Linse 68 • Netzhaut 69 • Sehnerv 60 Sehpigment 69 • Zapfen 69 Ziliarmuskel 68

Kurzsichtigkeit

Sehstörung, bei der das Licht sich vor der Netzhaut sammelt

Bei Kurzsichtigkeit (**Myopie**) kann man weit entfernte Gegenstände nicht scharf sehen, weil die Augen das Licht schon vor der Netzhaut in einem Punkt sammeln. Die Folge ist ein verschwommenes Bild auf der Netzhaut. Meist entsteht Kurzsichtigkeit, weil der Augapfel zu lang oder die Linse zu dick ist. Die Kurzsichtigkeit kommt in allen Altersgruppen vor.

Astigmatismus

Sehstörung, die durch eine unregelmäßig geformte Hornhaut entsteht

Der Astigmatismus führt dazu, dass man nicht im gesamten Blickfeld scharf sehen kann. Manche Bereiche erscheinen scharf, andere sind verschwommen. Ursache ist eine nicht ganz symmetrisch gekrümmte Oberfläche der Hornhaut. Der Fehler lässt sich (wie bei der Myopie) durch eine Brille oder Kontaktlinsen korrigieren.

Weitsichtigkeit

Sehstörung, bei der das Licht sich hinter der Netzhaut sammelt

Weitsichtige können Gegenstände in der Nähe nicht scharf sehen, weil das Licht im Auge nicht auf der Netzhaut, sondern hinter ihr gesammelt wird. Es gibt zwei Formen der Weitsichtigkeit. Bei der **Hyperopie** ist der Augapfel im Verhältnis zur Linse zu kurz. Deshalb kann die Linse das Licht nahe gelegener Gegenstände nicht bündeln, sodass sie unscharf erscheinen. Die Hyperopie kommt in allen Altersgruppen vor und lässt sich mit einer Brille korrigieren. Die **Alterssichtigkeit** oder **Presbyopie** dagegen entwickelt sich gewöhnlich erst nach dem 45. Lebensjahr. Hier hat der Augapfel die richtige Größe, aber die Linse verliert ihre Elastizität. Weit entfernte Objekte sind gut zu erkennen, weil das Auge sich auf sie einstellen kann, in der Nähe ist das aber nicht möglich. Zur Korrektur kann man eine Brille tragen. Manche ältere Menschen brauchen auch **Bifokalgläser**.

◂ *Fortsetzung von der vorherigen Seite*

Farbensehen

Die Fähigkeit, verschiedene Lichtwellenlängen zu unterscheiden

Lichtenergie pflanzt sich in Wellen fort, der Abstand zwischen aufeinander folgenden Wellen bestimmt über die Farbe. Zur Unterscheidung der Farben dienen besondere Zellen in den Augen, die Zapfen ■, die ein Sehpigment ■ enthalten. Dieses Pigment kommt in drei Formen vor, sodass die Zapfen auf Rot, Grün oder Blau ansprechen. Das Gehirn setzt ihre Signale dann zu einem farbigen Bild zusammen. Da die Zapfen nur in hellem Licht funktionieren, kann man bei Dunkelheit keine Farben unterscheiden.

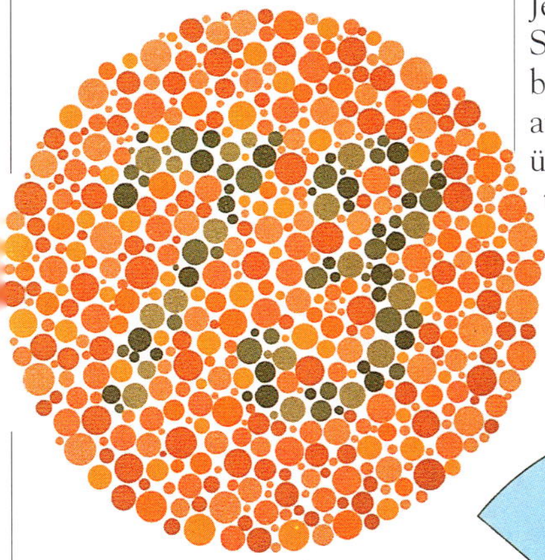

Prüfung des Farbensehens
Bei Rotgrünblindheit ist hier keine Zahl zu erkennen.

Farbenblindheit

Die Unfähigkeit, zwischen bestimmten Farben zu unterscheiden

Wer farbenblind ist, kann manche Farben nicht auseinander halten. Das liegt daran, dass in den Augen ein Teil der für das Farbensehen notwendigen Zapfen fehlt. Die häufigste Form, die **Rotgrünblindheit**, ist erblich und geschlechtsgekoppelt ■: Sie kommt bei Männern häufig vor, bei Frauen aber nur selten. Die völlige Farbenblindheit, bei der die Augen nur schwarz-weiß sehen, ist sehr selten.

Räumliches Sehen

Sehen mit beiden Augen

Jedes Auge sieht einen Gegenstand aus einer etwas anderen Position. Das Gehirn vergleicht die beiden Signale und beurteilt so, wie weit der Gegenstand entfernt ist. Normalerweise blicken beide Augen in dieselbe Richtung, sodass ihre Gesichtsfelder sich um einen bestimmten Betrag überlappen. Beim **Schielen (Strabismus)** nimmt das Gehirn oft das Signal eines Auges nicht zur Kenntnis.

Sehnervenkreuzung

Überkreuzung der beiden Sehnerven

Jedes Auge ist über einen einzigen Sehnerv ■ mit dem Gehirn verbunden. An einer Stelle, die man auch **Chiasma opticum** nennt, überkreuzen sich die Nerven teilweise, sodass Signale aus der rechten Hälfte beider Augen in die rechte und solche aus der linken Hälfte in die linke Gehirnhemisphäre gelangen.

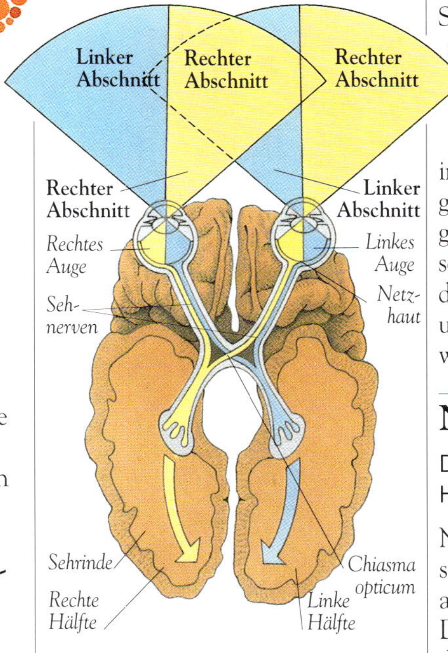

Sehnervenkreuzung
Die Ansicht der Unterseite des Gehirns zeigt das Chiasma opticum, wo die Sehnerven sich teilweise überkreuzen.

Thomas Young

Engl. Physiker u. Arzt, 1773–1829

Thomas Young interessierte sich für alle möglichen Aspekte des Lichtes, auch für seine Wahrnehmung. Im Jahr 1801 kam er auf die Idee, dass die Augen beim Farbensehen nur auf drei Wellenlängen ansprechen. Nach seiner Theorie überwacht das Gehirn die Mischung der drei Wellenlängen und sieht mit Hilfe dieser Information ein Bild in allen Farben. Youngs Vorstellung von der »Trichomasie« erwies sich als richtig. Nach dem Prinzip funktionieren auch Farbdrucker und Farbfernsehen.

Dunkeladaptation

Eine Veränderung im Auge bei geringer Helligkeit

Im Kino hat man anfangs vielleicht Schwierigkeiten, im Dunkeln einen Sitz zu finden. Nach rund 15 Minuten dagegen kann man alles deutlich erkennen: Die Augen haben sich an die Dunkelheit angepasst, weil die Menge der Sehpigmente in ihren Lichtrezeptoren ■ gestiegen ist. Diese sind empfindlicher geworden, sodass man im Dunkeln sehen kann. In hellem Licht läuft der umgekehrte Vorgang ab, und die Lichtrezeptoren werden weniger empfindlich.

Nachtblindheit

Die Unfähigkeit, bei geringer Helligkeit normal zu sehen

Nachtblinde Menschen können sich schlecht an geringe Helligkeit anpassen und sehen deshalb im Dunkeln nicht gut. Die Ursache für diese Schwierigkeiten ist manchmal ein Mangel an Vitamin A, das zur Herstellung des Sehpigments Rhodopsin gebraucht wird.

Hören

Ob über uns ein Flugzeug dröhnt oder jemand uns etwas ins Ohr flüstert, immer schwingt die Luft. Erreichen solche Schwingungen das Ohr, lösen sie im Schädel eine Folge von Bewegungen aus. Das Ergebnis nehmen wir als Schall wahr.

Hörbereich
Die Frequenz von Schallwellen misst man in der Einheit Hertz (Hz). Manche Tiere, z. B. Fledermäuse und Katzen, nehmen viel höhere Frequenzen wahr als Menschen. Der Frequenzbereich, den wir hören, wird mit zunehmendem Alter kleiner.

Trommelfell

Eine Haut, die von Schallwellen in Schwingungen versetzt wird

Das Trommelfell ist ein dünnes, elastisches, kreisförmiges Häutchen, das zwischen dem Ende des äußeren Gehörganges und dem Mittelohr liegt. Schallwellen, die durch den Gehörgang laufen, versetzen das Trommelfell in Schwingungen, die dann durch das Mittelohr ins Innenohr weitergeleitet und dort wahrgenommen werden. Das Trommelfell ist recht empfindlich: Es kann durch plötzliche Druckveränderungen oder Infektionskrankheiten platzen. Wenn das geschieht, ist das Gehör bis zur Heilung beeinträchtigt.

Der Aufbau des Ohres
Die Schallwellen wandern durch die Luft im Außenohr, werden im Mittelohr durch die Bewegung der Knöchelchen weitergeleitet und laufen dann durch die Flüssigkeit des Innenohres.

Hören

Die Sinneswahrnehmung von Geräuschen

Schall entsteht durch Druckwellen, die durch Luft, Flüssigkeiten und Feststoffe wandern. Die **Lautstärke** eines Geräusches hängt von der Stärke dieser Wellen ab, seine **Höhe** von der Frequenz. Die **Frequenz** ist ein Maß dafür, wie schnell eine Welle auf die nächste folgt. Die meisten Menschen können Geräusche mit Frequenzen zwischen 20 und 20000 Hertz (Schwingungen in der Sekunde) hören. Wenn man älter wird, lässt die Fähigkeit zum Hören hoher Frequenzen nach.

Siehe auch

Bogengänge 74 • Gleichgewicht 74
Knorpel 35 • Mechanorezeptor 74
Membran 28 • Nervenimpuls 59
Rezeptor 59 • Vestibulum 74

Ohr

Ein Sinnesorgan zur Schallwahrnehmung

Das Ohr besteht aus drei Teilen. Das Außenohr ist sichtbar, Mittel- und Innenohr liegen im Schädel. Die Rezeptoren ▪, die der Schallwahrnehmung dienen, befinden sich ausschließlich im Innenohr.

Außenohr

Der äußere Teil des Ohres

Das Außenohr sammelt die Schallwellen und leitet sie ins Innere des Schädels. Zum Außenohr gehört die **Ohrmuschel** aus Knorpel ▪, die in den äußeren Gehörgang mündet.

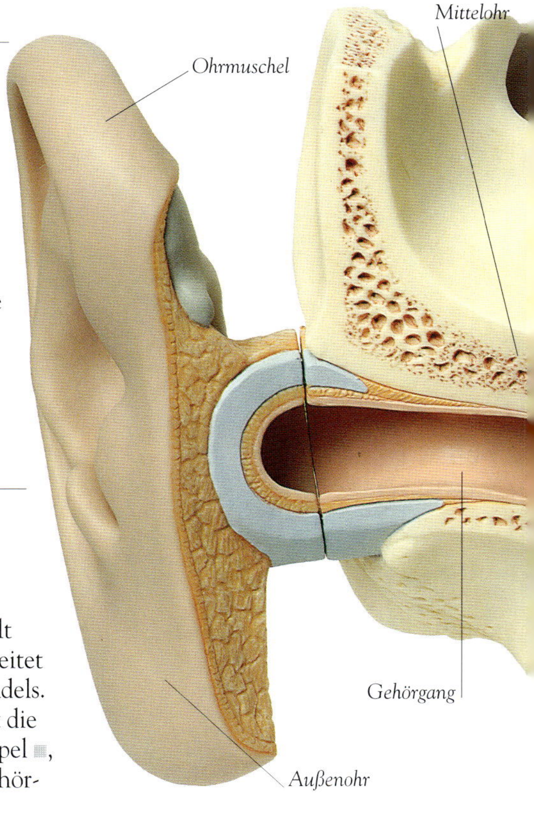

Mittelohr

Ein luftgefüllter Hohlraum im Schädel, der die Gehörknöchelchen enthält

Drei winzige Knochen im Mittelohr, die **Gehörknöchelchen**, leiten die Schwingungen vom Trommelfell ins Innenohr weiter. Sie sind nach ihrer Form benannt: Am Trommelfell liegt der **Hammer (Malleus)** gefolgt vom **Amboss (Incus)** und dem **Steigbügel (Stapes)**. Der Steigbügel ist mit einer Länge von 5 mm der kleinste Knochen im Körper.

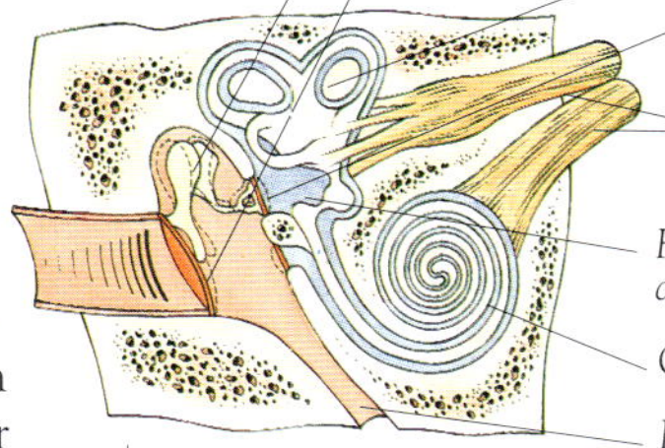

Mittel- und Innenohr
Die Gehörknöchelchen leiten die Schwingungen des Trommelfells ins Innenohr.

Eustachische Röhre

Eine Röhre, die das Mittelohr mit dem Rachen verbindet

Durch die Eustachische Röhre gelangt Luft ins Mittelohr, sodass der Druck auf beiden Seiten des Trommelfells gleich bleibt. Da die Röhre nicht immer offen ist, können aber auch Druckunterschiede entstehen. Im Flugzeug bekommt man beispielsweise Ohrenschmerzen, und das Gehör wird schlechter. Durch Schlucken oder Gähnen öffnet sich die Eustachische Röhre, der Druck gleicht sich mit einem »Plop« aus.

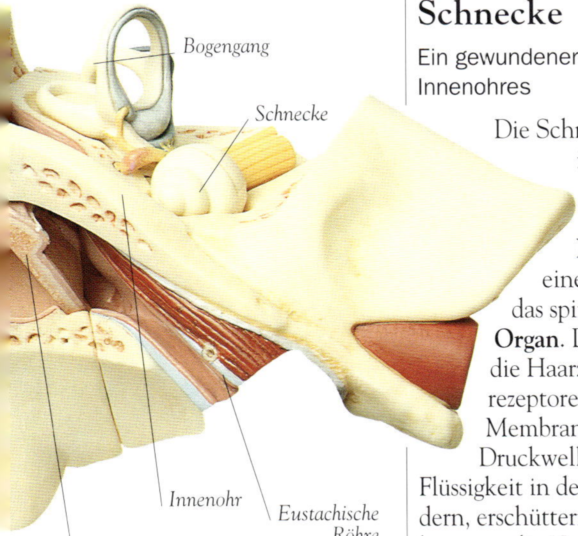

Innenohr

Ein System von Kammern mit Sinneszellen

Das Innenohr **(Labyrinth)** ist mit Flüssigkeit gefüllt und besteht aus der Schnecke, den Bogengängen ▪ und einem als Vestibulum ▪ bezeichneten Hohlraum. Die Schwingungen des Trommelfells gelangen über die Gehörknöchelchen ins Innenohr. Einer dieser Knochen, der Steigbügel, greift in ein Loch des Innenohres, das **ovales Fenster** genannt wird. Durch seine Bewegungen entstehen Druckwellen im Innenohr, die von Rezeptoren in Nervenimpulse umgewandelt werden. Diese nimmt das Gehirn als Geräusch wahr.

Schnecke

Ein gewundener Teil des Innenohres

Die Schnecke **(Cochlea)** ist für das Hören zuständig. Sie enthält drei Durchgänge, in einem davon liegt das spiralförmige **Corti-Organ**. Dort befinden sich die Haarzellen, Mechanorezeptoren ▪, die mit einer Membran ▪ verbunden sind. Druckwellen, die durch die Flüssigkeit in der Schnecke wandern, erschüttern die Membran und bewegen die Haarzellen, die Signale an das Gehirn weitergeben; diese werden als Geräusche interpretiert.

Haarzelle

Ein Rezeptor, der Bewegungen in Nervenimpulse umsetzt

Haarzellen wirken beim Hören und auch bei der Aufrechterhaltung des Gleichgewichts ▪ mit. Jede von ihnen besitzt ein Bündel aus winzigen Fasern, die in der Schnecke des Innenohres mit einer Membran in Kontakt stehen. Bewegt diese Membran die Fasern, lösen die Haarzellen einen Nervenimpuls aus. Die Impulse gelangen über den **Hörnerv** ins Gehirn. Was für Geräusche das Gehirn wahrnimmt, hängt davon ab, welche Haarzellen gereizt werden.

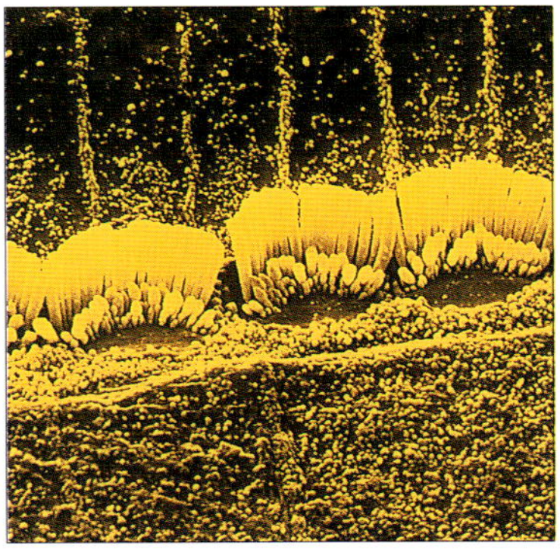

Haarzellen
Im Corti-Organ liegen über 15 000 Haarzellen, die jeweils bis zu 100 einzelne Fasern enthalten.

Taubheit

Die Unfähigkeit, zu hören

Das Ohr ist ein kompliziertes Organ aus vielen Einzelteilen. Funktioniert nur eines von ihnen nicht richtig, kann Taubheit die Folge sein. Bei Kindern entsteht sie häufig durch Mittelohrinfektionen. Bei älteren Menschen können Veränderungen in den beweglichen Teilen des Ohres zur Taubheit führen. Das Trommelfell wird weniger elastisch, und die Gehörknöchelchen leiten Bewegungen nicht mehr gut weiter. Auch durch sehr laute Geräusche kann sich Taubheit einstellen.

Tast- & Gleichgewichtssinn

Mit dem Tast- und Gleichgewichtssinn nehmen wir Druck und Bewegungen wahr. Bei einer Achterbahnfahrt spürt man mit dem Tastsinn den Sitz, und der Gleichgewichtssinn informiert uns über die Bewegung – sogar bei geschlossenen Augen.

Tasten

Sinneswahrnehmung von Druck

Der Tastsinn informiert den Körper über dessen greifbare Umgebung. Er nutzt Rezeptoren, die sich über den ganzen Körper verteilen. Manche sprechen auf sanften, andere auf kräftigeren Druck an.

Mechanorezeptor

Ein Rezeptor, der Druck wahrnimmt

Mechanorezeptoren erzeugen Nervenimpulse, wenn sie gestoßen, gedrückt oder gequetscht werden. Sie nehmen Berührungen, Körperhaltung und Gleichgewicht wahr, wirken aber auch beim Hören mit. Die **Meißner-Körperchen** dicht unter der Hautoberfläche spüren, welcher Körperteil berührt wird. Die tiefer liegenden **Pacini-Körperchen** sprechen auf Druck an, und **Dehnungsrezeptoren (Propriozeptoren)** in Muskeln und Sehnen nehmen die Körperhaltung wahr. Die Haarzellen im Innenohr sind für Gleichgewicht und Hören zuständig.

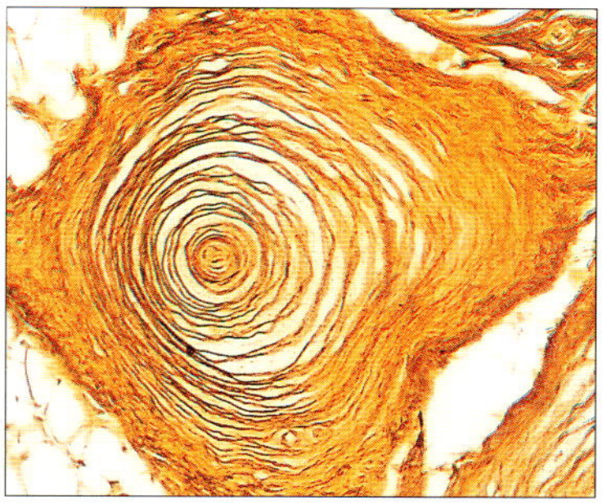

Mechanorezeptor in der Haut
Ein Pacini-Körperchen, das Druck wahrnimmt, im Querschnitt

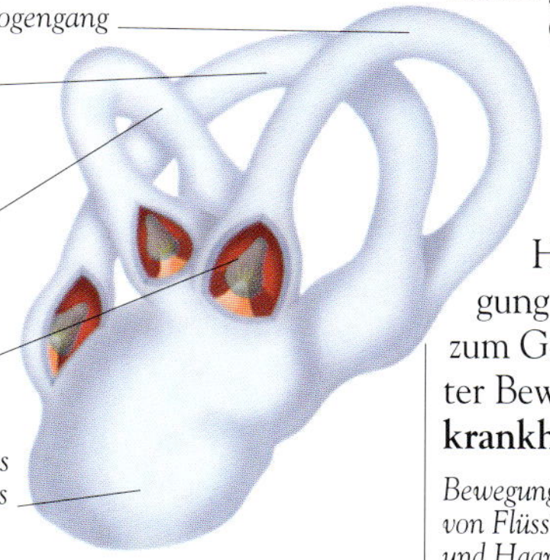

Gleichgewichtsorgan im Innenohr
Bogengänge und Vestibulum im Innenohr halten das Gleichgewicht aufrecht.

Gleichgewichtswahrnehmung

Die Wahrnehmung von Schwerkraft und Bewegung

Ohne Gleichgewichtssinn könnte man nicht gerade stehen. Er registriert, welche Haltung der Körper im Verhältnis zur Schwerkraft einnimmt und wie er sich bewegt. Beide Aspekte werden im Innenohr wahrgenommen.

Sacculus

Ein Organ zur Schwerkraftwahrnehmung

Der Sacculus und sein Partner, der **Utriculus**, sind Kammern im **Vestibulum**, einem Teil des Innenohres. Sie sind mit Haarzellen ausgekleidet, die mit Mineralkristallen (**Otolithen**) in Kontakt stehen. Die Schwerkraft bewegt die Kristalle, und das nehmen die Haarzellen wahr. Sie schicken Signale ans Gehirn und teilen ihm mit, wo »oben« und »unten« ist.

Bogengänge

Organ, das Veränderungen von Körperhaltung und Bewegung registriert

Der **vordere, hintere** und **seitliche Bogengang** gehören zum Innenohr. Die flüssigkeitsgefüllten Hohlräume stehen senkrecht zueinander und tragen am Ende jeweils eine Verdickung, die **Ampulla**. Dort sind in einem geleeartigen Knoten, der **Cupula**, Haarzellen eingebettet. Mit dem Kopf bewegen sich auch die Cupula und die Flüssigkeit in den Bogengängen. Die Haarzellen nehmen die Bewegung wahr und schicken Impulse zum Gehirn. Bei ständig veränderter Bewegung kann es zur **Reisekrankheit** kommen.

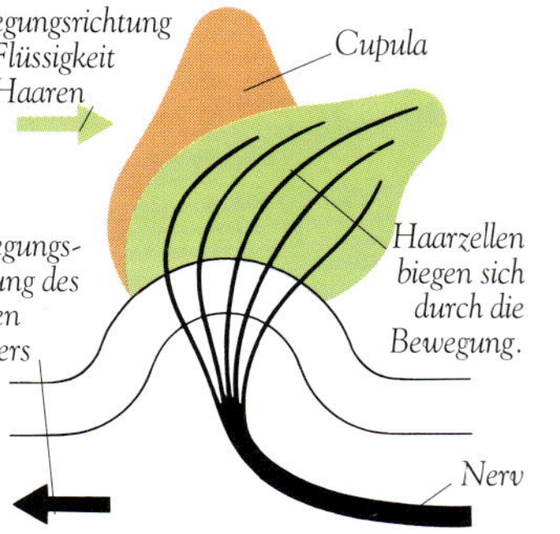

Bewegungsänderungen wahrnehmen
Die Bogengänge erkennen Geschwindigkeitsveränderungen, keine konstante Bewegung.

Schmerz

Ein Gefühl, das vor möglichen Schädigungen des Körpers warnt

Schmerz wird von Nervenenden in der Haut und in anderen Körperteilen wahrgenommen. Plötzlicher Schmerz warnt vor Verletzungen und löst u. U. einen Reflex aus, der den Schaden vermindert.

Siehe auch

Haarzelle 73 • Hören 72
Innenohr 73 • Muskeln 48
Nervenimpuls 59 • Reflex 63
Rezeptor 59 • Sehne 49
Sinne 68

Geschmack & Geruch

Beide Sinne arbeiten eng zusammen. Wir nehmen mit ihnen chemische Substanzen in der Luft und in der Nahrung wahr, und sie ermöglichen die Unterscheidung zwischen Essbarem und Ungenießbarem.

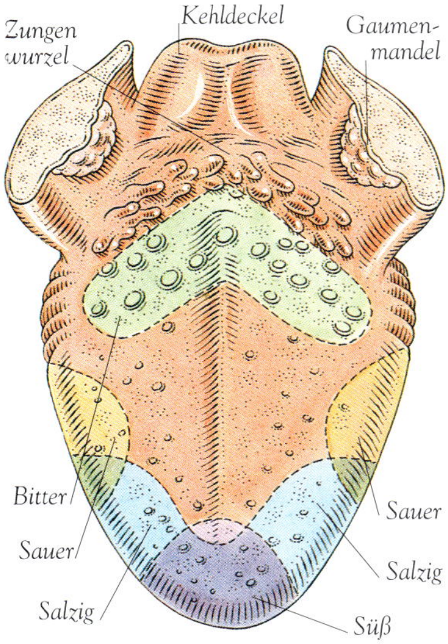

Geschmacksfelder der Zunge
Die Zunge nimmt nur vier Geschmacksrichtungen wahr: süß, sauer, salzig, bitter.

Zunge

Ein Muskellappen, der die Nahrung bewegt und zum Schmecken sowie zum Sprechen dient

Die Zunge besteht aus Skelettmuskulatur. Sie dient zum Bewegen und Schlucken ▪ der Nahrung und hilft der Stimme, Geräusche zu artikulieren. Ihre Oberfläche ist mit Geschmacksknospen besetzt, kleinen Organen, mit denen wir verschiedene Lebensmittel unterscheiden.

Geschmack

Die Sinneswahrnehmung gelöster chemischer Substanzen

Der Geschmackssinn nimmt chemische Substanzen in Nahrung und Getränken war. Ein unangenehmer Geschmack kann eine Warnung sein. Am **Aroma** können wir viele Nahrungsmittel erkennen.

Chemorezeptor

Ein Rezeptor, der chemische Substanzen wahrnimmt

Die Chemorezeptoren auf der Zunge und in der Nase sprechen auf Inhaltsstoffe an. Sie enthalten mikroskopisch kleine Haare, die Nervenimpulse ▪ auslösen, wenn entsprechende Moleküle auf ihnen landen. Manche reagieren auf ein breites Spektrum von Verbindungen, andere sind spezifischer.

Geschmacksknospe

Ein kleines Organ, das gelöste Substanzen wahrnimmt

Geschmacksknospen sind kleine Zellhaufen, die zahlreiche Chemorezeptoren enthalten. Die meisten Geschmacksknospen – rund 10 000 – liegen auf der Zunge. Sie besitzen jeweils eine Öffnung (**Geschmackspore**), die den Geschmackssubstanzen den Zutritt gestattet. Aus der Zunge ragen kleine Organe, die **Papillen**. **Fadenpapillen** sind auf der Zungenoberfläche angeordnet; zwischen ihnen liegen **Wall-** und **Pilzpapillen**, ebenfalls mit Geschmacksknospen.

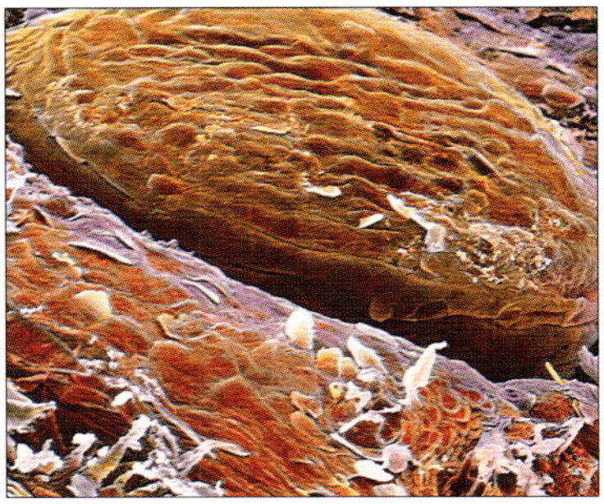

Papille mit Geschmacksknospen
Die Geschmacksknospen liegen in Vertiefungen am Rand dieser Wallpapille.

Geruch

Die Sinneswahrnehmung von Substanzen in der Luft

Der Geruchssinn nimmt wahr, wann eine Mahlzeit fertig ist, und bereitet den Körper auf die Verdauung vor. Er spricht auf Substanzen in der Luft an und kann deshalb nur solche Stoffe wahrnehmen, die Moleküle in die Luft abgeben. Geruchssignale werden im Gehirn vom limbischen System ▪ verarbeitet, das auch für Gefühle und Gedächtnis zuständig ist.

Riechschleimhaut

Feuchte Zellschicht zur Wahrnehmung von Substanzen in der Luft

Luft gelangt normalerweise durch die Nasenöffnungen in den Körper. In der Nasenhöhle ▪ fließt sie an der Riechschleimhaut vorbei. Sie enthält Chemorezeptoren, die **olfaktorischen Zellen**. Cilien auf diesen Zellen nehmen Moleküle aus der Luft auf und lösen Impulse aus, die über die Geruchsnerven ▪ zu den **Riechhügeln** gelangen, Verdickungen an der Vorderseite des Gehirns. Das Gehirn interpretiert die Signale als Geruch.

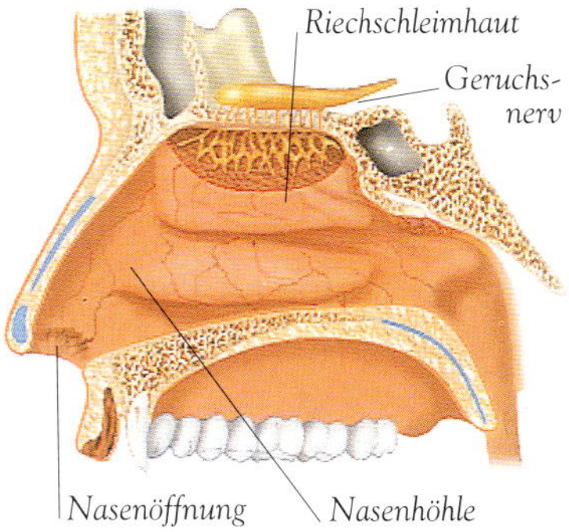

Riechschleimhaut
Die olfaktorischen Zellen nehmen viele verschiedene Substanzen wahr.

Siehe auch

Cilien 27 • Geruchsnerv 60 • limbisches System 66 • Nasenhöhle 110 Nervenimpuls 59 • Schlucken 120

Homöostase

Die Bedingungen innerhalb des Organismus bleiben unabhängig von der Umgebung stets mehr oder weniger gleich. Diese Stabilität wird durch die Homöostase erreicht.

Homöostase

Die Aufrechterhaltung stabiler Bedingungen in einer Zelle oder im Organismus

Zellen ■ funktionieren am besten in einem engen Bereich von Bedingungen. Es darf weder zu heiß noch zu kalt sein, und in der Umgebung müssen die richtigen Substanzen in ausgewogenem Verhältnis vorliegen. Solche Bedingungen werden durch die Homöostase aufrechterhalten. Der Begriff bedeutet »gleich bleiben«. Er bezeichnet chemische und physikalische Vorgänge, welche die Zellen in einem stabilen Zustand halten, sodass der Organismus normal funktioniert.

Umwelt

Die Umgebung, in der sich ein Lebewesen befindet

Für den Organismus gibt es zwei Arten der Umwelt. Die **äußere Umwelt**, alles in seiner Umgebung, verändert sich ständig. Die **innere Umwelt**, das Umfeld der Körperzellen, besteht aus Blut ■, Gewebeflüssigkeit ■ und anderen Flüssigkeiten. Sie wird durch die Homöostase konstant gehalten.

Warm bleiben
Die Menschen können sich auch auf extreme äußere Bedingungen einstellen.

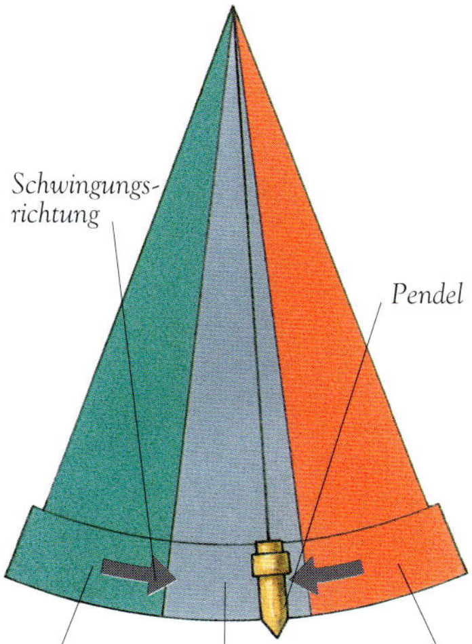

Ein Rückkopplungssystem
Die Schwerkraft zieht ein Pendel immer wieder in die Senkrechte. Ganz ähnlich stellen Rückkopplungssysteme auch im Körper den Normalzustand her.

Rückkopplungssystem

Steuerungsmechanismus, der unerwünschte Veränderungen korrigiert

Auf unerwünschte Veränderungen seines stabilen Zustandes reagiert der Organismus durch Rückkopplungssysteme. Jedes derartige System überwacht einen Faktor wie z. B. die Temperatur und hält sie innerhalb festgelegter Grenzen. Dazu bedient es sich sowohl der Hormone ■ als auch der Nerven ■. Die meisten Systeme funktionieren mit **negativer Rückkopplung**: Sie kehren unerwünschte Veränderungen um. Einige jedoch, beispielsweise die Steuerung der Muskelkontraktion während der Wehen ■, sind **positive Rückkopplungsmechanismen**: Sie verstärken die Veränderung, bis ein neuer Zustand erreicht ist.

Temperaturregulation

Die Steuerung und Anpassung der Körpertemperatur

Menschen sind gleichwarme Tiere, das heißt, ihr Körper hat unabhängig von den äußeren Bedingungen stets fast die gleiche durchschnittliche **Körpertemperatur** von 37 °C. Für ihre Steuerung ist der Hypothalamus ■ verantwortlich, ein besonderer Abschnitt des Gehirns ■. Der Hypothalamus wirkt wie ein Thermostat: Er sorgt dafür, dass der Organismus mehr Wärme produziert, wenn es zu kalt wird, und dass er mehr Wärme abgibt, wenn die Temperatur steigt. Wenn man Fieber ■ hat, wird der Thermostat »anders eingestellt«, sodass die Körpertemperatur erhöht ist. Dies wirkt bei einer Infektion ■ der Ausbreitung von Mikroorganismen ■ entgegen. Bei **Hitzschlag** oder **Unterkühlung** funktioniert der Thermostat nicht mehr, sodass der Körper gefährlich warm oder kalt wird. In solchen Fällen normalisiert sich die Körpertemperatur häufig nur mit äußerer Hilfe.

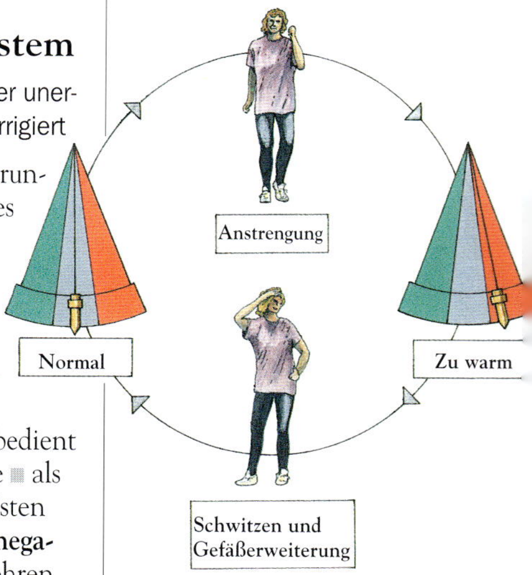

Temperaturregulation
Die Temperatur wird durch negative Rückkopplung reguliert. Bei Anstrengung steigt die Körpertemperatur. Durch Rückkopplung setzen Transpiration und Vasodilatation ein, der Körper kühlt ab und erreicht wieder seine normale Temperatur.

Transpiration

Schweißproduktion

Durch die Transpiration **(Schwitzen)** gibt der Körper Wärme ab. Schweißdrüsen scheiden Schweiß auf die Oberfläche der Haut aus, der dann verdunstet und dabei die Wärme aus dem Blut in der Haut aufnimmt. Am besten funktioniert Schwitzen in trockener Luft. Bei hoher Luftfeuchtigkeit verdunstet der Schweiß nicht ohne weiteres.

Aufrechterhaltung der Körpertemperatur
Dieser Marathonläufer hat sich nach dem Rennen in eine Metallfolie gehüllt. Sie reflektiert die Körperwärme und vermindert das Schwitzen, sodass der Körper nicht zu stark abkühlt.

Vasodilatation

Die Erweiterung der Blutgefäße

Bei starker Anstrengung fühlt die Haut sich sehr schnell warm an. Der Grund: Die Blutgefäße in der Haut erweitern sich und transportieren mehr Blut an die Oberfläche. Das Blut transportiert die Wärme aus den Muskeln und gibt sie in der Haut zum Teil nach außen ab. Beim Frieren geschieht das Umgekehrte: Die Blutgefäße verengen sich, sodass weniger Blut durch die Haut fließt und weniger Wärme verloren geht. Diesen Vorgang nennt man **Vasokonstriktion**.

Zittern

Die wiederholte Muskelkontraktion zur Wärmeerzeugung

Das Zittern ist ein Zeichen, dass der Körper sich erwärmen will. Die Muskeln ziehen sich immer wieder zusammen und erzeugen dabei Wärme, die dann vom Blut über den ganzen Körper verteilt wird. Häufig ist das Zittern von Gänsehaut begleitet.

Ausscheidung

Beseitigung von Abfallstoffen

Wie alle Lebewesen erzeugt unser Organismus ständig chemische Abfallstoffe. Diese Substanzen können giftig sein und müssen deshalb beseitigt werden. Sie entstehen auf zweierlei Weise: einerseits durch den Stoffwechsel, andererseits weil Substanzen schneller aufgenommen als verbraucht werden. Die Abfallbeseitigung ist die Aufgabe der **Ausscheidungsorgane**. Dazu gehören die Lunge, die Kohlendioxid abgibt, die Haut, die Wasser und Salze beseitigt, und die Leber, die viele verschiedene Verbindungen entsorgt. Die Nieren scheiden Wasser, Salze und **stickstoffhaltige Substanzen** aus.

Atemsteuerung

Steuerung der Atemgeschwindigkeit und des Atemvolumens

Alle lebenden Zellen müssen mit Sauerstoff versorgt werden und Kohlendioxid abgeben. Das geschieht mit Hilfe des Blutes. Damit es seine Aufgabe erfüllen kann, muss es Sauerstoff und Kohlendioxid in einem ausgewogenen Verhältnis enthalten. Dieses Gleichgewicht ist ein entscheidender Teil der Homöostase. Es wird vom Atemzentrum im Gehirn überwacht.

Claude Bernard

Französischer Physiologe, 1813–1878

Claude Bernard untersuchte viele Körpervorgänge, beispielsweise Verdauung, Atmung und Ausscheidung. Er entdeckte, dass die Zellen stabile Bedingungen brauchen und durch ihre gemeinsame Tätigkeit für diese Stabilität sorgen. Bernards Ideen wurden vom amerikanischen Physiologen **Walter Cannon** (1871–1945) wieder aufgenommen, der als Erster den Begriff »Homöostase« wählte.

Osmoregulation

Die Steuerung und Anpassung des osmotischen Druckes

Die Osmoregulation sorgt dafür, dass der osmotische Druck der Körperzellen den richtigen Wert hat. Außerdem gewährleistet sie, dass die einzelnen Körperteile die richtige Wassermenge enthalten – dass ihr **Flüssigkeitsgleichgewicht** bestehen bleibt. Am wichtigsten für die Osmoregulation sind die Nieren. Sie steuern den osmotischen Druck des Blutes, und der wiederum sorgt für den richtigen osmotischen Druck der anderen Körperflüssigkeiten wie Gewebeflüssigkeit und Liquor.

Siehe auch

Atemzentrum 114 • Blut 82
Blutgefäß 88 • Fieber 95 • Gänsehaut 33
Gehirn 64 • Gewebeflüssigkeit 96
Haut 32 • Hormon 78 • Hypothalamus 65
Infektion 92 • Leber 122 • Liquor 62
Lunge 112 • Mikroorganismus 92
Nerv 58 • Nieren 126
osmotischer Druck 29 • Schweißdrüse 33
Stoffwechsel 102 • Wehen 140
Zelle 26

Das endokrine System

Für die Koordination der Körpervorgänge sorgen zwei große Systeme. Das Nervensystem bedient sich elektrischer Impulse, das endokrine System arbeitet mit Substanzen, die man als Hormone bezeichnet. Hormone wirken meist langsamer als Nerven, ihr Effekt bleibt jedoch oft länger erhalten.

Endokrines System

Ein Koordinierungssystem, das chemische Botensubstanzen ins Blut ausschüttet

Das endokrine System besteht aus neun wichtigen Drüsen, die sich über den ganzen Körper verteilen. Sie produzieren insgesamt mehrere Dutzend Hormone – chemische Botensubstanzen, die sie unmittelbar ins Blut ■ abgeben. Das endokrine System spielt für die Homöostase ■ eine wichtige Rolle. Es steuert durch chemische Rückkopplung ■ viele Körpervorgänge und ist auch für Wachstum und sexuelle Fortpflanzung ■ äußerst bedeutend.

Hormon

Eine chemische Botensubstanz

Hormone sind Substanzen, mit denen das endokrine System viele Körpervorgänge steuert. Sie wandern mit dem Blut durch den Körper. Jedes Hormon heftet sich an seinem Bestimmungsort, einer **Zielzelle** oder einem **Zielgewebe**, an eine spezifische Stelle der Plasmamembran ■, die man als **Rezeptorstelle** bezeichnet. Daraufhin spielen sich in der Zelle chemische Veränderungen ab, die einen Vorgang wie z. B. die Kontraktion eines glatten Muskels ■ auslösen. Ein Hormon kann ein oder mehrere Ziele haben.

Drüse

Eine Zellgruppe, die Substanzen produziert und ausschüttet

Drüsen stellen chemische Substanzen her und setzen sie in Körper oder Umgebung frei. Das nennt man **Sekretion**. Es gibt zwei Arten von Drüsen: **Exokrine** Drüsen scheiden ihre Substanzen, z. B. Speichel oder Schweiß, durch Drüsengänge in Körperhohlräume oder nach außen aus. **Endokrine** Drüsen haben keine Drüsengänge. Sie setzen Hormone ins Blut frei.

Endokrine Drüse
Solche Drüsen geben Hormone unmittelbar ins Blut ab.

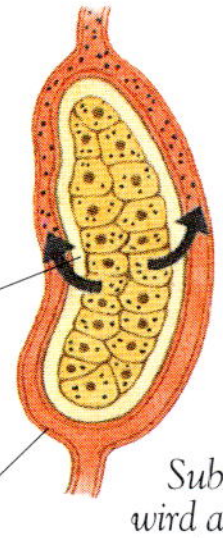

Exokrine Drüse
Diese Drüsen scheiden Substanzen an der Oberfläche oder in einen Hohlraum des Körpers aus.

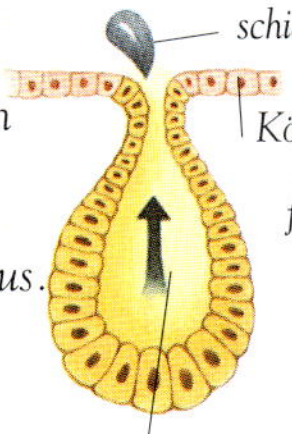

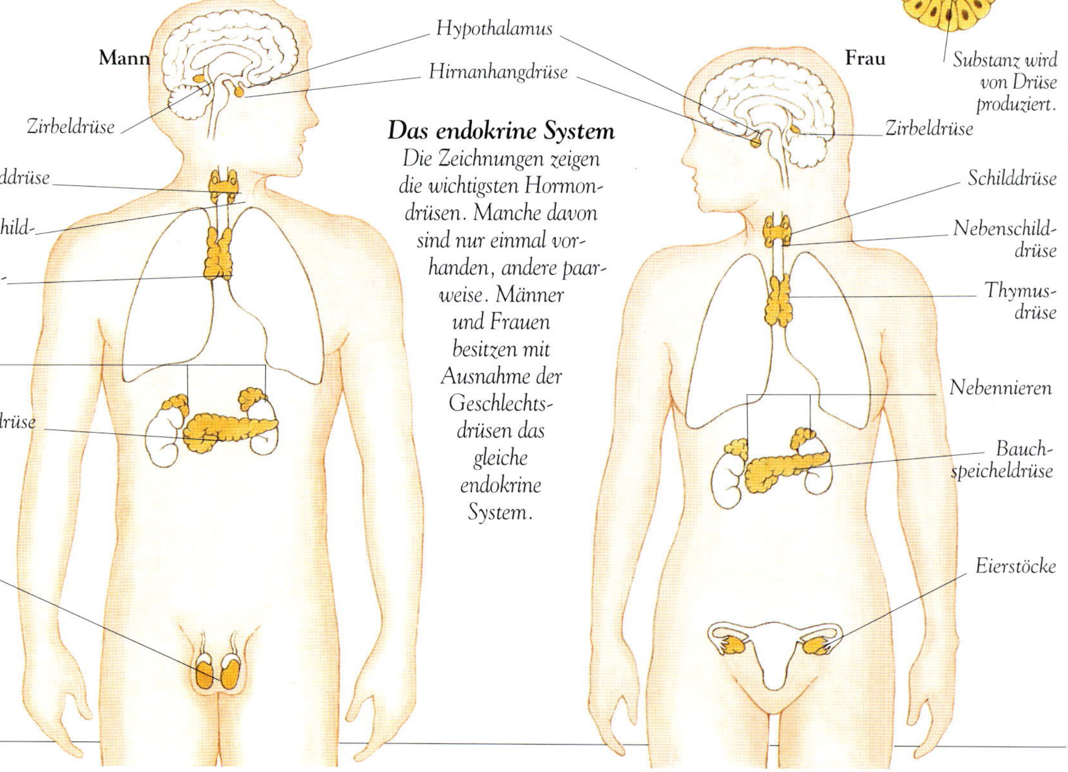

Das endokrine System
Die Zeichnungen zeigen die wichtigsten Hormondrüsen. Manche davon sind nur einmal vorhanden, andere paarweise. Männer und Frauen besitzen mit Ausnahme der Geschlechtsdrüsen das gleiche endokrine System.

Hypophyse

Eine endokrine Drüse an der Unterseite des Gehirns

Die Hypophyse ist die »Zentrale« des endokrinen Systems. Sie schüttet mindestens neun Hormone aus, die im Organismus wichtige Wirkungen entfalten. Manche von ihnen steuern unmittelbar einzelne Funktionen, andere regen weitere Drüsen zur Ausschüttung eigener Hormone an. Das **schilddrüsenstimulierende** Hormon, auch **Thyrotropin** oder **TSH** genannt, wirkt beispielsweise auf die Schilddrüse. Die Hypophyse hat zwei Teile. Ihr **Vorderlappen**, die **Adenohypophyse**, macht den größten Teil der Drüse aus und stellt die meisten Hormone her. Der kleinere **Hinterlappen (Neurohypophyse)** speichert Hormone, produziert sie aber nicht selbst. Er verbindet das endokrine System über den Hypothalamus mit dem Nervensystem.

Follikel stimulierendes Hormon

Hypophysenhormon, das die Produktion von Geschlechtszellen anregt

Das Follikel stimulierende Hormon oder **FSH** bilden sowohl Männer als auch Frauen. Bei Männern regt es die Hoden zur Produktion von Samenzellen an. Bei Frauen veranlasst es die Eierstöcke zur Bildung flüssigkeitsgefüllter Blasen, der Follikel, die Eizellen enthalten.

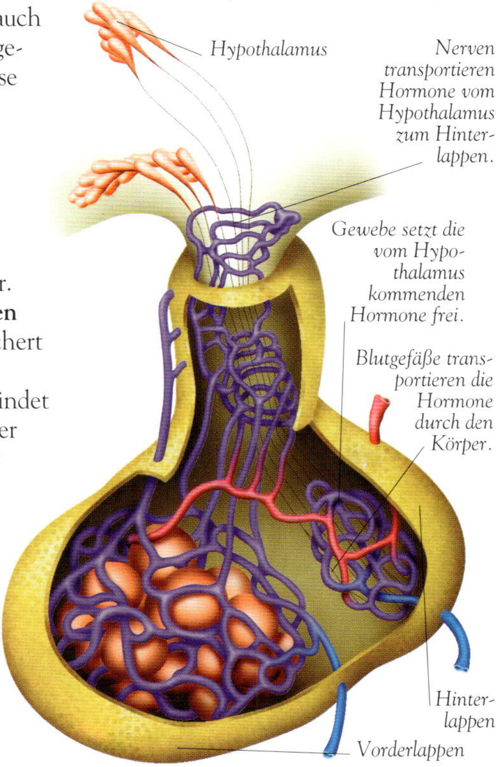

Die Hypophyse
Die erbsengroße Hypophyse ist die wichtigste endokrine Drüse des menschlichen Körpers.

Prolactin

Ein Hypophysenhormon, das die Milchproduktion anregt

Prolactin ist eines von mehreren Hormonen, die für die Milchproduktion sorgen. Durch das Stillen wird die Hypophyse veranlasst, weiterhin Prolactin auszuschütten, sodass so lange Milch produziert wird, wie das Baby trinkt.

Oxytocin

Hypophysenhormon, das bei der Geburt die Muskelkontraktion anregt

Während der Geburt regt das Oxytocin die Gebärmutter an, sich zusammenzuziehen. Das wiederum löst die Produktion von noch mehr Oxytocin aus. Diese positive Rückkopplung setzt sich fort, bis das Kind geboren ist.

Antidiuretisches Hormon

Ein Hypophysenhormon, das den Wassergehalt des Blutes steigert

Als **Diuretikum** bezeichnet man einen Wirkstoff, der die Urinproduktion anregt. Das antidiuretische Hormon, auch **Vasopressin** oder **ADH** genannt, hat die umgekehrte Wirkung. Es sorgt dafür, dass die Nieren mehr Wasser ins Blut zurückführen und dass die Arteriolen sich zusammenziehen. Deshalb wird mehr Flüssigkeit auf kleinerem Raum zusammengepresst, und der Blutdruck steigt.

Wachstumshormon

Ein Hypophysenhormon, welches das Wachstum anregt

Das Wachstumshormon steuert die Zellteilung und damit auch das Wachstum des Körpers. Außerdem lässt es den Blutzuckerspiegel steigen. Ein Kind, das zu wenig Wachstumshormon besitzt, wächst nicht normal; das kann zu **Minderwuchs** führen. Zu viel Wachstumshormon lässt den Körper ungewöhnlich groß werden. Die Folge ist ein Zustand, der **Akromegalie** heißt.

Luteinisierendes Hormon

Ein Hypophysenhormon, das Eierstöcke und Hoden stimuliert

Das luteinisierende Hormon oder **LH** regt den Eisprung an, bei dem sich auch der Gelbkörper (Corpus luteum) bildet. Während seiner weiteren Entwicklung setzt der Gelbkörper Geschlechtshormone frei, die den weiblichen Organismus auf die Schwangerschaft vorbereiten. Bei Männern regt LH die Hoden zur Produktion männlicher Geschlechtshormone an.

Siehe auch

Arteriole 88 • Blut 82 • Blutdruck 89
Eierstock 129 • Follikel 130 • Gebärmutter 129 • Geburt 140 • Gelbkörper 131
Geschlechtshormon 81 • glatte Muskulatur 49 • Hoden 128
Homöostase 76 • Hypothalamus 65
Milch 141 • Nebennieren 81
Nervensystem 60 • Plasmamembran 28
Rückkopplung 76 • Samenzelle 128
Schilddrüse 80 • sexuelle Fortpflanzung 128
Urin 126 • Zellteilung 30

Fortsetzung nächste Seite ➤

Schilddrüse

Eine Drüse, welche die Stoffwechselrate und den Calciumspiegel reguliert

Die Schilddrüse liegt auf der Vorderseite des Halses unmittelbar unterhalb des Kehlkopfes ■. Sie produziert zwei Hormone, das **Thyroxin** und das **Calcitonin.** Thyroxin enthält Iod und wirkt im Organismus wie ein Gaspedal. Es steigert die Stoffwechselrate ■, regt die Zellen zu schnellerer Teilung an, verbessert die Leistung des Nervensystems ■, beschleunigt den Puls und lässt den Blutdruck steigen. Calcitonin verlangsamt den Knochenabbau und senkt damit die Menge des im Blut gelösten Calciums.

Nebenschilddrüse

Eine Drüse, die den Calciumspiegel im Blut reguliert

Die Nebenschilddrüsen sind vier kleine, paarweise angeordnete Drüsen, die von der Schilddrüse umgeben sind. Sie stellen das **Parathormon (PTH)** her, das den Knochenabbau beschleunigt, sodass mehr Calcium ins Blut gelangt. Das Parathormon arbeitet mit dem Calcitonin aus der Schilddrüse zusammen. Die beiden Hormone haben entgegengesetzte Wirkungen und halten durch negative Rückkopplung ■ den Calciumspiegel im Blut stabil.

Siehe auch

Atmung 114 • Diabetes 146
Eierstock 129 • Eisprung 131 • endokrines System 78 • Gelbkörper 131 • Geschlechtszelle 128 • Glycogen 22 • Hoden 128
Hypophyse 79 • Ion 21 • Kehlkopf 111
Leber 122 • Milchproduktion 141
Nervensystem 60 • Pankreas 123
Protein 24 • Pubertät 142 • Puls 87
Rückkopplungssystem 76 • Samenzelle 128
Stoffwechsel 102 • Stoffwechselrate 103
Verdauung 116 • Verdauungssystem 116

Glucagon

Hormon, das den Blutzuckerspiegel steigen lässt

Das Glucagon ist entscheidend an der Aufrechterhaltung des richtigen Blutzuckerspiegels beteiligt. Es entsteht im Pankreas (Bauchspeicheldrüse), einer Drüse, die sowohl zum endokrinen System ■ als auch zum Verdauungssystem ■ gehört. Wenn der Blutzuckerspiegel sinkt, schüttet das Pankreas Glucagon aus. Daraufhin geben die Zellen Glucose ab, und das Glycogen – die Speicherform der Glucose in der Leber ■ – wird wieder in Glucose umgewandelt; der Blutzuckerspiegel steigt. Die im Blut gelöste Glucose kann uns etwa 15 Minuten lang am Leben erhalten. Wird sie verbraucht, liefert der Organismus ständig neue nach.

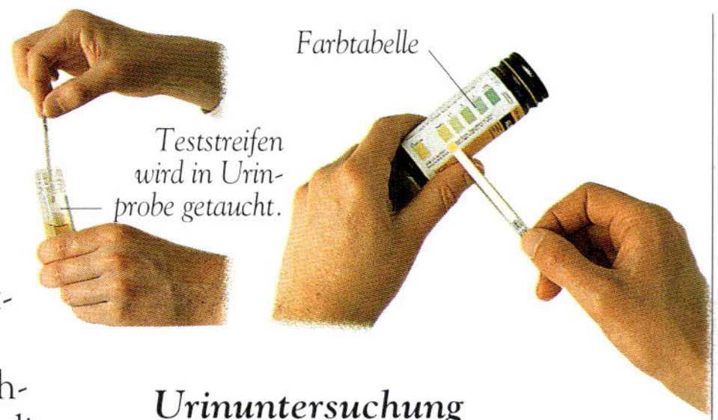

Urinuntersuchung
Mit einer Urinuntersuchung kann man Stoffwechselstörungen erkennen. Glucose im Urin ist z.B. oft ein Zeichen für Diabetes.

Ein Blutzuckertest
Ein Tropfen Blut wird auf einen Teststreifen gebracht und mit einer Farbtabelle verglichen. An der Färbung erkennt man den Blutzuckerspiegel.

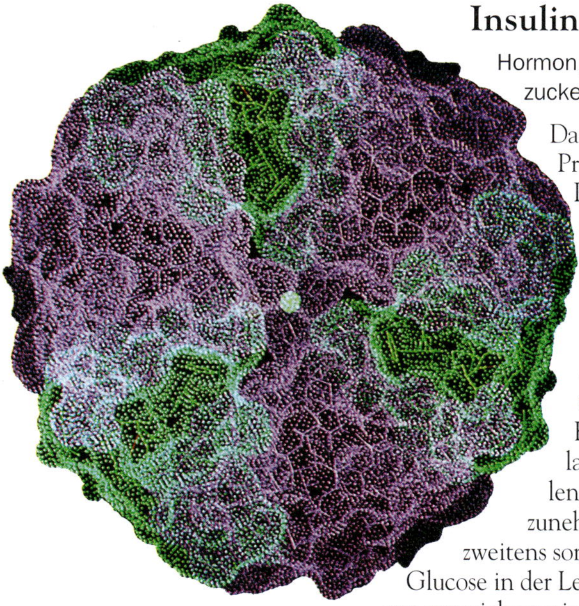

Ein Insulinmolekül
Die Computergrafik zeigt den Aufbau eines Insulinmoleküls. Der kleine grüne Kreis in der Mitte stellt ein Zinkatom dar. Kristalle aus je sechs Insulinmolekülen und zwei Zinkatomen werden im Pankreas gespeichert.

Insulin

Hormon, das den Blutzuckerspiegel senkt

Das Insulin, ein Protein ■, wird im Pankreas gebildet. Es wird bei steigendem Blutzuckerspiegel ausgeschüttet und senkt ihn auf zweierlei Weise. Erstens veranlasst es die Zellen, Glucose aufzunehmen, und zweitens sorgt dafür, dass Glucose in der Leber als Glycogen gespeichert wird. Insulin und Glucagon bilden gemeinsam ein negatives Rückkopplungssystem, das den Blutzuckerspiegel innerhalb vorgegebener Grenzen hält. Bei Diabetes ■ (Zuckerkrankheit) ist dieses System gestört; die Betroffenen brauchen unter Umständen täglich eine Insulinspritze.

◄ *Fortsetzung von der vorherigen Seite*

Geschlechtshormon

Ein Hormon, das den Organismus auf die Fortpflanzung vorbereitet

Geschlechtshormone entstehen in der Hypophyse und in den Organen, die Geschlechtszellen enthalten. Mehrere derartige Hormone kommen bei beiden Geschlechtern vor, wirken aber unterschiedlich. Im Gegensatz zu anderen Hormonen werden sie erst vom zehnten oder elften Lebensjahr an produziert. In der Pubertät sorgen sie für einen Entwicklungsschub. Dabei entstehen die **sekundären Geschlechtsmerkmale**, die den Körper auf die Fortpflanzung vorbereiten.

Weibliches Geschlechtshormon

Ein Hormon, das den weiblichen Organismus auf die Fortpflanzung vorbereitet

Bei Frauen steuern Geschlechtshormone den Eisprung, und sie bereiten den Körper auf die Schwangerschaft vor. Viele dieser Hormone werden in einem monatlichen Zyklus ausgeschüttet. Manche weiblichen Geschlechtshormone entstehen in der Hypophyse. Dagegen werden die **Östrogene**, die sekundäre Geschlechtsmerkmale entstehen lassen, in den Eierstöcken gebildet. Das **Progesteron**, das während der Schwangerschaft den Eisprung unterdrückt und auch an der Milchproduktion mitwirkt, wird vom Gelbkörper produziert.

Männliches Geschlechtshormon

Ein Hormon, das den männlichen Organismus auf die Fortpflanzung vorbereitet

Das männliche Geschlechtshormon, **Testosteron** genannt, wird von den Hoden gebildet. Es lässt die sekundären Geschlechtsmerkmale entstehen und steuert die Entwicklung der Samenzellen.

Nebennieren

Drüsen, welche die Stoffwechselrate steigern und den Körper auf Stress vorbereiten

Die beiden Nebennieren liegen oberhalb der Nieren. Sie sind beide in zwei Teile gegliedert, die unterschiedliche Hormone produzieren. Der äußere Teil, **Nebennierenrinde** genannt, erzeugt die **Corticosteroide**. Diese Hormone verändern die Ionenkonzentration im Blut und wirken an der Steuerung des Stoffwechsels mit. Der innere Teil, das **Nebennierenmark**, bildet das Hormon Adrenalin.

Adrenalin

Ein Hormon, das den Organismus auf Gefahren oder Stress einstellt

Wenn man erschrocken ist oder Angst hat, rast das Herz, und die Atmung beschleunigt sich. Das sind zwei der vielen Wirkungen des Adrenalins. Dieses ungewöhnlich schnell wirkende Hormon bereitet den Körper auf Notsituationen vor. Neben der Beschleunigung von Atmung und Puls lenkt es auch mehr Blut in die Muskeln. Gleichzeitig verlangsamt es die Verdauung, und die Leber regt es an, mehr Glucose ins Blut abzugeben, die dann als Brennstoff für die Muskeln zur Verfügung steht. Im Zusammenwirken mit dem Nervensystem schafft das Adrenalin die Voraussetzungen, Gefahren oder Stress zu bewältigen.

Jokichi Takamine

Japanischer Biochemiker, 1854–1922

Takamine stellte 1901 als Erster ein reines Hormon in Kristallform her. Es handelte sich um Adrenalin, das er aus den Nebennieren von Tieren gewonnen hatte. Als Takamine diese bahnbrechende Entdeckung machte, wusste man noch sehr wenig darüber, wie chemische Substanzen die Körpervorgänge koordinieren. Der englische Physiologe **Ernest Starling** (1866–1927) isolierte 1902 ein Hormon aus dem Dünndarm. Im Jahr 1905 prägte Starling den Begriff »Hormon« (griechisch für »aufrühren«).

Achterbahn
Bei einer spannenden Achterbahnfahrt lässt das Gefühl von Angst und Aufregung den Adrenalinspiegel steigen.

Blut

Das Blut ist der flüssige Treibriemen und das wichtigste Verteidigungsbollwerk des Körpers. Es umspült alle lebenden Zellen, liefert ihnen lebensnotwendige Substanzen und entfernt Abfallstoffe. Ein Erwachsener besitzt etwa 6 l Blut.

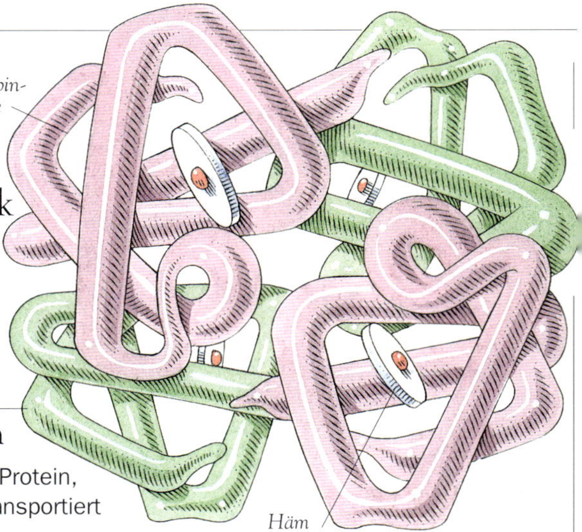

Ein Hämoglobinmolekül
Das Hämoglobinmolekül besteht aus vier Ketten eines Proteins namens Globin (violett und grün), die in der Mitte jeweils ein Pigment tragen, das Häm (weiß). Die Häm-Gruppen verbinden sich mit dem Sauerstoff zum Oxyhämoglobin.

Blut

Eine kompliziert zusammengesetzte Flüssigkeit, welche die Körperzellen am Leben hält

Blut ist ein flüssiges Bindegewebe aus vielen Milliarden Zellen in einer wässerigen Flüssigkeit. Es versorgt alle Körperteile mit Sauerstoff und Nährstoffen, und gleichzeitig transportiert es Abfallstoffe zu den Ausscheidungsorganen. Außerdem verteilt es die Wärme, und es trägt zur Abwehr eingedrungener Lebewesen bei.

Rote Blutzellen

Blutzellen, die Sauerstoff transportieren

Jeder Tropfen Blut enthält viele Millionen Zellen. Über 99 Prozent davon sind rote Blutzellen (**Erythrocyten**). Diese Zellen sind auf beiden Seiten eingedrückt und haben keinen Zellkern. Sie enthalten Hämoglobin, ein Protein, das in der Lunge den Sauerstoff aufnimmt und ihn in anderen Körperteilen wieder abgibt. Die roten Blutzellen werden im roten Knochenmark gebildet. Sie sind kleiner als die meisten anderen Körperzellen, haben aber durch ihre Form eine relativ große Oberfläche. Deshalb können sie Sauerstoff leicht aufnehmen und bei Bedarf wieder abgeben. Jede rote Blutzelle lebt etwa vier Monate und wird dann ersetzt.

Hämoglobin

Ein eisenhaltiges Protein, das Sauerstoff transportiert

Hämoglobin ist ein Transportprotein, das Eisen enthält. Es befindet sich im Cytoplasma der roten Blutzellen. In der Lunge verbinden sich seine Moleküle mit Sauerstoff zu einer Verbindung namens **Oxyhämoglobin**. In dieser Form gelangt der Sauerstoff mit dem Blut in alle Körperteile, und bei Bedarf wird er freigesetzt. Das Blut in den Arterien enthält viel Oxyhämoglobin und sieht deshalb hellrot aus. In den Venen ist der Gehalt geringer, und das Blut ist dunkler.

Anämie

Eine Krankheit, bei der das Blut zu wenig Hämoglobin enthält

Bei der Anämie kann das Blut nicht die normale Sauerstoffmenge aufnehmen. Die Betroffenen haben entweder zu wenig rote Blutzellen oder in jeder Zelle zu wenig Hämoglobin. Deshalb sehen sie vielfach blass aus, und sie werden schnell müde. Die Ursache der Anämie ist häufig Eisenmangel oder ein Mangel an den Vitaminen, die zur Herstellung der roten Blutzellen gebraucht werden.

Rote Blutzellen
In dieser elektronenmikroskopischen Aufnahme roter Blutzellen ist ihre runde, eingedrückte Form gut zu erkennen. Das Hämoglobin verleiht ihnen die rote Farbe.

Weiße Blutzellen

Blutzellen, die Infektionen bekämpfen

Die weißen Blutzellen (**Leukocyten**) sind größer als die roten Blutzellen, und ihre Zahl ist viel geringer. Sie enthalten kein Hämoglobin, besitzen aber einen Zellkern und können ihre Form verändern. Sie kreisen im Blut, können sich aber auch durch die Wände der Kapillaren quetschen und so alle Körperteile erreichen. Es gibt viele Typen weißer Blutzellen, darunter Lymphocyten, Granulocyten und Monocyten. Ihre Lebensdauer liegt zwischen wenigen Tagen und vielen Wochen. Zusammen bilden sie eine Abwehrmacht, die den Körper vor Infektionen schützt.

Granulocyten

Weiße Blutzellen mit einem gelappten Zellkern

Wenn Bakterien in den Organismus eindringen, gehören die Granulocyten zu den ersten Zellen, die mit der Verteidigung beginnen. Sie entstehen im roten Knochenmark und besitzen einen Zellkern mit mindestens zwei großen Lappen. Ihren Namen tragen sie, weil ihr Cytoplasma viele kleine Körnchen (Granula) enthält. Viele Granulocyten können **phagocytieren**, das heißt, sie nehmen Fremdkörper durch eine Formveränderung in sich auf und verdauen sie. So beseitigen sie Bakterien und abgestorbene Körperzellen.

Ein Lymphocyt
Wie die elektronenmikroskopische Aufnahme eines Lymphocyten zeigt, kann diese Zelle im Gegensatz zu roten Blutzellen ihre Form verändern, sich so durch die Kapillarwände quetschen und an alle Körperstellen wandern.

Siehe auch

Blutplättchen

Zelltrümmer, die an der Blutgerinnung mitwirken

Die Blutplättchen, auch **Thrombocyten** genannt, haben etwa 30 Prozent der Größe roter Blutzellen, sind meist rund und flach und besitzen keinen Zellkern. Sie wirken bei der Gerinnung des Blutes mit und bilden eine zusammengeballte Masse, die Verletzungen kleiner Blutgefäße verschließt.

Blutplasma

Der flüssige Anteil des Blutes

Das Blutplasma enthält zahlreiche gelöste Substanzen, z. B. Verdauungsprodukte, Ionen und **Plasmaproteine**. Zu den Plasmaproteinen gehören das **Fibrinogen**, das für die Blutgerinnung unentbehrlich ist, und das **Albumin**, das zum größten Teil für den osmotischen Druck des Blutes verantwortlich ist. Auch Antikörper sind im Plasma gelöst.

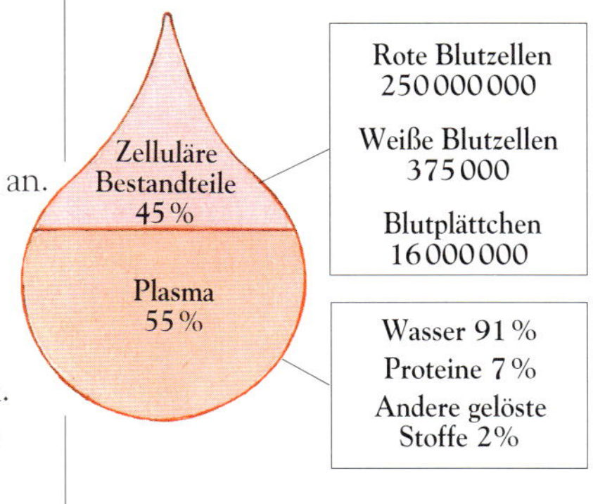

Ein Tropfen Blut
Das Schema zeigt die ungefähre Zusammensetzung eines Tropfens mit 50 mm³ Blut.

Lymphocyten

Ein Typ weißer Blutzellen

Lymphocyten sind für die körpereigene Abwehr von entscheidender Bedeutung. Die meisten von ihnen produzieren Antikörper, Proteine, mit denen das Immunsystem Bakterien und andere fremde Zellen zerstört. Lymphocyten wachsen im Lymphsystem heran, werden aber ursprünglich im Knochenmark gebildet. Sie kreisen nicht nur im Blut, sondern finden sich auch in vielen anderen Körperteilen.

Monocyten

Weiße Blutzellen mit einem ungelappten Zellkern

Eine infizierte Körperstelle zieht eine große Zahl von Monocyten an. Sie werden dort größer und verwandeln sich in **wandernde Makrophagen**. Diese können große Mengen von Bakterien und Abfällen in sich aufnehmen. Manche Körperteile, z. B. Milz und Lymphknoten, enthalten **ortsständige Makrophagen**, die ebenfalls eingedrungene Fremdkörper aufnehmen, aber immer an der gleichen Stelle bleiben.

Fortsetzung nächste Seite ➤

Wie Blut gerinnt

Eine kleine Hautverletzung löst eine Kette von Reaktionen aus. Ein Gerinnsel verschließt die Wunde und hilft, den Verlust an Blut und anderen Flüssigkeiten zu begrenzen.

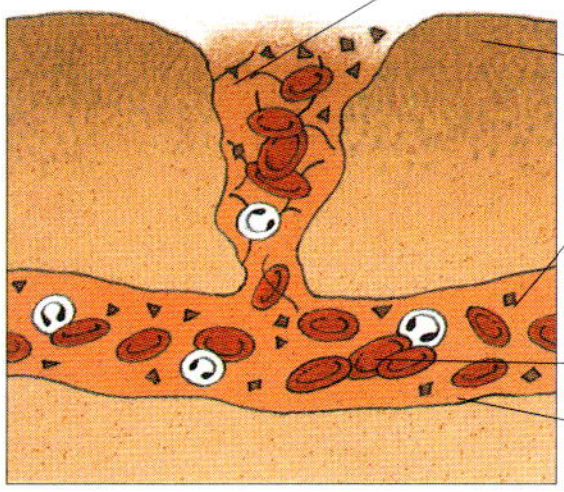

1 *Blutplättchen kleben an der Verletzungsstelle zusammen. Fibrinfäden bilden ein Geflecht und halten rote Blutzellen fest.*

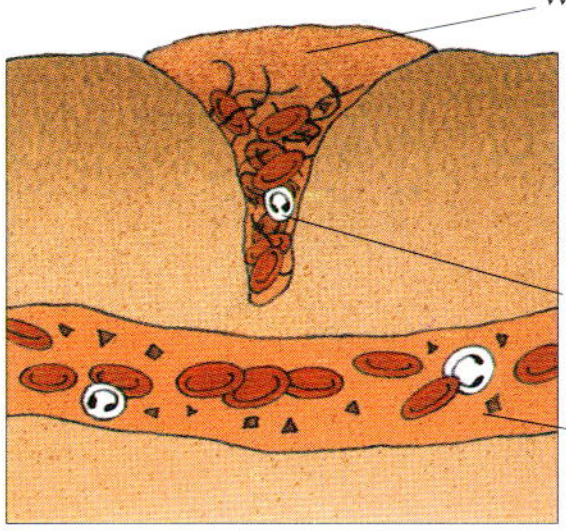

2 *Die Fibrinfäden bilden mit den roten Blutzellen ein Gerinnsel. Seine Oberfläche wird zum harten Wundschorf; darunter heilt die Wunde.*

Gerinnung

Die Bildung von Blutgerinnseln

Wird ein Blutgefäß ■ verletzt, bildet sich an der Schadstelle ein fester Klumpen, das **Blutgerinnsel**. Zunächst bleiben dabei die Blutplättchen ■ aneinander kleben. Gleichzeitig werden die **Gerinnungsfaktoren** aktiv, Substanzen, die im Blut enthalten sind und auch von geschädigten Zellen produziert werden. Diese wandeln das lösliche Plasmaprotein ■ Fibrinogen in das unlösliche **Fibrin** um. Das Fibrin bildet lange Stränge, die sich mit Blutzellen und Zelltrümmern zu einem festen Gerinnsel verbinden. Darüber bildet sich der **Wundschorf**. Bei Menschen, die an der Bluterkrankheit oder **Hämophilie** leiden, fehlt ein Gerinnungsfaktor, sodass ihr Blut nur schlecht gerinnt.

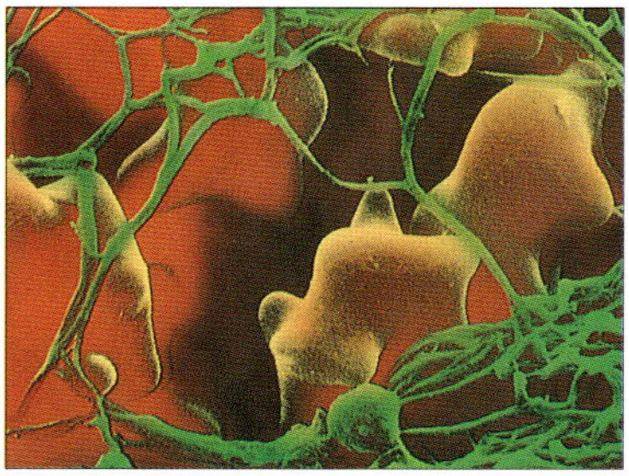

Ein Blutgerinnsel

Elektronenmikroskopische Falschfarbenaufnahme einer roten Blutzelle (orange) in einem Geflecht aus grünen Fibrinfäden.

Thrombose

Die Entstehung eines Gerinnsels in einem Blutgefäß

In den Blutgefäßen gerinnt das Blut normalerweise nicht. Ist ein Blutgefäß jedoch durch eine Infektion geschädigt oder durch Fettablagerungen verstopft, kann es zu einer Thrombose kommen. Das dabei entstehende Gerinnsel nennt man **Thrombus**. Thrombosen sind gefährlich, denn das Gerinnsel kann sich lösen und durch den Körper wandern; bleibt es dann in einem Blutgefäß stecken, unterbricht es unter Umständen die Blutversorgung wichtiger Organe. Der **Schlaganfall**, eine Erkrankung des Gehirns ■, wird häufig durch einen Thrombus ausgelöst.

Gerinnungshemmer

Ein Wirkstoff, der die Bildung von Blutgerinnseln verhindert

Da die Gerinnung gefährlich sein kann, enthält das Blut auch so genannte Gerinnungshemmer oder **Antikoagulantien**, welche die Entstehung unerwünschter Gerinnsel verhindern. Diese Substanzen hemmen die Bildung des Fibrins. Bei Thrombosegefahr oder nach einer Herzoperation erhalten Patienten häufig zusätzliche Gerinnungshemmer, damit das Blut flüssig bleibt.

Blutgruppe

Ein Bluttyp mit charakteristischen Proteinen

Die roten Blutzellen ■ sind mit besonderen Proteinen ■ (Antigenen) besetzt, das Blutplasma ■ dagegen enthält andere Proteine, die Antikörper ■. Beim Menschen kennt man über 200 verschiedene Blutgruppenantigene, die mehr als 20 **Blutgruppensysteme** aus jeweils mehreren Blutgruppen bilden. Das wichtigste, das **AB0-System**, besteht nur aus zwei Antigenen namens A und B sowie aus vier Blutgruppen: A, B, AB und 0. Menschen mit Blutgruppe A besitzen das A-Antigen, solche mit Gruppe B das B-Antigen, solche mit Gruppe AB beide Antigene und solche mit Gruppe 0 keines von beiden. Angehörige derselben Blutgruppe können Blut ohne schädliche Nebenwirkungen austauschen. Bei Personen mit unterschiedlichen Blutgruppen ist das nicht möglich. Ihr Blut ist unter Umständen **unverträglich**: Die darin enthaltenen Antigene und Antikörper können reagieren und eine Verklumpung verursachen.

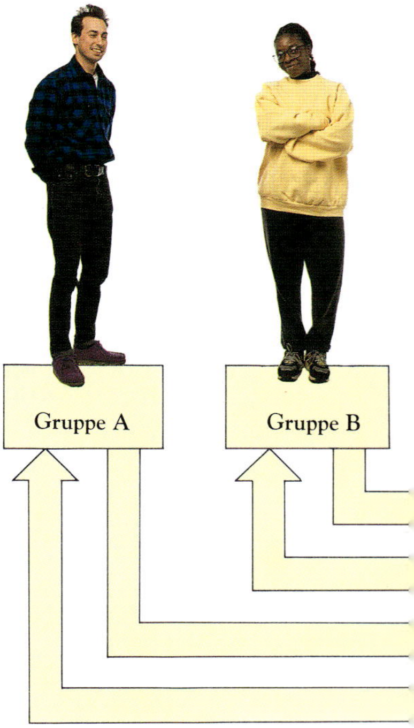

◂ *Fortsetzung von der vorherigen Seite*

Rhesussystem

Ein Blutgruppensystem, das man zuerst bei Affen entdeckte

Das Rhesus-Blutgruppensystem wurde zuerst bei Rhesusaffen entdeckt. Etwa 85 Prozent aller Menschen sind **rhesus-positiv**: Ihr Blut enthält das D- oder Rhesus-Antigen. Den übrigen 15 Prozent fehlt das Antigen – sie sind **rhesus-negativ**. Die Rhesus-Blutgruppen können während der Schwangerschaft zu Problemen führen. Ist das Kind rhesus-positiv und die Mutter rhesus-negativ, können Antikörper der Mutter in den Kreislauf des Kindes gelangen und seine roten Blutzellen angreifen. In schweren Fällen muss das Blut des Kindes nach der Geburt vollständig ausgetauscht werden.

Blut spenden und empfangen
Die verschiedenen Personen können Blut der angegebenen Gruppen jeweils gefahrlos empfangen. Blut der gleichen Gruppe ist immer verträglich. Die Gruppen A und B können Blut der Gruppe 0 empfangen, AB auch den Typ A und B. Typ 0 kann allen Gruppen Blut spenden, selbst aber nur solches der Gruppe 0 empfangen.

Bluttransfusion

Blutübertragung von einem Menschen zum anderen

Einen geringen Blutverlust kann der Organismus schnell ersetzen. Verliert er jedoch viel Blut (zum Beispiel über 1 l), muss das Volumen sehr schnell wieder auf den normalen Wert gebracht werden. Dazu überträgt man das Blut eines anderen Menschen, des **Blutspenders**. Zuvor muss es untersucht werden, damit es keine Bakterien oder Viren enthält. Auch die Blutgruppe muss man kennen, denn sonst kann es zur Agglutination kommen.

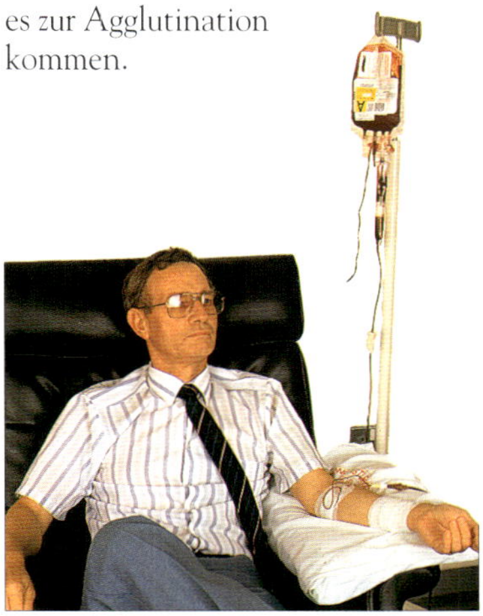

Eine Bluttransfusion
Spenderblut wird in eine Armvene infundiert. Während der Transfusion überwacht man Puls, Blutdruck und Temperatur, um unangenehme Nebenwirkungen auszuschließen.

Agglutination

Die Verklumpung von Blutzellen

Rote Blutzellen haben normalerweise eine glatte Oberfläche und kleben nicht zusammen. Mischt man jedoch Blut zweier Personen, bilden sich manchmal Klumpen – das Blut agglutiniert. Die Ursache ist eine Immunreaktion zwischen Proteinen auf den roten Blutzellen und Proteinen des Plasmas.
Da solche Klumpen die Blutgefäße verstopfen, kann die Agglutination tödlich sein.

Karl Landsteiner

Österr.-amerik. Immunologe, 1868–1943

Früher waren Bluttransfusionen sehr gefährlich. Landsteiner entdeckte im Jahr 1900, dass Blutzellen verklumpen können, wenn man Blut verschiedener Menschen mischt; damit waren die unberechenbaren Folgen der Transfusionen erklärt. 1909 arbeitete er das AB0-System aus, und 1937 entdeckte er mit anderen Wissenschaftlern das Rhesussystem. Landsteiner machte Bluttransfusionen zu einer ungefährlichen Angelegenheit.

Blutuntersuchung

Die Analyse der Blutzusammensetzung

Eine Blutuntersuchung gibt Aufschluss über den körperlichen Zustand eines Menschen und häufig auch über frühere Erkrankungen. Der Arzt kann damit die Blutgruppe des Patienten feststellen, die Blutzellen untersuchen und gelöste Substanzen im Blut nachweisen. Ungewöhnliche Mengen einer Substanz sind häufig ein Hinweis, dass ein Organ nicht richtig funktioniert. Enthält das Blut Antikörper gegen einen bestimmten Krankheitserreger, ist das ein Hinweis, dass der Organismus diesem Erreger schon einmal ausgesetzt war.

Siehe auch

Antikörper 98 • Bakterien 92
Blutgefäß 88 • Blutplasma 83
Blutplättchen 83 • Gehirn 64
Immunreaktion 98 • Kreislaufsystem 90
Plasmaprotein 83 • Protein 24
rote Blutzelle 82 • Virus 92

Das Herz

Während eines durchschnittlichen Menschenlebens schlägt das Herz über zwei Milliarden Mal. Es pumpt so viel Blut, dass man über 100 große Schwimmbecken damit füllen könnte. Trotz dieser Leistung braucht ein gesundes Herz sich niemals auszuruhen.

Der Aufbau des Herzens
Das Herz hat vier Kammern: den linken und rechten Vorhof sowie den linken und rechten Ventrikel.

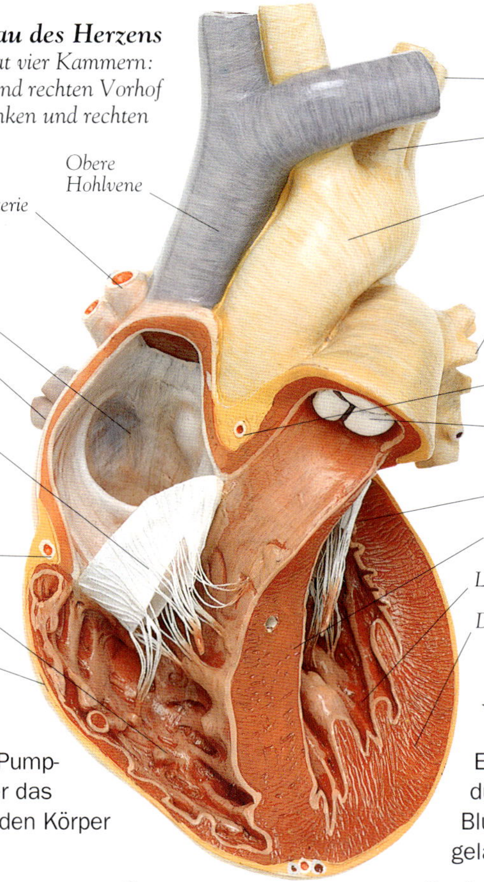

Herz

Ein hohler Pumpmuskel, der das Blut durch den Körper drückt

Vorhof

Eine Kammer, durch die das Blut in das Herz gelangt

Das Herz ist etwa so groß wie eine Faust, hat vier Kammern und liegt zwischen den Lungenflügeln. Es besteht aus Herzmuskulatur, die niemals ermüdet. Das Herz zieht sich von selbst ungefähr einmal in der Sekunde zusammen. Es ist von einer Hülle umgeben, dem **Herzbeutel** oder **Perikard**. Obwohl das Herz als Einheit funktioniert, besteht es eigentlich aus zwei Pumpen, getrennt durch die **Herzscheidewand (Septum)**. Die eine Pumpe drückt Blut in die Lunge, die andere in den übrigen Körper.

Die beiden Pumpen des Herzens bestehen jeweils aus einer oberen und einer unteren Kammer. Die obere Kammer (Vorhof oder **Atrium**), ist kleiner als die darunter liegende Herzkammer und hat relativ dünne Wände. Der linke Vorhof nimmt das sauerstoffreiche Blut aus der Lunge auf, der rechte das sauerstoffarme Blut aus dem Körper. Zu Beginn jedes Herzschlages ziehen die Vorhöfe sich zusammen und drücken das Blut in die darunter liegenden Herzkammern oder Ventrikel.

Ventrikel

Eine Kammer, die das Blut aus dem Herzen drückt

Die Ventrikel sind die leistungsfähigsten Teile des Herzens und haben dicke, muskulöse Wände. Sie nehmen das Blut aus den Vorhöfen auf und pumpen es dann aus dem Herzen, sodass es auf die Reise durch den Kreislauf gehen kann. Da das sauerstoffreiche Blut einen längeren Weg vor sich hat, ist die linke Herzkammer größer und kräftiger als die rechte.

Herzklappe

Ventil, das dem Blut nur in einer Richtung den Durchtritt gestattet

Die Herzklappen sorgen dafür, dass das Blut nicht rückwärts fließt. Ohne sie würde es nicht kreisen, sondern gleichzeitig in alle Richtungen fließen. Es gibt im Herzen zwei Klappensysteme. Die Lappen jeder Klappe öffnen sich so, dass das Blut vorwärts strömen kann, verhindern aber durch automatisches Schließen, dass es die umgekehrte Richtung einschlägt. Die **Bi-** und die **Trikuspidalklappe** (**Mitral-** und **Segelklappe**) versperren den Rückweg aus den Ventrikeln in die Vorhöfe. Die **Semilunar-** oder **Taschenklappen** lassen Blut, welches das Herz verlassen hat, nicht mehr in die Herzkammer zurück. Öffnet und schließt eine Herzklappe sich nicht mehr richtig, vermindert sich die Pumpleistung des Herzens. Eine solche Klappe kann man heute durch eine **künstliche Herzklappe** ersetzen.

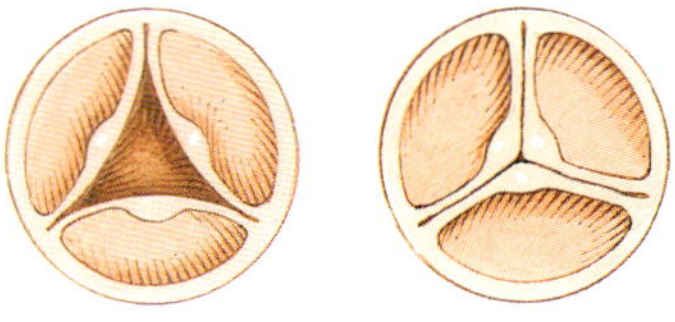

Klappe geöffnet **Klappe geschlossen**

Taschenklappe
Die drei Teile der Klappe öffnen sich und lassen das Blut durch, blockieren aber anschließend seinen Rückweg.

Herzschlag

Ein einzelner Pumpzyklus des Herzens

Der Herzschlag fühlt sich an, als ob das ganze Herz sich gleichzeitig zusammenzieht. Ein vollständiger **Schlagzyklus** hat aber drei Stadien, die zeitlich genau koordiniert sind. Im ersten, der **Diastole**, füllen sich die Vorhöfe mit Blut, und ein Teil des Blutes strömt durch sie hindurch in die Ventrikel. Darauf folgt die **atriale Systole**: Die Vorhöfe ziehen sich zusammen und befördern ihr Blut in die Herzkammern. Einen Sekundenbruchteil später, während der **Ventrikel-Systole**, ziehen sich die Herzkammern zusammen, und das Blut verlässt das Herz. Anschließend beginnt der Zyklus von vorn.

Elektrokardiograf

Ein Instrument, das die elektrische Tätigkeit des Herzens aufzeichnet

Mit dem Elektrokardiografen kann man Herzerkrankungen erkennen. An Brust und Gliedmaßen werden **Elektroden** befestigt, die dann abwechselnd paarweise verbunden werden, sodass der Körper jeweils zum Bestandteil eines Stromkreises wird. Das Instrument zeichnet auf, wie sich die Ströme in diesem Stromkreis mit dem Herzschlag ändern. Das so entstehende Diagramm nennt man **Elektrokardiogramm** oder **EKG**.

Herzschlag und EKG
Den drei Stadien im Schlagzyklus entsprechen verschiedene Teile der EKG-Kurve.

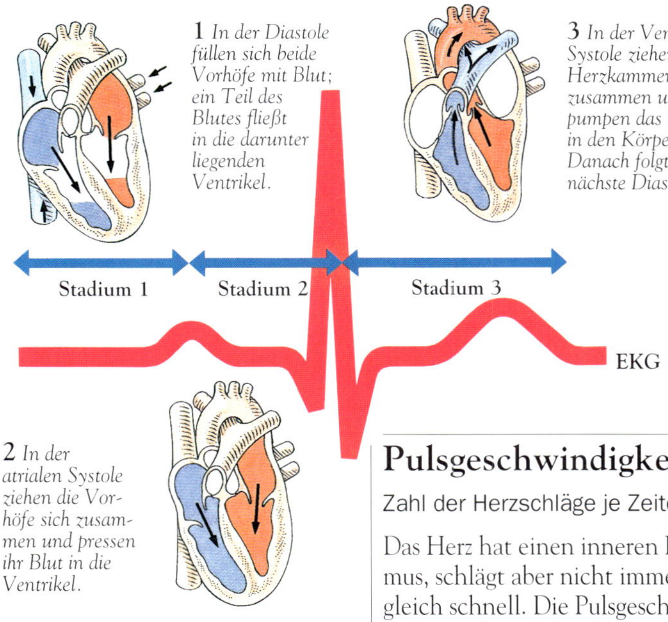

1 *In der Diastole füllen sich beide Vorhöfe mit Blut; ein Teil des Blutes fließt in die darunter liegenden Ventrikel.*

2 *In der atrialen Systole ziehen die Vorhöfe sich zusammen und pressen ihr Blut in die Ventrikel.*

3 *In der Ventrikel-Systole ziehen die Herzkammern sich zusammen und pumpen das Blut in den Körper. Danach folgt die nächste Diastole.*

Puls

Die kurzfristige Erweiterung einer Arterie nach einem Herzschlag

Wenn das Blut aus dem Herzen strömt, läuft eine Welle hohen Druckes durch die Arterien. Die Blutgefäße erweitern sich ein wenig und kehren dann zur normalen Größe zurück. Diese Formveränderung spürt man als Puls.

Pulsgeschwindigkeit

Zahl der Herzschläge je Zeiteinheit

Das Herz hat einen inneren Rhythmus, schlägt aber nicht immer gleich schnell. Die Pulsgeschwindigkeit, oft auch kurz Puls genannt, schwankt je nach dem Sauerstoffbedarf. Im Ruhezustand schlägt das Herz bei vielen Erwachsenen nur 60-mal in der Minute. Bei starker Anstrengung kann sich die Geschwindigkeit aber mehr als verdoppeln. Der Puls wird durch das vegetative Nervensystem beschleunigt und verlangsamt; auch Hormone wie Adrenalin beeinflussen ihn.

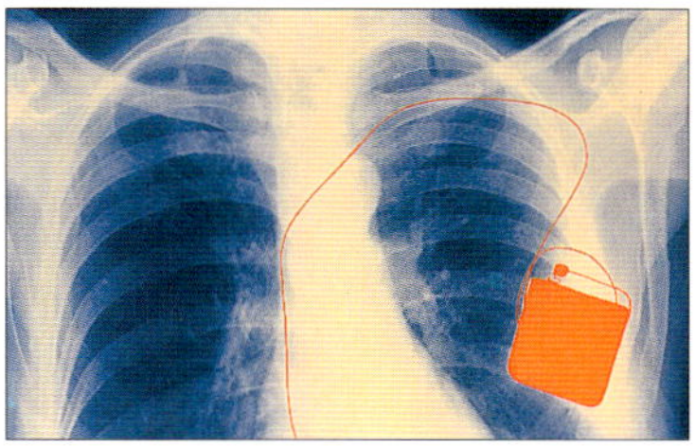

Ein künstlicher Schrittmacher
Die Falschfarben-Röntgenaufnahme zeigt einen künstlichen Schrittmacher.

Sinusknoten

Abschnitt des Muskelgewebes in der Wand des rechten Vorhofes, der die Herzschläge auslöst

Der Sinusknoten, auch **natürlicher Schrittmacher** genannt, erzeugt elektrische Impulse, die sich über das ganze Herz ausbreiten und in der richtigen Reihenfolge für die Kontraktion der vier Kammern sorgen. Funktioniert er nicht mehr richtig, kann man ihn durch ein elektronisches Gerät ersetzen, den **künstlichen Herzschrittmacher**.

Herzinfarkt

Das plötzliche Absterben eines Teils des Herzens

Bei einem Herzinfarkt stirbt ein Teil des Herzmuskels ab, weil er nicht mehr mit Sauerstoff versorgt wird. Die Ursache ist meist ein – häufig durch eine Thrombose – blockiertes Herzkranzgefäß. Ein schwerer Herzinfarkt kann zum **Kammerflimmern** führen: Die Herzkammern ziehen sich sehr schnell und ohne normalen Rhythmus zusammen. Bleibt dieser Zustand bestehen, stirbt die betroffene Person kurz darauf.

Siehe auch

Adrenalin 81 • Arterie 88
Ermüdung 49 • Herzkranzgefäße 90
Herzmuskulatur 48 • Kreislauf 90
Lunge 112 • sauerstoffarmes Blut 88
sauerstoffreiches Blut 88 • Thrombose 84 • vegetatives Nervensystem 60

Blutgefäße

Die Blutgefäße ziehen sich wie ein Rohrnetz durch den ganzen Körper und halten die Zellen am Leben. Die größten von ihnen sind dicker als ein Finger, die kleinsten dagegen so eng, dass man sie nur im Mikroskop erkennen kann.

Blutgefäß

Ein Rohr, in dem Blut fließt

Blut ▪ befindet sich normalerweise nur in den Blutgefäßen. Diese bilden ein Geflecht, das bis nahe an alle Körperzellen reicht. Das Blut wird vom Herzen ▪ durch die Gefäße gepumpt, liefert Nachschub und nimmt Abfallstoffe mit. Die wichtigsten Gefäßtypen sind Arterien, Venen und Kapillaren. Sie sind unterschiedlich geformt, aber immer fließt das Blut durch einen Hohlraum (Lumen ▪) in der Mitte.

Ein Geflecht aus Blutgefäßen
Die Arterien verzweigen sich in die kleineren Arteriolen, die sich ihrerseits zu Kapillaren verästeln. Von dort gelangt das Blut in die Venolen und Venen. Venenwände sind dünner als Arterienwände; noch dünner sind die Wände der Kapillaren.

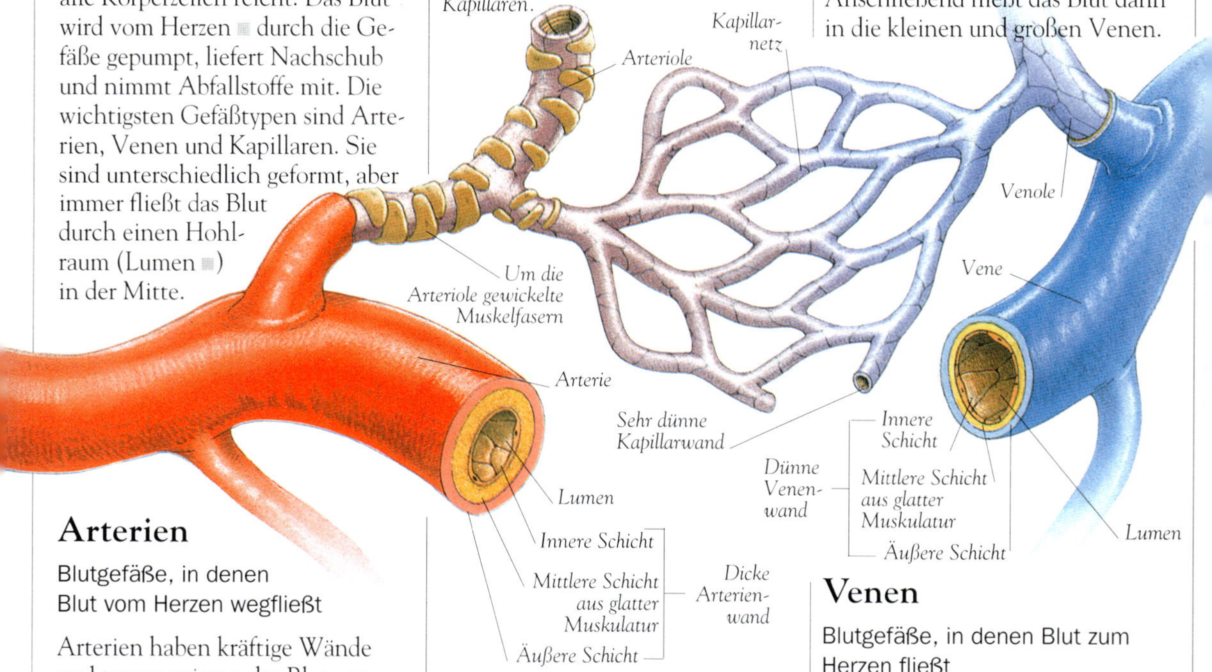

Kapillaren

Sehr dünne Blutgefäße, die einzelne Zellen versorgen

Die Kapillaren sind die kleinsten Blutgefäße. Sie sind so eng, dass die roten Blutzellen ▪ sich häufig verbiegen müssen, um sich hindurchzuzwängen. Kapillaren übernehmen das sauerstoffreiche Blut von den Arteriolen und transportieren es zu fast allen Körperzellen. Ihre Wände sind nur eine Zelle dick und recht »durchlässig«. Deshalb können gelöste Substanzen aus dem Blut in die Gewebeflüssigkeit und in umgekehrter Richtung wandern. Anschließend fließt das Blut dann in die kleinen und großen Venen.

Arterien

Blutgefäße, in denen Blut vom Herzen wegfließt

Arterien haben kräftige Wände und transportieren das Blut unter hohem Druck vom Herzen weg. Sie verzweigen sich in die **Arteriolen**. In den Wänden der Arterien und mancher Arteriolen liegt glatte Muskulatur ▪, und um die Arteriolen sind Muskelfasern ▪ gewickelt. Durch deren Kontraktion verengt sich das Gefäß, sodass es weniger Blut durchlässt. Diese Formveränderung, die Vasokonstriktion ▪, wirkt bei der Steuerung der Körpertemperatur mit. Die meisten Arterien und Arteriolen transportieren **sauerstoffreiches Blut**.

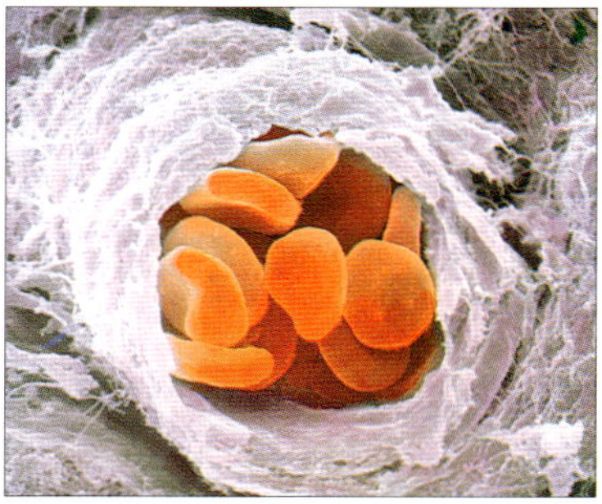

Rote Blutzellen in einer Arteriole
Diese enge Arteriole lässt nur wenige rote Blutzellen gleichzeitig durch; noch enger sind die Kapillaren.

Venen

Blutgefäße, in denen Blut zum Herzen fließt

Aus den Kapillaren gelangt das Blut in enge Blutgefäße, die man **Venolen** nennt, und von dort in die Venen. Die Wände der Venen sind dünner als die der Arterien. In ihnen fließt meist **sauerstoffarmes Blut**, das den Venen eine blaue Farbe verleiht. Das Blut in den Venen steht unter recht geringem Druck und wird nur mit wenig Kraft vorwärts getrieben. Viele Venen haben Venenklappen, die das Blut daran hindern, durch sein eigenes Gewicht rückwärts zu fließen.

Blutdruck

Der Druck des Blutes im Kreislauf

Der Blutdruck wird vom Herzen erzeugt und hält das Blut in Bewegung. Er ist in den Arterien am höchsten und in den Venen am geringsten. Dieser Unterschied sorgt dafür, dass das Blut nur in einer Richtung fließt. Der Blutdruck steigt bei jedem Herzschlag an und fällt dann bis zum nächsten Herzschlag wieder ab. Außerdem verändert er sich über längere Zeit hinweg, wenn der Körper sich auf verschiedene Tätigkeiten einstellt. Bei Aufregungen und Anstrengung steigt er, beim Schlafen sinkt er ab. Der Blutdruck wird von Nervensystem und Hormonen reguliert.

Blutdruckmessgerät

Ein Instrument, das den Blutdruck mit einer Armmanschette misst

Die Manschette wird aufgepumpt, bis der Luftdruck den Blutstrom unterbricht. Dann wird die Luft abgelassen. Sinkt der Druck in der Manschette knapp unter den in der Arterie, fließt das Blut wieder, und das kann man mit einem Stethoskop hören. Der Druck in der Manschette entspricht in diesem Augenblick dem höchsten Druck in der Arterie: dem **systolischen Blutdruck** während des Herzschlages. Ist der Druck in der Manschette so niedrig, dass er das Blut nicht mehr behindert, kann man den niedrigsten Druck messen. Das ist der **diastolische Blutdruck** zwischen den Herzschlägen.

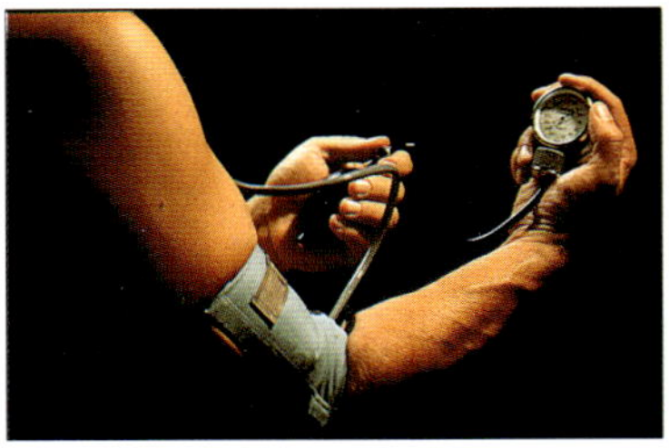

Blutdruckmessung
Zum Blutdruckmessen wird die Manschette um den Arm gelegt und aufgeblasen.

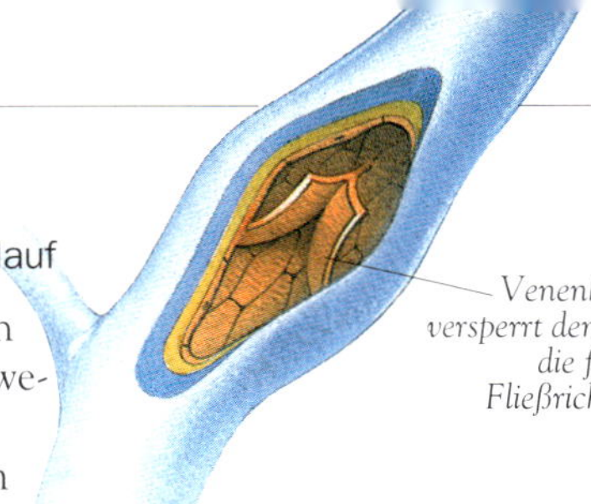

Venenklappe versperrt dem Blut die falsche Fließrichtung.

Bluthochdruck

Ein anormal hoher Blutdruck

Der Bluthochdruck ist eine häufige Erkrankung des Kreislaufs. Er ruft oft keine auffälligen Symptome hervor, lässt aber die Gefahr eines Herzinfarkts oder einer Gehirnblutung steigen. Häufig ist keine Ursache zu erkennen. Behandeln lässt er sich meist mit veränderter Ernährung und mit Medikamenten, die das Blutvolumen senken.

Schock

Eine plötzliche Verminderung der Durchblutung

Unfallbeteiligte bekommen häufig einen Schock. Dabei handelt es sich nicht um einen seelischen Zustand, sondern um ein Versagen der Blutversorgung im Körper. Bei einem Schock sinkt der Blutdruck oft so weit ab, dass die betroffene Person bewusstlos wird. Ein Schock kann lebensgefährlich sein. Zur Behandlung hält man den Körper warm, und in schweren Fällen mit hohem Blutverlust gibt man eine Bluttransfusion.

Blutung

Das Austreten von Blut aus einem Blutgefäß

Es gibt verschiedene Arten von Blutungen. Bei einer **äußeren Blutung** tritt das Blut an der Körperoberfläche aus, bei **inneren Blutungen** ergießt es sich in das Gewebe. Eine innere Blutung kann Druck auf nahe gelegene Organe ausüben; besonders gefährlich ist sie, wenn sie im Gehirn auftritt.

Arteriosklerose

Verengung der Arterien

Bei der Arteriosklerose lagern sich **Plaques**, Schichten aus Fettsubstanzen, an den Arterienwänden ab. Dadurch vermindert sich der Blutfluss, und u. U. werden die Arterien durch Blutgerinnsel blockiert, sodass es zu Schlaganfall oder Herzinfarkt kommt. Die Arteriosklerose hängt mit der Lebensweise zusammen. Wer raucht, fett isst und sich wenig bewegt, bekommt diese Krankheit eher.

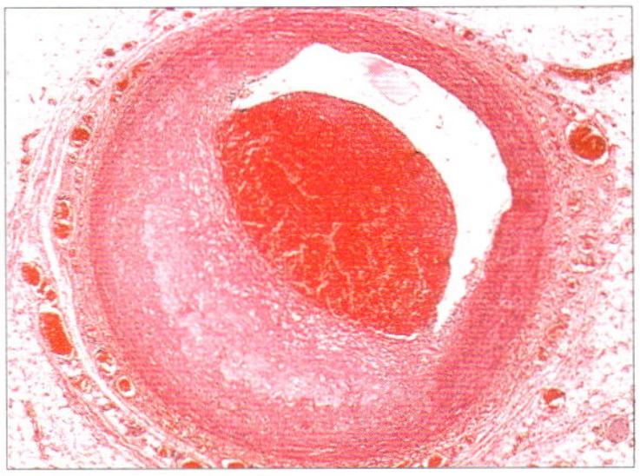

Fettablagerungen in Arterie
Diese Arterie ist durch abgelagerte Fettsubstanzen verengt, sodass der Blutfluss stark eingeschränkt wird.

Krampfader

Eine aus der Form geratene Vene

Wenn eine Venenklappe sich nicht richtig schließt, kann die Vene sich so mit Blut füllen, dass sie gedehnt und verformt wird. Solche Krampfadern sind bei schwangeren Frauen und älteren Menschen häufig. Meist treten sie an den Beinen auf, wo die Schwerkraft das Blut in die »falsche« Richtung zieht.

Siehe auch

Arteria brachialis 91 • Bewusstsein 66 • Blut 82 • Bluttransfusion 85 • Ernährung 106 • Gehirn 64 • Gewebeflüssigkeit 96 • glatte Muskulatur 49 • Herz 86 • Herzinfarkt 87 • Herzschlag 87 • Hormon 78 • Kreislauf 90 • Lumen 117 • Muskelfaser 48 • Nervensystem 60 • rote Blutzelle 82 • Schlaganfall 84 • Stethoskop 17 • Vasokonstriktion 77

Der Blutkreislauf

Durch den Blutkreislauf gelangen Substanzen in alle Körperteile. Sein Netz von Blutgefäßen erstreckt sich von Knochen und Muskeln bis zu Zähnen und Zehen. Angetrieben wird das ganze System vom Herzen.

Blutkreislauf

System, das ständig für die Durchblutung des ganzen Körpers sorgt

Der Blutkreislauf, auch **Herz-Kreislauf-System** genannt, besteht aus dem Herzen ■, dem Blut ■ und einem riesigen Netz von Blutgefäßen ■. Er versorgt alle lebenden Körperzellen mit Nährstoffen und Sauerstoff und transportiert ihre Abfallstoffe ab. Der Weg des Blutes durch den Kreislauf führt zuerst durch die Lunge und dann durch den ganzen Körper. Eine rote Blutzelle ■ braucht im Durchschnitt noch nicht einmal eine Minute, um beide Teile des Kreislaufs zu durchlaufen. Da der Kreislauf aus zwei Teilen besteht, bezeichnet man ihn auch als **doppelten Kreislauf**.

Lungenkreislauf

Der Kreislauf vom Herz zur Lunge und wieder zurück

Im Lungenkreislauf fließt das sauerstoffarme Blut ■ durch zwei Arterien ■, die **rechte** und die **linke Lungenarterie**, in die Lunge. Dort strömt es durch Kapillaren ■, nimmt Sauerstoff auf und gibt Kohlendioxid ab. Das sauerstoffreiche Blut ■ kehrt dann durch die beiden **linken** und die beiden **rechten Lungenvenen** zum Herzen zurück, sodass es nun in den Körper gepumpt werden kann. Der Lungenkreislauf ist in einer Hinsicht ungewöhnlich: Normalerweise transportieren Arterien sauerstoffreiches und Venen ■ sauerstoffarmes Blut; hier ist es genau umgekehrt.

Körperkreislauf

Der Kreislauf vom Herz zu allen Körperteilen und wieder zurück

Durch den Körperkreislauf gelangt das sauerstoffreiche Blut in alle Körperteile außer der Lunge, um dann als sauerstoffarmes Blut zum Herzen zurückzukehren. Das Blut verlässt das Herz durch die Aorta und fließt über die beiden Hohlvenen zurück.

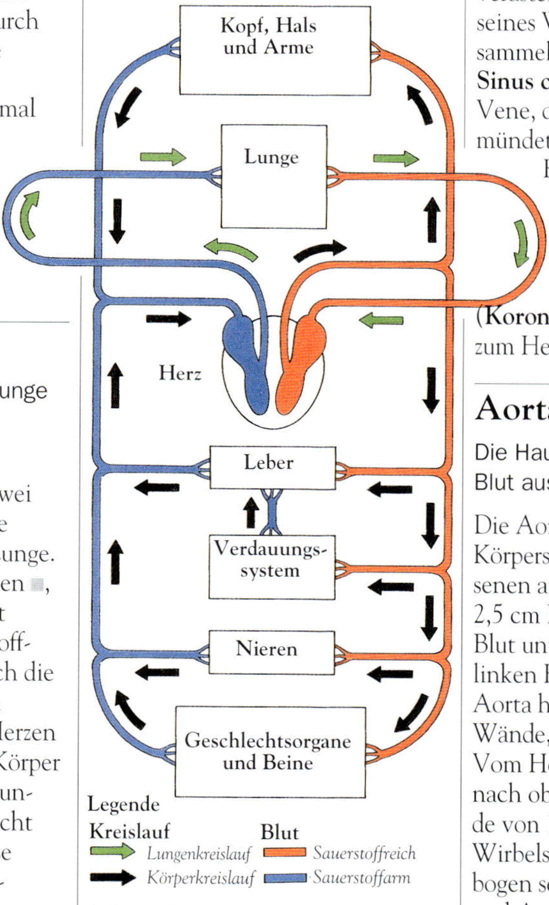

Wege des Kreislaufs
Lungen- und Körperkreislauf ziehen sich durch den ganzen Körper.

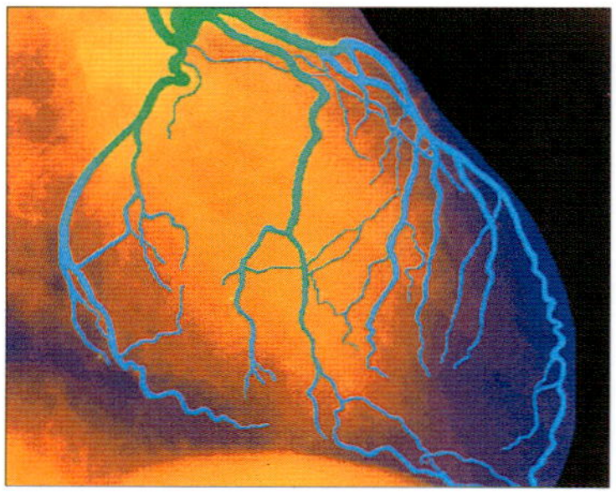

Herzkranzgefäße
Die Äste der Koronararterien ziehen sich über das gesamte Herz.

Herzkranzgefäße

Arterien, die das Herz versorgen

Das Herz enthält zwar Blut, bezieht aber seinen Sauerstoff aus einer eigenen Blutversorgung. Zwei Herzkranzgefäße oder **Koronararterien** zweigen von der Aorta ab und verästeln sich am Herzen. Am Ende seines Weges durch das Herzgewebe sammelt sich das Blut in einer als **Sinus coronarius** bezeichneten Vene, die in den rechten Vorhof ■ mündet. Die Versorgung durch die Herzkranzgefäße ist für die Funktion des Herzens unentbehrlich. Ist eines von ihnen durch ein Blutgerinnsel verstopft (**Koronarthrombose**), kommt es zum Herzinfarkt ■.

Aorta

Die Hauptarterie, durch die das Blut aus dem Herzen fließt

Die Aorta ist die größte Arterie des Körpers. Sie hat bei einem Erwachsenen an der dicksten Stelle rund 2,5 cm Durchmesser und nimmt das Blut unter hohem Druck aus der linken Herzkammer ■ auf. Die Aorta hat kräftige, aber elastische Wände, sodass sie nicht platzt. Vom Herzen verläuft sie zunächst nach oben, macht dann eine Wende von 180° und zieht sich vor der Wirbelsäule abwärts. Am Aortenbogen setzen Arterien an, die Kopf und Arme versorgen; vom unteren Teil zweigen Arterien ab, die sich in Rumpf und Beine ziehen.

Hohlvenen

Zwei Venen, die in das Herz münden

Aus dem Körper kehrt das Blut durch zwei große Venen, die einen Durchmesser von bis zu 2,5 cm haben, zum Herzen zurück. Die obere Hohlvene (**Vena cava superior**) nimmt das Blut aus Kopf, Hals, Armen und oberem Teil des Rumpfes auf, die untere Hohlvene (**Vena cava inferior**) das Blut aus dem übrigen Körper. Beide Venen leiten das Blut in den rechten Vorhof des Herzens.

Halsschlagadern

Vier große Arterien, die den Kopf versorgen

Die meisten Arterien liegen tief im Körper und sind durch Muskeln und Knochen gegen Verletzungen geschützt. Die vier Halsschlagadern oder **Karotisarterien** jedoch befinden sich neben der Luftröhre fast an der Oberfläche des Halses. Sie versorgen das Gehirn mit Sauerstoff. Ist eine Halsschlagader verletzt, kann die betroffene Person wegen der verminderten Durchblutung des Gehirns das Bewusstsein verlieren.

Halsvenen

Drei große Venen, die Blut aus dem Kopf ableiten

Durch die Halsvenen fließt das Blut vom Kopf wieder zum Herzen. Sie sind nicht so verletzlich wie die Karotisarterien, weil das Blut hier keinen hohen Druck mehr hat.

Oberschenkelschlagader

Eine Arterie, die das Bein versorgt

Nachdem die Aorta das Zwerchfell durchstoßen hat, teilt sie sich in zwei **Hüftarterien**. Diese werden jeweils zu einer Oberschenkelschlagader, die sich in der Nähe des Oberschenkelknochens im Bein abwärts zieht. Sie verzweigt sich in mehrere kleinere Arterien.

Oberschenkelvene

Vene, die Blut aus dem Bein ableitet

Die Oberschenkelvene nimmt das Blut aus den kleineren Venen in Bein und Fuß auf. Von dort gelangt es in die **Hüftvenen** in der Leistengegend und dann in die untere Hohlvene. Eine andere Vene im Bein, die »**große Rosenader**« (**Vena saphena magna**), ist die längste Vene des Körpers.

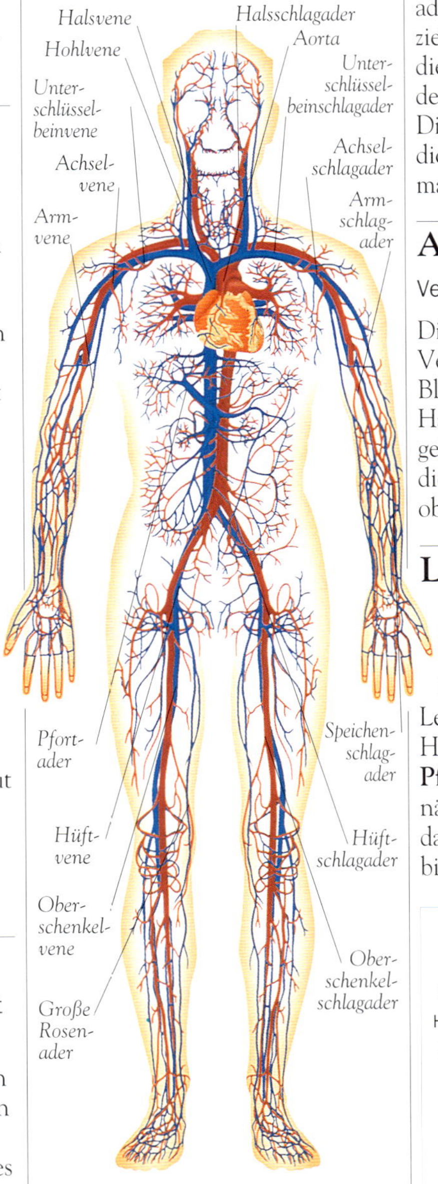

Die wichtigsten Blutgefäße
Die großen Arterien und Venen verzweigen sich zu einem riesigen Gefäßsystem.

Armschlagader

Die Hauptarterie, die den Arm versorgt

Viele Blutgefäße wechseln auf ihrem Weg durch den Körper ihren Namen. Die Hauptarterie, die den Arm versorgt, heißt anfangs **Unterschlüsselbeinarterie**, weil sie unter dem Schlüsselbein verläuft. In der Achselhöhle wird sie zur **Achselarterie** und dann zur Armschlagader, die sich am Arm entlangzieht. Sie hat viele Äste, darunter die **Speichenschlagader**, die sich in der Nähe der Speiche befindet. Diese Arterie liegt am Handgelenk dicht unter der Oberfläche, sodass man dort den Puls fühlen kann.

Armvene

Vene, die Blut aus dem Arm ableitet

Die Armvene ist eine der großen Venen im Oberarm. Sie nimmt das Blut aus den kleineren Venen in Hand und Unterarm auf; von dort gelangt es über die **Achselvene** und die **Unterschlüsselbeinvene** in die obere Hohlvene.

Leberarterie

Die Arterie, welche die Leber versorgt

Die Leberarterie versorgt die Leber mit sauerstoffreichem, vom Herzen kommendem Blut, die **Pfortader** dagegen liefert der Leber nährstoffreiches Blut aus dem Verdauungssystem. Beide zusammen bilden den **Leberkreislauf**.

Siehe auch

Achselhöhle 14 • Arterie 88
Bewusstsein 66 • Blut 82 • Blutgefäß 88
Herz 86 • Herzinfarkt 87 • Herzkammer 86
Kapillare 88 • Leber 122 • Luftröhre 111
Lunge 112 • Oberschenkelknochen 41
Puls 87 • rote Blutzelle 82
sauerstoffarmes Blut 88
sauerstoffreiches Blut 88
Schlüsselbein 40 • Speicher 41
Vene 88 • Verdauungssystem 116

Gesundheit & Krankheit

Der menschliche Körper gleicht einer komplizierten Maschine. Meist funktioniert er reibungslos, aber manchmal tritt ein Schaden auf, und er versagt. Die Ursache können Probleme im Körperinneren oder Eindringlinge von außen sein.

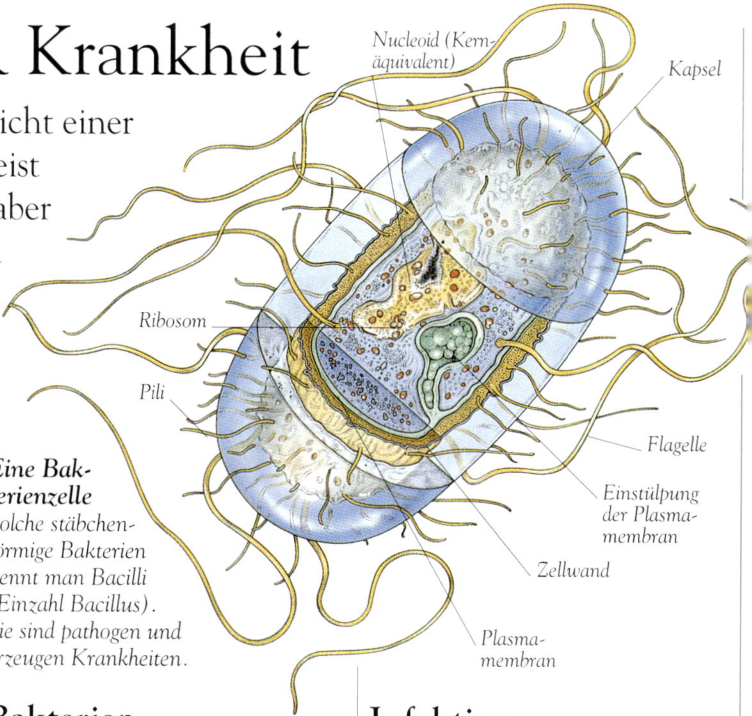

Eine Bakterienzelle
Solche stäbchenförmige Bakterien nennt man Bacilli (Einzahl Bacillus). Sie sind pathogen und erzeugen Krankheiten.

Krankheit

Ein Ungleichgewicht im stabilen Zustand des Körpers

Im gesunden Körper bleibt der stabile Zustand durch die Homöostase ▪ erhalten. Funktionieren aber die Steuerungssysteme nicht mehr normal, bricht die Homöostase zusammen. Eine solche Veränderung im Zustand des Organismus nennt man Krankheit.

Krankheitserreger

Organismus, der Krankheiten erzeugt

Krankheitserreger sind alle Organismen, die in den Körper eindringen und eine Krankheit verursachen können. Sie greifen die Körperzellen an oder geben starke Gifte **(Toxine)** ab. Fast alle Krankheitserreger sind mikroskopisch kleine Lebewesen, die man **Mikroorganismen** nennt. Am wichtigsten sind Bakterien und Viren, manche Krankheiten werden aber auch von mikroskopisch kleinen Pilzen oder Einzellern aus der Gruppe der **Protozoen** verursacht.

Siehe auch

Diabetes 146 • Erkältung 144
Grippe 144 • Haut 32 • Homöostase 76
Krebs 31 • Masern 145
Nucleinsäure 25 • Protein 24
Syphilis 145 • Verdauungskanal 116

Bakterien

Mikroskopisch kleine, einzellige Lebewesen

Ein gesunder Körper enthält mindestens 100 000 Milliarden Bakterien. Diese so genannte **Bakterienflora** findet man auf Oberflächen wie der Haut ▪ und der Wand des Verdauungskanals ▪. Sie richtet in der Regel keinen Schaden an. Brechen die Bakterien jedoch in den Körper ein, können sie **pathogen** werden, das heißt, sie verursachen eine Krankheit.

Virus

Gebilde aus chemischen Verbindungen, das in lebende Zelle eindringt

Viren sind viel kleiner als Bakterien und einfacher gebaut. Ein Virus besteht aus einer geringen Menge Nucleinsäure ▪, die von einer Hülle aus Protein ▪ umgeben ist. Dringt ein Virus in eine Zelle ein, bringt seine Nucleinsäure dort die chemischen Vorgänge unter ihre Kontrolle. Die Zelle muss neue Viren herstellen und wird dabei häufig zerstört. Außerhalb von Zellen sind Viren nicht lebendig.

Infektion

Vermehrung von Krankheitserregern in oder auf dem Körper

Der menschliche Körper ist für viele Mikroorganismen eine ideale Umwelt. Schafft es ein Mikroorganismus, die Verteidigungsmechanismen des Körpers zu überwinden, kann er sehr schnell wachsen und sich fortpflanzen. Die Folge ist eine Infektion. Ohne Behandlung kann daraus eine Infektionskrankheit werden.

Inkubationszeit

Der Zeitraum zwischen einer Infektion und dem Ausbruch der Krankheit

Ist ein Krankheitserreger in den Körper eingedrungen, vergeht eine gewisse Zeit, bis die Krankheit ausbricht. Diesen Zeitraum nennt man Inkubationszeit. Bei manchen Krankheitserregern dauert sie nur wenige Stunden oder Tage, bei anderen ein Jahr oder auch mehrere. Während der Inkubationszeit kann der Erreger auch auf andere Menschen übergehen.

Infektionskrankheit

Eine Krankheit, die von Krankheitserregern ausgelöst wird

Infektionskrankheiten kann man sich durch Kontakt mit dem Erreger zuziehen. Sie werden auf unterschiedliche Weise verbreitet: Manche durch direkten körperlichen Kontakt, andere durch **Tröpfcheninfektion** mit kleinen Schleimtröpfchen, die jemand beim Niesen freisetzt. Eine begrenzte Zahl von Krankheiten wird auch durch Tiere (z.B. Mücken) übertragen.

Krankheitsverbreitung
Dies geschieht durch Mücken, die Kranke stechen und sich von ihrem Blut ernähren.

Ansteckende Krankheit

Eine Infektionskrankheit, die von einem Menschen auf den anderen übergehen kann

Ansteckende Krankheiten werden durch die Verbreitung des Erregers von Mensch zu Mensch übertragen. Das kann direkt oder auf dem Weg über ein Tier geschehen. Die meisten Infektionskrankheiten sind ansteckend. **Nicht ansteckende Krankheiten** dagegen werden häufig von Mikroorganismen verursacht, die normalerweise nicht in oder auf unserem Körper leben.

Hoch ansteckende Krankheit

Eine Infektionskrankheit, die sich sehr leicht von Mensch zu Mensch verbreitet

Hoch ansteckende Krankheiten wie Grippe, Masern oder Erkältung treten häufig als Epidemie auf, d.h, in einer Gegend sind viele Menschen gleichzeitig betroffen.

Nicht infektiöse Krankheit

Eine Krankheit, die nicht von Krankheitserregern verursacht wird

Eine nicht infektiöse Krankheit bekommt man nicht durch den Kontakt mit einem Erreger. Sie wird vielmehr von Eigenschaften verursacht, die in den Genen codiert sind, oder aber durch Umweltfaktoren wie zum Beispiel gefährliche Chemikalien. Zu den nicht infektiösen Krankheiten gehören der Diabetes und die meisten Formen von Krebs.

Symptom

Ein Krankheitszeichen

Krankheiten schädigen den Körper auf unterschiedliche Weise und erzeugen jeweils eigene Symptome. Halsschmerzen und Schnupfen sind z.B. die üblichen Symptome einer Erkältung. Normalerweise nimmt die betroffene Person selbst die Symptome wahr. Manche Krankheitszeichen kann aber auch nur der Arzt erkennen.

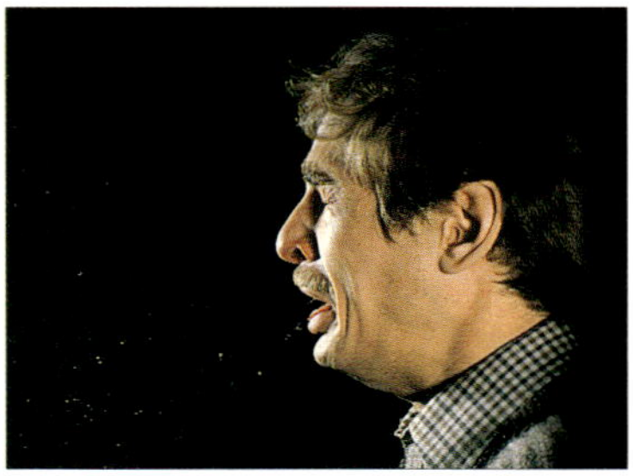

Niesen
Niesen ist ein Symptom der Erkältung, die durch Schleimtröpfchen übertragen wird.

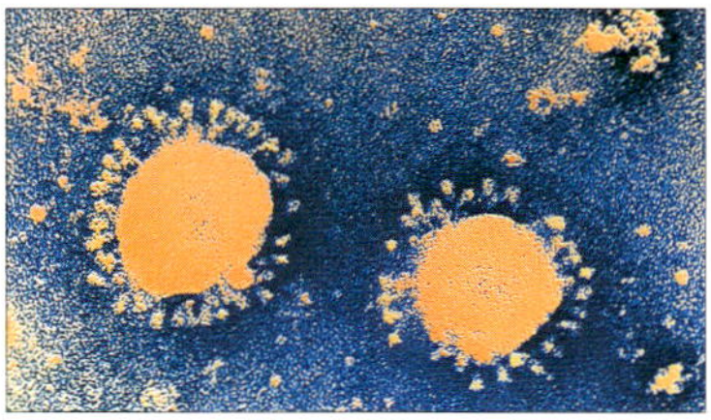

Ein Erkältungsvirus
Diese Viren verbreiten die gewöhnliche Erkältung durch Tröpfcheninfektion.

Paul Ehrlich

Deutscher Serologe, 1854–1915

Paul Ehrlich interessierte sich schon als Medizinstudent für neu entdeckte chemische Farbstoffe, die manche Zellen färben, andere aber nicht. Er fragte sich, ob man ähnliche Substanzen als »Zauberkugeln« verwenden und mit ihnen Bakterien vernichten könnte, ohne die Körperzellen zu schädigen. Fünf Jahre lang probierte er es erfolglos mit mehreren hundert Wirkstoffen. Dann aber entdeckte er 1907 das **Salvarsan**; diese Substanz tötet Bakterien, die eine Krankheit namens Syphilis verursachen. Damit hatte er das erste synthetische Medikament geschaffen.

Diagnose

Die Erkennung einer Krankheit durch einen Arzt

Um eine Diagnose zu stellen, sucht der Arzt nach Krankheitssymptomen und fragt nach früheren Erkrankungen. Dann entscheidet er sich für die richtige Behandlung, die **Therapie**. Die Einschätzung über den zukünftigen Zustand des Patienten heißt **Prognose**.

Diagnose
Häufig kann der Arzt durch eine körperliche Untersuchung die Krankheit erkennen.

Krankheitsabwehr

Vom Augenblick der Geburt an wird der Körper durch mikroskopisch kleine Eindringlinge angegriffen. Glücklicherweise ist er mit einem großen Arsenal von Abwehrwaffen ausgerüstet. Manche davon wehren alle Arten von Eindringlingen ab, andere richten sich auf bestimmte Ziele.

Resistenz

Die Fähigkeit, eine Krankheit abzuwehren

Durch Resistenz bleibt der Körper frei von Infektionen. **Spezifische Resistenz** entsteht durch ein kompliziertes System von Abwehrmechanismen, die bestimmte Krankheitserreger erkennen und unschädlich machen. Für diese Resistenz ist das Immunsystem verantwortlich. Für **unspezifische Resistenz** sorgen allgemeine mechanische oder chemische Barrieren, die fremden Organismen den Zutritt zum Körper verwehren.

Mechanische Resistenz

Unspezifische Resistenz durch mechanische Vorrichtungen

Das wichtigste Mittel der mechanischen Resistenz ist die Haut. Ihre Außenschicht besteht aus abgestorbenen Zellen und bildet eine Schranke, welche die meisten Mikroorganismen nicht überwinden können. Auch andere Körperoberflächen werden mit mechanischen Mitteln geschützt. Die stetig fließende Tränenflüssigkeit spült Krankheitserreger aus den Augen. Zellen auf der Innenseite der Luftröhre halten Krankheitserreger mit klebrigem Schleim fest und befördern sie dann mit winzigen Haaren, den Cilien, nach außen.

Chemische Resistenz

Unspezifische Resistenz durch chemische Substanzen

Der Körper produziert zum Schutz gegen Bakterien eine ganze Reihe giftiger Substanzen. Die Haut ist z. B. durch den Talg geschützt, eine fettige, säurehaltige Substanz. Der Talg tötet viele Bakterien ab und hindert andere an der Vermehrung. Schweiß, Tränenflüssigkeit und Speichel enthalten das **Lysozym**, einen Wirkstoff, der die Zellwände mancher Bakterien abbaut und sie dadurch tötet. Der Magen produziert Salzsäure, die Bakterien tötet.

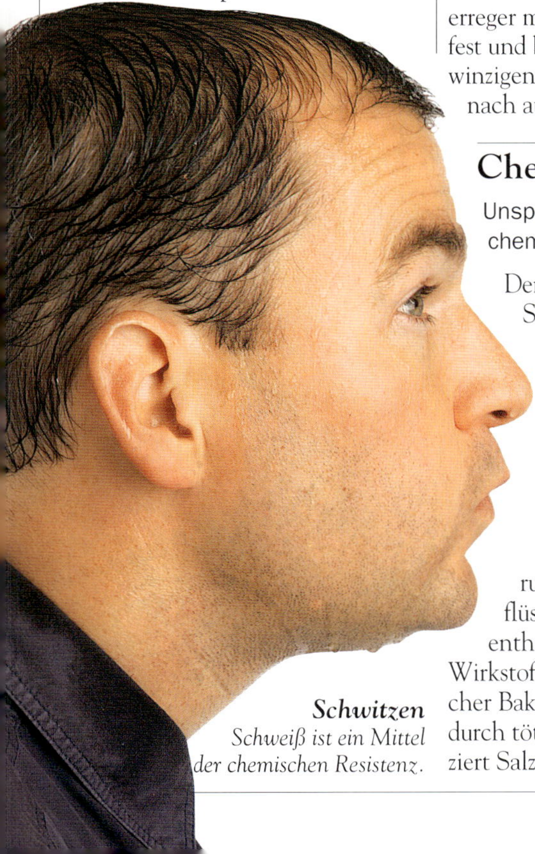

Schwitzen
Schweiß ist ein Mittel der chemischen Resistenz.

Interferon

Ein Protein, das Viren an der Verdoppelung hindert

Interferone sind Proteine, die dem Körper eine unspezifische Resistenz gegen viele Virusinfektionen verschaffen. Sie werden von infizierten Zellen ausgeschieden und regen Nachbarzellen zur Produktion von Enzymen an, die das Virus an der Vermehrung hindern. Das hat zur Folge, dass das Virus allmählich ausstirbt.

Entzündung

Eine Reaktion zur Infektionsabwehr

Eine Entzündung tritt auf, wenn Körperzellen geschädigt sind und Substanzen wie die **Histamine** ins Blut ausschütten. Diese Stoffe sorgen für eine Erweiterung der Blutgefäße (Vasodilatation). Daraufhin verstärkt sich die Durchblutung des entzündeten Bereichs, sodass er rot wird und anschwillt. Phagocyten werden angezogen, die Krankheitserreger vernichten.

Entzündungsreaktionen
Mit einer Entzündung reagiert der Organismus auf eine Infektion. Der betroffene Bereich fühlt sich oft heiß an und schmerzt.

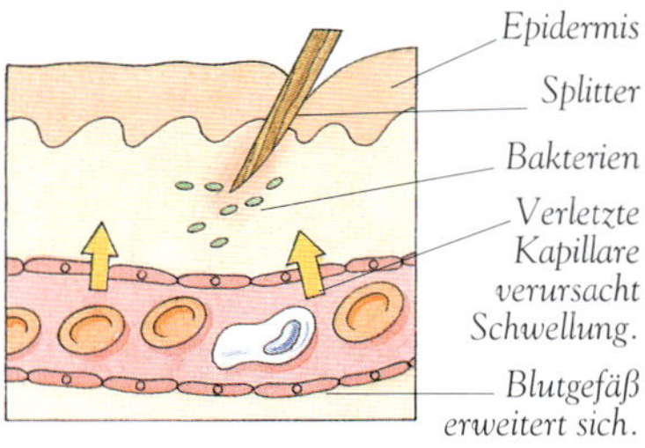

1 *Geschädigte Zellen und eindringende Bakterien an der Verletzungsstelle setzen die Ausschüttung von Histaminen in Gang.*

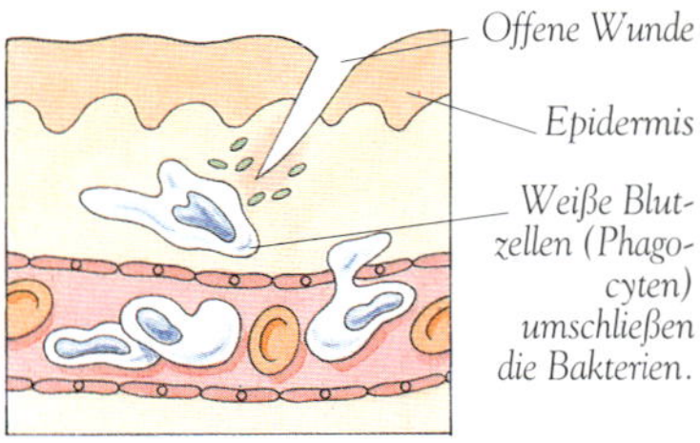

2 *Weiße Blutzellen sammeln sich an der Verletzung und nehmen die Eindringlinge auf.*

Phagocyten

Zellen, die andere Zellen und Zelltrümmer fressen

Die meisten Phagocyten sind weiße Blutzellen. Mit ihrer Hilfe entsorgt der Organismus unerwünschte Substanzen, z. B. Krankheitserreger, Schmutz und abgestorbene Körperzellen. Die Phagocyten schließen solche Stoffe ein und verdauen sie, was man Phagocytose nennt. Wenn Phagocyten während ihrer Tätigkeit absterben, bilden sie manchmal eine weißliche Flüssigkeit, den **Eiter**.

Komplementsystem

Eine Gruppe von Blutproteinen, die an der Zerstörung eingedrungener Organismen mitwirken

Das Komplementsystem besteht aus über 24 Proteinen, die im Blut kreisen. Sie sind unspezifisch und werden von vielen verschiedenen Krankheitserregern aktiviert. Dann lassen sie eine Entzündung entstehen und setzen die Phagocyten in Marsch. Zudem wird das Komplementsystem aktiv, wenn das Immunsystem sich gegen Angreifer wendet. Die Komplement-Proteine zerstören die Zellmembran der Eindringlinge und lassen sie platzen.

Bakterienflora

Ungefährliche Bakterien auf den Körperoberflächen

Haut, Mundhöhle und Darm beherbergen eine große Zahl Bakterien, die den Organismus gegen andere Mikroorganismen schützen.

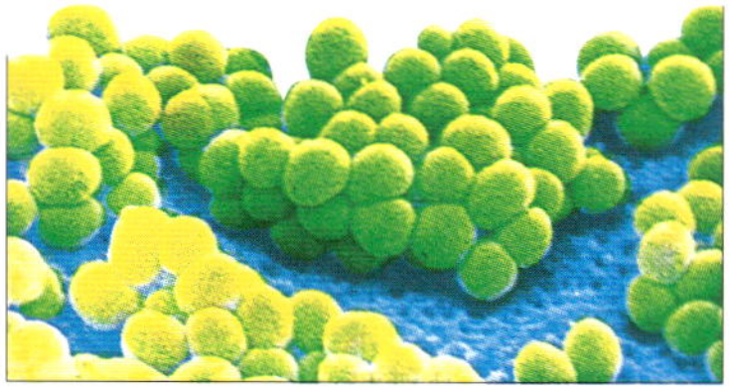

Hautbakterien
Elektronenmikroskopische Aufnahme einer Kolonie des Bakteriums Staphylococcus aureus, das auf der Haut häufig ist.

Fieber

Ein Zustand mit anormal hoher Körpertemperatur

Fieber entsteht, wenn die Blutzellen **Pyrogene** freisetzen, Proteine, die den »Thermostaten« im Hypothalamus anders einstellen. Die Körpertemperatur kann dann bis auf 40 °C ansteigen. Derart hohe Temperaturen hindern Bakterien an der Vermehrung; sie können aber auch zum **Delirium** führen, einem Zustand, in dem das Gehirn nicht mehr normal funktioniert.

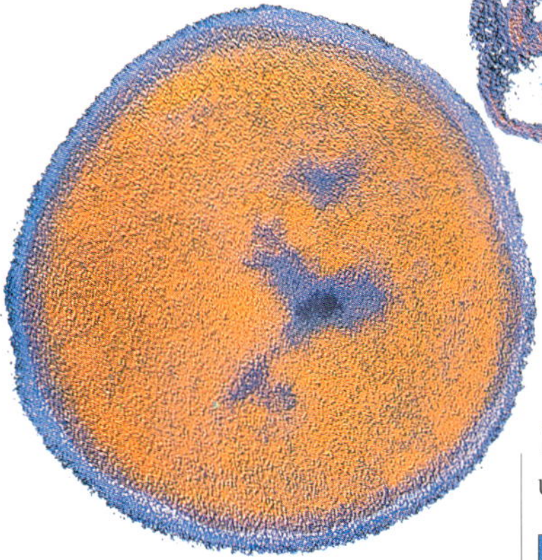

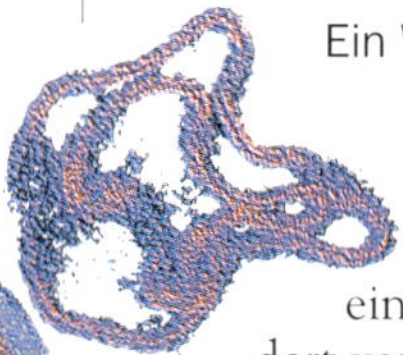

Wirkung von Antibiotika
Viele Antibiotika schädigen die Zellwand von Bakterien, sodass die Zelle platzt (rechts oben).

Medikament

Ein Wirkstoff, der sich auf Körperfunktionen oder den Verlauf einer Krankheit auswirkt

Medikamente sind das wichtigste Mittel zur Bekämpfung von Krankheiten. Es gibt viele verschiedene Arten von ihnen. **Antibiotika** töten Bakterien oder verhindern, dass sie den Körper infizieren. Analgetika lindern Schmerzen. Manche dieser Präparate wirken gegen mäßige Kopf- oder Zahnschmerzen, die **Betäubungsmittel** werden gegen schwere Schmerzen eingesetzt. Medikamente können auch giftig sein und müssen genau dosiert werden.

Siehe auch

Bakterien 92 • Cilien 27 • Enzym 24
Haut 32 • Hypothalamus 65
Immunsystem 98 • Infektion 92
Krankheitserreger 92 • Luftröhre 111
Magen 121 • Mikroorganismus 92
Phagocytose 29 • Protein 24 • Schleim 19
Schmerz 74 • Schweiß 33 • Talg 33
Vasodilatation 77 • Virus 92 • weiße Blutzelle 83 • Zelle 26

Antiseptikum

Ein Wirkstoff, der die Haut desinfiziert

Wenn Bakterien in eine Wunde eindringen und sich dort vermehren, kann die Wunde septisch werden, das heißt, die Zellen in ihrem Umfeld sterben ab. Antiseptika vernichten die Bakterien, bevor sie eine Infektion verursachen können. Man benutzt sie zur Desinfektion tiefer Schnittwunden und zur Reinigung der Haut.

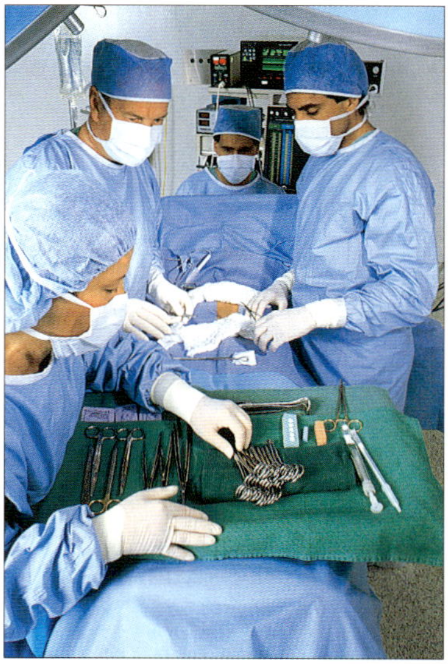

Operationsvorbereitung
Bevor der Chirurg einen Schnitt macht, muss die Haut mit einem Antiseptikum gründlich gereinigt werden, damit sie bakterienfrei ist. Auch chirurgische Instrumente werden desinfiziert, um die Infektionsgefahr zu vermindern.

Das Lymphsystem

Ständig verlässt Flüssigkeit das Blut und fließt durch die Zwischenräume um die Zellen. Einen Teil davon nimmt das Lymphsystem auf, und dann filtert es alle Krankheitserreger heraus.

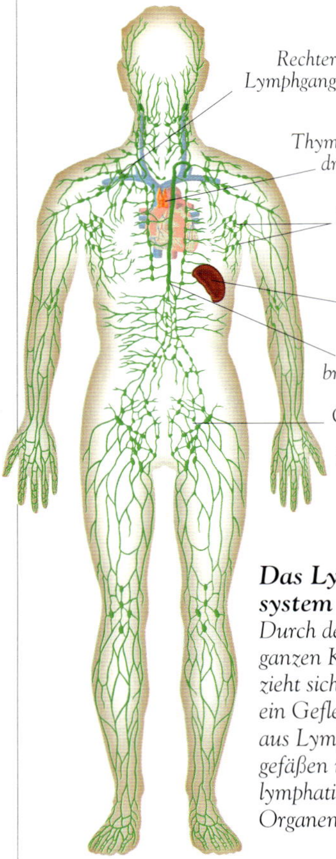

Das Lymphsystem *Durch den ganzen Körper zieht sich ein Geflecht aus Lymphgefäßen und lymphatischen Organen.*

Lymphsystem

Ein System, das Flüssigkeiten ableitet und Infektionen bekämpft

Das Lymphsystem besteht vor allem aus einem Netz von Leitungsbahnen, die überschüssige Flüssigkeit aus den Zwischenräumen der Zellen ■ ableiten. Die Flüssigkeit gelangt in zwei große Gefäße, die in den Blutkreislauf münden. Das Lymphsystem leitet Flüssigkeit ins Blut zurück, nimmt sie aber nicht von dort auf. Zudem hilft es dem Immunsystem ■ gegen Infektionen ■, und es transportiert verdautes Fett ■ aus dem Darm ■ ab.

Extrazelluläre Flüssigkeit

Die gesamte Flüssigkeit außerhalb der Zellen

Die wichtigsten Typen extrazellulärer Flüssigkeit sind Gewebeflüssigkeit, Lymphe und Blutplasma ■. Auch Liquor ■, Gelenkflüssigkeit ■ und Schleim ■ gehören dazu. Zusammen machen sie bis zu 30 Prozent der Körperflüssigkeiten aus. Die restlichen 70 Prozent stellt die Flüssigkeit in den Zellen, die man **intrazelluläre Flüssigkeit** nennt.

Gewebeflüssigkeit

Flüssigkeit, die lebende Zellen umspült

Die Gewebeflüssigkeit, auch **interzelluläre** oder **interstitielle Flüssigkeit** genannt, befindet sich in den kleinen Zwischenräumen zwischen den Zellen. Sie speist sich aus Flüssigkeit, die aus den Blutkapillaren ■ sickert. Zum größten Teil kehrt diese Flüssigkeit in die Kapillaren zurück, aber der Rest gelangt ins Lymphsystem. Die Gewebeflüssigkeit ähnelt dem Blutplasma, enthält aber weniger Proteine ■. Sie transportiert Substanzen zwischen Blut und Zellen, und sie schafft die Umgebung, die Zellen zum Leben brauchen.

Lymphe

Flüssigkeit im Lymphsystem

Gewebeflüssigkeit, die ins Lymphsystem gelangt ist, heißt Lymphe. Sie enthält viele gelöste Substanzen, weiße Blutzellen ■ aus der Gruppe der Lymphocyten ■ und die Überreste von in den Körper eingedrungenen Mikroorganismen ■.

Lymphgefäß

Ein Rohr, in dem Lymphe fließt

Lymphgefäße haben durchlässige Wände, sodass sie Flüssigkeit aus dem umgebenden Gewebe aufnehmen können. Diese sammelt sich in kleinen **Lymphkapillaren** oder in den kleinen Milchsaftgefäßen des Darmes ■. Von dort gelangt sie in die größeren **Lymphgänge** und schließlich in die beiden größten Gefäße, den **Milchbrustgang** und den **rechten Lymphgang**. Der größte Teil der Lymphe fließt durch den Milchbrustgang, der in der Nähe des Herzens in eine Vene mündet. Im Gegensatz zum Kreislauf ■ hat das Lymphsystem keine Pumpe. Nur die Muskeln neben seinen Gefäßen schieben den Inhalt vorwärts. Klappen verhindern, dass die Lymphe in umgekehrter Richtung fließt.

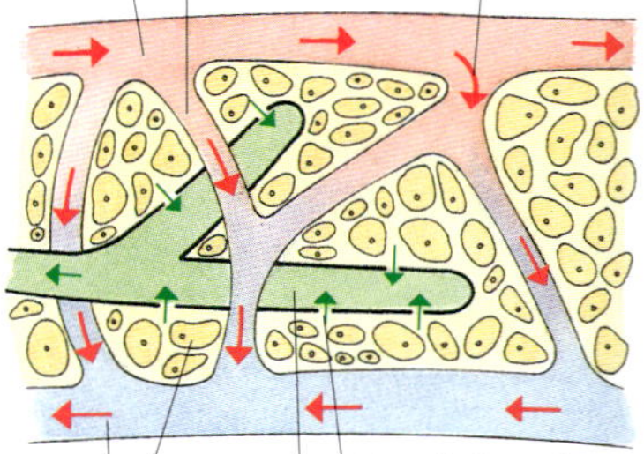

Lymphgefäße *Lymphkapillaren sammeln durch kleine Öffnungen die überschüssige Gewebeflüssigkeit aus den Zellzwischenräumen.*

Milchsaftgefäß

Ein Lymphgefäß im Dünndarm

Milchsaftgefäße sind Lymphgefäße in den Villi ■, kleinen Ausstülpungen der Dünndarmwand. In ihnen sammeln sich winzige Fettkügelchen aus dem Darm, die dann über die größeren Lymphgefäße ins Blut gelangen.

Lymphatische Organe

Organe, die zum Lymphsystem gehören

Neben dem Netz der Lymphgefäße gehören auch mehrere Organe zum Lymphsystem. Die Lymphknoten entfernen unerwünschte Substanzen, die in dem System kreisen, Milz und Thymus produzieren Zellen, die Infektionen bekämpfen. Auch das Knochenmark ist für das Lymphsystem von Bedeutung: Dort entstehen die Lymphocyten.

Lymphknoten

Eine bohnenförmige Verdickung eines Lymphgefäßes

Die Lymphknoten wirken als Filter. Jeder von ihnen ist von einer kräftigen Kapsel umgeben und enthält ein dichtes Fasergeflecht. Aus der Lymphe, die in den Knoten fließt, werden fremde Zellen und Zelltrümmer entfernt und zerstört. Für diese Reinigung sorgen sowohl die Fasern als auch besondere weiße Blutzellen, darunter Lymphocyten und Phagocyten. Anschließend verlässt die gefilterte Lymphe den Knoten. Lymphknoten verteilen sich über das ganze Lymphsystem, besonders zahlreich sind sie aber in Achselhöhlen und Leistengegend. Sie werden bei Infektionen manchmal dick und druckempfindlich.

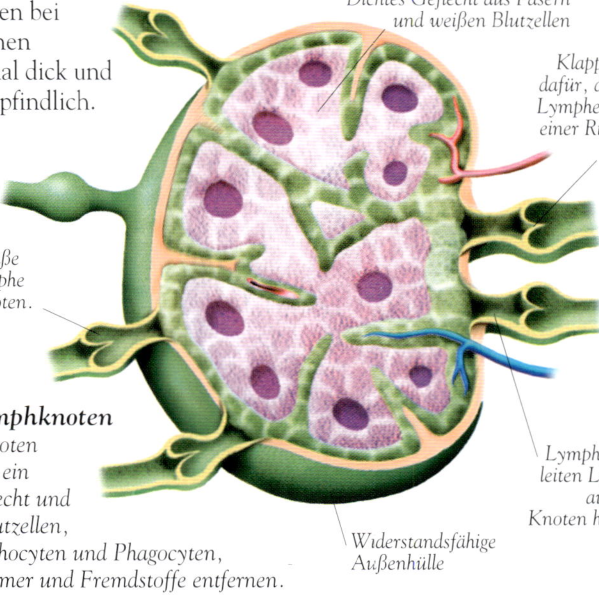

Ein Lymphknoten
Lymphknoten enthalten ein Fasergeflecht und weiße Blutzellen, die Lymphocyten und Phagocyten, die Trümmer und Fremdstoffe entfernen.

Milz

Ein Organ, das Infektionen bekämpft und abgenutzte rote Blutzellen entfernt

Die Milz, ein ovales Organ, liegt neben dem Magen. Sie gehört zum Lymphsystem und produziert sowohl Lymphocyten als auch Phagocyten, die Infektionen bekämpfen. Vor der Geburt bildet die Milz auch rote Blutzellen. Später tut sie das in der Regel nicht mehr, sondern sie entfernt alte Zellen, die nicht mehr gut funktionieren, aus dem Blut.

Thymusdrüse

Organ, das Hormone und Zellen zur Infektionsbekämpfung produziert

Der Thymus ist eine Drüse, die hinter dem oberen Teil des Brustbeins liegt. Sie ist bei Kleinkindern sehr groß, bei Erwachsenen aber vergleichsweise klein. Die Thymusdrüse gehört zu zwei Organsystemen. Im Lymphsystem produziert sie die T-Zellen, die der Infektionsbekämpfung dienen. Im endokrinen System stellt sie Hormone her, die für die Reifung der T-Zellen sorgen.

Gaumenmandeln

Gebilde aus Lymphgewebe im hinteren Bereich des Mundes

Zwei Mandeln liegen am hinteren Ende des Gaumens, zwei kleinere am Ansatz der Zunge. Sie tragen dazu bei, Rachen und Atemwege vor Infektionen zu schützen. Die Mandeln wachsen in der Kindheit zu ihrer vollen Größe heran und entzünden sich dann häufig.

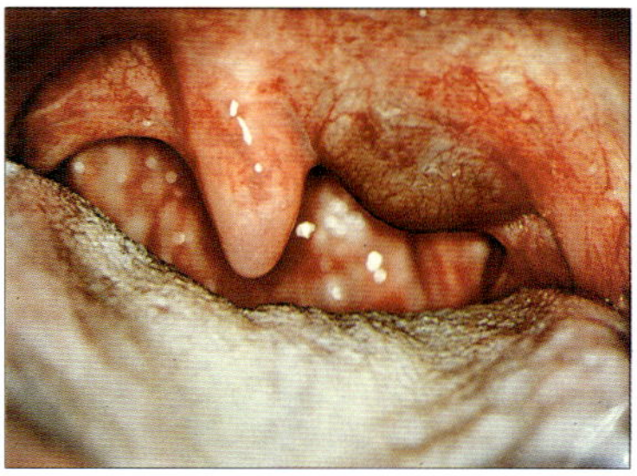

Gaumenmendel
Die Gaumenmandel ist die Gewebemasse neben dem Zäpfchen am Gaumen.

Rachenmandeln

Zwei Gebilde aus Lymphgewebe im hinteren Bereich der Nasenhöhle

Die beiden Rachenmandeln schützen den oberen Teil der Atemwege. Wenn sie anschwellen, engen sie die Verbindung zwischen Nase und Rachen ein. Das kann sich auf die Stimme auswirken.

Siehe auch

Atemwege 110 • Blutplasma 83
Brustbein 37 • Darm 124 • Drüse 78
Dünndarm 124 • endokrines System 78
Fett 23 • Gelenkflüssigkeit 44
Immunsystem 98 • Infektion 92
Kapillare 88 • Knochenmark 34
Kreislauf 90 • Liquor 62
Lymphocyt 83 • Mikroorganismus 92
Phagocyten 95 • Protein 24
rote Blutzelle 82 • Schleim 19
T-Zellen 99 • Vene 88
Villi 124 • weiße Blutzelle 83
Zelle 26 • Zunge 75

Das Immunsystem

Zum Immunsystem gehört eine Vielzahl spezialisierter Zellen, die den Organismus gegen eingedrungene Fremdlebewesen schützen. Es führt über alle Eindringlinge genau Buch, und wenn sie ein zweites Mal auftauchen, werden sie in Windeseile zerstört.

Krankheitsbekämpfung
Gelangen Krankheitserreger in den Körper, werden die Abwehrsysteme aktiv.

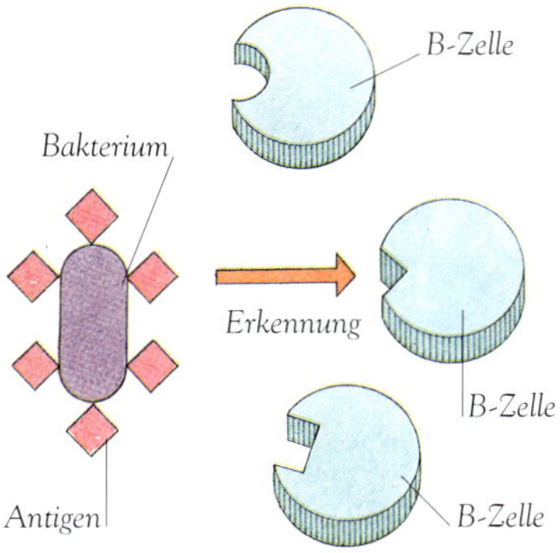

1 *Erkennt ein Lymphocyt aus der Gruppe der B-Zellen ein bestimmtes Antigen auf einem Bakterium, vermehrt er sich schnell.*

Immunsystem

System, das für die gezielte Abwehr von Krankheitserregern sorgt

Das Immunsystem verleiht dem Organismus eine spezifische Resistenz und verteidigt ihn gegen ganz bestimmte eingedrungene Lebewesen. Weiße Blutzellen (Lymphocyten) erkennen fremde Substanzen auf eingedrungenen Zellen und greifen sie an. Dabei wird der Eindringling in der Regel zerstört. Außerdem »erinnert« sich das Immunsystem an den Krankheitserreger: Man wird gegen diese Krankheit immun und kann sie nicht noch einmal bekommen. Gegen bestimmte Krankheiten besitzen die Menschen eine **natürliche Immunität**, wegen anderer entwickelt sich die **erworbene Immunität**. Das Immunsystem gliedert sich in zwei Teile: humorale und zelluläre Immunität.

Antigen

Körperfremde Substanz

Jede körperfremde Substanz, die eine Reaktion des Immunsystems auslöst, ist ein Antigen. Die meisten Antigene sind Proteine, und viele von ihnen befinden sich auf der Oberfläche von Krankheitserregern wie Bakterien oder Viren.

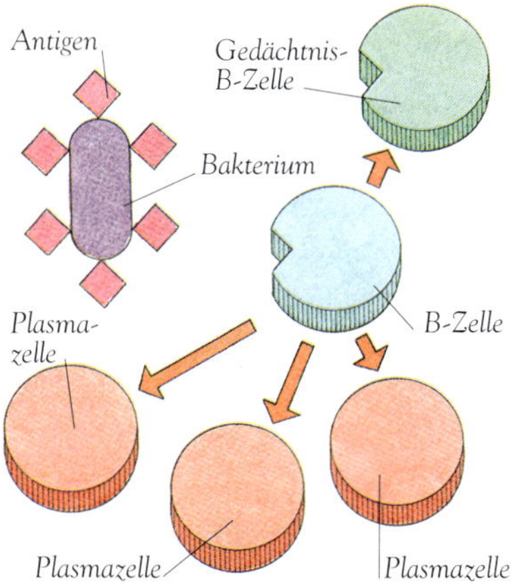

2 *Die aktivierten B-Zellen werden zu Plasmazellen und Gedächtnis-B-Zellen.*

Antikörper

Protein, das sich an eine bestimmte körperfremde Substanz heftet

Antikörper **(Immunglobuline)** werden von den Lymphocyten produziert und befinden sich im Blut und in anderen Körperflüssigkeiten. Jeder Antikörpertyp ist chemisch anders aufgebaut und verbindet sich mit einem ganz bestimmten Antigen. So macht er einen Erreger unschädlich oder markiert ihn so, dass Phagocyten oder das Komplementsystem ihn zerstören können.

Immunantwort

Die Reaktion des Immunsystems auf eine körperfremde Substanz

Kommt das Immunsystem zum ersten Mal mit einem Antigen in Kontakt, produziert es passende Antikörper. Diese **primäre Immunantwort** setzt aber häufig erst nach einigen Tagen ein, sodass unter Umständen die von dem Antigen verursachte Krankheit ausbrechen kann. Trifft das Immunsystem jedoch ein zweites Mal auf dasselbe Antigen, entstehen sofort die richtigen Antikörper, und das in viel größerer Menge. Eine solche **sekundäre Reaktion** läuft meist sehr schnell ab.

Humorale Immunität

Immunität durch Antikörper

Als humorale Immunität bezeichnet man den Teil des Immunsystems, der eingedrungene Organismen mit Hilfe von Antikörpern zerstört. Sie wird deshalb auch **antikörper-vermittelte Immunität** genannt. Diese Abwehr richtet sich vorwiegend gegen Bakterien, die den Körper infiziert haben, und auch gegen manche Viren.

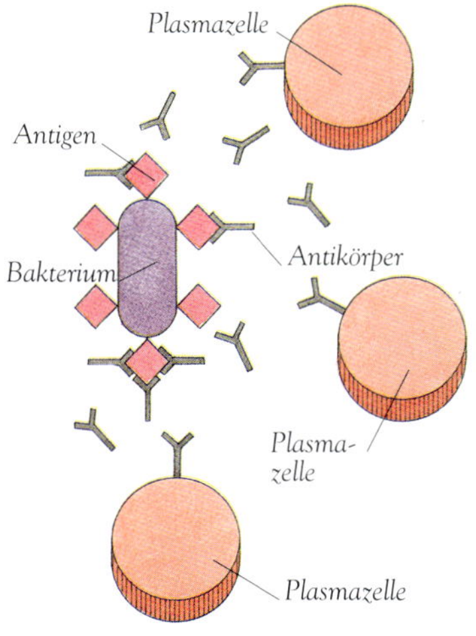

3 *Die Plasmazellen geben Antikörper ab, die mit dem Blut an die Infektionsstelle gelangen. Dort heften sie sich an die Antigene des Bakteriums, machen es unschädlich oder markieren es für die Zerstörung.*

B-Zelle

Zelle, die Antikörper produziert

B-Zellen sind Lymphocyten, die an der humoralen Immunität mitwirken. Taucht ein Eindringling auf, verwandeln sich einige B-Zellen in **Plasmazellen**, welche die richtigen Antikörper erzeugen. Danach werden andere B-Zellen zu **Gedächtniszellen**. Diese »merken sich« die Antigene des fremden Organismus, sodass bei seinem erneuten Auftauchen schnell Antikörper produziert werden. Plasmazellen leben einige Tage, Gedächtnis-B-Zellen dagegen Monate oder Jahre.

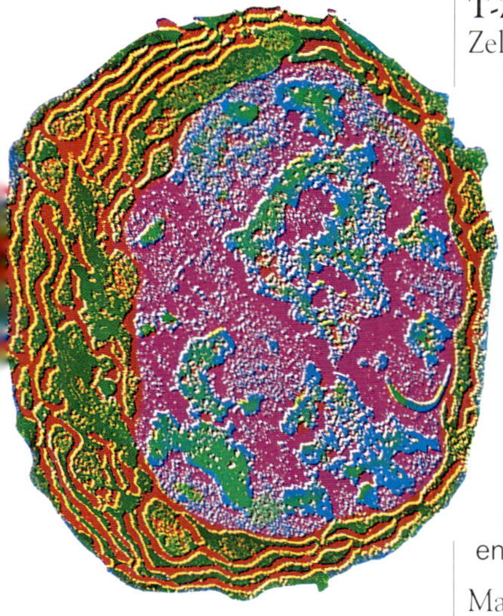

Eine B-Zelle
Die elektronenmikroskopische Falschfarbenaufnahme zeigt eine reife B-Zelle. Zu diesem Typ gehören rund zehn Prozent der Lymphocyten im Blut.

Zelluläre Immunität

Immunität durch Zellen

Die zelluläre oder **zellvermittelte Immunität** ist der Teil des Immunsystems, der eingedrungene Organismen unmittelbar mit Hilfe von Zellen angreift. Zelluläre Immunität richtet sich gegen viele Virustypen, aber nur gegen wenige Bakterien. Sie dient auch zur Zerstörung von Zellen, die sich in Krebszellen verwandelt haben.

T-Zelle

Zelle, die Eindringlinge angreift

Die T-Zellen, ein Typ der Lymphocyten, wirken an der zellulären Immunität mit. Sie stellen keine Antikörper her, sondern greifen eingedrungene Organismen direkt an. Es gibt drei wichtige Arten von T-Zellen, die jeweils ein wenig unterschiedlich wirken. **Killer-T-Zellen** spüren infizierte Zellen auf, halten sie fest und geben dann **Lymphokine** ab, Substanzen, welche die infizierten Zellen zusammen mit den darin enthaltenen Krankheitserregern zerstören. Die **Helfer-T-Zellen** unterstützen die Killer-T-Zellen, helfen aber auch den B-Zellen bei der Antikörperproduktion. **Gedächtnis-T-Zellen** sind nicht an der Immunantwort beteiligt, sondern erinnern sich an Antigene, sodass ein Eindringling, der zum zweiten Mal auftaucht, sofort wirksam bekämpft werden kann.

Autoimmunität

Krankheit, bei der Antikörper gegen körpereigene Strukturen entstehen

Manchmal verwechselt das Immunsystem körpereigene Proteine mit Antigenen und greift sie an. Dieser Vorgang, Autoimmunität genannt, kann zu einer **Autoimmunerkrankung** führen.

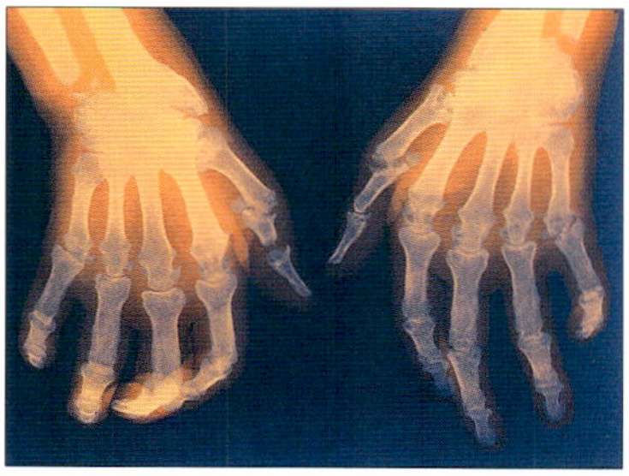

Rheumatoide Arthritis
Falschfarben-Röntgenaufnahme der Hände einer Patientin mit rheumatoider Arthritis. Bei dieser Autoimmunerkrankung werden die Gelenke steif und unbeweglich.

AIDS

Eine Krankheit, bei der das Immunsystem durch ein Virus geschwächt wird

AIDS ist die Abkürzung für acquired immune deficiency syndrome **(erworbene Immunschwäche)**. Es wird durch das **menschliche Immunschwächevirus** (*human immunodeficiency virus*, **HIV**) verursacht. Dieses Virus greift die Helfer-T-Zellen des Immunsystems an, vermindert ihre Zahl und macht dem Organismus die Verteidigung schwerer. Menschen mit HIV erkranken deshalb leicht an Infektionen, die der Organismus normalerweise abwehrt. AIDS ist heute in vielen Ländern verbreitet. Eine Heilung gibt es bisher nicht.

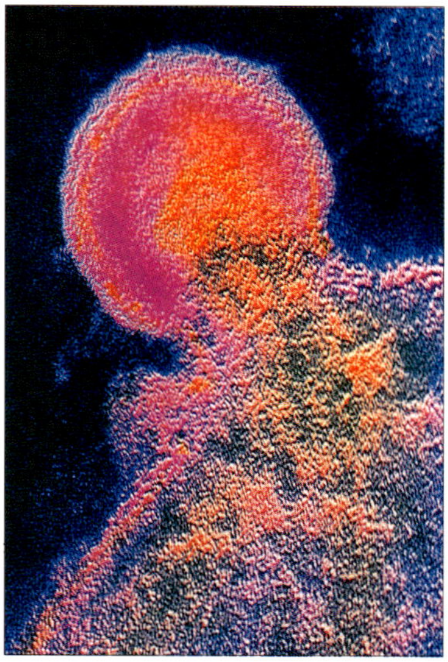

Das AIDS-Virus
Elektronenmikroskopische Falschfarbenaufnahme eines HIV-Partikels, das sich aus einer infizierten T-Zelle befreit

Siehe auch

Bakterien 92 • Komplementsystem 95
Krankheitserreger 92 • Krebs 31
Lymphocyt 83 • Phagocyten 95
Protein 24 • rheumatoide Arthritis 47
spezifische Resistenz 94
Virus 92

Fortsetzung nächste Seite ➤

Impfung

Die künstliche Immunisierung gegen eine Krankheit

Die Impfung, auch Immunisierung genannt, bereitet das Immunsystem des Körpers so vor, dass es eine bestimmte Krankheit leichter bekämpfen kann. Es gibt zwei Arten der Impfung. Bei der **aktiven Immunisierung** verabreicht man einen Impfstoff mit Krankheitserregern ■, die so verändert wurden, dass sie die Krankheit nicht mehr auslösen können. Der Organismus stellt Antikörper ■ gegen die Erreger her, die ihn vor späteren Angriffen schützen. Zur **passiven Immunisierung** dienen Antikörper, die aus einem infizierten Menschen oder Tier stammen. Ihre Wirkung hält nicht so lange an wie die aktive Immunisierung, weil Antikörper nach und nach abgebaut werden.

Aktive Immunisierung
Die hierbei verwendeten Krankheitserreger wurden so verändert, dass sie keine Krankheit mehr hervorrufen können.

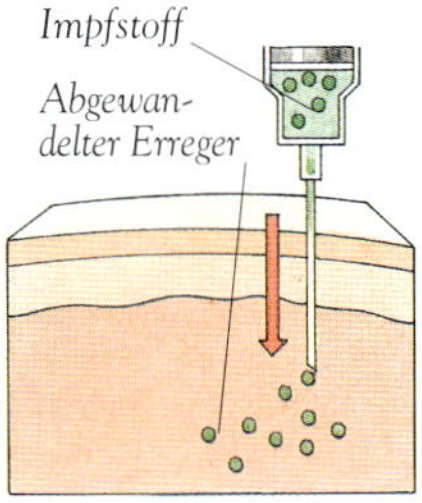

1 Um jemanden aktiv gegen eine Krankheit zu immunisieren, spritzt man eine geringe Menge des Krankheitserregers in den Körper.

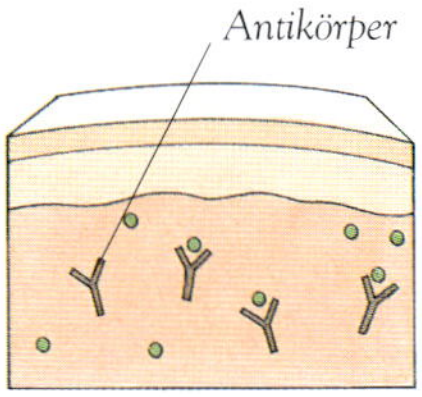

2 Das Immunsystem erzeugt Antikörper gegen den abgewandelten Erreger. Gedächtniszellen entwickeln sich.

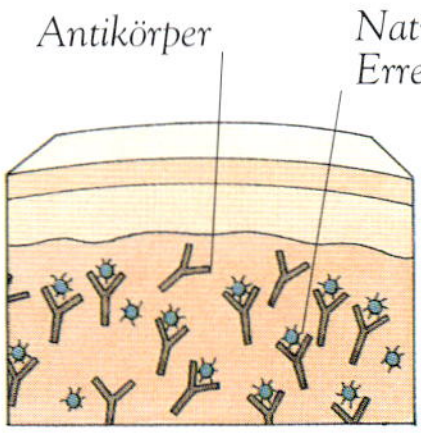

3 Gelangt der echte Krankheitserreger in den Organismus, verhindern große Antikörpermengen die Infektion.

Impfstoff

Ein Medikament, das Immunität gegen eine Krankheit erzeugt

Impfstoffe dienen zur aktiven Immunisierung. Sie enthalten meist Krankheitserreger, manchmal aber auch andere Antigene ■, z. B. Toxine von Bakterien. Die Erreger in einem Impfstoff sind abgetötet oder **abgeschwächt**, das heißt, man hat sie durch eine besondere Behandlung ungefährlich gemacht. Die Impfung erfolgt meist durch eine Spritze, denn viele Krankheitserreger werden im Magen verdaut, wenn man sie schluckt.

Allergie

Eine übermäßige Immunantwort auf ein Antigen

Wenn man allergisch oder **überempfindlich** gegen etwas ist, löst das Immunsystem eine **allergische Reaktion** aus. Es greift die betreffende Substanz an und schüttet Histamine ■ aus, Substanzen, die verschiedene Abläufe im Körper stören. Die Stoffe, die allergische Reaktionen verursachen, nennt man Allergene. Sie können unterschiedliche Symptome ■ hervorrufen, von Hautausschlag und Niesen bis zu Asthma und sogar Bewusstlosigkeit. Manche allergischen Reaktionen treten fast augenblicklich ein, andere bemerkt man erst nach mehreren Stunden.

Eine Hausstaubmilbe
Das Foto zeigt einen Teil einer Hausstaubmilbe. Die mikroskopisch kleinen Tiere leben in Bettdecken und Matratzen. Gegen die Proteine in ihrem Kot sind viele Menschen allergisch.

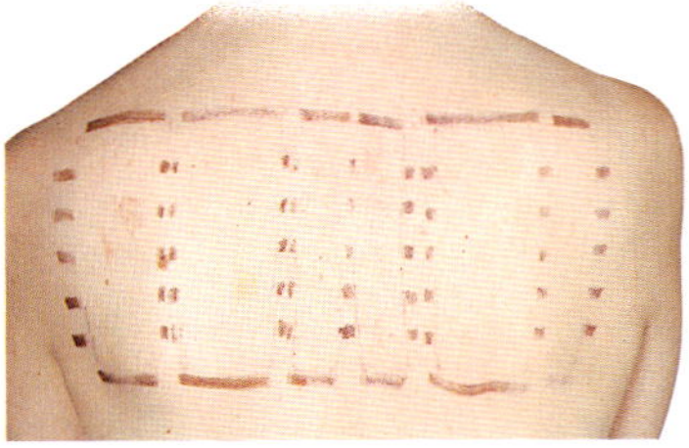

Allergietest
Allergene werden in geringen Mengen auf die Haut gebracht. Eine leichte Schwellung zeigt an, ob eine Allergie gegen ein bestimmtes Allergen vorliegt.

Allergen

Substanz, die eine Allergie auslöst

Ein Allergen ist für die meisten Menschen ungefährlich, bei manchen jedoch wirkt es **allergen**. Diesen Effekt haben viele ganz verschiedene Substanzen, mit denen wir auf unterschiedliche Weise in Berührung kommen. Manche von ihnen, beispielsweise Parfüms, Stoffe auf Pflanzenblättern und manche Metalle, erzeugen bei Hautkontakt eine Reaktion. Viele andere, darunter Getreide, Eier, Fische sowie Antibiotika ■ und andere Medikamente, gelangen durch Essen in den Körper. Die Allergene einer dritten Gruppe befinden sich in der Atemluft; zu ihnen gehören Pollen und die Exkremente der Hausstaubmilben.

◄ Fortsetzung von der vorherigen Seite

Pollenkörner
Pollenkörner in der Luft, insbesondere solche von Gräsern und Bäumen, sind eine wichtige Ursache des Heuschnupfens. Er tritt meist in den Sommermonaten auf.

Heuschnupfen

Allergische Reaktion auf Pollen

Der Heuschnupfen, auch **allergische Rhinitis** genannt, ist eine der häufigsten Allergien; betroffen sind fast zehn Prozent der Bevölkerung. Seine Ursache ist nicht Heu, sondern es sind die winzigen pflanzlichen Pollenkörner, die in den Sommermonaten durch die Luft fliegen und ständig auf den Augen und in der Nasenhöhle niedergehen. Bei den meisten Menschen wird der Pollen durch die Tränenflüssigkeit abgespült oder vom Schleim aufgenommen, ohne eine Reaktion. Wer aber an Heuschnupfen leidet, bekommt durch den Pollen eine allergische Reaktion. Die entzündeten Zellen geben Flüssigkeit ab – die Folgen sind eine laufende Nase und heftiges Niesen. Lindern kann man die Symptome mit **Antihistaminika**, Medikamenten, die dem Histamin entgegenwirken.

Anaphylaktischer Schock

Lebensgefährliche allergische Reaktion

Während einer allergischen Reaktion setzt das Immunsystem große Mengen an Histamin und anderen Substanzen frei. Diese Wirkstoffe erweitern die Blutgefäße (Vasodilatation), und das wiederum kann zum Schock führen. Der anaphylaktische Schock tritt innerhalb weniger Minuten ein und ist sehr gefährlich. Er wird durch starke Allergene ausgelöst, z. B. durch Insektenstiche.

Ein Wespenstich
Das Gift des Wespenstachels ruft bei manchen eine heftige allergische Reaktion hervor, den anaphylaktischen Schock.

Edward Jenner

Britischer Arzt, 1749–1823

1977 gab es den letzten bekannten Fall der Pocken, einer tödlichen Krankheit, an der früher über eine Million Menschen im Jahr starben. Ihre Ausrottung war die letzte Folge eines kühnen Experiments, das Edward Jenner fast 200 Jahre zuvor angestellt hatte. Er hatte von einer Melkerin gehört, sie habe an der Rinderkrankheit Kuhpocken gelitten und könne deshalb keine Pocken mehr bekommen. Daraufhin sammelte er die Flüssigkeit aus Kuhpockenblasen und brachte sie in kleine Hautverletzungen eines Patienten ein. Dieser wurde gegen beide Krankheiten immun. Warum die Behandlung wirkte, wusste Jenner nicht, aber sein Versuch – die erste Impfung – war geglückt.

Abstoßung

Die Zerstörung fremden Gewebes durch das Immunsystem

Bei einer **Transplantation** entnimmt man einem **Spender** ein Gewebe oder Organ und pflanzt es einem **Empfänger** ein. Anschließend greift das Immunsystem des Empfängers manchmal die fremden Zellen an und tötet sie ab. Diesen Vorgang nennt man Abstoßung. Sie kommt weniger häufig vor, wenn Spender und Empfänger eng verwandt sind, denn dann haben sie viele gemeinsame Antigene.

Siehe auch

Antibiotikum 95 • Antikörper 98
Antigen 98 • Histamin 94
Krankheitserreger 92 • Schock 89
Symptom 93 • Vasodilatation 77

Stoffwechsel

Wäre eine Körperzelle so groß wie ein Fußballfeld, könnte man in ihrem Inneren eine riesige Masse verschiedener Substanzen erkennen. Manche davon bleiben von Tag zu Tag gleich, die meisten aber sind an komplizierten Reaktionsfolgen beteiligt. In ihrer Gesamtheit bilden diese Reaktionen den Stoffwechsel.

Anabolismus

Der Teil des Stoffwechsels, in dem Substanzen aufgebaut werden

In **anabolen Reaktionen** stellt der Organismus aus einfachen Bausteinen komplizierte organische Verbindungen hier. Diese Reaktionen müssen normalerweise durch Energie »angetrieben« werden. Anabole Reaktionen z. B. sind die Proteinsynthese aus Aminosäuren ▪ und die Herstellung von Glycogen ▪.

Stoffwechsel

Die Gesamtheit der chemischen Vorgänge im Organismus

Im Organismus laufen während jeder Sekunde viele tausend chemische Reaktionen ▪ ab. In manchen davon werden aufgenommene Stoffe abgebaut, und dabei wird die Energie frei, die uns am Leben erhält. In anderen werden Substanzen aufgebaut, die der Körper braucht. Die beiden Teile des Stoffwechsels, Katabolismus und Anabolismus, arbeiten in den Zellen ▪ Hand in Hand. Die in einer Reaktionsfolge gewonnene Energie dient zum Antrieb einer anderen Reaktionsfolge. Viele Stoffwechselreaktionen laufen sehr schnell ab, weil sie von besonderen Proteinen ▪, den Enzymen ▪, beschleunigt werden. Ihre Gesamtgeschwindigkeit wird von Hormonen ▪ gesteuert, die chemische Signale von einer Zelle zur anderen übermitteln.

Stoffwechselreaktionen in der Zelle
Durch den Abbau komplexer Moleküle im Katabolismus wird Energie frei, die dann im Anabolismus zum Aufbau komplexer Moleküle aus einfachen Substanzen dient.

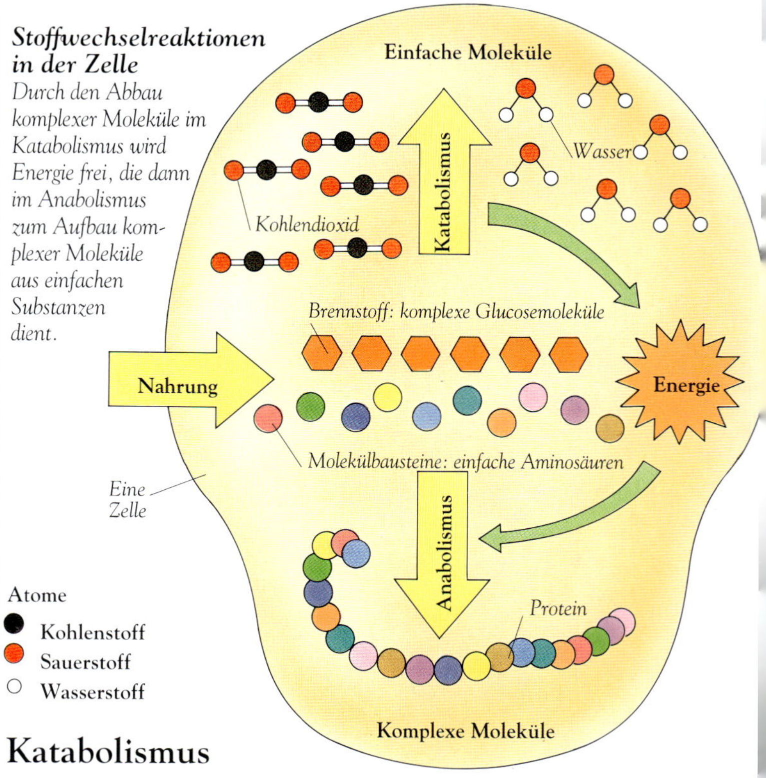

Siehe auch

Aminosäure 24 • Ausscheidung 77
chemische Reaktion 21 • Enzym 24
Fett 23 • genetisch bedingte Erkrankung 135 • Glucose 22
Glycogen 22 • Harnstoff 126
Hormon 78 • Kohlenhydrat 22
Körpertemperatur 76 • organische Verbindung 21 • Protein 24 • Stärke 22
sympathisches Nervensystem 60
Thyroxin 80 • Verdauung 116
Zellatmung 104 • Zelle 26

Katabolismus

Der Teil des Stoffwechsels, in dem Substanzen abgebaut werden

Durch **katabole Reaktionen** werden komplizierte organische Verbindungen ▪ zu einfacheren Substanzen abgebaut. In diesen Reaktionen wird meist Energie frei, die der Körper für anabole Reaktionen nutzen kann. Manche von ihnen liefern auch chemische Bausteine zum Aufbau anderer Substanzen. Katabole Reaktionen sind der Abbau der Glucose ▪ bei der Zellatmung ▪ und der Abbau der Stärke ▪ bei der Verdauung ▪.

Metabolit

Substanz, die an den chemischen Reaktionen im Körper teilnimmt

Als Metabolite bezeichnet man alle Substanzen, die am Stoffwechsel teilnehmen. Bekannte Beispiele sind die Glucose, die in der aeroben Zellatmung abgebaut wird, und der Harnstoff ▪, der durch den Abbau von Proteinen entsteht. Manche Metabolite sind giftig, wenn sie sich in zu großer Menge ansammeln; deshalb müssen sie durch Ausscheidung ▪ entfernt werden.

Energie

Die Fähigkeit, Arbeit zu verrichten

Alle Lebewesen brauchen Energie. In Verbindungen wie den Fetten und Kohlenhydraten ist **chemische Energie** gespeichert. Werden solche Substanzen im Katabolismus abgebaut, wird ein Teil dieser Energie als **Wärmeenergie** frei, sodass der Körper warm bleibt, und ein anderer Teil wird zu **Bewegungsenergie**, die den Körper antreibt. Wir verlieren ständig Energie und müssen sie durch Nahrung ersetzen.

Energieverbrauch
Hier wird chemische Energie in Wärme- und Bewegungsenergie umgewandelt.

Kilojoule

Einheit für Energiegehalt der Nahrung

Der Energiegehalt der Nahrung wurde früher in **Kalorien** oder **Kilokalorien (kcal)** angegeben; heute verwendet man die Einheit Kilojoule **(kJ)**. 1 kcal entspricht 4,187 kJ. Manche Lebensmittel, z. B. Butter, enthalten viel Energie, andere wie das Obst sehr viel weniger.

DURCHSCHNITTLICHER ENERGIEBEDARF

Geschlecht und Alter	kJ/Tag
Säugling, 9–12 Monate	4200
Kind, 8 Jahre	8770
Junge, 15 Jahre	12 560
Mädchen, 15 Jahre	9560
Frau (geringe Aktivität)	7950
Frau (hohe Aktivität)	9000
Frau in der Stillzeit	11 250
Mann (geringe Aktivität)	10 460
Mann (hohe Aktivität)	12 560

Hintergrundbild: *Obst und Gemüse*

Stoffwechselrate

Die Geschwindigkeit der Energiefreisetzung im Stoffwechsel

Die Stoffwechselrate schwankt ständig. Sie wird von Hormonen gesteuert, ist aber auch von vielen anderen Faktoren abhängig, so von Geschlecht und Alter. Bei Männern ist sie allgemein höher als bei Frauen, und bei jungen Menschen höher als bei älteren. Bei starker Anstrengung kann sie um das 15fache ansteigen. Ebenso führt jeder Anstieg der Körpertemperatur ■ um 1 °C zu einer 20 Prozent höheren Stoffwechselrate, und nach einer Mahlzeit ist sie ebenfalls um zehn bis 20 Prozent höher. Gesteigert wird sie auch durch Stress, der das sympathische Nervensystem ■ aktiviert.

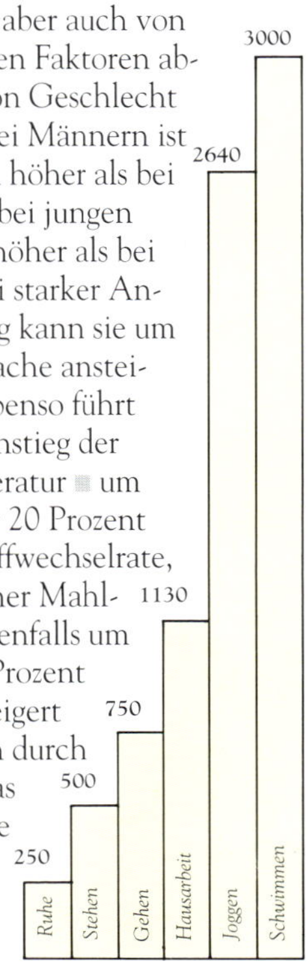

Stoffwechselrate und Aktivität
Die Stoffwechselrate nimmt mit wachsender Anstrengung zu. Sie ist oben jeweils in kJ/h angegeben.

Grundumsatz

Geschwindigkeit der Energiefreisetzung, wenn der Körper ruht

Da die Stoffwechselrate von vielen Faktoren beeinflusst wird, misst man sie unter Standardbedingungen: Wenn die betreffende Person ruht, aber nicht schläft. Dieser so genannte Grundumsatz zeigt, wie viel Energie der Organismus für lebenswichtige Vorgänge braucht. Zur Berechnung des Grundumsatzes teilt man die in einer Stunde verbrauchte Energiemenge durch die Körperoberfläche. Bei einem typischen 14-jährigen Jungen liegt er bei 184 kJ/m²/h, bei einer 40-jährigen Frau bei rund 142 kJ/m²/h.

Santorio Santorio

Italienischer Arzt, 1561–1636

Santorio erforschte als einer der Ersten die Körperfunktionen durch genaue Messungen. Er ermittelte Körpertemperatur und Puls, vor allem aber wurde er durch seine ungewöhnlichen, lebenslangen Untersuchungen am Stoffwechsel bekannt. Mit einer eigens konstruierten Waage hielt er sein eigenes Gewicht sowie das Gewicht von Nahrung und Ausscheidungen fest. Daraus errechnete er, dass sein Körper auf unsichtbare Weise Gewicht verlor. Er sprach von »unfühlbarer Ausdünstung« – heute wissen wir, dass es sich vor allem um Kohlendioxid und Wasserdampf handelte, zwei Produkte der Atmung.

Stoffwechselkrankheit

Fehlfunktion bei der Steuerung des Stoffwechsels

In einem gesunden Organismus wird der Stoffwechsel genau gesteuert, sodass alle Substanzen zur richtigen Zeit auf- und abgebaut werden. Manchmal geht aber etwas schief, zum Beispiel weil ein Hormon nicht in der richtigen Menge gebildet wird. So entsteht bei der **Schilddrüsenüberfunktion** zu viel Thyroxin ■. Deshalb beschleunigt sich der Stoffwechsel, der Betroffene wird überaktiv und unruhig. Auch wenn ein Enzym defekt ist oder fehlt, sodass eine Stoffwechselreaktion nicht normal abläuft, ist eine Stoffwechselkrankheit die Folge. Solche Krankheiten entstehen meist durch ein defektes Gen ■.

Zellatmung

Sauerstoff ist lebensnotwendig. Ohne ihn könnte der Organismus nicht die Energie gewinnen, die er zum Funktionieren braucht. Durch die Atmung gelangt der Sauerstoff zu den Körperzellen, wo er zum Abbau der Nährstoffmoleküle gebraucht wird.

Zellatmung

Ein chemischer Vorgang, bei dem Nährstoffe zur Energiegewinnung abgebaut werden

Der Begriff »Atmung« ist ein wenig verwirrend: Er bezeichnet eigentlich zwei unterschiedliche Teile des gleichen Gesamtvorganges. Die **Zellatmung** oder **innere Atmung** findet innerhalb einzelner Zellen ▪ statt. Dabei werden Nährstoffe wie Glucose ▪ in einer Reihe chemischer Reaktionen abgebaut, die in ihrer Mehrzahl Sauerstoff benötigen. Durch die **äußere Atmung** gelangt der Sauerstoff zu den Körperzellen, sodass die Zellatmung stattfinden kann. An diesem Vorgang sind auch die Atemwege und Atmungsorgane ▪ beteiligt.

Anaerobe Zellatmung

Zellatmung ohne Sauerstoff

Bei der anaeroben Zellatmung wird Glucose teilweise abgebaut, und dabei wird eine geringe Energiemenge frei. Dieser Vorgang findet im Cytoplasma ▪ der Zelle statt und erfordert keinen Sauerstoff. Steht Sauerstoff zur Verfügung, folgt anschließend normalerweise die aerobe Zellatmung. Sie sorgt für den vollständigen Abbau der Glucose und setzt viel mehr Energie frei. Ist Sauerstoff jedoch knapp, läuft dieses zweite Stadium nicht ab.

Aerobe Zellatmung

Zellatmung, die Sauerstoff benötigt

Die aerobe Zellatmung ist der wichtigste Weg, auf dem der Organismus Energie gewinnt. Sie findet in den »Kraftwerken« der Zelle statt, den Mitochondrien ▪. Der Sauerstoff dient zum Abbau der restlichen Glucose zu zwei Abfallprodukten: Kohlendioxid und Wasser. Bei dieser Art der Zellatmung wird viel Energie frei. Etwa 40 Prozent davon kann der Organismus nutzen. Der Rest geht als Wärme verloren.

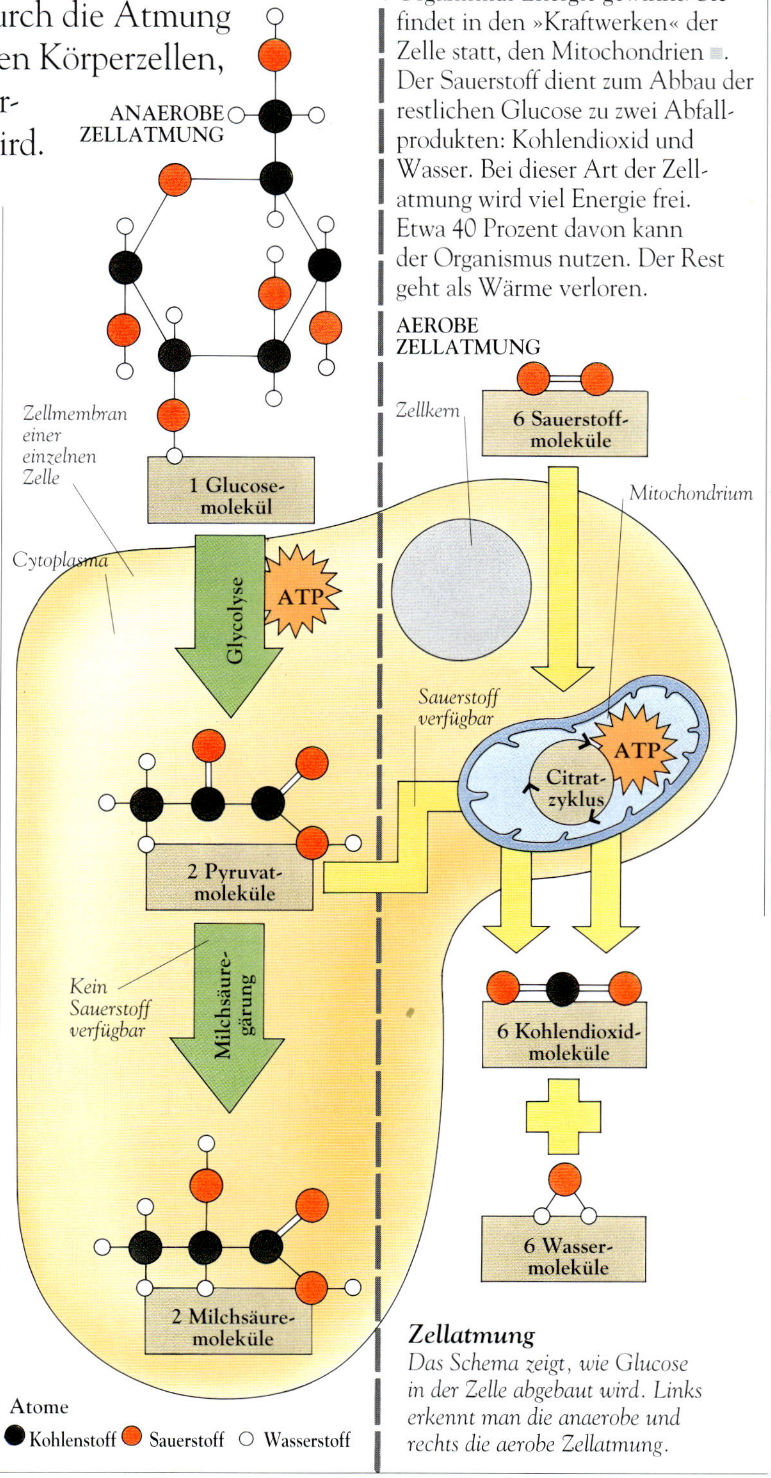

Zellatmung

Das Schema zeigt, wie Glucose in der Zelle abgebaut wird. Links erkennt man die anaerobe und rechts die aerobe Zellatmung.

ATP

Wichtigster Energieträger im Körper

Das **Adenosintriphosphat** oder ATP ist das »Energie-Kleingeld« des Organismus. Durch den Glucoseabbau bei der Zellatmung wird Energie frei. Diese dient dazu, aus der Verbindung **Adenosindiphosphat (ADP)** und einem als Phosphat bezeichneten Ion das ATP zu bilden. ATP speichert die Energie und trägt sie an den Ort, wo sie gebraucht wird. Beim Abbau des ATP-Moleküls wird die Energie wieder frei und dient dann zu vielerlei: von der Zellteilung bis zum Antrieb der Muskeln.

Glycolyse

Abfolge chemischer Reaktionen, bei der Glucosemoleküle in zwei Teile gespalten werden

In der Glycolyse wird ein Glucosemolekül, das sechs Kohlenstoffatome enthält, in zwei Moleküle der Verbindung **Pyruvat** mit jeweils drei Kohlenstoffatomen zerlegt. Sauerstoff ist dafür nicht notwendig; steht er aber zur Verfügung, werden diese Moleküle im Citratzyklus aerob weiter abgebaut. Ohne Sauerstoff wird Pyruvat in **Milchsäure** umgewandelt; diese wird weiterverarbeitet, sobald wieder Sauerstoff vorhanden ist.

Citratzyklus

Kreislauf chemischer Reaktionen, in dem Energie frei wird

Der Citratzyklus ist das Kernstück der aeroben Zellatmung. In seinem Verlauf wird ein Pyruvatmolekül allmählich auseinander genommen, sodass die darin enthaltene Energie frei wird. Er findet in den Mitochondrien der Zelle statt und benötigt Sauerstoff. Der Zyklus trägt seinen Namen, weil zu Anfang die Verbindung **Citrat** entsteht. Er wurde von dem deutschen Biochemiker Hans Krebs entdeckt und heißt deshalb auch **Krebs-Zyklus**.

Milchsäuregärung

Die Form der anaeroben Zellatmung, die im menschlichen Organismus vorkommt

Bei starker Anstrengung wird in den Muskeln der Sauerstoff knapp, sodass sie keine aerobe Zellatmung mehr ausführen können. Stattdessen bauen sie Glucose anaerob ab, wobei zuerst Pyruvat und dann Milchsäure entsteht. Die Milchsäure gelangt aus den Muskeln zum größten Teil ins Blut und wird von der Leber entsorgt. Ein Teil häuft sich jedoch in den Muskeln an, bis diese schließlich nicht mehr normal funktionieren. Das ist der Grund, warum die Muskeln nach anstrengender Arbeit schmerzen.

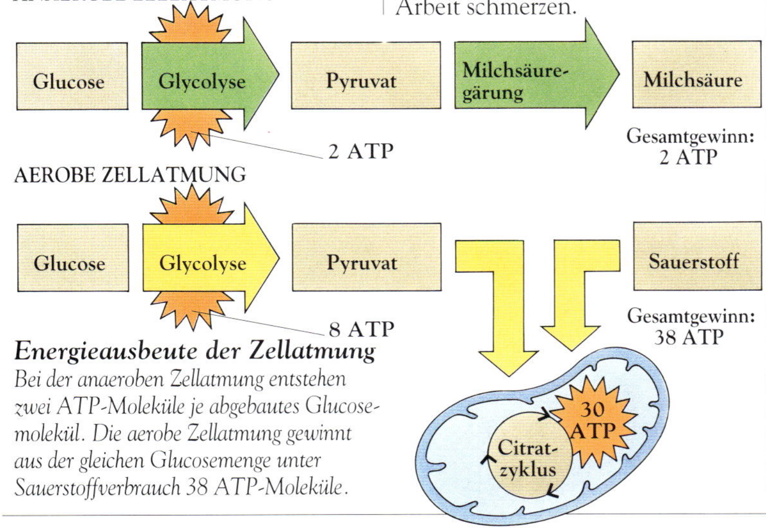

Energieausbeute der Zellatmung

Bei der anaeroben Zellatmung entstehen zwei ATP-Moleküle je abgebautes Glucosemolekül. Die aerobe Zellatmung gewinnt aus der gleichen Glucosemenge unter Sauerstoffverbrauch 38 ATP-Moleküle.

Antoine Laurent de Lavoisier

Franz. Chemiker, 1743–1794

Lavoisier war einer der hervorragenden Wissenschaftler seiner Zeit. In den 1770er-Jahren entdeckte er, dass brennende Stoffe sich mit Sauerstoff verbinden und neben Wärme auch Kohlendioxid abgeben. Er kam auf die Idee, etwas Ähnliches könne sich auch bei der Atmung der Tiere abspielen. Zehn Jahre später untersuchte er, wie viel Kohlendioxid ein Meerschweinchen abgibt und wie viel Wärme dabei frei wird. Seine Befunde zeigten, dass die Atmung wie die Verbrennung eine Art der Oxidation ist und dass dabei die Nahrung als Brennstoff dient.

Sauerstoffdefizit

Sauerstoffmenge, die zum Abbau der Milchsäure notwendig ist

Nach starker Anstrengung enthalten die Muskeln viel Milchsäure. Erst wenn diese durch aerobe Zellatmung abgebaut ist, können die Muskeln wieder normal arbeiten. Die dafür erforderliche Sauerstoffmenge bezeichnet man als Sauerstoffdefizit. Durch tiefes Atmen kann man die Muskeln schneller mit Sauerstoff versorgen.

Siehe auch

Atmung 114 • Atmungsorgane 110
chemische Verbindung 21
Cytoplasma 26 • Glucose 22
Ion 21 • Krebs, Hans 150
Leber 122 • Mitochondrien 27
Muskeln 48 • Oxidation 21
Zelle 26 • Zellteilung 30

Ernährung

Damit er am Leben bleibt, muss der Körper ständig mit Rohstoffen versorgt werden. Deshalb nimmt ein Mensch im Laufe des Lebens rund 20 t Lebensmittel zu sich, und dazu trinkt er 20 000 bis 40 000 l Wasser.

Nahrungsaufnahme

Aufnahme der Rohstoffe, die der Organismus zum Leben braucht

Damit der Organismus normal funktioniert, muss er ständig mit Nährstoffen versorgt werden. Erhält er mehr als ein paar Stunden lang weder Nahrung noch Wasser, erzeugt der Hypothalamus, ein Teil des Gehirns, die Empfindung von **Hunger** und **Durst**. Sie sind eine Warnung, dass Nährstoffe oder Flüssigkeit gebraucht werden. Ein gesunder Erwachsener kann mehrere Wochen ohne Nahrung überleben, ohne Wasser stirbt er aber schon nach wenigen Tagen.

Nährstoff

Zum Leben notwendige Substanz

Die Nährstoffe versorgen den Organismus mit Energie und mit dem Rohmaterial, das er für Wachstum und Regeneration braucht. Die meisten Nährstoffe können erst genutzt werden, nachdem sie verdaut wurden. Außerdem enthalten Lebensmittel auch Wasser und Ballaststoffe, die man meist ebenfalls zu den Nährstoffen rechnet.

Siehe auch

Aminosäure 24 • anorganische Verbindung 21 • Cellulose 22 • Darm 124
Fett 23 • gesättigtes Fett 23
Hypothalamus 65 • Kohlenhydrat 22
Mangelkrankheit 108 • Mineralstoff 108
organische Verbindung 21 • Protein 24
ungesättigtes Fett 23 • Verdauung 116
Vitamin 108 • Zellmembran 28

Kohlenhydratlieferanten
Die beiden wichtigsten Kohlenhydrattypen sind Stärke und Zucker. Die Stärke, ein komplexes Kohlenhydrat, kommt u.a. in Nudeln, Kartoffeln, Brot und Reis vor. Zucker sind einfache Kohlenhydrate (in Obst, Kuchen und Süßigkeiten).

Fettlieferanten
Die zwei wichtigsten Kategorien sind gesättigte und ungesättigte Fette. Gesättigte Fette sind vor allem tierische Produkte wie Milchfett und Butter. Ungesättigte Fette sind in den meisten Pflanzenölen enthalten.

Hauptbausteine der Nahrung

Nährstoffe, die in großen Mengen gebraucht werden

Unsere Nahrung besteht zum größten Teil aus den so genannten Hauptbausteinen; es gibt drei Typen von ihnen: Kohlenhydrate, Fette und Proteine. Die wichtigsten Energielieferanten sind die Kohlenhydrate. Fette liefern ebenfalls Energie, dienen aber auch zum Aufbau der Zellmembranen und mancher Hormone. Proteine steuern Aminosäuren bei, aus denen der Körper eigene Proteine herstellt.

Essenzielle Spurenelemente

Nährstoffe, die nur in geringen Mengen gebraucht werden

In diese Gruppe gehören zwei Stoffklassen: Vitamine und Mineralstoffe. Sie werden nur in geringen Mengen benötigt, sind für die chemischen Abläufe im Körper aber unentbehrlich. Vitamine sind organische Verbindungen, die von Pflanzen oder Tieren produziert werden. Die anorganischen Mineralstoffe stammen aus verschiedenen Quellen: Manche sind in der Nahrung enthalten, andere in Leitungswasser oder Kochsalz.

Ernährung

Art und Menge der aufgenommenen Lebensmittel

Die gesamte Ernährung eines Menschen besteht aus allen Lebensmitteln, die er über längere Zeit zu sich nimmt. Sie ist in den Regionen der Welt sehr unterschiedlich. Eine gesunde Ernährung muss **ausgewogen** sein und alle Nährstoffe enthalten, die der Körper braucht. Ein zu hoher oder zu geringer Anteil eines Nährstoffes kann Krankheiten hervorrufen: So kann bei zu viel Fett ein Herzinfarkt die Folge sein.

Ballaststoffe

Unverdauliche pflanzliche Nahrung

Alle Pflanzen enthalten Cellulose, ein Kohlenhydrat, das wir nicht verdauen können. Wenn wir Pflanzen essen, durchläuft Cellulose mit anderen Substanzen geradewegs das Verdauungssystem; deshalb wird sie als Ballaststoff bezeichnet. Ballaststoffe machen den größten Teil der unverdauten Nahrung aus. Sie gibt der Darmmuskulatur etwas zu arbeiten und verbessert so ihre Leistung. Man unterscheidet zwei Arten von Ballaststoffen. **Unlösliche Ballaststoffe** durchlaufen den Darm unverändert, **lösliche** werden von den Bakterien des Verdauungssystems teilweise abgebaut.

Allesesser

Ein Mensch, der tierische und pflanzliche Nahrung zu sich nimmt

Die meisten Menschen sind Allesesser: Sie nehmen Nahrung aus pflanzlichen und tierischen Quellen zu sich. Fleisch ist ein wertvoller Lieferant für Proteine, aber auch für Vitamine und Mineralstoffe. Manche Fleischsorten enthalten viele gesättigte Fette, die in großer Menge gesundheitliche Probleme verursachen können. Fisch dagegen ist reich an ungesättigtem Fett.

Proteinlieferanten
Fleisch, Geflügel und Fisch sind reich an tierischem Protein, Tofu an Pflanzenproteinen.

Vegetarische Mahlzeit
Vegetarische Ernährung enthält wenig Fett und viel Ballaststoffe aus Gemüse, Bohnen, Hülsenfrüchten und Getreide.

Vegetarier

Ein Mensch, der kein Fleisch isst

Es gibt auf der Welt viele Millionen Vegetarier. Manche Vegetarier verzehren Eier und Milchprodukte, um so die notwendige Menge an Proteinen, Vitaminen und Mineralstoffen aufzunehmen. Andere, die **Veganer**, meiden tierische Produkte völlig. Veganer müssen eine ausgewogene Mischung pflanzlicher Lebensmittel essen, um alle benötigten Nährstoffe zu sich zu nehmen.

Mangelernährung

Ein Zustand schlechter Ernährung

Mangelernährung kann entstehen, wenn ein bestimmter Nahrungsbestandteil oder Nahrung insgesamt fehlt. Fehlt ein Nahrungsmittelanteil wie Iod oder Vitamin C, kommt es irgendwann zu einer Mangelkrankheit. Wer einen Hauptbaustein der Nahrung, beispielsweise Protein oder Kohlenhydrate, in zu geringer Menge zu sich nimmt, verliert Gewicht, und viele Körpersysteme arbeiten nicht mehr normal. Unter Mangelernährung leidet ein großer Teil der Weltbevölkerung, und vor allem in den Ländern der Dritten Welt sterben jedes Jahr viele Menschen daran.

Fettsucht

Eine Krankheit, bei der übermäßige Fettablagerungen das Körpergewicht steigen lassen

Bei einem gesunden Menschen macht Fett etwa 16 bis 25 Prozent des Körpergewichts aus. Es dient als Energiespeicher und Wärmeisolierung. Normalerweise bleibt diese Fettmenge ziemlich gleich, weil der Körper so viel Nahrung aufnimmt wie für den Energieverbrauch notwendig. Nimmt jemand jedoch zu viel Energie auf, kann er durch zusätzliche Fettablagerungen dick werden. Fettsucht kann die Folge sein, wenn man zu viel isst oder sich zu wenig bewegt. Selten entsteht sie durch Hormonstörungen.

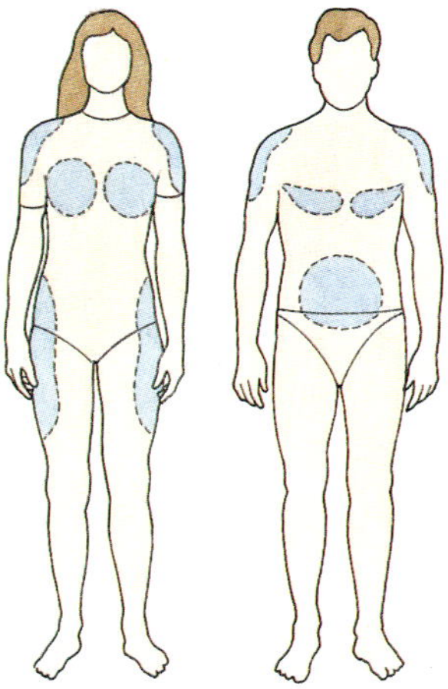

Fettpolster
Fett sammelt sich vorwiegend in den hier blau dargestellten Bereichen.

Magersucht

Appetitverlust

Vielen Menschen vergeht vorübergehend der Appetit, wenn sie Angst haben, müde sind oder sich nicht wohl fühlen. Normalerweise dauert das aber nicht lange. Die Magersucht **(Anorexia nervosa)** dagegen ist eine schwere Krankheit. Die Betroffenen, meist junge Mädchen oder Frauen, essen nichts und werden sehr dünn. Die Ursachen sind meist unbekannt; vermutlich ist es eine psychische Störung.

Vitamine & Mineralstoffe

Vitamine und Mineralstoffe sind lebensnotwendig. Sie spielen für die chemischen Vorgänge im Körper eine wichtige Rolle. Wir brauchen sie nur in kleinen Mengen, aber wenn sie fehlen, wird man krank.

Vitamin

Organische Verbindung, die der Organismus in kleinen Mengen braucht

Vitamine sind organische Verbindungen, die der Körper nicht selbst herstellt. Sie werden von anderen Lebewesen erzeugt, wir nehmen sie mit der Nahrung auf. Es gibt mehr als zwölf fett- oder wasserlösliche Vitamine. Alle sind für den Stoffwechsel unentbehrlich.

Mineralstoff

Anorganische Verbindung, die der Organismus braucht

Mineralstoffe sind anorganische Verbindungen, die wir aus Nahrung, Salz oder Leitungswasser aufnehmen. Manche werden in kleiner Menge gebraucht, **Spurenelemente** nur in winzigen Mengen. Mineralstoffe sind für die Funktion vieler Enzyme unentbehrlich.

Siehe auch
Anorganische Verbindung 21 • Enzym 24
organische Verbindung 21
Stoffwechsel 102

Mangelkrankeit

Eine Krankheit, die durch Mangel an einem Nährstoff entsteht

Fehlen dem Körper Vitamine, Mineralstoffe oder andere Nahrungsbestandteile, tritt durch Störung chemischer Abläufe eine Mangelkrankheit auf. Eine der bekanntesten Vitaminmangelkrankheiten ist der Skorbut bei Seeleuten, der durch Vitamin-C-Mangel entsteht, wenn sie keine frische Nahrung haben. Er ist mit Obst zu heilen.

WICHTIGE MINERALSTOFFE

Mineralstoff	Quelle	Funktion	Symptome bei Mangel
Calcium (Ca)	Milchprodukte, Gemüse, Meeresfrüchte, Nüsse, Leitungswasser	Aufbau von Knochen und Zähnen; an der Nerventätigkeit beteiligt	Wachstumsverzögerung; Rachitis; Osteoporose; Krampfanfälle
Chlor (Cl)	Kochsalz, Meeresfrüchte, Milch, Fleisch, Eier	Hält das Ionengleichgewicht aufrecht; bildet die Magensäure	Muskelkrämpfe; Teilnahmslosigkeit; Appetitverlust
Kupfer (Cu)*	Leber, Fleisch, Fisch, Gemüse, Pilze, Leitungswasser	Mitwirkung bei Knochenbildung und Hämoglobinproduktion	Anämie
Fluor (Fl)*	Meeresfrüchte, Meersalz, Leitungswasser	Stärkt Knochen und Zähne	Zahnkaries
Iod (I)*	Fisch, Muscheln, Meersalz	Unentbehrlicher Bestandteil des Schilddrüsenhormons	Verminderte Stoffwechselrate; Schwellung Schilddrüse (Kropf)
Eisen (Fe)*	Fleisch, Leber, Gemüse, Getreide, Nüsse	Unentbehrlicher Bestandteil des Hämoglobins	Anämie
Magnesium (Mg)	Fleisch, Gemüse, Vollkornprodukte	Knochenaufbau, Nervenfunktion	Wachstumsstörungen; Verhaltensstörungen; Muskelschwäche
Mangan (Mn)*	Gemüse, Nüsse, Getreide	Aktiviert viele Enzyme	Wachstumsstörungen
Phosphor (P)	Fleisch, Milch, Milchprodukte, Fisch, Getreideprodukte	Knochenaufbau; unentbehrlicher Bestandteil von DNA und ATP	Schwache oder missgebildete Knochen
Kalium (K)	Fleisch, Milch, Getreideprodukte, Obst, Gemüse	Aufrechterhaltung des Ionengleichgewichts; Nervenfunktion	Muskelschwäche
Natrium (Na)	Die meisten Lebensmittel außer Obst	Aufrechterhaltung des Ionengleichgewichts; Nervenfunktion	Muskelkrämpfe; Teilnahmslosigkeit; Appetitverlust
Schwefel (S)	Fleisch, Eier, Milch, Nüsse	Unentbehrlicher Bestandteil mancher Proteine	Störungen der Proteinsynthese
Zink (Zn)*	Fleisch, Eier, Fisch, Getreideprodukte	Unentbehrlicher Bestandteil mancher Enzyme; fördert Wundheilung	Wachstumsstörungen; Störungen der Geschlechtsentwicklung; Appetitverlust

Hintergrundbild: *Kochsalzkristalle* **Anmerkung: Spurenelemente sind mit * gekennzeichnet.**

Fettlösliche Vitamine

Vitamin	Quelle	Funktion	Symptome bei Mangel
A (Retinol)	Grünes und gelbes Gemüse, Fischöl, Eidotter, Leber, Milch	Wachstum, Bildung von Zähnen und Knochen; Sehfähigkeit; Infektionsvorbeugung	Nachtblindheit; trockene, schuppige Haut; verminderte Widerstandskraft gegen Infektionen
D (Calciferol)	Fischöl, Eidotter; wird auch in der Haut bei Sonneneinwirkung produziert	Reguliert Phosphor- und Calciumverwendung bei Knochenbildung; unterstützt die Calciumaufnahme	**Rachitis**: Entwicklungsstörung der Knochen und anderer harter Körperteile
E (Alpha-Tocopherol)	Grünes Gemüse, Pflanzenöl, Vollkornprodukte, Leber	Unentbehrlich für Bildung roter Blutzellen und Funktion mancher Enzyme; verhindert Fettsäureabbau in Zellen	Abbau roter Blutzellen
K	Grünes Gemüse; auch von Darmbakterien gebildet	Produktion von Substanzen für die Blutgerinnung	Blutgerinnungsstörungen; manchmal Hautblutungen

Hintergrundbild: *Spinatblatt*

Wasserlösliche Vitamine

Vitamin	Quelle	Funktion	Symptome bei Mangel
B_1 (Thiamin)	Vollkornprodukte, Leber, Erbsen, Bohnen, Hefe, Nüsse	Für Funktion von Enzymen für den Kohlenhydratabbau; normale Nerven- und Muskelfunktion	**Beriberi**, eine Krankhheit mit Schwäche und Nervenentzündungen
B_2 (Riboflavin)	Milch, Blattgemüse, Eier, Käse; wird auch von den Darmbakterien produziert	Bildung von Enzymen für Auf- und Abbau von Kohlenhydraten und Proteinen	Rissige Haut; Sehstörungen
Niacin	Mageres Fleisch, Weizenkeime, Getreideprodukte, Fisch, Hefe	Bildung von Enzymen zur Steuerung der Zellatmung	**Pellagra**, eine Krankheit mit Hautschäden und Durchfall
B_6 (Pyridoxin)	Vollkornprodukte, Leber, Eidotter	Bildung von Enzymen für den Fettsäure- und Aminosäureabbau	Anämie; Krampfanfälle
B_{12} (Cyanocobalamin)	Leber, Niere, Fisch, Eier, Milch, Fleisch, Austern	Bildung von Enzymen für die Proteinproduktion; Bildung roter Blutzellen, Nutzung von Kohlenhydraten	Anämie; Störungen der Nervenfunktion
Pantothensäure	Fleisch, Vollkornprodukte, Nüsse, Gemüse, Eier, Hefe	Bildung von Enzymen für Kohlenhydrat- und Fettabbau; Nervenfunktion, Produktion der Geschlechtshormone	Störungen von Nerven- und Verdauungssystem
Folsäure	Grünes Blattgemüse, Leber, Weizenkeime, Obst, Hefe	Bildung von Enzymen für die Nucleinsäureproduktion; wirkt bei der Bildung roter Blutzellen mit	Anämie; Schäden der Mundschleimhaut
Biotin	Leber, Eier, Milch, Vollkornprodukte, Hefe; wird auch von den Darmbakterien gebildet	Bildung von Enzymen für Auf- und Abbau von Fetten und Kohlenhydraten	Müdigkeit; Depressionen; Übelkeit; Hautschäden
C (Ascorbinsäure)	Zitrusfrüchte, Tomaten, Kartoffeln, Blattgemüse	Fördert Kollagenbildung sowie Knochen-, Zahn und Blutgefäßwachstum; notwendig für Funktion vieler Enzyme; unterstützt Wundheilung	Zahnfleischschwellungen; Nasenbluten; bei starkem Mangel entsteht **Skorbut** mit inneren Blutungen und Gelenkschwellungen

Hintergrundbild: *Zitronenscheiben*

Atmungsorgane

Um Energie zu gewinnen, muss der Körper chemische Brennstoffe abbauen. Dazu ist Sauerstoff erforderlich. Die Atmungsorgane transportieren den Sauerstoff aus der Luft ins Blut und scheiden Kohlendioxid aus dem Organismus aus.

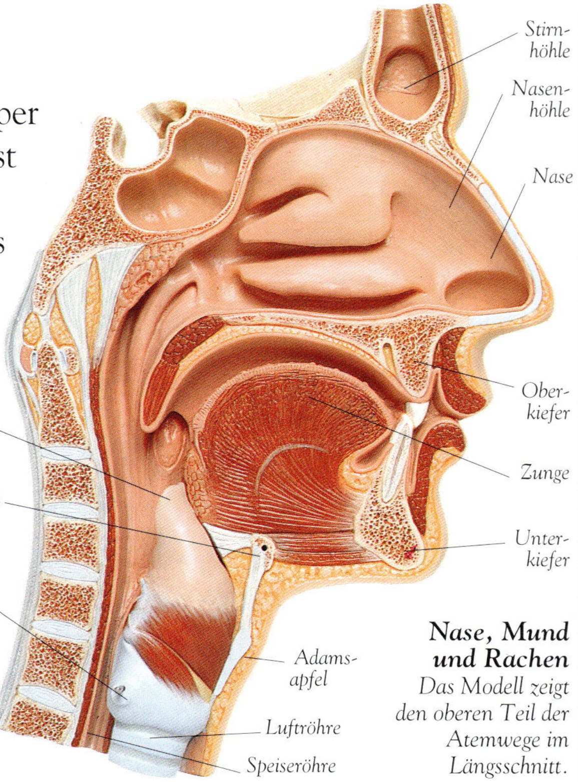

Nase, Mund und Rachen
Das Modell zeigt den oberen Teil der Atemwege im Längsschnitt.

Atmungsorgane

Ein Organsystem, das Sauerstoff aus der Luft aufnimmt und Kohlendioxid abgibt

Die Atmungsorgane sorgen gemeinsam mit dem Kreislauf dafür, dass der Sauerstoff zu den Zellen gelangt, sodass die aerobe Zellatmung stattfinden kann. Außerdem beseitigen sie das Kohlendioxid, ein Abfallprodukt, aus dem Körper. Das System besteht aus zwei Teilen. Die Atemwege transportieren Luft in den Körper und wieder heraus, die Lunge ermöglicht den Gasaustausch zwischen Luft und Blut.

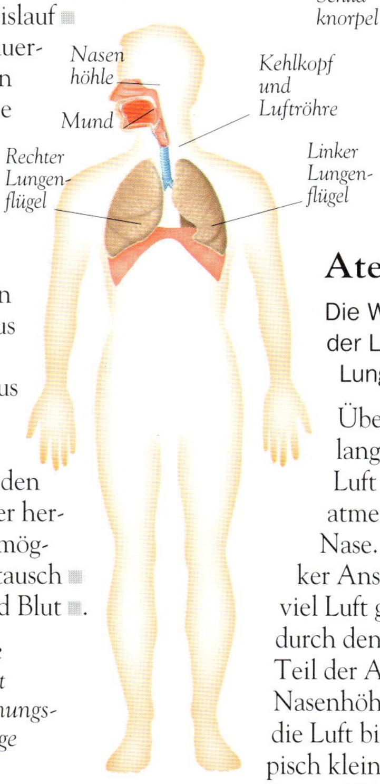

Atmungsorgane
Die Abbildung zeigt die wichtigsten Atmungsorgane und ihre Lage im Körper.

Siehe auch

Aerobe Zellatmung 104 • Bakterien 92
Blut 82 • Bronchien 112 • Cilien 27
Einatmen 114 • Eustachische Röhre 73
Gasaustausch 115 • Husten 115
Knorpel 35 • Kreislauf 90
Lungenbläschen 113 • Mittelohr 73
Schleimhaut 19 • Speiseröhre 120

Atemwege

Die Wege zum Transport der Luft zur und von der Lunge

Über die Atemwege gelangt die eingeatmete Luft in die Lunge. Meist atmen wir durch die Nase. Wird aber bei starker Anstrengung besonders viel Luft gebraucht, strömt sie durch den Mund. Der erste Teil der Atemwege ist die Nasenhöhle. Von dort fließt die Luft bis in die mikroskopisch kleinen Lungenbläschen (Alveoli) in der Lunge. Eine Schleimhaut, die den größten Teil der Atemwege auskleidet, hält mit klebrigem Schleim Bakterien, Staub und andere Fremdkörper fest. Der Schleim wird von winzigen Haaren, den Cilien, aus der Lunge entfernt. Er wird dann geschluckt oder durch Husten, Niesen oder Schnäuzen aus dem Körper beseitigt.

Nase

Ein Atmungs- und Geruchsorgan

Die Nase hat zwei **Nasenöffnungen**, die durch die aus Knorpel bestehende **Nasenscheidewand** getrennt sind. Die Nasenöffnungen sind mit Haaren besetzt, die Staub und Schmutz den Zutritt zu den Atemwegen versperren.

Nasenhöhle

Der Hohlraum hinter der Nase

Wenn man durch die Nase einatmet, strömt die Luft durch die Nasenhöhle, wo sie erwärmt wird. Wie der äußere Teil der Nase, so ist auch die Nasenhöhle durch eine Scheidewand getrennt, die hier aber aus Knochen besteht. Der Hohlraum ist mit Schleimhäuten ausgekleidet, die Schleim produzieren, und steht mit mehreren kleineren Hohlräumen, den Nebenhöhlen, in Verbindung.

Rachen

Ein Durchgang für Luft und Nahrung

Der Rachen, auch **Pharynx** genannt, ist in seinem oberen Teil durch zwei jeweils etwa fingernagelgroße Öffnungen mit der Nasenhöhle verbunden und dient als Passage für die Luft. In zwei kleineren Öffnungen münden die Eustachischen Röhren ▪, die Luft in das Mittelohr ▪ leiten. Der mittlere Teil des Rachens ist mit dem rückwärtigen Teil des Mundes verbunden und befördert nicht nur Luft, sondern auch Nahrung weiter. Im unteren Teil trennen sich die Wege. Die Nahrung gelangt abwärts in die Speiseröhre ▪, die Luft fließt nach vorn durch den Kehlkopf.

Kehlkopf

Eine Knorpelkammer

Der Kehlkopf **(Larynx)** ist ein kompliziert gebautes Gebilde aus Knorpelplatten. Diese bilden einen kurzen Trichter, der den unteren Teil des Rachens mit der Luftröhre verbindet. Der obere Teil des Knorpels, Kehldeckel genannt, kann den Kehlkopf verschließen. Der tiefer gelegene **Ringknorpel** verbindet den Kehlkopf mit der Luftröhre. Dazwischen liegen der **Schildknorpel** und der **Gießbeckenknorpel**, an denen die Stimmbänder befestigt sind. Der Kehlkopf ist von vorn ungefähr dreieckig und trägt eine Verdickung, den **Adamsapfel**.

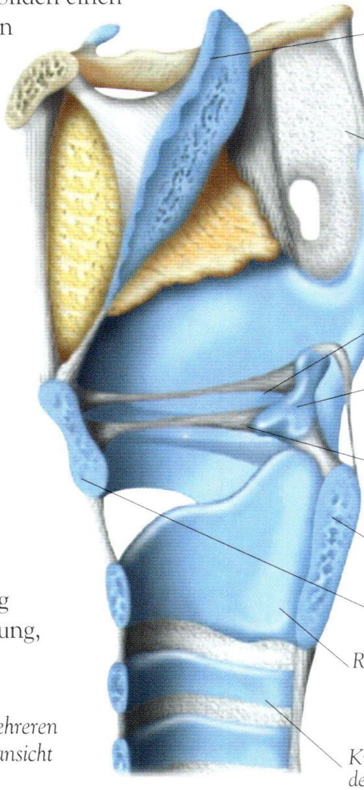

Der Kehlkopf
Der Kehlkopf besteht aus mehreren Knorpelstücken. Die Seitenansicht zeigt ihre Anordnung.

Kehldeckel

Eine blattförmige Knorpelklappe an der Rückseite des Kehlkopfes

Beim Schlucken klappt der Kehldeckel **(Epiglottis)** nach vorn, damit Nahrung oder Flüssigkeiten nicht in die Lunge gelangen. Er verschließt den Kehlkopf, bis Nahrung oder Flüssigkeiten sich in der Speiseröhre befinden und der Rachen wieder frei ist.

Verschlucken

Atemstörung durch eine Blockade der Atemwege

Der Kehldeckel funktioniert nicht immer hundertprozentig, sodass man beim Schlucken manchmal etwas »in die falsche Kehle bekommt«. In einem solchen Fall sorgt ein kräftiger Reflex für einen heftigen Hustenanfall ▪. Manchmal bleibt aber ein kleiner Fremdkörper in den Luftwegen stecken. Wird das Hindernis nicht beseitigt, kann so etwas tödlich sein.

Stimmbänder

Kräftige Häute im Kehlkopf

Die beiden Stimmbandpaare sind an der Innenseite des Adamsapfels befestigt und ziehen sich quer durch den Kehlkopf nach hinten. Das obere Paar, **falsche Stimmbänder** genannt, verschließt den Kehlkopf beim Schlucken. Die tiefer gelegenen **echten Stimmbänder** können von Muskeln angespannt werden und Geräusche erzeugen. Sie schwingen, wenn Luft an ihnen vorüberfließt. Sind sie gelockert, vibriert die Luft langsam, und ein tiefer Ton entsteht. Durch Anspannung schwingt die Luft jedoch viel schneller, sodass sich ein hoher Ton ergibt. Männer haben meist größere Stimmbänder als Frauen, was die Stimmlage beeinflusst.

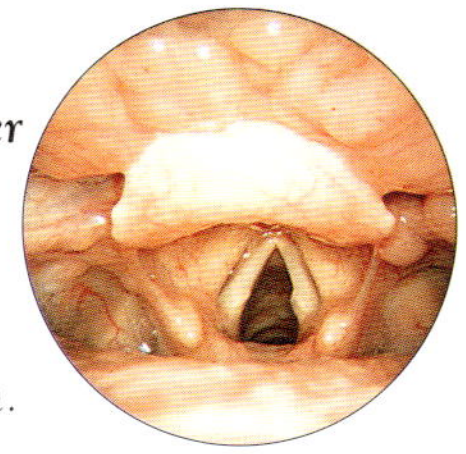

Geöffnete Stimmbänder
Im geöffneten Zustand erzeugen die Stimmbänder kein Geräusch.

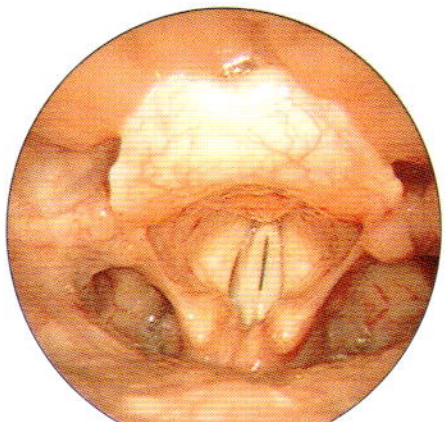

Geschlossene Stimmbänder
Diese werden von der hindurchströmenden Luft zum Schwingen gebracht und erzeugen ein Geräusch.

Luftröhre

Die zur Lunge führende Röhre

Die Luftröhre oder **Trachea** beginnt unterhalb des Kehlkopfes und endet in den Bronchien ▪, die in die Lungenflügel führen. Sie ist durch bis zu 20 Knorpelringe verstärkt. Diese sind C-förmig, wobei der offene Teil zum Rücken weist. Gemeinsam sorgen die Knorpelverstärkungen dafür, dass die Luftröhre nicht zusammenfällt.

Die Lunge

Die innere Oberfläche der Lunge ist etwa 35-mal größer als die Oberfläche der Haut, aber sie drängt sich auf einem Raum zusammen, der kleiner ist als ein Einkaufsbeutel. So kann der Körper sehr wirksam Sauerstoff aufnehmen und Kohlendioxid abgeben.

Lunge

Ein Atmungsorgan

Die beiden Flügel der Lunge liegen beiderseits des Herzens ■ in der Brusthöhle ■. Sie sind durch den Brustkorb ■ geschützt. Die Lunge liegt auf dem Zwerchfell ■ und erstreckt sich nach oben bis knapp oberhalb der Schlüsselbeine ■. Jeder Lungenflügel ist eine kegelförmige Masse aus lockerem, stark durchblutetem Gewebe. In Taschen, die man **Lungenläppchen** nennt, liegen die mikroskopisch kleinen Lungenbläschen oder Alveoli. Die Lungenläppchen bilden **Segmente**, die ihrerseits zu **Lungenlappen** zusammengefasst sind. Der rechte Lungenflügel hat drei Lappen; im linken sind es nur zwei, damit Platz für das Herz bleibt.

Brustfell

Eine Haut, die einen Lungenflügel umgibt

Jeder Lungenflügel ist von zwei kräftigen Schleimhäuten ■ umgeben. Dieses so genannte Brustfell schützt die Lunge und unterstützt auch ihre Formveränderungen. Die äußere Haut kleidet den Brustkorb innen aus, die innere umhüllt die Lunge selbst. Der enge Zwischenraum zwischen beiden ist mit der **Pleuraflüssigkeit** gefüllt, die es den Häuten gestattet, beim Atmen leicht gegeneinander zu gleiten.

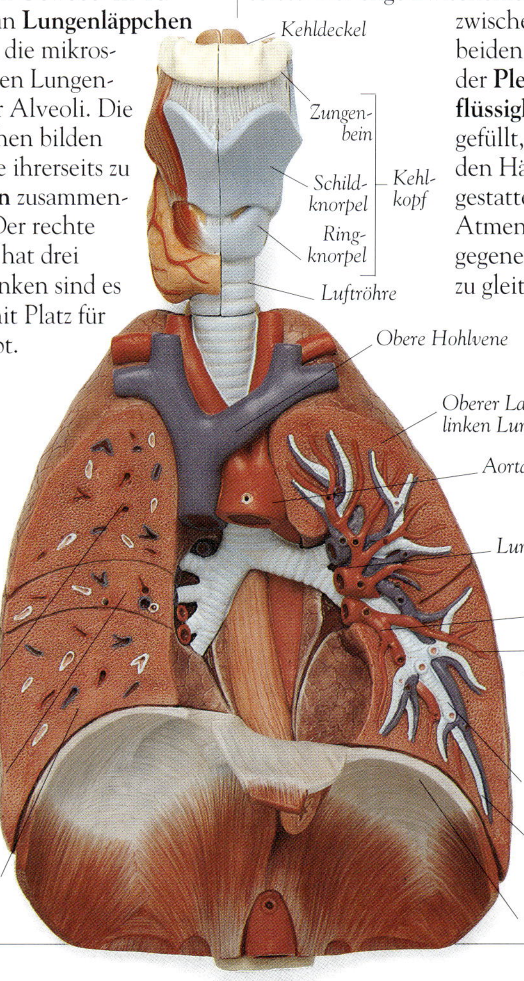

Die Lunge
Das Modell zeigt den Aufbau der Brusthöhle und die Lage der Lunge.

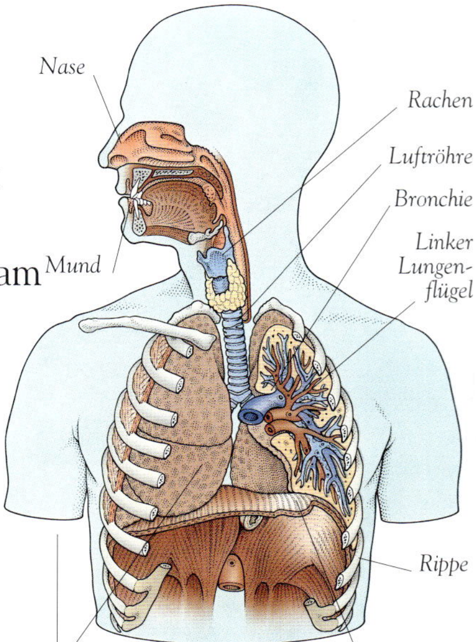

Das Innere des Brustkorbs
Beim Einatmen fließt die Luft durch Nase, Luftröhre und Bronchien in die Lunge. Alle diese Kanäle gehören zu den Atmungsorganen.

Bronchialäste

Eine Gruppe verzweigter Luftwege in der Lunge

Auf ihrem Weg in die Lunge und wieder heraus fließt die Luft durch ein System von Kanälen, das wie ein Kopf stehender Baum aussieht. Der »Stamm« dieses Baumes ist die Luftröhre ■. Ihre Hauptäste nennt man Bronchien, und die kleinen Zweige heißen Bronchiolen.

Bronchie

Ein Luftkanal, der von der Luftröhre in einen Lungenflügel führt

Die Bronchien sind Röhren, die Luft in die Lunge und wieder heraus leiten. In jeden Lungenflügel führt eine einzige **primäre Bronchie**, die durch C-förmige Knorpelelemente ■ verstärkt ist. In der Lunge teilt sie sich in zwei oder drei **sekundäre Bronchien**, die jeweils einen Lungenlappen mit Luft versorgen. Die sekundären Bronchien verzweigen sich zu **tertiären Bronchien**, die jeweils zu einem Segment führen.

Bronchiole

Luftkanal, der von einer Bronchie zu einzelnen Lungenbläschen führt

Die Bronchiolen sind die kleinsten Äste im Luftwegesystem der Lunge. Sie leiten die Luft zu den Lungenbläschen, wo der Gasaustausch ▪ stattfindet. Anders als Bronchien sind Bronchiolen nicht mit Knorpel verstärkt, sondern besitzen eine Schicht glatter Muskulatur ▪. Zieht diese sich zusammen, verändert sich die Form der Bronchiole.

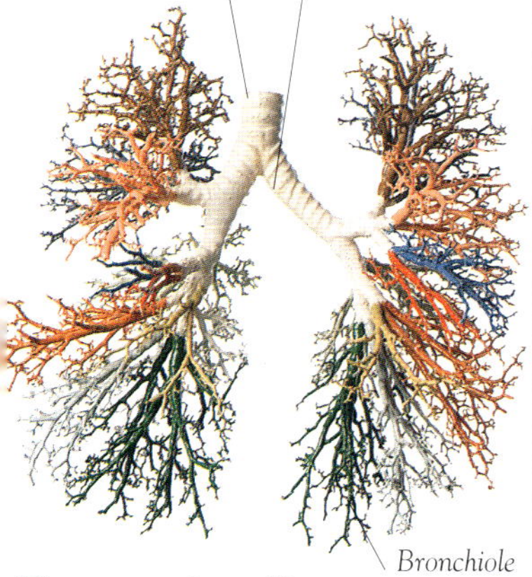

Ein verzweigter Baum
Das Modell zeigt die Verästelungen der Bronchien und Bronchiolen, die wie ein Baum aussehen.

Lungenbläschen

Ein Bläschen, in dem der Gasaustausch stattfindet

Die Lungenbläschen oder **Alveoli** (Einzahl **Alveolus**) haben sehr dünne, innen feuchte Wände, an denen Gase zwischen Luft und Blut ausgetauscht werden können. Ein Lungenbläschenbündel sieht aus wie eine winzige Weintraube, die von einem Kapillargeflecht ▪ umgeben ist. Die Lunge eines Erwachsenen enthält über 300 Millionen Lungenbläschen, und ihre gesamte Innenfläche beträgt rund 70 m^2. Diese große Oberfläche ist notwendig, damit der Organismus mit dem erforderlichen Sauerstoff versorgt wird und das Kohlendioxid schnell genug abgeben kann.

Surfactant

Substanz, die das Zusammenfallen der Lungenbläschen verhindert

Der Flüssigkeitsfilm in einem Lungenbläschen ähnelt einer offenen Seifenblase. Seine Moleküle ziehen einander an und schaffen eine **Oberflächenspannung**. Das würde ohne Surfactant bewirken, dass die Blase kleiner wird, sodass das Lungenbläschen zusammenfällt. Surfactant ist eine Mischung aus Phospholipiden ▪ und Proteinen. Es vermindert die Oberflächenspannung und sorgt dafür, dass die Lungenbläschen immer aufgeblasen bleiben.

Alveolarphagocyten

Zellen, die Staub und andere in die Lunge eingedrungene Fremdkörper einschließen

Durch die Atmung gelangen Staub, Pollen und andere Teilchen in die Atemwege ▪. Sie werden zum größten Teil von Schleim oder Haaren festgehalten, die kleinsten schaffen es jedoch bis in die Lunge. Dort werden sie von wandernden Zellen beseitigt, die man Alveolarphagocyten nennt. Sie schließen die Teilchen durch Phagocytose ein, sodass sie die Lunge nicht verstopfen und den Gasaustausch nicht beeinträchtigen können.

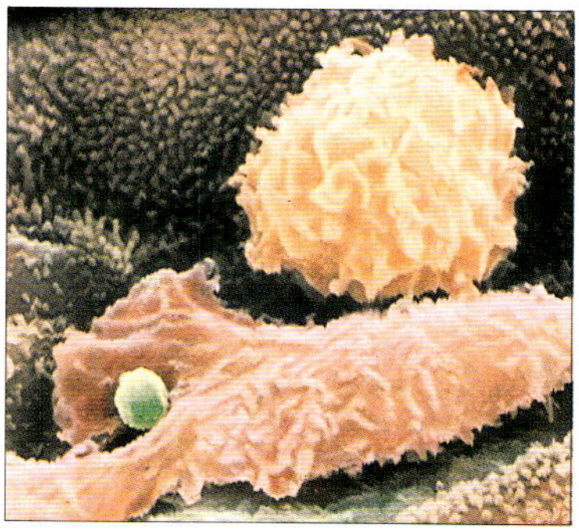

Alveolarphagocyten
Elektronenmikroskopische Falschfarbenaufnahme von zwei Alveolarphagocyten in der Lunge. Die untere umschließt gerade einen kleinen Fremdkörper (unten links).

Adolf Fick

Deutscher Physiologe, 1829–1901

Adolf Fick wandte als einer der Ersten die Physik auf den menschlichen Körper an. Er brachte 1856 ein Buch mit dem Titel *Die medicinische Physik* heraus, in dem er viele Körpervorgänge untersuchte, beispielsweise die Bewegung des Blutes in den Blutgefäßen und die Wärmeverteilung. In Erinnerung blieb Fick vor allem mit seinem Diffusionsgesetz; es gibt an, wie schnell Moleküle sich gleichmäßig verteilen, beispielsweise wenn der Sauerstoff durch die Lunge ins Blut gelangt.

Alveolarepithel

Eine dünne Haut, die Luft und Blut trennt

In der Lunge sind Luft und Blut durch eine Haut getrennt, die nur zwei Zellen dick ist. Sie bildet die Wand der Lungenbläschen und der angrenzenden Kapillaren. Die Entfernung quer durch die Membran liegt häufig unter 0,001 mm, und Gase können sie durch Diffusion ▪ leicht überwinden. Die der Luft zugewandte Seite ist mit einem flüssigen Film bedeckt, in dem sich der Sauerstoff löst, bevor er durch die Membran ins Blut wandert.

Siehe auch

Atemwege 110 • Brusthöhle 14
Brustkorb 37 • Diffusion 28
Gasaustausch 115 • glatte Muskulatur 49
Herz 86 • Kapillare 88 • Knorpel 35
Luftröhre 111 • Membran 28
Phagocyten 95 • Phospholipid 23
Schlüsselbein 40 • Zwerchfell 114

Atmung & Gasaustausch

Ständig saugen wir durch die Atmung frische Luft ein, und gleichzeitig verlässt verbrauchte Luft den Körper. Die eingeatmete Luft enthält Sauerstoff, der aus der Lunge ins Blut und mit ihm in den ganzen Körper gelangt. Bei der Ausatmung fließt kohlendioxidhaltige Luft in die entgegengesetzte Richtung.

Atmung

Die Bewegung der Luft in die Lunge und wieder heraus

Der menschliche Körper muss ständig Sauerstoff aufnehmen und große Mengen von Kohlendioxid abgeben. Diesem Zweck dient die Atmung: Luft wird in die Lunge und wieder hinausgepumpt. Die Lunge selbst besitzt keine Muskeln. Für die Luftbewegungen sorgen vielmehr Formveränderungen der Brusthöhle ■. Diese Veränderungen werden vor allem vom Zwerchfell und den Zwischenrippenmuskeln ■ verursacht. Wenn man sehr tief atmet, sind auch andere Muskeln beteiligt. Die Halsmuskeln vergrößern das Volumen der Brusthöhle, die Bauchmuskeln verringern es.

Zwerchfell

Eine kuppelförmige Muskelschicht, die Luft in die Lunge saugt

Das Zwerchfell ist eine muskulöse Kuppel, die den Brustkorb ■ vom Bauchraum trennt. Beim Einatmen zieht es sich zusammen und wird flacher. Dadurch vergrößert sich die Brusthöhle, und Luft wird in die Lunge gesaugt. Bei der normalen Atmung wirkt das Zwerchfell mit den Zwischenrippenmuskeln zusammen, die die Rippen anheben.

Einatmung

Die Bewegung von Luft in die Lunge

Wenn man einatmet, zieht sich das Zwerchfell zusammen, und die Zwischenrippenmuskeln bewegen die Rippen nach oben. Beide Tätigkeiten sorgen gemeinsam dafür, dass das Volumen der Brusthöhle zunimmt. Dadurch vergrößert sich die Lunge, und der Luftdruck in ihrem Inneren nimmt ab. Nun hat die Luft außerhalb des Körpers einen höheren Druck als in der Lunge, sodass sie durch die Atemwege ■ in die Lunge strömt, bis der Druck wieder ausgeglichen ist.

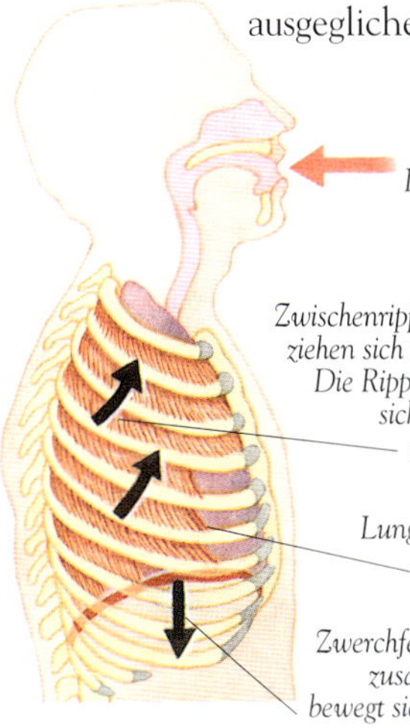

Einatmung
Zwerchfell und Zwischenrippenmuskeln ziehen sich zusammen: Die Brusthöhle erweitert sich, und Luft strömt in die Lunge.

Ausatmung

Die Bewegung von Luft aus der Lunge nach außen

Beim Ausatmen entspannen sich Zwerchfell und Zwischenrippenmuskeln, sodass das Volumen der Brusthöhle sinkt. Die Lunge wird zusammengedrückt, und die Luft in ihrem Inneren wird so komprimiert, dass sie einen höheren Druck hat als die Außenluft. Daraufhin strömt Luft aus der Lunge und verlässt den Körper. Die Ausatmung ist normalerweise ein passiver Vorgang, wenn man aber tief atmet, ziehen sich zusätzliche Muskeln zusammen und machen die Brusthöhle noch kleiner. So wird weitere Luft nach außen gedrückt.

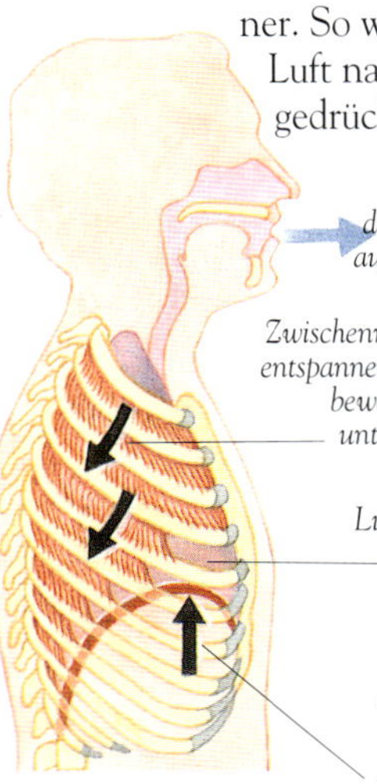

Ausatmung
Beim Ausatmen entspannen sich Zwischenrippenmuskeln und Zwerchfell; die Lunge nimmt wieder ihre normale Größe an, und Luft wird aus dem Körper gedrückt.

Atemfrequenz

Die Geschwindigkeit der Atmung

Ein ruhender Mensch atmet in der Regel 12- bis 15-mal pro Minute ein und aus, bei starker Anstrengung kann sich diese Frequenz aber mehr als verdoppeln. Die Atmung wird vom **Atemzentrum** im Hirnstamm ■ gesteuert. Man kann ihre Geschwindigkeit zwar willkürlich ändern, aber insgesamt behält der Hirnstamm die Kontrolle.

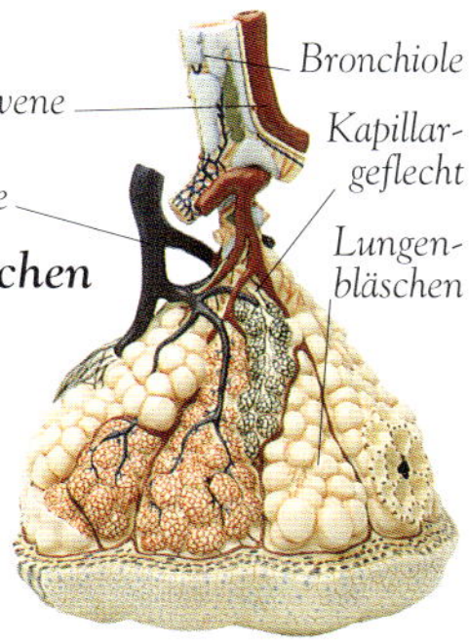

Lungenbläschen *Jeder Lungenflügel enthält viele Millionen Lungenbläschen.*

Gasaustausch

Die Wanderung von Gasen zwischen Luft und Blut

In der Lunge kommt es durch einen als Diffusion ▪ bezeichneten Vorgang zum Gasaustausch zwischen Luft und Blut. Die Luft, die wir einatmen, besteht zu rund 21 Prozent aus Sauerstoff, beim Ausatmen enthält sie aber nur noch 16 Prozent dieses Gases. Die restlichen fünf Prozent sind durch die dünnen Wände der Lungenbläschen in die Kapillaren und damit ins Blut übergegangen. Von dort wird der Sauerstoff durch den ganzen Körper transportiert. Gleichzeitig wandert Kohlendioxid in der entgegengesetzten Richtung. Ausgeatmete Luft enthält hundertmal mehr Kohlendioxid als eingeatmete.

Totale Lungenkapazität

Das Gesamtvolumen der Luft in der vollständig aufgeblähten Lunge

Wenn man so tief wie möglich einatmet, enthält die Lunge mehrere Liter Luft. Die genaue Menge hängt von Alter, Geschlecht und Körperbau ab, liegt bei den meisten Erwachsenen aber bei rund 6 l. Die Luftmenge, die man im Ruhezustand ein- und ausatmet, heißt **Atemvolumen**. Sie ist viel geringer als die totale Lungenkapazität; bei Erwachsenen beträgt sie rund 0,5 l.

Vitalkapazität

Das Luftvolumen, das bei tiefem Atmen bewegt wird

Bei großer Anstrengung atmet man viel tiefer als gewöhnlich. Die Lunge dehnt sich beim Einatmen stärker aus und zieht sich beim Ausatmen auch stärker zusammen. Die Vitalkapazität ist ein Maß für die Gesamtmenge der Luft, die unter solchen Umständen bewegt wird. Bei den meisten Menschen ist sie rund zehnmal so hoch wie das Atemvolumen.

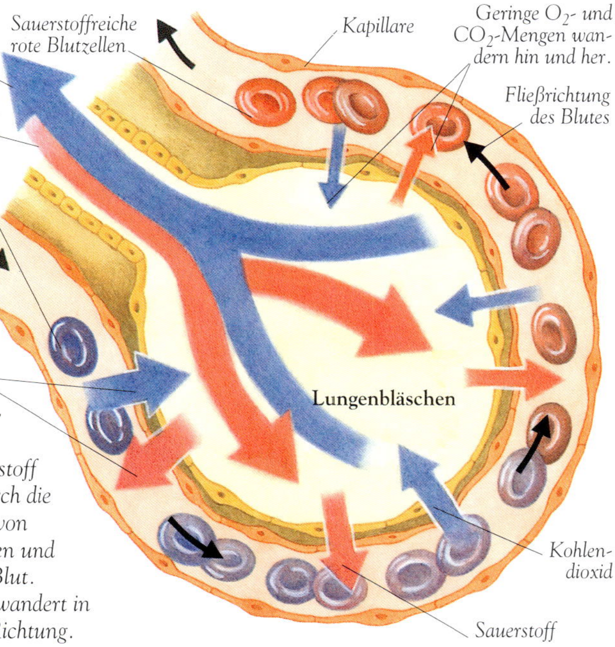

Im Lungenbläschen *Der Luftsauerstoff diffundiert durch die dünne Wand von Lungenbläschen und Kapillare ins Blut. Kohlendioxid wandert in umgekehrter Richtung.*

Siehe auch

Atemwege 110 • Brusthöhle 14 • Brustkorb 37 • Diffusion 28 • Hirnstamm 64 Lungenbläschen 113 • Reflex 63 Stimmbänder 111 • Verdauungskanal 116 Zwischenrippenmuskulatur 53

Restvolumen

Das Mindestvolumen an Luft, das immer in der Lunge verbleibt

In der Lunge gibt es Hohlräume, die sich nicht leeren können. Man kann also niemals die gesamte in ihnen enthaltene Luft ausatmen. Bei Erwachsenen beträgt dieses Restvolumen etwa 1 l.

Husten

Eine Atembewegung, mit der die Atemwege gereinigt werden

Husten wird entweder absichtlich oder als Reflex ▪ ausgelöst und beseitigt eine Reizung im oberen Teil der Atemwege. Es beginnt mit einer ungewöhnlich tiefen Einatmung. Danach schließen sich die Stimmbänder ▪ und halten die Luft in der Lunge fest. Gleichzeitig sorgen Muskeln für eine Kontraktion des Brustkorbes, sodass die Luft in der Lunge unter hohem Druck steht. Plötzlich öffnen sich die Stimmbänder, und ein Luftschwall schießt mit 160 km/h aus dem Mund. Das **Niesen** ähnelt dem Husten, aber hier entweicht die Luft nicht durch den Mund, sondern durch die Nase.

Schluckauf

Plötzliche Einatmung, ausgelöst von Kontraktion des Zwerchfells

Der Schluckauf entsteht, wenn sich das Zwerchfell plötzlich unwillkürlich zusammenzieht. Luft schießt in die Lunge, dann wird ihr Strom durch plötzliches Schließen der Stimmbänder abgeschnitten. Der Schluckauf wird meist von Nerven im Verdauungskanal ▪ ausgelöst.

Verdauung

Jeder muss essen, aber das ist nur das erste Stadium der Nährstoffgewinnung. Fast alles, was wir zu uns nehmen, muss zunächst abgebaut werden und kommt erst dann dem Organismus zugute. Diese Aufgabe übernimmt das Verdauungssystem.

Verdauung

Die Aufbereitung der Lebensmittel zu einer für den Organismus nutzbaren Form

Die Inhaltsstoffe der meisten Lebensmittel bestehen aus kompliziert gebauten Molekülen. Bevor der Organismus sie aufnehmen kann, baut er sie mit den Enzymen zu kleineren Einheiten ab. Enzyme beschleunigen jeweils eine ganz bestimmte chemische Reaktion zum Abbau einer Nahrungssubstanz. Danach gehen die Nährstoffe aus der verdauten Nahrung in den Organismus über.

Siehe auch

Aminosäure 24 • Anus 125 • Ausscheidungssystem 126 • Ballaststoffe 107
Bauchhöhle 14 • Blinddarm 125
Darm 124 • Disaccharid 22 • Dünndarm 124
Enzym 24• Fettsäure 23 • Gallenblase 122
Gallensalze 122 • Gewebeflüssigkeit 96
glatte Muskulatur 49 • Harnleiter 127
Kohlenhydrat 22 • Kreislauf 90
Lactase 124 • Leber 122 • Lipase 123
Lymphgefäß 96 • Magen 121
Maltase 124 • Milchsaftgang 96
Molekül 20 • Monoglycerid 23
Monosaccharid 22 • Mund 120
Nährstoffe 106 • Pankreas 123
Pankreasamylase 123 • Pepsin 121
Peptidase 124 • Polysaccharid 22
Saccharase 124 • Speichelamylase 120
Speicheldrüse 120 • Speiseröhre 120
Trypsin 123 • Villi 124
Zellatmung 104

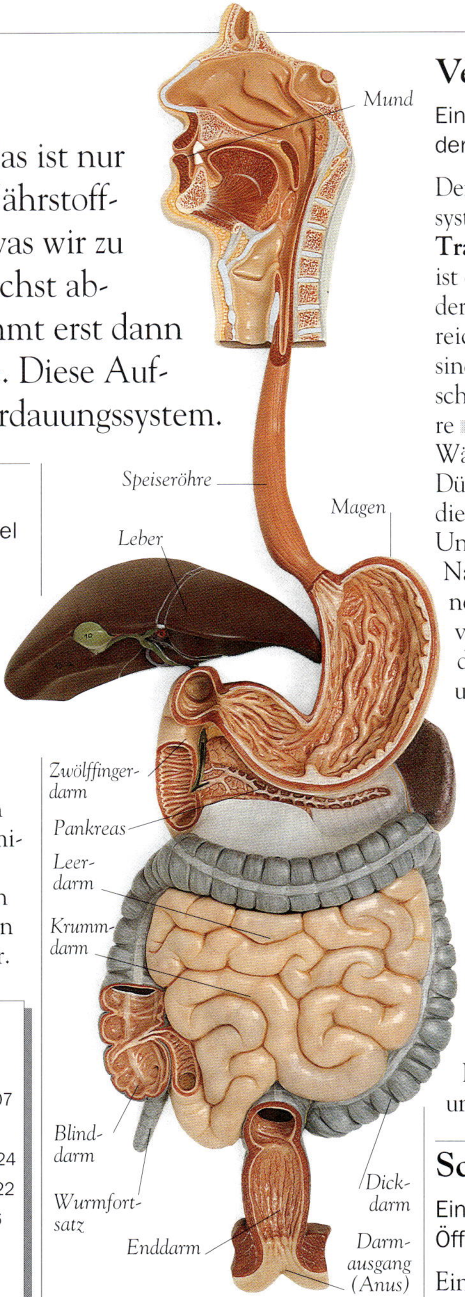

Das Verdauungssystem
Das Modell oben zeigt die Anordnung der Verdauungsorgane. Würde man sie entfalten und hintereinander aufreihen, sähen sie so aus wie unten dargestellt. Deutlich erkennt man, wie lang der Dünndarm ist.

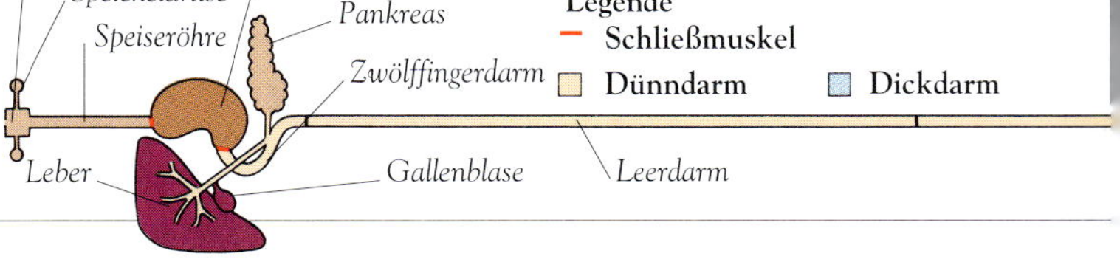

Verdauungssystem

Ein Organsystem für die Verdauung der Nahrung

Den Hauptteil des Verdauungssystems nennt man **Magen-Darm-Trakt** oder **Verdauungskanal**. Er ist ein rund 9 m langer Schlauch, der vom Mund bis zum Anus reicht. Seine einzelnen Abschnitte sind je nach ihrer Aufgabe unterschiedlich gebaut. Die Speiseröhre hat beispielsweise muskulöse Wände zum Schlucken, und der Dünndarm ist mit Villi besetzt, die verdaute Nährstoffe aufnehmen. Unterstützt wird der Abbau der Nahrung auch von anderen Organen des Verdauungssystems, so von Zunge, Zähnen, Speicheldrüsen, Leber, Gallenblase und Pankreas.

Bauchfell

Eine Schleimhaut auf der Innenseite der Bauchhöhle

Durch das Bauchfell sind die Verdauungsorgane mit der Wand der Bauchhöhle verbunden. Es enthält Nerven, Blut- und Lymphgefäße. Ein Teil des Bauchfells, das **Mesenterium** oder **Gekröse**, geht vom Bauch aus und hält die Verdauungsorgane an ihrem Platz.

Schließmuskel

Ein ringförmiger Muskel, der eine Öffnung verschließt

Ein Schließmuskel hält die Nahrung vorübergehend fest, sodass die Verdauung oder Resorption ablaufen kann. Schließmuskeln gibt es im Magen, Blinddarm und Anus, wo sie jeweils einen Teil des Verdauungskanals verschließen. Auch findet man sie im Kreislauf und im Ausscheidungssystem.

Nahrungsaufnahme

Essen und Trinken

Sämtliche aufgenommene Nahrung wird geschluckt und beginnt damit ihren Weg durch die Verdauungsorgane, der bis zu zwei Tage dauern kann. Am Ende wurden alle nützlichen Inhaltsstoffe verdaut und vom Organismus aufgenommen.

Peristaltik

Bewegung durch ein Hohlorgan, verursacht durch wellenförmige Muskelkontraktion

Der größte Teil des Verdauungskanals ist von zwei Schichten glatter Muskulatur ▪ umgeben. Diese schieben die Nahrung durch ihre gemeinsame Tätigkeit (Peristaltik) vorwärts. Die innen liegende **Ringmuskulatur** zieht sich hinter der Nahrung zusammen und verengt den Kanal. Gleichzeitig kontrahiert sich die äußere **Längsmuskulatur** vor der Nahrung, sodass der Kanal sich erweitert. Auf diese Weise wandert die Nahrung vorwärts. Peristaltik gibt es auch in anderen Körperteilen, so in den Harnleitern ▪, die den Urin zur Blase transportieren.

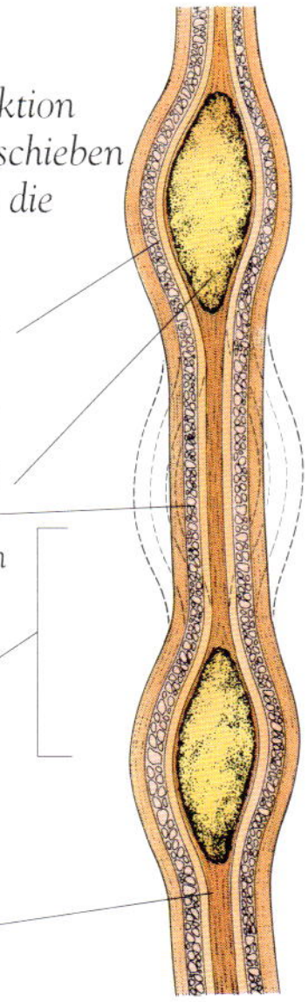

Peristaltik
Wellen der Kontraktion und Entspannung schieben die Nahrung durch die Speiseröhre.

Kohlenhydratverdauung

Der Abbau der Kohlenhydrate in der Nahrung

Kohlenhydrate ▪ werden vorwiegend im Dünndarm verdaut, und zwar von den Enzymen Speichelamylase ▪, Pankreasamylase ▪, Saccharase ▪ und Lactase ▪. Komplexe Polysaccharidketten ▪ werden zu Disacchariden ▪ abgebaut, die dann zu Monosacchariden ▪ gespalten werden. Die kleinen Moleküle der Monosaccharide werden dann resorbiert. Manche Kohlenhydrate sind unverdaulich und bilden die Ballaststoffe ▪.

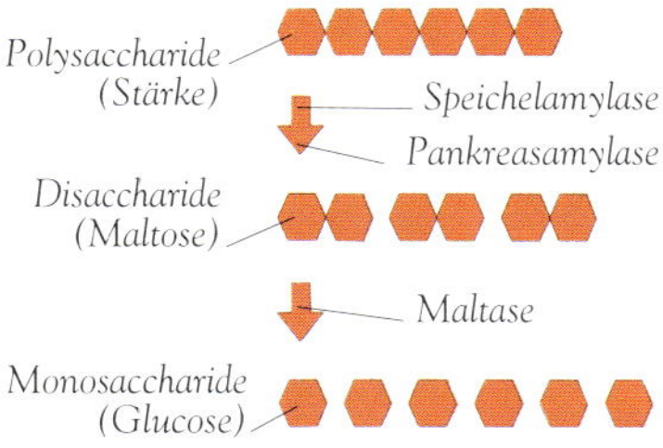

Kohlenhydratverdauung
Kohlenhydrate werden zu einfacheren Verbindungen gespalten und resorbiert.

Proteinverdauung

Abbau der Proteine in der Nahrung

Die Proteinverdauung findet in Magen und Dünndarm statt. Beteiligt sind Salzsäure sowie die Enzyme Pepsin ▪, Trypsin ▪ und Peptidasen ▪. Proteinmoleküle werden zu kleinen Peptiden und dann zu einzelnen Aminosäuren abgebaut, die schließlich resorbiert werden.

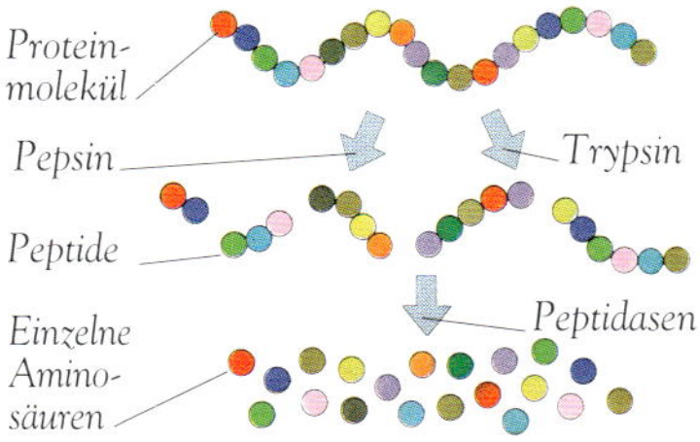

Proteinverdauung
Die langen Proteinketten werden in ihre Aminosäurebausteine zerlegt.

Fettverdauung

Abbau der Fette in der Nahrung

Für die Fettverdauung sorgt der Dünndarm unter Mitwirkung der Gallensalze ▪ und des Enzyms Lipase ▪. Fette werden zu Fettsäuren ▪ und Monoglyceriden ▪ abgebaut, die als winzige Kügelchen **(Micellen)** vorliegen. Verdaute Fette gelangen nicht unmittelbar ins Blut, sondern wandern durch die Darmwand in die Milchsaftgänge ▪ des Lymphsystems.

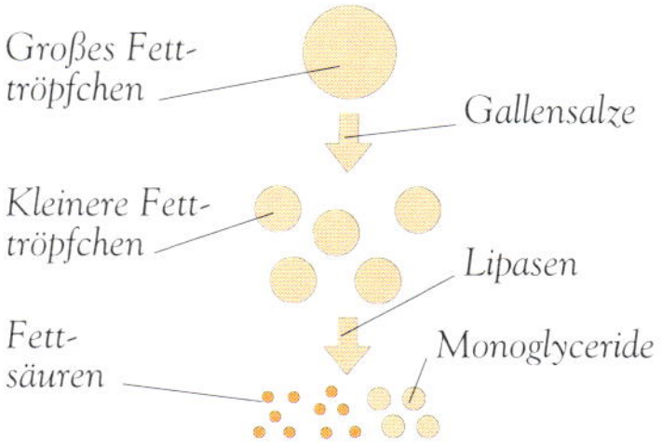

Fettverdauung
Fett wird in kleine Tröpfchen zerlegt und zu Fettsäuren und Monoglyceriden abgebaut.

Resorption

Wanderung von Nährstoffen aus Verdauungskanal in Organismus

Streng genommen, befindet sich die Nahrung im Verdauungskanal außerhalb des Körpers: Sie wandert durch einen Hohlraum, der mit der Umgebung in Verbindung steht. Erst nachdem sie verdaut ist, nimmt der Organismus sie auf. Bei dieser Resorption wandern Kohlenhydrate und Proteine durch die Wand des Verdauungskanals ins Blut, Fette gelangen in die Lymphe. Anschließend werden sie an den Ort gebracht, wo sie gebraucht werden.

Assimilation

Nährstoffaufnahme durch einzelne Zellen

Das Blut transportiert Nährstoffe. Von dort gelangen sie in die Gewebeflüssigkeit ▪ und dann in die Zellen. Nun können sie durch Zellatmung ▪ zur Energiegewinnung abgebaut oder zum Aufbau neuer Zellbausteine verwendet werden.

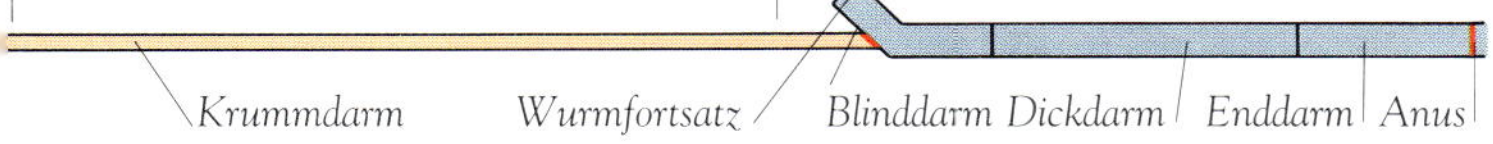

Zähne

Mit ihrer unterschiedlichen Form können die Zähne die Nahrung durch Schneiden, Mahlen und Greifen für die Verdauung aufbereiten. Zähne sind härter als Knochen und entwickeln sich auch ganz anders.

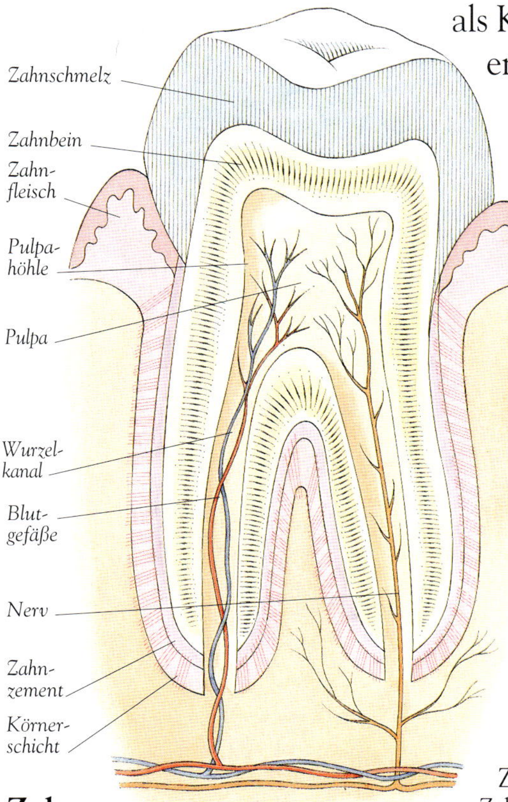

Aufbau eines Zahnes
Ein Zahn besteht aus vielen Schichten mit Nerven und Blutgefäßen.

Zahn

Ein hartes Gebilde im Mund, das Nahrung zerteilt oder zermahlt

Die Zähne zerteilen die Nahrung, sodass sie geschluckt werden kann. Außerdem schaffen sie durch das Kauen eine größere Angriffsfläche für die Verdauungsenzyme. Die Zähne entstehen in den Kiefern. Die Kieferknochen sind vom **Zahnfleisch** bedeckt, durch das die Zähne während ihrer Entwicklung durchbrechen. Ein durchgebrochener Zahn wird später nicht mehr größer. Die meisten Menschen besitzen während ihres Lebens zwei natürliche **Gebisse** mit zusammen insgesamt 52 Zähnen. Zahl, Anordnung und Form der Zähne hält der Zahnarzt in einer **Zahnformel** fest.

Zahnschmelz

Die harte Außenschicht eines Zahnes

Der Zahnschmelz ist das härteste Körpermaterial. Er besteht fast ausschließlich aus Calciumsalzen und bedeckt die **Zahnkrone**, den Teil des Zahnes, der aus dem Zahnfleisch ragt. Im Gegensatz zu den anderen Teilen eines Zahnes ist der Zahnschmelz nicht lebendig. Er verhindert die Abnutzung und schützt das tiefer liegende, weichere Gewebe.

Zahnbein

Knochenartiges Gewebe, das dem Zahn seine Form verleiht

Das Zahnbein **(Dentin)** macht den größten Teil des Zahnes aus und gibt ihm seine grobe Form. Es ist nicht so hart wie der Zahnschmelz, aber immer noch sehr kräftig. Von einer Schicht unter der Zahnkrone erstreckt es sich nach unten bis in die **Zahnwurzeln**. Zahnbein enthält Calciumsalze, aber auch lebende Zellen.

Pulpa

Das weiche Gewebe im Inneren eines Zahnes

Die Pulpa enthält Blutgefäße, Lymphgefäße und Nerven. Sie produziert das Zahnbein und hält das Innere eines Zahnes lebendig. Zum größten Teil liegt sie in der **Pulpahöhle**, sie erstreckt sich aber in den **Wurzelkanälen** auch bis in die Zahnwurzeln.

Zahnzement

Eine harte Substanz, die einen Zahn an seinem Platz hält

Die Zahnwurzeln sind vom Zahnzement bedeckt. Seine Fasern verankern den Zahn im **Zahnbett**, einem Hohlraum im Kiefer. Innen im Zahnbett liegt die **Körnerschicht**, die beim Beißen als Stoßdämpfer dient.

Karies

Die Zerstörung von Zahnschmelz und Zahnbein

Wenn man sich die Zähne nicht regelmäßig putzt, kann sich aus Nahrungsresten und Bakterien ein als **Plaque** bezeichneter Zahnbelag bilden. Die Bakterien geben Säuren ab, die den Zahnschmelz auflösen und das Innere des Zahnes freilegen. Diesen Zustand nennt man Karies. In schweren Fällen stirbt das Innere des Zahnes nach einer Infektion ab.

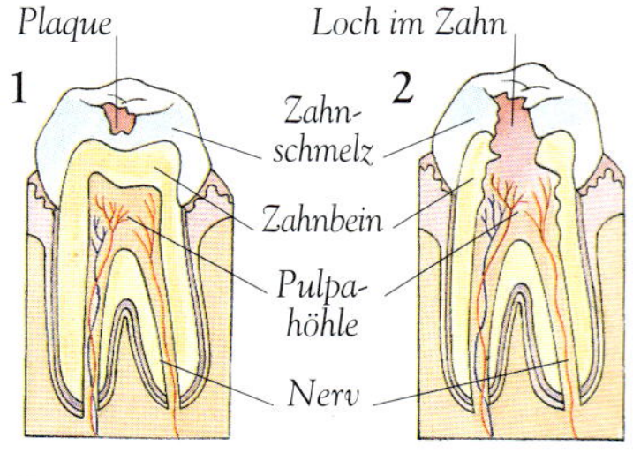

Karies
(1) Am Zahn bildet sich Plaque.
(2) Im Zahnschmelz entsteht ein Loch, das bis ins Zahnbein und die Pulpahöhle reicht. Am Ende stirbt der Nerv und mit ihm auch der Zahn.

Durchbruch der Zähne

Zähne brechen in einer bestimmten Reihenfolge durch. Angegeben ist hier das durchschnittliche Alter beim Durchbruch der Milch- und der Dauerzähne. Alle Dauerzähne mit Ausnahme der Molaren verdrängen Milchzähne; dabei treten die Prämolaren an Stelle der Molaren. Die Molaren des Erwachsenen kommen zusätzlich hinzu.

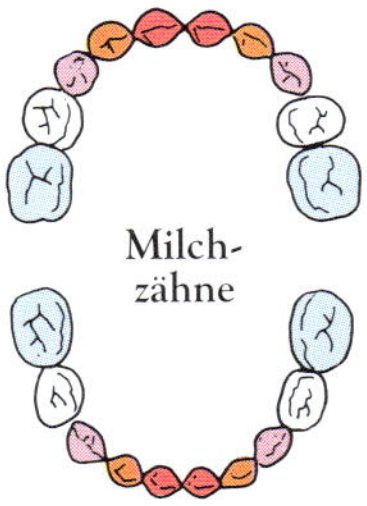

Legende
- Mittlere Schneidezähne 6–12 Monate
- Seitliche Schneidezähne 9–16 Monate
- Eckzähne 16–24 Monate
- Erste Molaren 12–16 Monate
- Zweite Molaren 24–32 Monate

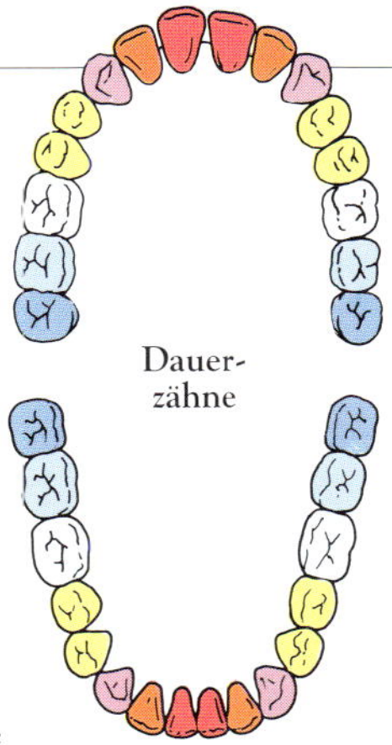

Legende
- Mittlere Schneidezähne 6–8 Jahre
- Seitliche Schneidezähne 7–9 Jahre
- Eckzähne 9–12 Jahre
- Prämolaren 10–12 Jahre
- Erste Molaren 6–7 Jahre
- Zweite Molaren 11–13 Jahre
- Dritte M. (Weisheitszähne) 17–21 Jahre

Milchzähne

Das erste Gebiss

Ein Mensch bekommt in seinem Leben zweimal Zähne. Das erste Gebiss, die Milchzähne, bricht etwa ab dem sechsten Lebensmonat durch und ist nach 32 Monaten in der Regel vollständig. Es besteht insgesamt aus 20 Zähnen: Im Ober- und Unterkiefer stehen jeweils vier Schneide-, zwei Eck- und vier Backenzähne. Milchzähne haben sehr kurze Wurzeln, die teilweise resorbiert werden, wenn die Zähne abgestoßen und durch die Dauerzähne ersetzt werden.

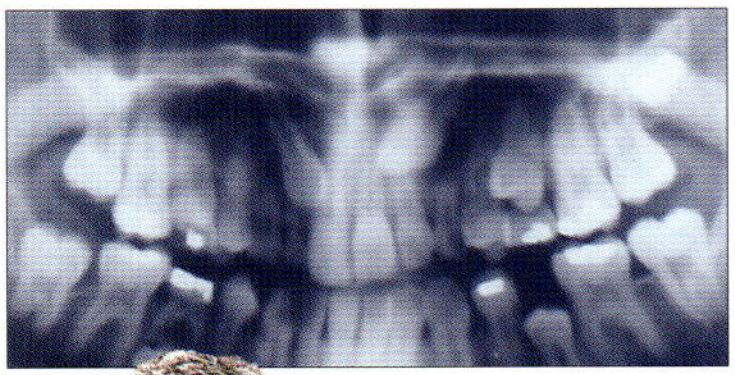

Zahnwechsel
Die Röntgenaufnahme (oben) zeigt, wie die Milchzähne von den Dauerzähnen verdrängt und aus dem Zahnfleisch geschoben werden. Das Mädchen hat einen Teil der Milchzähne verloren. Später wachsen dort die Dauerzähne nach.

Dauerzähne

Das zweite Gebiss

Das dauerhafte Gebiss besteht aus 32 Zähnen. Es bricht etwa ab dem sechsten Lebensjahr durch und ist im frühen Erwachsenenalter fertig entwickelt. Dann stehen in jedem Kiefer vier Schneide- und zwei Eckzähne sowie vier Prämolaren und sechs Molaren. Schneidezähne, Eckzähne und Prämolaren ersetzen die Milchzähne, Molaren kommen mit dem Wachstum der Kiefer hinzu. Die Dauerzähne haben längere Wurzeln und sind fest verankert.

Schneidezähne

Zähne mit einer Schneidkante

Die Schneidezähne stehen vorn im Ober- und Unterkiefer und brechen jeweils als erste durch. Sie zerteilen die Nahrung und haben jeweils eine Wurzel.

Eckzähne

Zähne zum Greifen und Stechen

Eckzähne stehen beiderseits der Schneidezähne. Sie haben jeweils eine einzige Wurzel. Bei Menschen sind sie kleiner als bei Hunden und anderen Raubtieren.

Prämolaren

Zähne zum Mahlen und Kauen

Prämolaren haben an ihrer Oberfläche zwei Verdickungen oder **Höcker**. Sie liegen hinter den Eckzähnen und haben eine oder zwei Wurzeln. Die acht Prämolaren des Erwachsenen ersetzen die acht Molaren im Milchgebiss.

Molaren

Zähne, die mit großer Kraft zermalmen und kauen

Die Molaren stehen hinten im Kiefer. Sie haben vier Höcker und bei Erwachsenen zwei oder drei Wurzeln. Da sie in der Nähe des Kiefergelenkes stehen, können sie mit gewaltiger Kraft zubeißen und die meisten Nahrungsmittel zermalmen. Im Dauergebiss brechen die Molaren erst nach und nach durch, weil die Kiefer zunächst wachsen und Platz schaffen müssen. Die weiter vorn stehenden **ersten Molaren** tauchen mit sechs bis sieben Jahren auf, gefolgt von den **zweiten Molaren** mit elf bis 13 Jahren.

Weisheitszähne

Molaren ganz hinten im Kiefer

Die Weisheitszähne werden auch **dritte Molaren** genannt. Sie brechen meist erst nach dem 17. Lebensjahr durch, bei manchen auch nie. Wenn sie auftauchen, dann in einem engen Zwischenraum am hinteren Ende des Kiefers. Ist dort zu wenig Platz, bleiben die Weisheitszähne manchmal **retiniert**, d.h. im Kiefer verborgen. Dann können sie Schmerzen verursachen, sodass man sie entfernen muss.

Siehe auch

Bakterien 92 • Blutgefäß 88 • Enzym 24
Ernährung 106 • Kiefer 39
Lymphgefäß 96 • Nerv 58
Schlucken 120

Mund & Speiseröhre

Der Mund ist der Eingang zum Verdauungssystem, aber auch ein Kanal für Luft und Schallwellen. Seine Bewegungen lassen sich steuern, sodass man genau mit der richtigen Kraft beißt und kaut. Wenn die Nahrung aber in der Speiseröhre auf dem Weg in den Magen ist, läuft die restliche Verdauung automatisch ab.

Mund

Der Eingang zum Verdauungskanal

Den Innenraum des Mundes bezeichnet man als **Mundhöhle**. Wie die meisten Teile des Verdauungskanals ▪ enthält sie viele Bakterien ▪. Im Mund wird die Nahrung von den Zähnen zerkleinert, mit Speichel vermischt und dann geschluckt. Die Zunge ▪ ist am Essen, aber auch am Schmecken und Sprechen beteiligt. Geschmacksknospen ▪ auf ihrer Oberfläche nehmen die Nahrungsbestandteile wahr. Beim Sprechen erzeugen die Stimmbänder ▪ das Geräusch, aber die Zunge artikuliert es, indem sie den Innenraum des Mundes verändert.

Gaumen

Das Dach der Mundhöhle

Das Dach des Mundes ist vorn hart und hinten weich. Deshalb spricht man auch vom **harten** und **weichen Gaumen**. Der harte Gaumen ist ein Knochengewölbe, das von einer Schleimhaut ▪ bedeckt ist. Der weiche Gaumen besteht aus Muskeln und der gleichen Schleimhaut. An ihm hängt das **Zäpfchen**, ein kleiner Muskelstrang am Eingang des Rachens ▪. Der Gaumen trennt die Mundhöhle von der Nasenhöhle ▪.

Speicheldrüse

Eine Drüse, die Speichel produziert

Speichel ist ein Verdauungssaft, der die Nahrung leichter durch den Rachen gleiten lässt. Er enthält das Enzym ▪ **Speichelamylase**, das Stärke ▪ abbaut. Den größten Teil des Speichels produzieren drei Drüsenpaare, die über kurze Drüsengänge mit dem Mund verbunden sind. Die **Ohrspeicheldrüsen** liegen in den Wangen, die **Unterzungendrüsen** unmittelbar unter der Zunge und die **Unterkieferdrüsen** weiter hinten im Mund und ebenfalls unter der Zunge. Sie alle produzieren ständig Speichel, aber seine Menge nimmt beim Anblick oder Geruch von Nahrung zu.

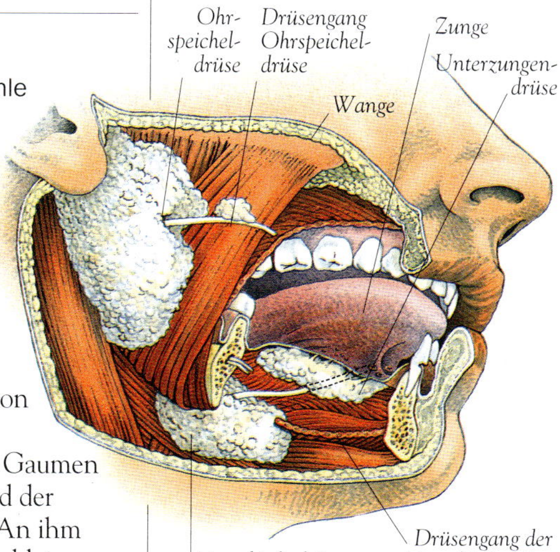

Speicheldrüsen
Um den Mund gruppieren sich drei Paare von Speicheldrüsen.

Speiseröhre

Ein Muskelschlauch, der vom Mund zum Magen führt

Die Speiseröhre **(Ösophagus)** leitet die Nahrung vom Mund mit Hilfe der Peristaltik ▪ in den Magen. Anders als die Luftröhre ▪ hat sie keine verstärkten Wände; wird sie nicht gebraucht, fällt sie zusammen.

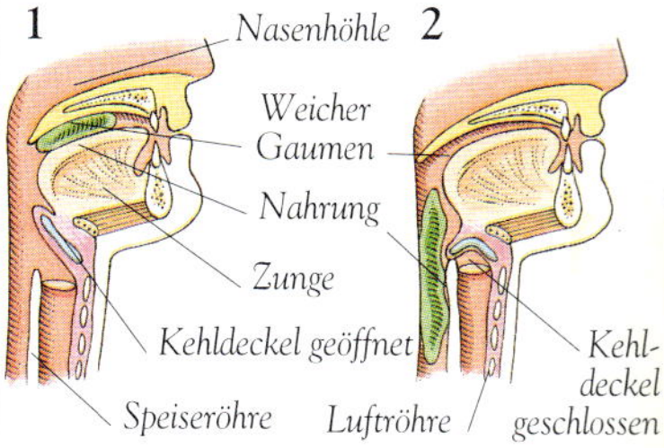

Der Schluckvorgang
(1) Nahrung wird in den Rachen geschoben und (2) gelangt in die Speiseröhre. Gleichzeitig schließt sich der Kehldeckel, damit keine Nahrung in die Luftröhre gelangt, der weiche Gaumen versperrt die Nasenhöhle.

Schlucken

Bewegungsablauf, der Nahrung oder Flüssigkeiten in den Magen befördert

Das Schlucken besteht aus willkürlichen und unwillkürlichen Bewegungen. Die Zunge schiebt die Nahrung absichtlich im Mund nach hinten und löst eine Welle der Peristaltik aus, die das Essen durch die Speiseröhre befördert. Gleichzeitig verschließt der Kehldeckel ▪ automatisch die Luftröhre, damit keine Nahrung in die Lunge gelangt. Beim **Erbrechen** kehrt sich der ganze Vorgang um, und der Magen entleert sich. Dieser Reflex ▪ ist eine wichtige Abwehrreaktion gegen gefährliche Substanzen.

Siehe auch

Bakterien 92 • Enzym 24 • Geschmacksknospe 75 • Kehldeckel 111 • Luftröhre 111 • Nasenhöhle 110 • Peristaltik 117 • Rachen 111 • Reflex 63 • Schleimhaut 19 • Stärke 22 • Stimmbänder 111 • Verdauungskanal 116 • Zunge 75

Magen

Der Magen ist ein besonders elastisches Organ. Ist er mit Nahrung gefüllt, beginnt der Hauptteil der Verdauung. Er enthält zwar die stärkste Säure im Körper, eine besondere Auskleidung sorgt aber dafür, dass er nur die Nahrung und nicht sich selbst verdaut.

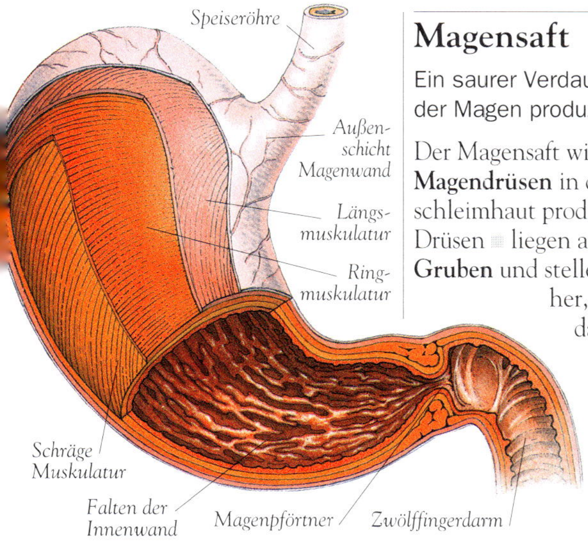

Aufbau des Magens
Der Magen besteht aus drei Muskelschichten, die sich in unterschiedlicher Richtung zusammenziehen.

Magen

Eine gebogene Kammer im Verdauungskanal

Der Magen liegt unter dem Zwerchfell ganz oben in der Bauchhöhle. Sein oberes Ende ist mit der Speiseröhre verbunden, das untere mit dem Zwölffingerdarm. Der Magen speichert die Nahrung und produziert einen starken Verdauungssaft, der Proteine abbaut. Seine Innenwand bildet tiefe Falten, die sich glätten, wenn der Magen sich mit Nahrung füllt. Die Wände enthalten viele Muskeln und kneten die Nahrung während der Verdauung durch. Die Muskelschicht gliedert sich auf in Längs-, Quer- und schräge Schichten.

Magensaft

Ein saurer Verdauungssaft, den der Magen produziert

Der Magensaft wird von den **Magendrüsen** in der Magenschleimhaut produziert. Diese Drüsen liegen am Boden tiefer **Gruben** und stellen das **Pepsin** her, ein Enzym, das Proteine zu kleineren Molekülen, den Peptiden, abbaut. Pepsin funktioniert in einer sauren Umgebung am besten, und deshalb geben die Drüsen auch **Salzsäure** ab. Diese tötet die mit der Nahrung aufgenommenen Bakterien. Der Magen verdaut sich nicht selbst, weil das Pepsin nur als Mischung mit der Säure aktiv wird und weil die Drüsen einen Schleim herstellen, der als Schutzschicht wirkt.

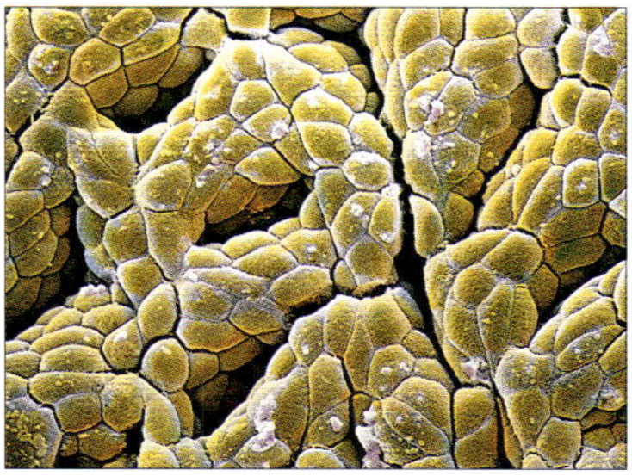

Gruben in der Magenwand
Die Mikroskopaufnahme zeigt die Magenwand. Am Boden der dunklen Vertiefungen liegen die Magendrüsen, die den Magensaft zum Proteinabbau produzieren.

Rennin

Enzym, das Milch gerinnen lässt

Rennin wird nur im Magen von Kleinkindern, nicht aber in dem von Erwachsenen gebildet. Es macht Milch zu einer lockeren, festen Substanz, sodass sie den Magen nicht zu schnell verlässt. Damit ist gewährleistet, dass das Pepsin ausreichend lange auf sie einwirken kann.

Speisebrei

Eine Flüssigkeit, die teilweise verdaute Nahrung enthält

Der Speisebrei entsteht, nachdem der Magen die Nahrung vermischt und mit ihrer Verdauung begonnen hat. Im flüssigen Zustand kann die Nahrung dann in den Zwölffingerdarm übergehen.

Magenpförtner

Ringförmiger Muskel, der den Magen am unteren Ende verschließt

Beim Essen verschließt der Magenpförtner die Verbindung zwischen Magen und Zwölffingerdarm. Ist die Nahrung teilweise verdaut ist, öffnet er sich ein wenig. Fett- oder proteinreiche Nahrungsmittel bleiben häufig Stunden im Magen, solche mit hohem Kohlenhydratgehalt meist weniger als eine Stunde. Der **Speiseröhrenschließmuskel** steuert die Nahrungsmenge, die in den Magen gelangt.

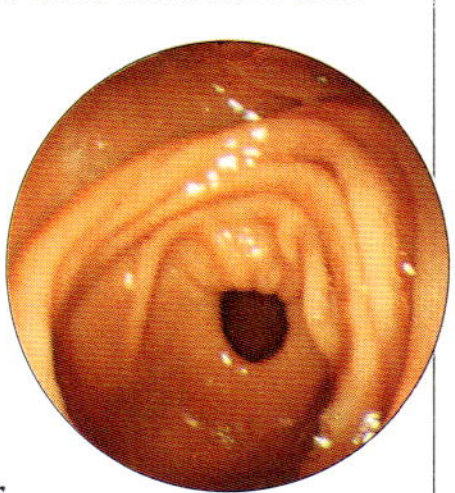

Magenpförtner
Er steuert den Übergang der Nahrung aus dem Magen in den Zwölffingerdarm.

Siehe auch

Drüse 78 • Enzym 24 • Fett 23 • Kohlenhydrat 22 • Milch 141 • Peptid 24 • Schleim 19 • Speiseröhre 120 • Zwerchfell 114 • Zwölffingerdarm 125

Leber & Pankreas

Leber und Pankreas wirken an der Verdauung mit, sind aber auch entscheidend daran beteiligt, die Zusammensetzung des Blutes richtig einzustellen. Gemeinsam sorgen die beiden Organe dafür, dass im Blut das richtige Gleichgewicht herrscht und der Organismus so gut wie möglich funktioniert.

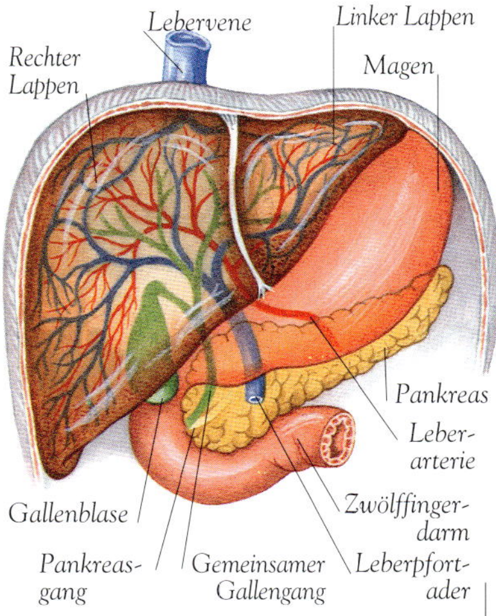

Die Leber
Die schwammartige Leber ist stark durchblutet. Sie besteht aus dem großen rechten und dem kleineren linken Lappen.

Leber

Ein Organ, das Substanzen speichert und Galle produziert

Die Leber, das größte innere Organ des Körpers, wiegt bei einem Erwachsenen rund 1,4 kg. Sie gliedert sich in zwei große Lappen und füllt die obere rechte Seite der Bauchhöhle zum größten Teil aus. Die Leber führt viele hundert chemische Reaktionen aus und speichert lebensnotwendige Substanzen wie Vitamine und Glycogen. Bei der Verdauung ist die Ausscheidung von Galle ihre einzige Funktion. Ihre wichtigste Aufgabe ist es, Blut aus dem Verdauungskanal über den Leberkreislauf aufzunehmen und seine chemische Zusammensetzung zu regulieren, bevor es durch den übrigen Körper fließt.

Hepatocyt

Leberzelle, die die Zusammensetzung des Blutes reguliert

Die Leber enthält Millionen Hepatocyten oder **Leberzellen**, die in sechseckigen Läppchen angeordnet sind. Die Hepatocyten sind die chemischen »Werkstätten« der Leber. Sie werden von Blut aus dem Verdauungskanal umspült und tauschen mit diesem verschiedene Substanzen aus. Zwischen den Lagen mit Leberzellen befinden sich blutgefüllte Hohlräume, die **Sinusoide**. Dort liegen die **Kupffer-Zellen**, Makrophagen, die verbrauchte rote Blutzellen, Bakterien und Zelltrümmer durch Phagocytose in sich aufnehmen. Siehe auch die Tabelle gegenüber.

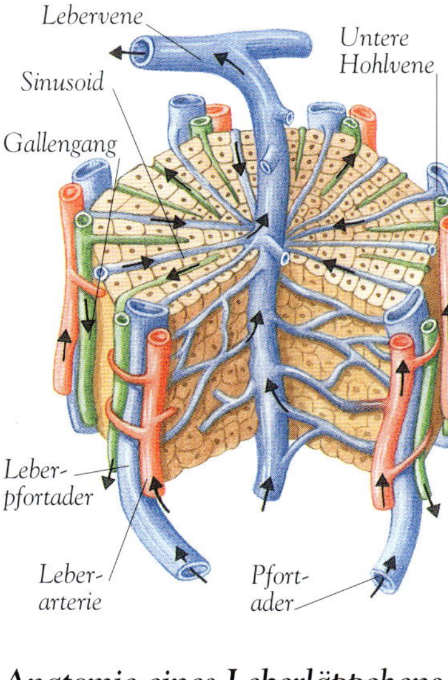

Anatomie eines Leberläppchens
Die Zeichnung zeigt, in welcher Richtung Blut und Galle im Leberläppchen fließen.

Desaminierung

Die Entfernung einer Aminogruppe von einer Aminosäure

Wenn man viel Protein zu sich nimmt, wandelt die Leber die überschüssigen Aminosäuren in Glycogen um, das sie speichert. Zuvor muss sie jedoch den in den Aminosäuren enthaltenen Stickstoff beseitigen. Dazu entfernt sie die Aminogruppen (NH_2) und baut sie in Harnstoff ein. In dieser Form wird der unerwünschte Stickstoff dann über die Nieren ausgeschieden.

Galle

Eine in der Leber gebildete Verdauungsflüssigkeit

Die Galle, eine gelblich grüne Flüssigkeit, wird von der Leber produziert. Sie besteht zu rund 97 Prozent aus Wasser und enthält Ausscheidungssubstanzen wie Cholesterin und den Farbstoff **Bilirubin**, der beim Abbau roter Blutzellen entsteht. Außerdem enthält Galle die in der Leber gebildeten **Gallensalze**, die an der Verdauung mitwirken. Die Galle fließt in den Zwölffingerdarm, einen Teil des Dünndarms. Dort **emulgieren** die Gallensalze die Fette, d. h. sie zerlegen sie in leichter verdauliche, winzige Tröpfchen.

Gallenblase

Ein Sack voller Galle

Die Gallenblase ist ein kleines, sackähnliches Organ, das sich unterhalb der Leber versteckt. Sie ist über die **Gallengänge** mit der Leber und dem Zwölffingerdarm verbunden. Die Gallenblase nimmt die Galle aus der Leber auf, entfernt daraus den größten Teil des Wassers und reichert sie auf diese Weise an. Gelangt halb verdaute Nahrung in den Zwölffingerdarm, pumpen die muskulösen Wände der Gallenblase die Galle in den Dünndarm. Gallenblase und Gänge bilden das **Gallengangsystem**.

Die wichtigsten Funktionen der Leber

Funktion	Beteiligte Vorgänge	Funktion	Beteiligte Vorgänge
Blutzuckerregulation	Nimmt überschüssige Glucose auf und speichert sie als Glycogen; setzt Glucose frei, wenn der Blutzuckerspiegel sinkt	Proteinstoffwechsel	Nimmt Aminosäuren auf und stellt aus ihnen Proteine her; baut überschüssige Aminosäuren durch Desaminierung ab
Fettstoffwechsel	Wandelt Fett in eine speicherfähige Form um oder baut es zur Energiegewinnung ab; stellt auch den größten Teil des körpereigenen Cholesterins her	Gallenproduktion	Bildet Galle und die darin gelösten Salze
		Entgiftung	Beseitigt gefährliche Substanzen aus dem Blut und baut sie ab
Vitaminspeicherung	Speichert mehrere Vitamine, darunter die Vitamine A, D und B_{12}	Hormonabbau	Beseitigt Hormone aus dem Blut und baut sie ab
Mineralstoffspeicherung	Speichert Eisen und Kupfer, zwei Mineralstoffe, die zur Hämoglobinproduktion gebraucht werden		

***Hintergrundbild:** Bereiche der Leber*

Pankreas

Ein Organ, das Verdauungsflüssigkeit produziert und den Blutzuckerspiegel steuert

Das lange, schlanke Pankreas, auch **Bauchspeicheldrüse** genannt, liegt quer unter dem Magen. Es gehört sowohl zu den Verdauungsorganen als auch zum endokrinen System. Die Pankreaszellen, die Verdauungsenzyme abgeben, bilden exokrine Drüsen, die man **Acini** (Einzahl **Acinus**) nennt. Ein Acinus besteht aus einer runden Zellanordnung, die Verdauungssaft über einen **Pankreasgang** in den Zwölffingerdarm abgibt. Diejenigen Pankreaszellen, die Hormone ■ produzieren, sind endokrine Drüsen und werden **Langerhanssche Inseln** genannt. Sie erzeugen die Hormone Insulin ■ und Glucagon ■, die den Blutzuckerspiegel steuern. Die Langerhansschen Inseln setzen ihre Hormone unmittelbar ins Blut frei.

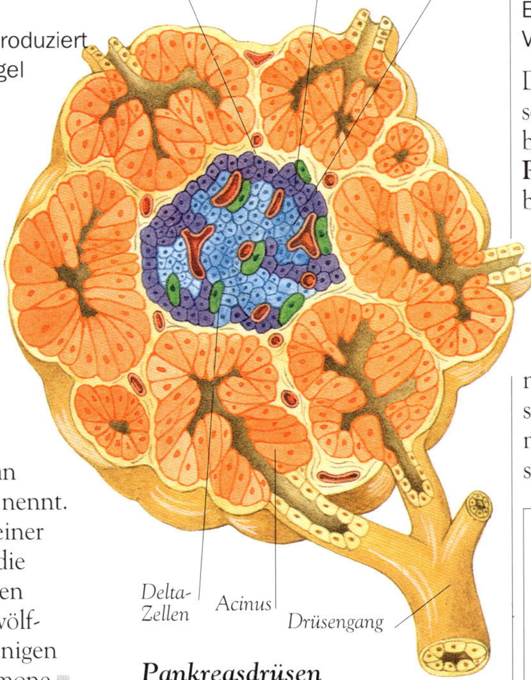

Pankreasdrüsen
Die endokrinen Drüsen im Pankreas bestehen aus Zellhaufen, die man Langerhanssche Inseln nennt. Es gibt drei Haupttypen: Alpha-, Beta- und Delta-Zellen. Um sie herum gruppieren sich exokrine Drüsen, die Acini. Diese scheiden Verdauungsenzyme in kleine Gänge aus, die in den Pankreasgang münden.

Pankreassaft

Ein vom Pankreas erzeugter Verdauungssaft

Der Pankreassaft besteht aus Wasser, Enzymen ■ und Natriumbicarbonat. Unter den Enzymen sind die **Pankreasamylase**, die Stärke abbaut, die **Lipase** für die fette Verdauung und das **Trypsin**, das Proteine zerlegt. Durch das Natriumbicarbonat wird der Saft leicht alkalisch, sodass er die aus dem Magen kommende Säure neutralisieren kann. Der Pankreassaft wird abgegeben, wenn Hormone und Nervenimpulse signalisieren, dass der Magen sich leert.

Siehe auch

Aminogruppe 24 • Aminosäure 24
Bauch 14 • Cholesterin 23 • Drüse 78
Dünndarm 124 • Enzym 24 • Glucagon 80
Glycogen 22 • Harnstoff 126
Hormon 78 • Insulin 80 • Leberkreislauf 91
Makrophagen 83 • Nervenimpuls 59
Nieren 126 • Phagocytose 29 • Protein 24
rote Blutzelle 82 • Verdauung 116
Verdauungskanal 116
Zwölffingerdarm 125

Der Darm

Etwa 80 Prozent der Gesamtlänge des Verdauungssystems entfallen auf den Darm. Er liegt im unteren Teil des Bauches und ist eng zusammengefaltet, sodass er in dem begrenzten Raum Platz hat.

Darm

Ein Schlauch, der Nahrung verdaut und Nährstoffe sowie Wasser resorbiert

Der erste Teil des Darmes ist der Dünndarm. Dort finden Verdauung ▪ und Resorption ▪ statt. Der zweite Abschnitt, der Dickdarm, ist nicht an der Verdauung beteiligt; er nimmt vor allem Wasser und Salze auf. Beide Darmabschnitte sind mit einer glitschigen Schleimhaut ▪ ausgekleidet, die sich ständig abnutzt und durch schnelle Zellteilung neu gebildet wird.

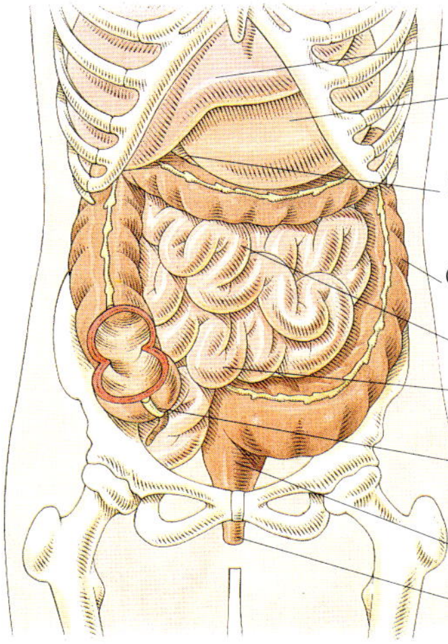

Dünn- und Dickdarm
Der Darm füllt den mittleren und unteren Bauchraum zum größten Teil aus.

Haustrierung

Die Bildung abgeschlossener Darmabschnitte durch Kontraktion der Darmwand

Die verdaute Nahrung wird im Darm durch die wellenförmige Muskelkontraktion der Peristaltik ▪ vorwärts geschoben. Eine andere Art der Kontraktion ist die Haustrierung: Die Darmwände grenzen einzelne Segmente ab, in denen der Darminhalt gründlich vermischt wird.

Siehe auch

Enzym 24 • Flüssigkeitsgleichgewicht 77
Galle 122 • Gallenblase 122 • Kapillare 88
Lactose 22 • Lymphe 96 • Lymphgefäß 96
Magenpförtner 121 • Maltose 22 • Milchsaftgefäß 96 • Pankreas 123 • Peristaltik 117 • Protein 24 • Resorption 117
Saccharose 22 • Schleimhaut 19
Speisebrei 121 • Verdauung 116

Dünndarm

Ein Darmabschnitt, der Nahrung verdaut und Nährstoffe resorbiert

Der Dünndarm beginnt am Magenpförtner ▪ unmittelbar unterhalb des Magens und endet am Blinddarm. Er gliedert sich in drei Teile: Zwölffingerdarm (Duodenum), Leerdarm (Jejunum) und Krummdarm (Ileum). Der Dünndarm eines Erwachsenen ist rund 6,5 m lang, aber nur 2,5 cm dick. In ihm wird die Verdauung abgeschlossen, sodass Nährstoffe und Wasser ins Blut aufgenommen werden können. Seine Zellen erzeugen verschiedene Verdauungsenzyme ▪, unter anderem die **Peptidase**, die Proteinbruchstücke ▪ (Peptide) abbaut, die **Maltase**, die den Zucker Maltose ▪ spaltet, und die **Saccharase**, die Saccharose ▪ verarbeitet. Kinder und die meisten Erwachsenen produzieren auch **Lactase** zum Abbau von Lactose ▪.

Darmsaft

Eine Flüssigkeit im Dünndarm

Der Darmsaft ist eine wässerige Flüssigkeit, die teilweise verdaute Nahrung aus dem Magen enthält. Mit ihr gelangen die Nährstoffe zur Darmwand, wo sie vollständig verdaut und dann von den Zellen der Villi aufgenommen werden.

Villi

Mikroskopisch kleine Ausstülpungen der Dünndarmwand

Die Innenwand des Dünndarmes sieht im Mikroskop wie ein Wald aus winzigen Fingern aus. Diese Villi (Einzahl **Villus**) sind jeweils bis zu 1 mm groß. Sie enthalten ein Geflecht aus Kapillaren ▪ und Lymphgefäßen ▪, die man als Milchsaftgefäße ▪ bezeichnet. Die Zellen an ihrer Oberfläche tragen noch kleinere Ausstülpungen, die **Mikrovilli**. Villi und Mikrovilli schaffen im Dünndarm eine riesige Oberfläche, die Nährstoffe aus der verdauten Nahrung in Blut und Lymphe ▪ aufnehmen kann.

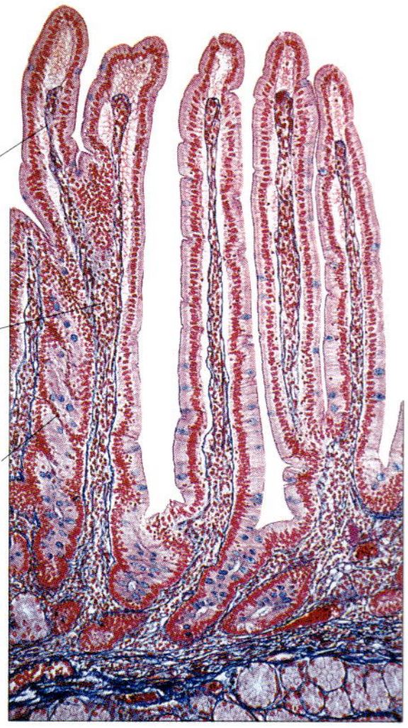

Villi im Dünndarm
Die lichtmikroskopische Aufnahme zeigt fingerförmige Villi, die aus der Dünndarmschleimhaut ragen. Villi und Mikrovilli schaffen im Dünndarm eine Oberfläche von der Größe eines Tennisplatzes.

Zwölffingerdarm

Der erste Abschnitt des Dünndarmes

Der Zwölffingerdarm, ein rund 25 cm langer, C-förmiger Schlauch, nimmt Speisebrei aus dem Magen, Verdauungssäfte aus dem Pankreas und Galle aus der Gallenblase auf. Außerdem scheidet er selbst Verdauungsenzyme aus. Seine Schleimhaut trägt fingerförmige, mit alkalischem Schleim bedeckte Villi. Der Schleim schützt sie vor Säure und Enzymen.

Leerdarm

Der mittlere Abschnitt des Dünndarmes

Der Leerdarm ist rund 2,5 m lang und vielfach gewunden. Er erzeugt Enzyme, welche die Verdauung abschließen.

Der Dickdarm
Der Dickdarm hat vor allem die Aufgabe, flüssigen Speisebrei in festen Stuhl zu verwandeln. Stuhl besteht vorwiegend aus Bakterien, Ballaststoffen und abgestorbenen Zellen der Darmschleimhaut.

Krummdarm

Letzter Abschnitt des Dünndarmes

Der rund 4 m lange Krummdarm ist innen mit fingerförmigen Villi besetzt. Für die Verdauung spielt er nur eine untergeordnete Rolle. Seine Hauptaufgabe ist, die Nährstoffe aus der verdauten Nahrung aufzunehmen. Am Ende mündet er über die **Bauhin-Klappe (Valva ileocaecalis)** in den Blinddarm.

Dickdarm

Ein Darmabschnitt, der Wasser aufnimmt und Abfallstoffe eindickt

Im Dickdarm, dem rund 1,5 m langen und 6,5 cm dicken Schlauch, findet keine Verdauung statt; er nimmt aber Substanzen wie Vitamin K auf, die von Bakterien aus den unverdauten Abfallstoffen hergestellt wurden. Außerdem resorbiert der Dickdarm auch Wasser und trägt so zum Flüssigkeitsgleichgewicht des Organismus bei. Er besteht aus vier Teilen: Blinddarm (Caecum), Grimmdarm (Colon), End- oder Mastdarm (Rectum) und Afterkanal (Canalis analis).

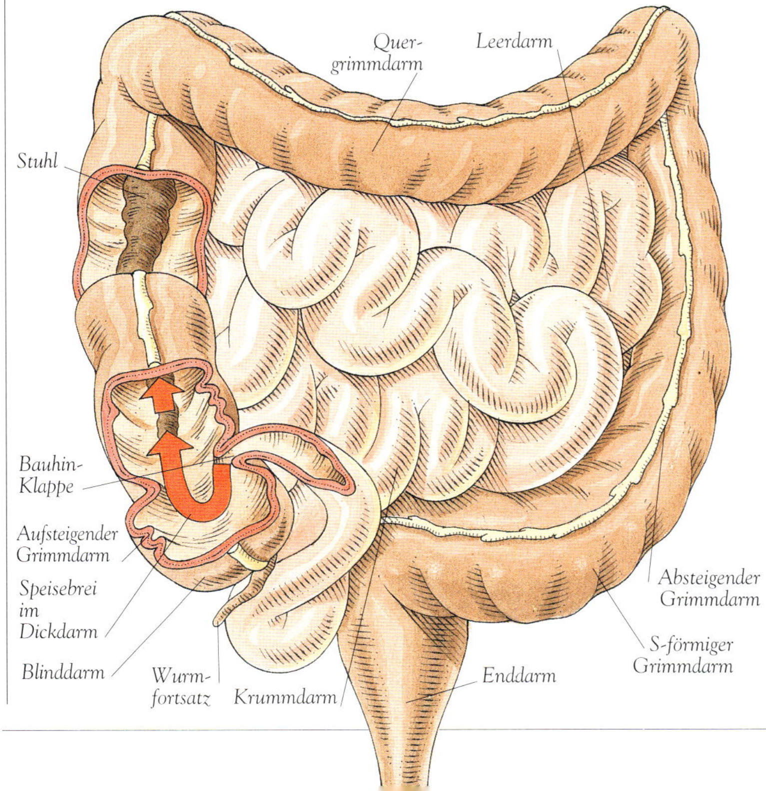

Blinddarm

Erster Abschnitt des Dickdarmes

Der Blinddarm ist eine kurze, blind endende Tasche. Er läuft in dem kleinen, engen **Wurmfortsatz (Appendix)** aus. Beide spielen kaum eine Rolle für die Verdauung.

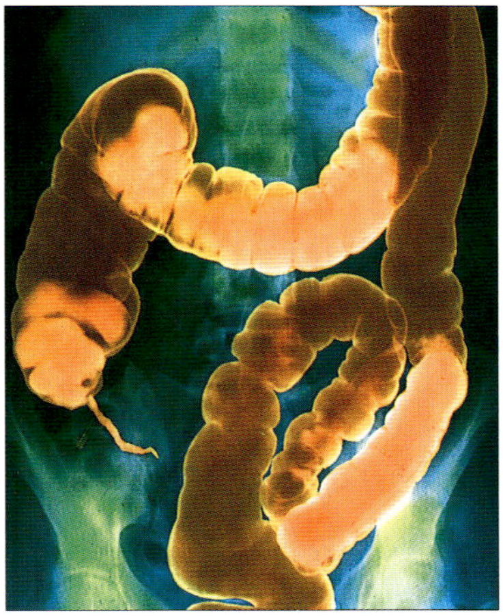

Der Dickdarm in Röntgenbild
Die Falschfarben-Röntgenaufnahme zeigt einen Teil des Dickdarms.

Grimmdarm

Hauptabschnitt des Dickdarmes

Der recht dicke Grimmdarm verläuft im Bauch aufwärts, quer und wieder abwärts; man unterteilt ihn in vier Teile: **aufsteigender Grimmdarm, Quergrimmdarm, absteigender** und **S-förmiger Grimmdarm**. Er nimmt etwa 90 Prozent des Wassers aus den unverdaulichen Abfallstoffen auf und verwandelt sie so aus einer Flüssigkeit in den festen **Stuhl**.

Enddarm

Der letzte Abschnitt des Dickdarmes

Der Enddarm ist eine kurze Kammer, die den Stuhl festhält, bevor er den Körper verlässt. Der **Afterkanal** führt vom Enddarm zur **Afteröffnung (Anus)**. Diese wird von zwei Ringmuskeln verschlossen, dem **inneren** und **äußeren Afterschließmuskel**.

Das Ausscheidungssystem

Unsere Nieren entziehen dem Blut in jeder Stunde bis zu 7 l Flüssigkeit. Diese wird gefiltert, und alle nützlichen Stoffe kehren ins Blut zurück. Das restliche Wasser verlässt den Körper zusammen mit verschiedenen Abfallstoffen, die aus den Zellen beseitigt werden müssen.

Ausscheidungssystem

Ein Organsystem, das Wassergehalt und chemische Zusammensetzung des Blutes reguliert

Alle lebenden Zellen produzieren Abfallstoffe, die vom Blut ▪ abtransportiert werden. Da sie giftig sein können, müssen sie rechtzeitig aus dem Blut entfernt und ausgeschieden ▪ werden. Das Ausscheidungssystem besteht aus Nieren, Harnblase, Harnleitern und Harnröhre. Es entsorgt stickstoffhaltige Substanzen ▪ in Form des Urins. Gleichzeitig beseitigt es auch überschüssiges Wasser und Salze aus dem Blut. So ist gewährleistet, dass Volumen und osmotischer Druck ▪ des Blutes im richtigen Rahmen bleiben.

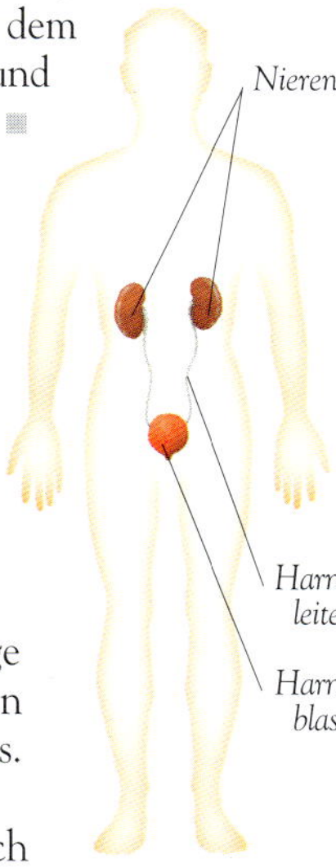

Siehe auch

Antidiuretisches Hormon 79 • Ausscheidung 77 • Blut 82 • Blutdruck 89 Hormon 78 • Hypophyse 79 • osmotischer Druck 29 • Peristaltik 117 Plasmaprotein 83 • Schließmuskel 116 stickstoffhaltige Abfallstoffe 77

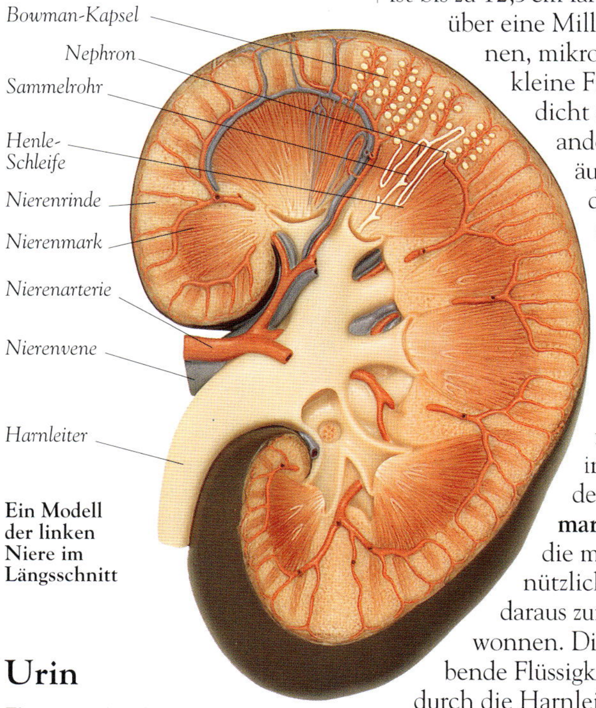

Ein Modell der linken Niere im Längsschnitt

Urin

Eine von den Nieren produzierte Lösung von Abfallstoffen

Urin besteht zu rund 95 Prozent aus Wasser. Den Rest stellen vor allem gelöste Salze und der **Harnstoff**, eine Stickstoffverbindung. Der Urin wird von den Nieren produziert; über seine Menge bestimmen Hormone ▪. Ist das Blut zu stark konzentriert, steigert die Hypophyse ▪ die Produktion des antidiuretischen Hormons (ADH), sodass die Urinmenge abnimmt und Wasser gespart wird. Bei zu geringer Blutkonzentration sinkt die ADH-Menge, und die Urinproduktion nimmt zu.

Nieren

Ausscheidungsorgane, die Abfallstoffe beseitigen und den Wasserhaushalt steuern

Die Nieren, zwei braune, bohnenförmige Organe, liegen an der Rückseite der Bauchhöhle. Sie entfernen Abfallstoffe, Salze und Wasser aus dem Blut und scheiden sie als Urin aus. Eine Niere ist bis zu 12,5 cm lang und enthält über eine Million Nephronen, mikroskopisch kleine Filter, die dicht nebeneinander stehen. Im äußeren Teil, der **Nierenrinde**, wird Flüssigkeit aus dem Blut gefiltert. Sie gelangt in die Nephronen, und im inneren Teil, dem **Nierenmark**, werden die meisten nützlichen Stoffe daraus zurückgewonnen. Die verbleibende Flüssigkeit fließt durch die Harnleiter in die Harnblase.

Nephron

Eine Filtereinheit der Niere

Ein Nephron besteht aus drei Teilen: Glomerulus, Bowman-Kapsel und Nierenkanälchen. Die Bowman-Kapsel nimmt Flüssigkeit aus dem Blut auf. Auf ihrem Weg durch das Nierenkanälchen werden anschließend nützliche Substanzen wie die Glucose sowie 99 Prozent des Wassers ins Blut zurückgeführt. Am Ende des Kanälchens enthält die Flüssigkeit nur noch Substanzen, die der Körper loswerden muss.

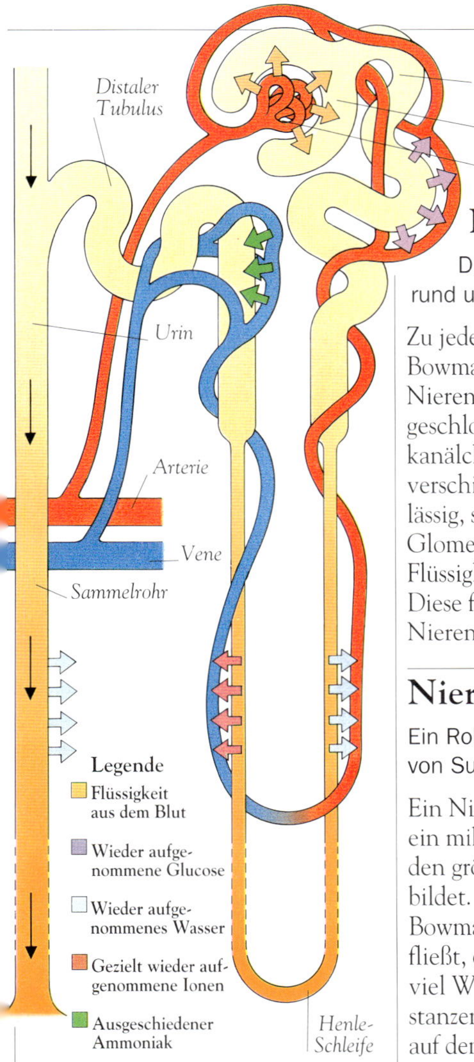

Filtration im Glomerulus
Das Schema zeigt die Wanderung einiger Substanzen durch die Wände eines Nephrons. Die Stärke der gelben Farbe gibt die Konzentration der Abfallstoffe wieder.

Glomerulus

Ein mikroskopisch kleines Kapillarknäuel am Anfang eines Nephrons

»Glomerulus« bedeutet »kleiner Ball«. Im Inneren des Glomerulus schiebt der Blutdruck die Flüssigkeit aus den Kapillaren ins Nephron. Dabei wirken die Wände des Glomerulus wie Filter. Sie lassen Wasser und Salze durch, halten aber Blutzellen und die meisten Plasmaproteine ▪ zurück.

Bowman-Kapsel

Die becherförmige Struktur rund um den Glomerulus

Zu jedem Nephron gehört eine Bowman-Kapsel, die in der Nierenrinde liegt. Sie bildet das geschlossene Ende des Nierenkanälchens. Ihre Wand ist für verschiedene Substanzen durchlässig, sodass sie die aus dem Glomerulus austretende Flüssigkeit aufnehmen kann. Diese fließt dann in das Nierenkanälchen.

Nierenkanälchen

Ein Rohr, das die Wiederaufnahme von Substanzen ins Blut erlaubt

Ein Nierenkanälchen **(Tubulus)** ist ein mikroskopisch kleines Rohr, das den größten Teil des Nephrons bildet. Die Flüssigkeit, die aus der Bowman-Kapsel ins Kanälchen fließt, enthält neben Salzen und viel Wasser auch nützliche Substanzen wie Glucose. Diese wird auf dem Weg durch das Kanälchen zusammen mit dem größten Teil des Wassers und einigen Salzen wieder ins Blut aufgenommen. In jedem Nephron befindet sich ein Kanälchen, das drei Teile hat: Der **proximale** und der **distale Tubulus** sind gewunden und relativ dick. Der mittlere Teil, **Henle-Schleife** genannt, ist lang und dünn.

Harnleiter

Ein Rohr, das den Urin von der Niere zur Blase leitet

Die Nierenkanälchen leiten den Urin über **Sammelrohre** in das **Nierenbecken**. Von dort fließt er durch den Harnleiter in die Blase. Die muskulösen Wände der Harnleiter bewegen den Urin durch Peristaltik ▪ vorwärts.

Harnblase

Ein Hohlorgan, das Urin speichert

Die Blase, ein elastischer Beutel, liegt im Unterbauch. Die Harnleiter münden an ihrer Unterseite und leiten den Urin hinein. Aus der Blase fließt er durch die **Harnröhre**, die normalerweise durch zwei Schließmuskeln ▪ verschlossen ist. Beim **Wasserlassen** entspannen sich die Muskeln, sodass der Urin die Blase verlassen kann.

Dialyse

Die künstliche Reinigung des Blutes von Abfallstoffen und überschüssiger Flüssigkeit

Wenn jemand an **Nierenversagen** leidet, sammeln sich Abfallstoffe und Flüssigkeit im Blut an. Ohne Behandlung wird dieser Zustand sehr schnell lebensgefährlich. Eine Methode zur Behandlung ist die Dialyse. Bei dem am häufigsten angewandten Verfahren, der **Hämodialyse**, wird das Blut des Patienten durch eine **künstliche Niere** geleitet. Dort wird es von Abfallstoffen und Wasser befreit und dann in den Kreislauf zurückgeführt. Die Dialysesitzung dauert meist mehrere Stunden und muss alle paar Tage wiederholt werden.

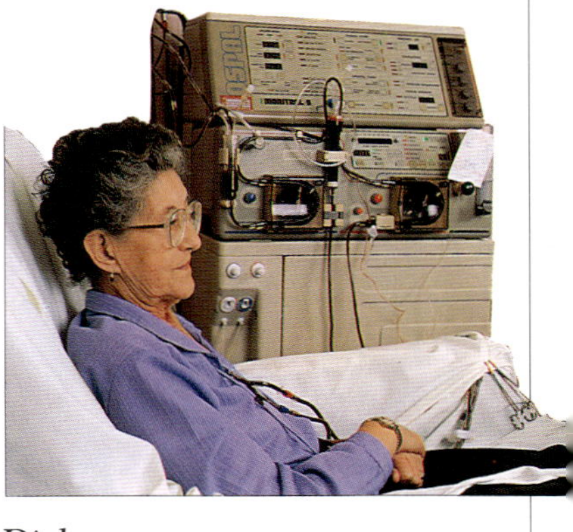

Dialyse
Diese Patientin unterzieht sich der Hämodialyse. Das Dialysegerät übernimmt die Nierenfunktion.

Fortpflanzungssystem

Durch Fortpflanzung bleibt die Spezies Mensch erhalten. Die Fortpflanzungsorgane sind bei Männern und Frauen unterschiedlich gebaut und werden erst tätig, wenn der Körper die Geschlechtsreife erreicht.

Fortpflanzungssystem

Organe für die Erzeugung von Nachkommen

Menschen erzeugen ihre Kinder durch **sexuelle Fortpflanzung**. Daran sind besondere Geschlechtszellen beteiligt, die von Mann und Frau produziert werden und sich beim Geschlechtsverkehr vereinigen. Auf diese Weise entsteht ein neuer Mensch. Die Fortpflanzungsorgane heißen auch **Geschlechtsorgane** oder **Genitalien**. Die Geschlechtsorgane der Frau schützen in der Schwangerschaft das entstehende Baby.

Geschlechtszelle

Eine Zelle, die an der sexuellen Fortpflanzung mitwirkt

Die Geschlechtszellen oder **Gameten** entstehen durch eine besondere Form der Zellteilung, die Meiose. Deshalb sind sie haploid: Sie haben nur halb so viele Chromosomen wie andere Körperzellen. Bei der sexuellen Fortpflanzung vereinigen sich die männliche Samen- und die weibliche Eizelle zu einer einzigen neuen Zelle.

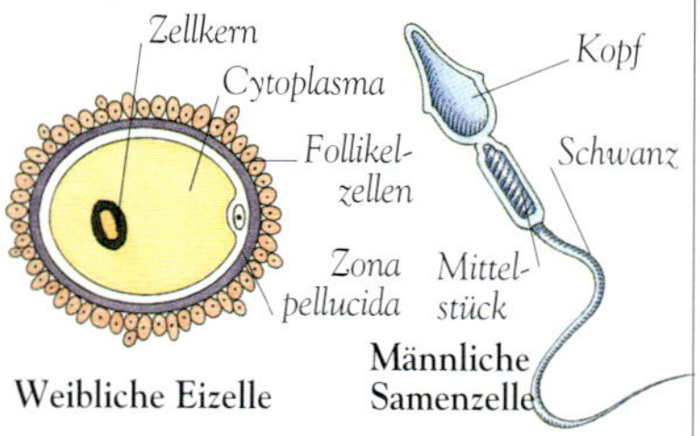

Geschlechtszellen
In Wirklichkeit ist die Eizelle viel größer. Ihr Durchmesser ist ca. 50-mal so groß wie der des Samenzellkopfes.

Samenzelle

Eine männliche Geschlechtszelle

Eine Samenzelle, auch **Spermatozoon** (Mehrzahl **Spermatozoen**) genannt, ist etwa 0,05 mm lang. Sie besteht aus einem ovalen Kopf mit dem Zellkern, einem zylinderförmigen Mittelteil mit Mitochondrien und einem dünnen Schwanz. Mit der in den Mitochondrien gewonnenen Energie schlägt der Schwanz hin und her, sodass die Zelle vorwärts schwimmt. Ein erwachsener Mann produziert durch **Spermatogenese** jeden Tag rund 250 Millionen Samenzellen.

Hoden

Das männliche Fortpflanzungsorgan, das die Samenzellen produziert

Die beiden Hoden liegen außerhalb des Bauches im **Hodensack**. Dort ist es kühler als im übrigen Körper, was für die Samenproduktion sehr wichtig ist. Die Hoden enthalten gewundene **Samenkanälchen**, in denen die Samenzellen entstehen. Diese gelangen dann in den **Nebenhoden**, einen dicken, gewundenen Schlauch, wo sie heranreifen. Der Nebenhoden mündet in den muskulösen **Samenleiter (Vas deferens)**, der die Samenzellen in den Penis leitet. Die Hoden produzieren auch männliche Geschlechtshormone.

Prostata

Beim Mann die Drüse für die Produktion der Samenflüssigkeit

Die Samenzellen schwimmen in der **Samenflüssigkeit**. Diese verhindert, dass die Zellen austrocknen, und versorgt sie mit Energie lieferndem Zucker für den Weg in den weiblichen Körper. Einen Teil dieser Flüssigkeit produziert die unter der Harnblase liegende Prostata. Den Rest erzeugen zwei andere Drüsen, die **Samenbläschen**.

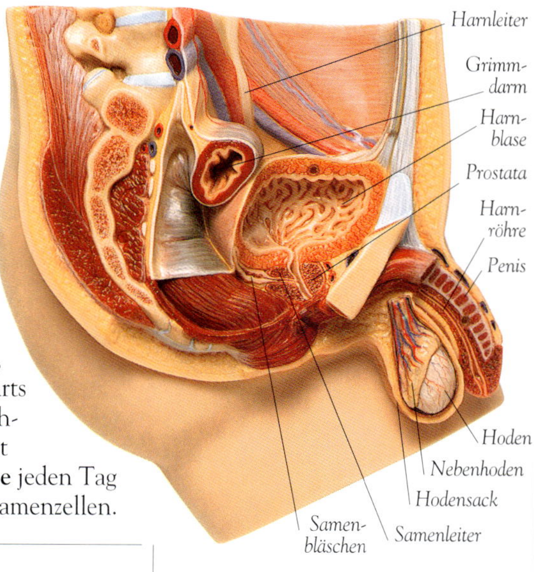

Fortpflanzungsorgane des Mannes
Die wichtigsten männlichen Fortpflanzungsorgane liegen außerhalb des Körpers.

Penis

Das männliche Organ, das die Samenzellen in den weiblichen Körper befördert

In der Mitte des Penis liegt die Harnröhre, die von schwammartigem Gewebe umgeben ist. Vor dem Geschlechtsverkehr füllt sich dieses Gewebe mit Blut, sodass der Penis steif wird. Durch diese Formveränderung, die **Erektion**, kann er in die Scheide eingeführt werden, sodass die Samenzellen aus dem männlichen in den weiblichen Körper gelangen. Dieser Vorgang heißt **Samenerguss** (Ejakulation).

Eizelle

Eine weibliche Geschlechtszelle

Eine Eizelle hat einen Durchmesser von rund 0,1 mm, enthält einen einzigen Chromosomensatz und ist fast kugelförmig. Sie ist von einem geleeartigen Film umgeben, der **Zona pellucida**, die ihrerseits von kleinen Follikelzellen umhüllt ist. Eizellen entstehen in der **Oogenese** aus Vorläuferzellen, den **Oocyten**. Die Oogenese ist schon vor der Geburt abgeschlossen. Erst viele Jahre später wird durch den Eisprung (Ovulation) eine Eizelle nach der anderen freigesetzt. Wird eine davon durch eine Samenzelle befruchtet, entwickelt sie sich zu einem Embryo.

Gebärmutter

Das weibliche Organ, in dem sich das Baby entwickelt

Die Gebärmutter **(Uterus)** ist eine hohle Kammer mit sehr muskulösen Wänden. In ihren oberen Teil münden die Eileiter, unten führt eine Öffnung, der **Gebärmutterhals (Cervix)**, in die Scheide. Solange keine Schwangerschaft vorliegt, ist die Gebärmutter fast flach und rund 8 cm lang. In der Schwangerschaft wird sie viel größer.

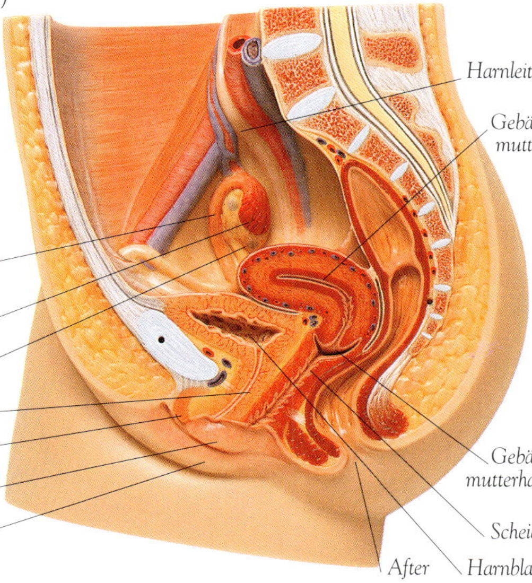

Fortpflanzungsorgane der Frau
Die meisten weiblichen Fortpflanzungsorgane liegen innerhalb des Körpers.

Eierstock

Das weibliche Geschlechtsorgan, das die Eizellen produziert

Die Eierstöcke, zwei rund 3 cm lange Drüsen, produzieren die weiblichen Eizellen. Sie liegen beiderseits der Gebärmutter und sind jeweils vom Trichter eines Eileiters umhüllt. Bei der Geburt enthalten die Eierstöcke etwa eine Million unreife Eizellen. Neue Eizellen entstehen später nicht mehr. Von der Pubertät an setzen die Eierstöcke etwa einmal im Monat aus den Follikeln eine Eizelle frei. Die Eierstöcke produzieren auch weibliche Geschlechtshormone, die den Organismus auf eine Schwangerschaft vorbereiten.

Eileiter

Der Kanal, der die Eizellen vom Eierstock zur Gebärmutter leitet

Die Eileiter verbinden die Eierstöcke mit der Gebärmutter. Sie sind jeweils rund 7,5 cm lang und haben oben eine trichterförmige, mit »Fransen« **(Fimbrien)** besetzte Öffnung. Cilien auf den Fimbrien schieben die vom Eierstock freigesetzte Eizelle in das Rohr, wo sie dann durch wellenförmige Muskelbewegungen zur Gebärmutter befördert wird. Die Befruchtung findet meist im Eileiter statt.

Antoni van Leeuwenhoek

Niederländischer Naturforscher, 1632–1723

Leeuwenhoek stellte die ersten Linsen für Mikroskope her. Er machte an Zellen und Mikroorganismen viele Beobachtungen und sah als einer der Ersten menschliche Samenzellen. Manche glaubten damals, die Samenzelle enthalte einen winzigen Menschen, den **Homunculus**. Andere vermuteten den vorgeformten Menschen in der Eizelle. Beide Ansichten wurden mit immer stärkeren Mikroskopen widerlegt.

Scheide

Der muskulöse Schlauch zwischen den äußeren Geschlechtsorganen der Frau und der Gebärmutter

Beim Geschlechtsverkehr gelangen die Samenzellen durch die Scheide **(Vagina)** in den weiblichen Körper. Ihren Eingang säumen zwei Paare von Gewebefalten, die **großen** und **kleinen Schamlippen**. Der **Kitzler (Klitoris)**, ein Organ über den kleinen Schamlippen, richtet sich bei sexueller Erregung auf. Schamlippen und Klitoris bilden die äußeren Geschlechtsorgane der Frau.

Siehe auch

Befruchtung 136 • Chromosom 132
Cilien 27 • Drüse 78 • Eisprung 131
Ejakulation 136 • Embryo 137
Follikel 130 • Geburt 140 • Geschlechtshormon 81 • Geschlechtsverkehr 136
haploide Zelle 133 • Harnblase 127 • Harnröhre 127 • Meiose 31 • Mitochondrien 27
Pubertät 142 • Schwangerschaft 138
Zellkern 27 • Zellteilung 30

Der Fortpflanzungszyklus

Der Fortpflanzungszyklus bereitet den weiblichen Organismus darauf vor, neues Leben zu ernähren. Mehrere eng verknüpfte Vorgänge führen zur Freisetzung der Eizelle und schaffen die Umgebung für ihre Entwicklung.

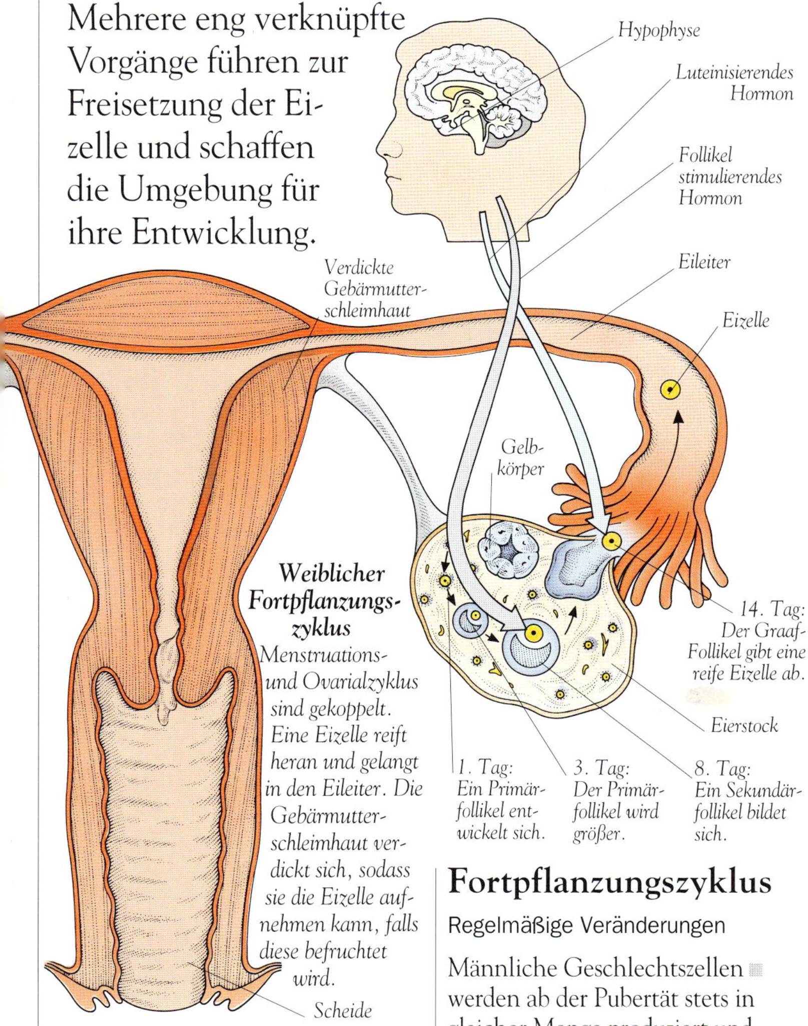

Weiblicher Fortpflanzungszyklus
Menstruations- und Ovarialzyklus sind gekoppelt. Eine Eizelle reift heran und gelangt in den Eileiter. Die Gebärmutterschleimhaut verdickt sich, sodass sie die Eizelle aufnehmen kann, falls diese befruchtet wird.

Siehe auch

Befruchtung 136 • Eierstock 129
Eileiter 129 • Einnistung 137
Eizelle 129 • Follikel stimulierendes Hormon 79 • Fortpflanzungssystem 128
Gebärmutter 129 • Geburt 140
Geschlechtshormon 81
Geschlechtszelle 128 • Hypophyse 79
luteinisierendes Hormon 79
Östrogen 81 • Progesteron 81
Pubertät 142 • Scheide 129
Schwangerschaft 138

Fortpflanzungszyklus

Regelmäßige Veränderungen

Männliche Geschlechtszellen ■ werden ab der Pubertät stets in gleicher Menge produziert und wieder abgebaut. Im weiblichen Fortpflanzungssystem sind Geschlechtszellen für das ganze Leben schon bei der Geburt vorhanden und werden später nicht mehr neu gebildet. Sie reifen von der Pubertät ■ an in monatlichen Abständen. Dabei wird eine einzige Eizelle ■ frei, die befruchtet ■ werden kann. Der weibliche Fortpflanzungszyklus, eigentlich ein zusammenhängender Kreislauf, wird manchmal in einen Ovarial- und Menstruationszyklus unterteilt.

Ovarialzyklus

Ein Zyklus, der zur Freisetzung einer Eizelle führt

Von der Pubertät an setzen die Eierstöcke ■ in regelmäßigen Abständen – meist ungefähr alle 28 Tage – jeweils eine einzige Eizelle frei. Zu Beginn des Zyklus schüttet die Hypophyse ■ das Follikel stimulierende Hormon ■ aus. Dieses sorgt für die Entwicklung der Follikel in den Eierstöcken. Das ebenfalls aus der Hypophyse stammende luteinisierende Hormon ■ löst dann den Eisprung aus. Findet keine Befruchtung statt, wiederholt sich anschließend der Zyklus.

Follikel

Ein kugelförmiger Zellhaufen, der eine einzige Eizelle enthält

Die Eizelle ist von weiteren Zellen umgeben, die einen Follikel bilden. Der Follikel ernährt die Eizelle und schützt sie vor Beschädigungen. Zu Beginn des Ovarialzyklus wachsen rund 24 Follikel heran und verwandeln sich von **Primärfollikeln**, massiven Zellkugeln, in **Sekundärfollikel** mit einem flüssigkeitsgefüllten Hohlraum. Schließlich schwillt ein Sekundärfollikel unter der Oberfläche des Eierstocks zum blasenförmigen **Graaf-Follikel** an. Dieser platzt beim Eisprung, und die Eizelle wandert durch den Eileiter ■ in die Gebärmutter ■.

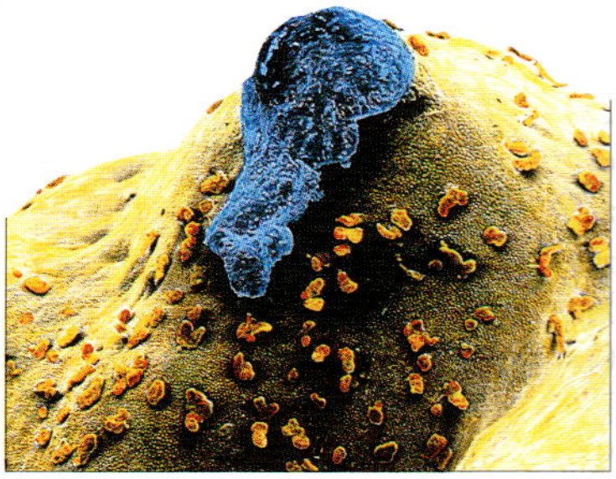

Freisetzung einer Eizelle
Der Graaf-Follikel schwillt an, platzt und entlässt die Eizelle.

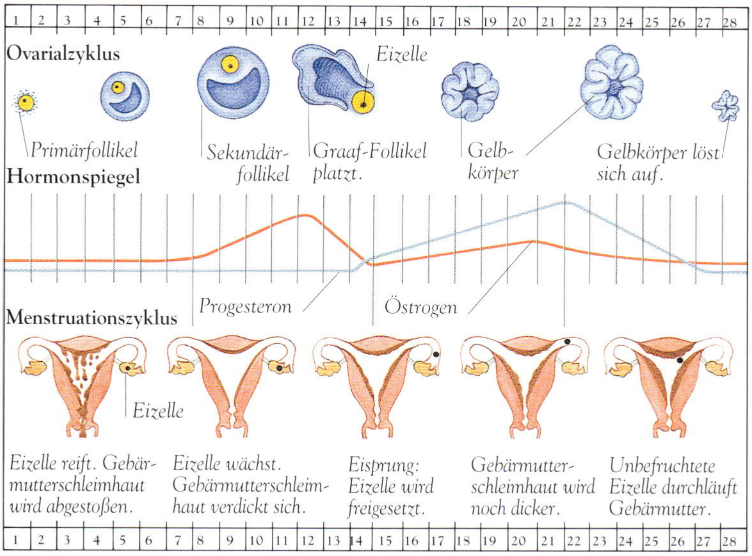

Ovarialzyklus, Eisprung und Menstruationszyklus
Während die Eizelle im Eierstock reift, produziert dieser Östrogen. Daraufhin verdickt sich die Gebärmutterschleimhaut, sodass sie die befruchtete Eizelle aufnehmen kann. Der Gelbkörper schüttet Progesteron aus, das die Durchblutung der Gebärmutterschleimhaut verstärkt. Erfolgt keine Befruchtung, wird die Schleimhaut 14 Tage nach dem Eisprung abgestoßen, der Zyklus beginnt von vorn.

Eisprung

Die Freisetzung einer Eizelle

Gewöhnlich setzen die Eierstöcke abwechselnd jeweils eine Eizelle frei. Der Eisprung **(Ovulation)** findet also an jedem Eierstock durchschnittlich alle zwei Monate statt.

Gelbkörper

Ein Gebilde, das aus dem Follikel nach der Freisetzung der Eizelle entsteht

Der Gelbkörper **(Corpus luteum)** entwickelt sich nach dem Eisprung aus dem Graaf-Follikel. Kommt es zur Befruchtung, schüttet er das Hormon Progesteron aus, das die Gebärmutterschleimhaut auf die Einnistung der Eizelle und die Schwangerschaft vorbereitet. Bleibt die Befruchtung aus, zerfällt der Gelbkörper etwa zehn Tage nach dem Eisprung.

Menstruationszyklus

Zyklische Veränderungen der Gebärmutterschleimhaut

Der Menstruationszyklus dauert rund 28 Tage. Er bereitet die Gebärmutterschleimhaut **(Endometrium)** auf die Aufnahme einer Eizelle vor und sorgt für ihren Abbau, wenn das nicht geschieht. Zu Beginn des Zyklus schütten die Primärfollikel das Hormon Östrogen aus, das die Gebärmutterschleimhaut dicker werden lässt. Nach dem Eisprung verstärkt das Progesteron aus dem Gelbkörper die Durchblutung der Schleimhaut. Nistet sich ein Ei ein, wird der Zyklus bis nach der Geburt unterbrochen. Ansonsten werden Schleimhaut und Eizelle abgestoßen, und der Zyklus beginnt von vorn.

Menstruation

Abbau und Abstoßung der Gebärmutterschleimhaut

Bei der Menstruation löst sich die verdickte Gebärmutterschleimhaut und wird mit Blut durch die Scheide abgestoßen. Die Menstruation dauert in der Regel fünf bis sieben Tage und wird auch als **Monatsblutung** oder **Periode** bezeichnet.

Menarche

Die erste Menstruation

Die meisten Mädchen haben ungefähr mit zwölf Jahren ihre erste Periode, auch Menarche genannt. Von nun an sind die Fortpflanzungsorgane funktionsfähig, auch wenn der Körper ansonsten noch nicht die ausgewachsene Form erreicht hat.

Menopause

Das Ende des Menstruationszyklus

Im mittleren Alter lassen Ovarial- und Menstruationszyklus nach. Zwischen dem 45. und 55. Lebensjahr hören sie auf, und die Fortpflanzungsorgane funktionieren nicht mehr. Ursache dieser Veränderung, die man auch **Wechseljahre** nennt, ist eine veränderte Menge der Geschlechtshormone im Organismus.

Regnier de Graaf

Niederländischer Anatom, 1641–1673

Regnier de Graaf veröffentlichte 1672 die erste genaue Beschreibung der weiblichen Fortpflanzungsorgane. Mit seinen anatomischen Fähigkeiten konnte er ihre Funktion erklären, aber ihm unterlief ein wichtiger Fehler. Die Schwellungen, die er an den Eierstöcken beobachtete, hielt er für Eizellen. In Wirklichkeit handelte es sich um Follikel, in denen jeweils eine Eizelle verborgen war. Dennoch waren seine Arbeiten ein wichtiger Fortschritt, an den noch heute sein Name in der Bezeichnung »Graaf-Follikel« erinnert.

Gene & Chromosomen

Von eineiigen Zwillingen abgesehen, trägt jeder Mensch eine einzigartige Genkombination. Die Gene sind die einzelnen Anweisungen im chemischen Bauplan des Körpers. Sie bestimmen viele tausend Merkmale, von Körpergröße bis Haarfarbe.

Gen

Grundlegende Einheit der Vererbung mit den Anweisungen für den Aufbau eines bestimmten Proteins

Gene sind Anweisungen, die in der DNA ■ im Zellkern ■ gespeichert sind. Jedes Gen befiehlt der Zelle, ein ganz bestimmtes Protein ■ herzustellen. Proteine sind für das Leben einer Zelle von entscheidender Bedeutung, und deshalb steuern die Gene über die Proteinproduktion auch die Funktion der Zellen. Eine normale Zelle enthält rund 30 000 Gene, die in zwei gleichen Chromosomensätzen angeordnet sind. Gewöhnlich liegt jedes Gen in zwei Allelen ■ vor, unterschiedlichen Formen, die vom Vater und der Mutter stammen. Meist ist jeweils nur eines der beiden Allele aktiv. Gene werden bei der sexuellen Fortpflanzung ■ weitergegeben. Durch die Vererbung ■ gehen erbliche Merkmale ■ von einer Generation in die nächste über.

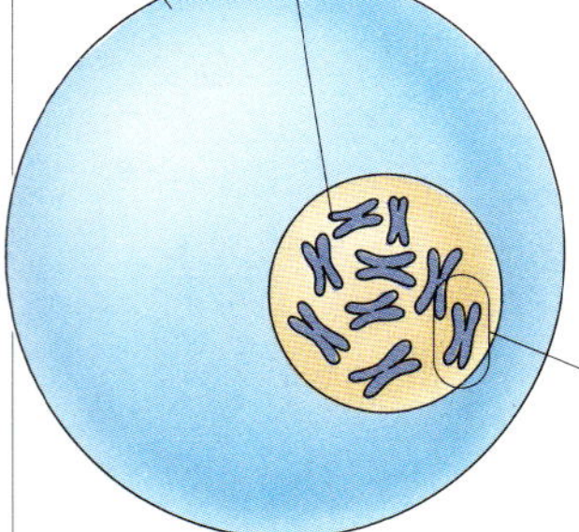

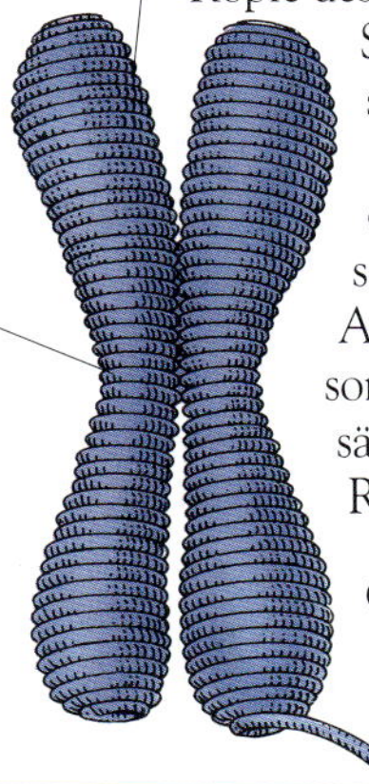

Genetischer Code

Der chemische Code in der DNA

Jedes Gen besteht aus einer langen Kette chemischer Bausteine, den Basen ■, die jeweils in einer ganz bestimmten Reihenfolge angeordnet sind. Anhand des genetischen Codes kann die Zelle eine solche Basensequenz in die Aminosäuresequenz ■ eines Proteins umschreiben. Die »Wörter« des Codes, **Codons** genannt, bestehen jeweils aus drei Basen. Ein Codon weist die Zelle an, eine bestimmte Aminosäure auszuwählen und an ein wachsendes Proteinmolekül anzufügen.

Proteinsynthese

Die Herstellung eines Proteins

Bei der Herstellung eines Proteins muss die Zelle sich nach den Anweisungen eines Gens richten. Den ersten Schritt dieses Vorganges, der Proteinsynthese, nennt man **Transkription**: Die Zelle stellt aus einer Nucleinsäure ■, die man Messenger-RNA ■ oder mRNA nennt, eine Kopie des Gens her. Im zweiten Schritt, der **Translation**, setzt die Transfer-RNA ■ oder tRNA, eine weitere Nucleinsäure, an chemischen Aggregaten, den Ribosomen ■, die Aminosäuren in der richtigen Reihenfolge zusammen.

Genotyp

Der genetische Aufbau einer Zelle oder des gesamten Organismus

Der Genotyp eines Menschen besteht aus sämtlichen Allelen, die er von den Eltern geerbt hat. Nur ein Teil dieser Allele wird aktiviert oder **exprimiert**. Andere bleiben **unexprimiert**, das heißt, sie spielen für Form oder Steuerung des Organismus keine Rolle. Allele beider Typen werden bei der sexuellen Fortpflanzung weitergegeben; ein Allel, das bei den Eltern nicht exprimiert wird, kann unter Umständen bei den Kindern aktiv werden.

Phänotyp

Die sichtbaren Merkmale, die der Genotyp erzeugt

Der Phänotyp ist teilweise in den Genen programmiert, wird aber auch von anderen Faktoren wie körperlicher Betätigung und Ernährung ■ beeinflusst. Zusammen mit dem genetischen Bauplan lassen solche Faktoren die äußere Gestalt des Körpers entstehen.

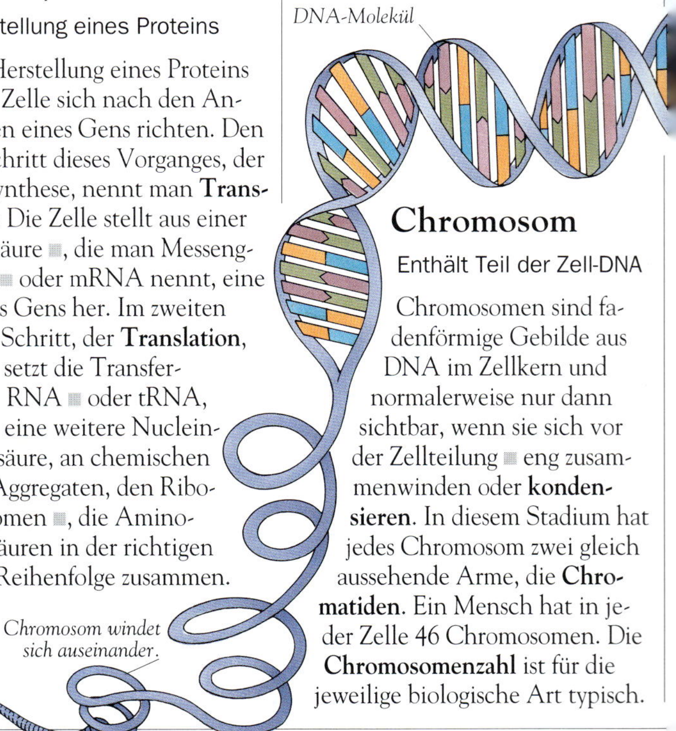

Chromosom

Enthält Teil der Zell-DNA

Chromosomen sind fadenförmige Gebilde aus DNA im Zellkern und normalerweise nur dann sichtbar, wenn sie sich vor der Zellteilung ■ eng zusammenwinden oder **kondensieren**. In diesem Stadium hat jedes Chromosom zwei gleich aussehende Arme, die **Chromatiden**. Ein Mensch hat in jeder Zelle 46 Chromosomen. Die **Chromosomenzahl** ist für die jeweilige biologische Art typisch.

Ein Protein entsteht
Das Schema zeigt, wie die Zelle anhand der Anweisung in einem Gen ein Protein erzeugt.

Diploide Zelle

Eine Zelle mit doppeltem Chromosomensatz

Fast alle Körperzellen besitzen zwei Chromosomensätze. Sie enthalten Kopien von Chromosomen, die ursprünglich aus zwei verschiedenen Quellen stammen: Ein Chromosomensatz kommt vom Vater, der andere von der Mutter.

Haploide Zelle

Eine Zelle mit einem einzigen Chromosomensatz

Geschlechtszellen ▪ sind haploid, denn sie entstehen durch die Meiose ▪. Haploide Zellen dienen zur sexuellen Fortpflanzung und enthalten nicht die üblichen 46 Chromosomen, sondern nur 23. Bei der Befruchtung ▪ vereinigen sich weibliche und männliche Geschlechtszelle zu einer neuen diploiden Zelle.

Geschlechtschromosom

Bestimmt über das Geschlecht

Diploide Zellen einer Frau tragen immer zwei gleichartige **X-Chromosomen**. Männer besitzen nur ein X-Chromosom, dem ein viel kleineres **Y-Chromosom** gegenübersteht. Die Kombination von X- und Y-Chromosom bestimmt also über das Geschlecht. Wegen des Mechanismus der Meiose besitzen die meisten Menschen eine der beiden Kombinationen XX oder XY. Andere Kombinationen sind selten. Alle übrigen Chromosomen nennt man auch **Autosomen**.

Siehe auch

Allel 134 • Aminosäure 24 • Base 25 Befruchtung 136 • DNA 25 • erbliche Merkmale 134 • Ernährung 106 • Geschlechtszelle 128 • Meiose 31 • Messenger-RNA 25 • Nucleinsäure 25 • Protein 24 Ribosom 27 • sexuelle Fortpflanzung 128 Transfer-RNA 25 • Vererbung 134 Zellkern 27 • Zellteilung 30

2 Bei der Translation heftet sich ein Strang der Messenger-RNA (mRNA) an ein Ribosom. Dieses liest die Basen der mRNA Codon für Codon ab und baut mit Hilfe der Transfer-RNA die Aminosäurekette des Proteinmoleküls auf. Nach Abschluss der Translation ist das Protein gebrauchsfertig.

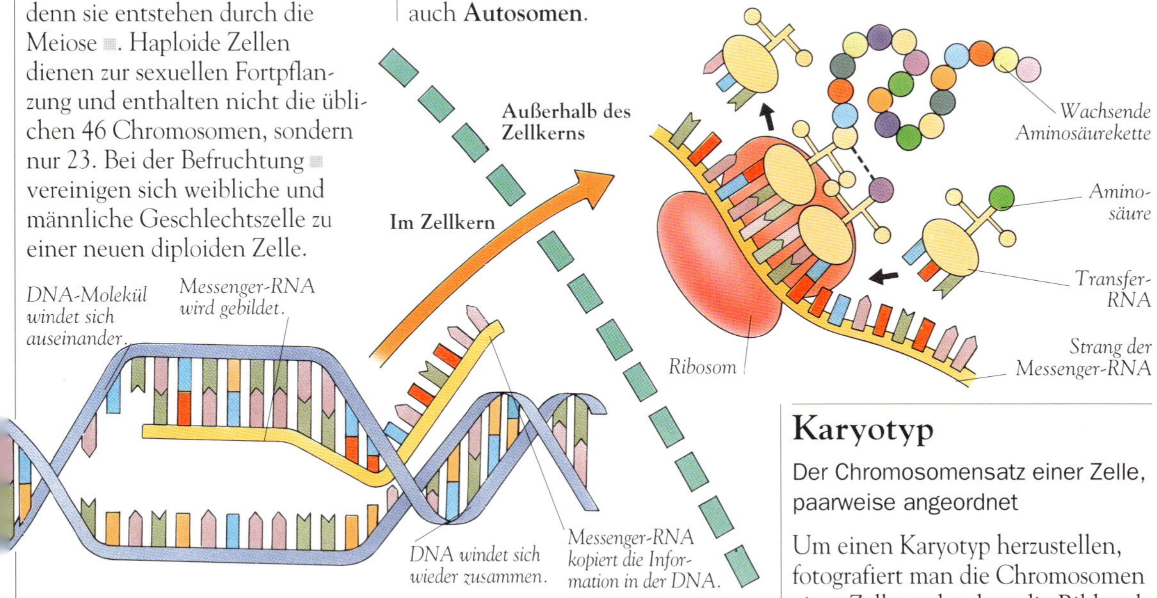

1 Zu Beginn der Transkription wird ein DNA-Abschnitt auseinander gewunden. Dann wird Stück für Stück ein einzelsträngiges Molekül der Messenger-RNA aufgebaut. Dieses wandert aus dem Zellkern ins Cytoplasma und heftet sich dort an ein Ribosom.

Homologe Chromosomen

Die beiden gleich aussehenden Chromosomen eines Paares in einer diploiden Zelle

Eine diploide Zelle enthält zwei Chromosomensätze, je einen von jedem Elternteil. Die Chromosomen bilden Paare, die man als homologe Chromosomen bezeichnet. Zwei homologe Chromosomen sehen zwar gleich aus, enthalten aber oft unterschiedliche Formen der gleichen Gene. Diese Formen, die Allele, können auch unterschiedliche Wirkungen haben.

Genom

Die gesamte Genausstattung des Organismus

Das Genom eines Menschen besteht aus allen seinen Genen. In den letzten Jahren versucht man im Rahmen eines großen Forschungsprojektes, das **Human-Genomprojekt** genannt wird, alle Gene zu analysieren und auf ihre Funktion zu untersuchen.

Karyotyp

Der Chromosomensatz einer Zelle, paarweise angeordnet

Um einen Karyotyp herzustellen, fotografiert man die Chromosomen einer Zelle und ordnet die Bilder als homologe Paare an. Dazu kann man die Fotos von Hand oder mit dem Computer sortieren.

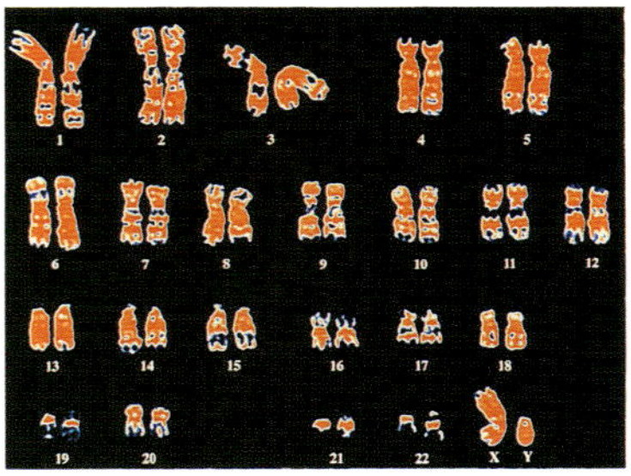

Karyotyp eines Mannes
Männlicher Karyotyp im Lichtmikroskop. Unten rechts: die mit XY markierten männlichen Geschlechtschromosomen.

Vererbung

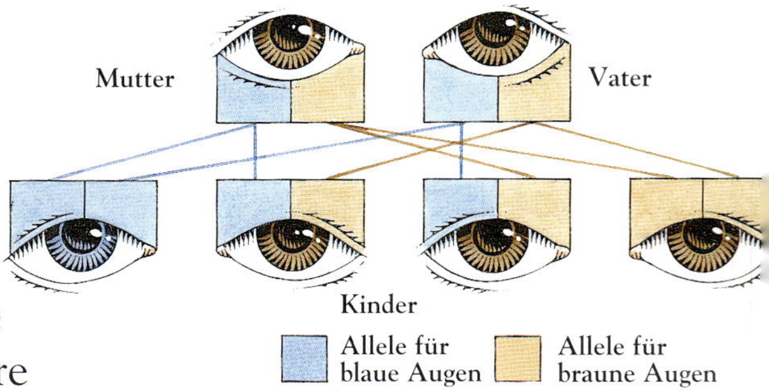

Jedes Kind erbt Gene von beiden Eltern. Die Wirkungen der Gene mischen sich jedoch nicht, sondern die Sache ist komplizierter. Manche Gene entfalten ihre Wirkung, andere bleiben bis zur nächsten Generation untätig.

Dominante und rezessive Allele
Das Allel für braune Augen ist dominant, das für blaue Augen rezessiv. Das Schema zeigt, was bei der Vererbung der Allele geschieht.

Vererbung

Die durch Gene gesteuerte Weitergabe von Merkmalen

Jede Generation gibt ihre Genausstattung an die Nachkommen weiter. Diese Gene erzeugen **erbliche Merkmale**, Eigenschaften, die von Genen gesteuert werden. Über manche erbliche Merkmale, z. B. die Blutgruppen, bestimmt jeweils ein einziges Gen, bei vielen anderen wirken jedoch mehrere Gene zusammen. Gene werden nach genauen mathematischen Gesetzmäßigkeiten vererbt und treten untereinander auf vielerlei Weise in Wechselbeziehung. Die Wissenschaft von diesen Gesetzmäßigkeiten und Wechselbeziehungen nennt man **Genetik**.

Allele

Mehrere Formen des gleichen Gens

Die meisten Körperzellen enthalten zwei Sätze gleichartiger oder homologer Chromosomen. Die Chromosomen eines solchen Paares tragen unterschiedliche Formen der gleichen Gene; diese Formen bezeichnet man als Allele. Die Allele eines Gens liegen normalerweise an dem gleichen **Locus**, das heißt an der gleichen Stelle der Chromosomen eines Paares. Sie bestimmen über dasselbe Merkmal, oft entfaltet aber nur eines der beiden Allele seine Wirkung. Betrachtet man die gesamte menschliche Spezies, haben viele Gene mehrere Dutzend Allele. In einer einzigen Zelle sind aber immer nur zwei vorhanden.

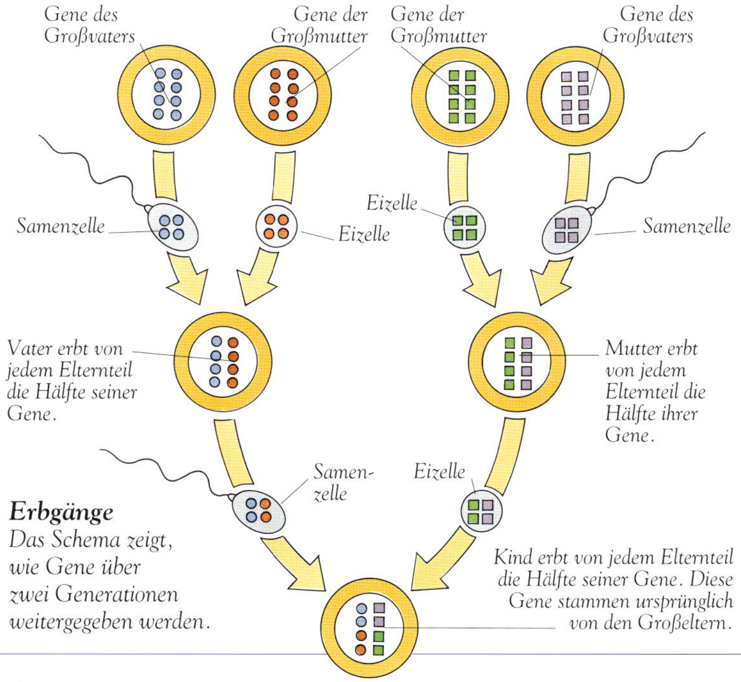

Erbgänge
Das Schema zeigt, wie Gene über zwei Generationen weitergegeben werden.

Dominantes Allel

Ein Allel, das sich in der Regel im Phänotyp ausprägt

Befinden sich zwei verschiedene Allele in derselben Zelle, entfaltet meist nur eines davon seine Wirkung. Deshalb bezeichnet man es als dominantes Allel. Das andere Allel bleibt verborgen und prägt sich nicht aus.

Rezessives Allel

Ein Allel, das in der Regel durch ein dominantes Allel maskiert wird

Befindet sich ein rezessives Allel in derselben Zelle wie sein dominantes Gegenstück, entfaltet es keine erkennbare Wirkung. Dennoch bildet es weiterhin einen Teil des Genotyps der Zelle. Trifft es in einer späteren Generation mit einem weiteren rezessiven Allel zusammen, wird es ausgeprägt, und sein Effekt ist äußerlich zu erkennen.

Codominantes Allel

Ein Allel, das immer die gleiche Wirkung hat

Die Allele mancher Gene wirken sich immer aus – sie sind eigentlich weder dominant noch rezessiv. Das gilt z. B. für das Gen, das über die AB0-Blutgruppen bestimmt. Es hat drei Allele, und die Allele, welche die Blutgruppen A und B entstehen lassen, sind codominant.

Bluterkrankheit
Das Schema zeigt die Vererbung geschlechtsgekoppelter Krankheiten wie der Bluterkrankheit.

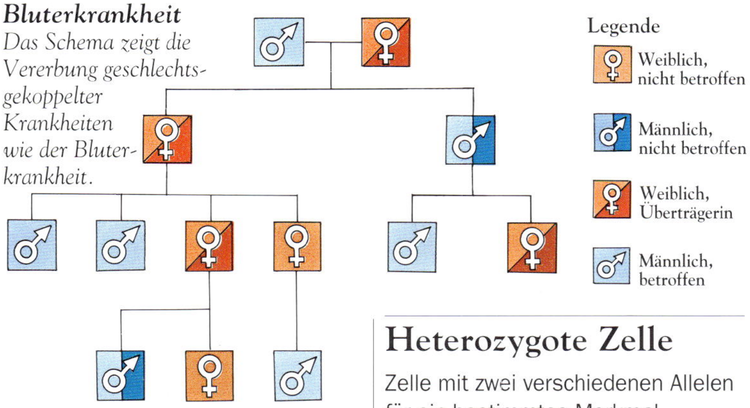

Geschlechtsgekoppeltes Allel

Allel auf Geschlechtschromosom

Die Geschlechtschromosomen bestimmen nicht nur über das Geschlecht eines Menschen. Das X-Chromosom trägt außerdem viele Allele, die andere körperliche Merkmale steuern, und einige solche Allele liegen vermutlich auch auf dem viel kleineren Y-Chromosom. Viele geschlechtsgekoppelte Allele kommen ausschließlich auf dem X-Chromosom vor, und da Frauen dieses Chromosom in doppelter Ausfertigung besitzen, wird hier das rezessive Allel häufig durch sein dominantes Gegenstück verdeckt. Männer dagegen haben nur ein X-Chromosom, sodass ein rezessives Allel sich immer ausprägt. Solche Allele erzeugen unter anderem die Bluterkrankheit und die Farbenblindheit. Derartige Krankheiten sind bei Männern häufig, bei Frauen dagegen selten.

Homozygote Zelle

Eine Zelle mit zwei gleichen Allelen für ein bestimmtes Merkmal

Eine Zelle mit zwei Exemplaren des gleichen Allels ist für das von diesem erzeugte Merkmal homozygot. Die Allele sind entweder beide dominant oder beide rezessiv. Das von ihnen hervorgebrachte Merkmal prägt sich immer aus, weil kein Allel das andere überdeckt.

Heterozygote Zelle

Zelle mit zwei verschiedenen Allelen für ein bestimmtes Merkmal

Eine Zelle, die für ein Merkmal heterozygot ist, enthält zwei unterschiedliche Allele, ein dominantes und ein rezessives. Normalerweise entfaltet nur das dominante Allel seine Wirkung.

Mutation

Eine Veränderung im genetischen Material einer Zelle

Während der sexuellen Fortpflanzung werden die Gene umgeordnet, neue Merkmalskombinationen entstehen. Durch Mutationen können sich die Gene aber auch verändern, sodass sich ganz neue Merkmale ergeben. Mutationen betreffen entweder einen kurzen DNA-Abschnitt oder ein ganzes Chromosom. Die Mutation einer normalen Körperzelle wird bei der Zellteilung weitergegeben, bleibt aber nur so lange erhalten, wie der Organismus lebt. In einer Geschlechtszelle kann sie auf zukünftige Generationen übergehen.

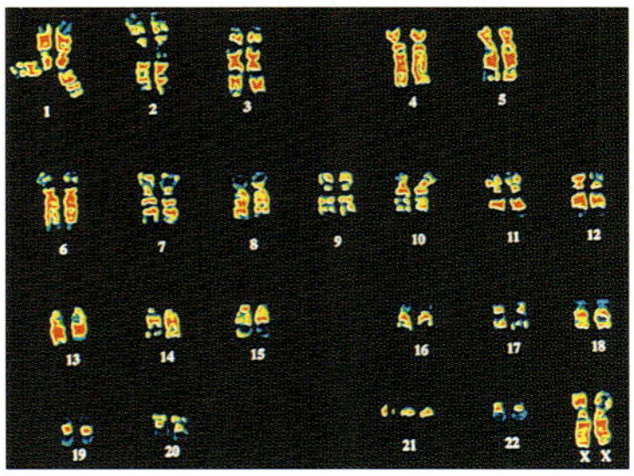

Eine Mutation
In diesem Karyotyp ist Chromosom 21 dreimal vorhanden. Folge: ein Down-Syndrom.

Siehe auch

Bakterien 92 • Bluterkrankheit 84
Blutgruppe 84 • Farbenblindheit 71
Gen 132 • Genotyp 132
Geschlechtschromosom 133
homologe Chromosomen 133
Hormon 78 • Phänotyp 132
sexuelle Fortpflanzung 128

Genetisch bedingte Erkrankung

Von Genen verursachte Erkrankung

Normalerweise enthalten die Gene alle Anweisungen, die für Aufbau und Funktionieren des Organismus gebraucht werden. Manchmal sorgen einzelne Anweisungen aber auch dafür, dass etwas schief geht. Manche genetisch bedingten Erkrankungen, beispielsweise das Down-Syndrom, sind auf eine ungewöhnliche Chromosomenzahl zurückzuführen. Andere werden von einzelnen Genen oder kleinen Gengruppen verursacht. Einige derartige Krankheiten sind so schwer wiegend, dass sie schon vor der Geburt zum Tode führen. Andere zeigen sich erst viel später.

Gentechnik

Künstliche Eingriffe in den Genotyp einer Zelle

In den letzten Jahren hat man Wege gefunden, um Gene aus einer Zelle zu entnehmen, in eine andere Zelle einzuschleusen und dort zu aktivieren. Derzeit dient das Verfahren vor allem dazu, menschliche Gene in andere Lebewesen einzubringen. So hat man z.B. das Gen, welches das menschliche Hormon Insulin codiert, auf Bakterien übertragen. Die Bakterien züchtet man dann im Labor, und das von ihnen produzierte Insulin wird zur Behandlung von Diabetes verwendet. In Zukunft wird man auch menschliche Zellen gentechnisch verändern und so genetisch bedingte Erkrankungen heilen.

Der Beginn des Lebens

Das Leben jedes Menschen beginnt mit einer einzigen befruchteten Eizelle. Bei der Befruchtung vereinigen sich Zellen zweier Menschen und schaffen ein neues, einzigartiges Lebewesen.

Geschlechtsverkehr

Der Vorgang, durch den männliche und weibliche Geschlechtszellen zusammenfinden

Beim Geschlechtsverkehr führt der Mann seinen Penis in die Scheide der Frau ein. Anschließend lösen die Bewegungen beider Partner einen Reflex aus, durch den die Samenflüssigkeit des Mannes in den Körper der Frau ausgestoßen **(ejakuliert)** wird. Der Geschlechtsverkehr kann beiden Partnern sehr angenehme Gefühle bereiten. Der Wunsch, ihn auszuüben, hat großen Einfluss auf das Verhalten.

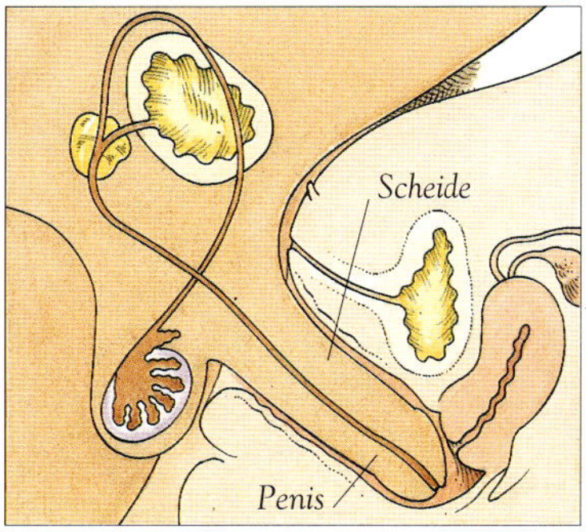

Geschlechtsverkehr
Der Mann führt den Penis in die Scheide der Frau ein und gibt die Samenzellen ab.

Siehe auch

Amnion 138 • Chorion 138 • Chromosom 132 • Eileiter 129 • Eizelle 129
Enzym 24 • Epithelgewebe 19 • Follikel 130
Gebärmutter 129 • Gen 132 • Geschlechtschromosom 133 • Geschlechtszelle 128
Gewebe 18 • Penis 128 • Placenta 138
Reflex 63 • Samenflüssigkeit 128
Samenzelle 128 • Scheide 129
Verdauungskanal 116 • Verhalten 66
Wachstum 142 • Zona pellucida 129

Befruchtung

Vereinigung von Samen- und Eizelle

Nach dem Geschlechtsverkehr wandern die Samenzellen durch Scheide und Gebärmutter, bis sie auf eine Eizelle treffen. Das geschieht meist im Eileiter. Die Samenzellen geben Enzyme ab, welche die kleinen Follikelzellen rund um die Eizelle auflösen. Obwohl häufig viele tausend Samenzellen die Eizelle erreichen, wird nur eine sie befruchten. Schließlich durchstößt eine Samenzelle den als Zona pellucida bezeichneten Film um die Eizelle. Die Zellkerne der beiden Zellen verschmelzen, eine neue Zelle entsteht, die Zygote. Die Befruchtung hat stattgefunden. Die befruchtete Eizelle verhindert durch chemische Veränderungen, dass andere Samenzellen sich an ihr festheften. Damit die Befruchtung stattfinden kann, muss die Eizelle innerhalb von 24 Stunden nach der Freisetzung aus dem Eileiter mit einer Samenzelle zusammentreffen. Samenzellen überleben im weiblichen Körper bis zu 72 Stunden, die Eizelle kann also auch befruchtet werden, wenn der Geschlechtsverkehr vor dem Eisprung stattfand.

Befruchtung
Eine Samenzelle dringt in die Zona pellucida rund um die Eizelle ein und befruchtet sie.

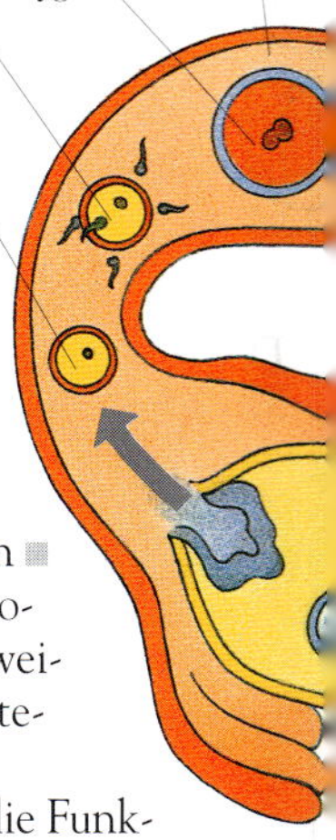

Zygote

Befruchtete Eizelle

Eine Zygote enthält von jedem Elternteil einen Chromosomensatz. In den Genen auf diesen Chromosomen liegen alle Anweisungen, die zur Entstehung eines neuen Menschen und für die Funktion seines Organismus notwendig sind. Zwei Geschlechtschromosomen, je eines von Mutter und Vater, bestimmen über das Geschlecht des Kindes. Dieses wird also bereits in der Zygote festgelegt.

Furchung

Die Aufteilung der befruchteten Eizelle in viele Zellen

Nach der Befruchtung teilt sich die Eizelle. Dieser Vorgang wiederholt sich immer wieder, sodass viele Zellen entstehen. Diese Zellen, die **Blastomeren**, werden anfangs immer kleiner, weil zwischen den Zellteilungen kein Wachstum stattfindet. Nachdem der Zellhaufen sich aber in der Gebärmutterschleimhaut eingenistet hat, nimmt die Größe schnell zu.

Morula

Eine Zellkugel, die aus einer befruchteten Eizelle entsteht

Durch die Teilung der Zygote entsteht eine beerenförmige Kugel aus Zellen, die man als Morula bezeichnet. Sie ist immer noch von der Zona pellucida der ursprünglichen Eizelle eingehüllt. Dieses Entwicklungsstadium umfasst die ersten drei Tage nach der Befruchtung. Während die Zellteilung sich fortsetzt, wandert die Morula durch den Eileiter in die Gebärmutter.

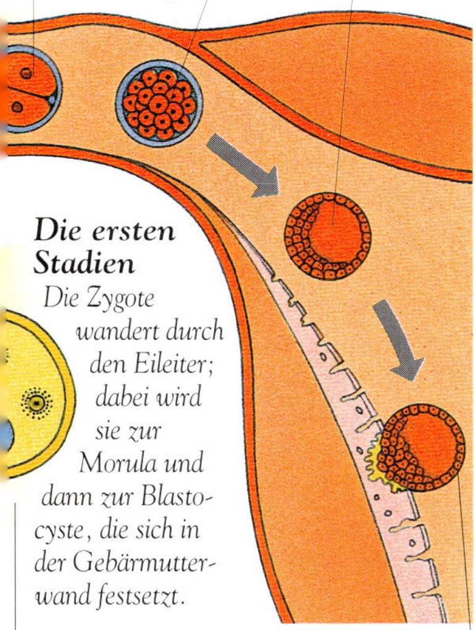

Die ersten Stadien
Die Zygote wandert durch den Eileiter; dabei wird sie zur Morula und dann zur Blastocyste, die sich in der Gebärmutterwand festsetzt.

Blastocyste

Hohlkugel aus Zellen

Wenn die Morula sich der Gebärmutter nähert, entwickelt sie sich zu einem hohlen Gebilde, das man Blastocyste nennt. Ihr flüssigkeitsgefüllter Hohlraum, das **Blastocoel**, ist von einer Zellschicht, dem **Trophoblasten**, umgeben. Anfangs verteilen sich die Zellen der Blastocyste gleichmäßig rund um den Hohlraum, aber nach und nach entsteht auf ihrer Innenseite an einer Stelle eine dickere Zellmasse. Etwa fünf Tage nach der Befruchtung ist die Blastocyste in der Gebärmutter angelangt, die Zona pellucida löst sich auf. Einen Tag später nistet sich die Blastocyste in die Gebärmutterwand ein.

Einnistung

Anheftung der Eizelle an die Gebärmutterschleimhaut

Die äußeren Zellen im Trophoblasten der Blastocyste erzeugen Enzyme, die einen Teil der Zellen in der Gebärmutter auflösen. Die Blastocyste bohrt sich in die Schleimhaut und wird von mütterlichen Zellen abgedeckt. Ihre inneren Zellen werden zum Embryo; aus den äußeren geht ein Teil der Placenta hervor.

Konzeption

Die Befruchtung und nachfolgende Einnistung

Als Konzeption bezeichnet man den Zeitraum von der Befruchtung bis zur erfolgreichen Einnistung der Blastocyste in die Gebärmutterschleimhaut. Sie ist nicht mit der Befruchtung identisch, denn eine befruchtete Eizelle schafft es durchaus nicht immer, sich in der Gebärmutter festzusetzen. Geschieht das nicht, kann sie sich nicht entwickeln.

Embryo

Ein ungeborenes Kind in den ersten acht Wochen der Entwicklung

Der Embryo entwickelt sich aus der Zellmasse im Inneren der Blastocyste. Anfangs erhält er alle Nährstoffe aus den mütterlichen Zellen, die bei der Einnistung abgebaut wurden. Auf diese Weise ernährt sich der Embryo ungefähr fünf bis sechs Wochen lang; danach übernimmt ein eigenes Organ, die Placenta, diese Funktion. Der Embryo wächst und entwickelt sich sehr schnell, sodass nach acht Wochen bereits alle Organe angelegt sind. Auch Amnion und Chorion entstehen frühzeitig und bilden eine Schutzhülle um den Embryo.

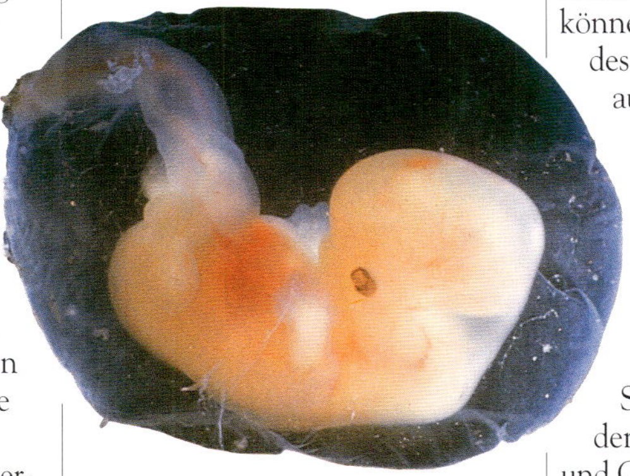

Ein Embryo mit fünf Wochen
Der Embryo schwimmt in der Flüssigkeit, die von der Fruchtblase umhüllt ist. Arme und Beine sind bereits angelegt.

Fetus

Ein ungeborenes Kind von der neunten Woche der Entwicklung bis zur Geburt

Im Fetus setzen sich Entwicklung und Wachstum der Organe, die im Embryo angelegt wurden, sehr schnell fort. Anfangs ist der Fetus etwa 3 cm lang und wiegt rund 1 g. Bei der Geburt misst er ungefähr 50 cm, und sein Gewicht ist um das 3000fache gewachsen.

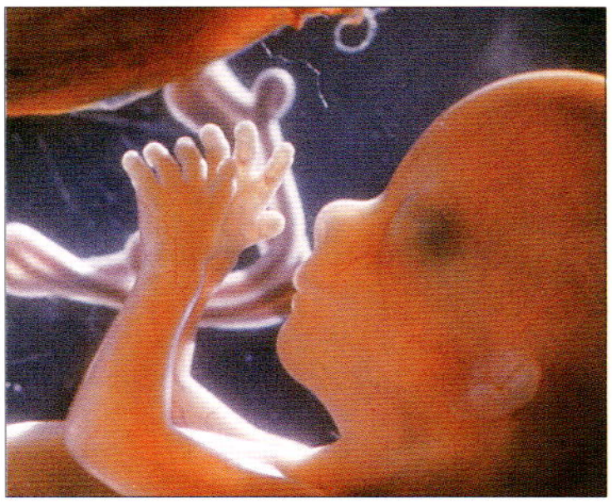

Ein Fetus mir vier Monaten
Kopf, Arme und Hände sind gut entwickelt. Unter der Haut sind Blutgefäße zu erkennen.

Differenzierung

Spezialisierung von Zellen während der Entwicklung des Körpers

Während der Entwicklung eines Embryos vermehren seine Zellen sich nicht nur. Sie verändern oder **differenzieren** sich, sodass sie bestimmte Aufgaben übernehmen können. Anfangs bilden die Zellen des Embryos drei Schichten: außen das **Ektoderm**, in der Mitte das **Mesoderm** und innen das **Endoderm**. Aus jeder Schicht gehen später ganz bestimmte Gewebe hervor: aus dem Ektoderm Nerven, Haut, Haare, Fingernägel und Teile einiger Sinnesorgane, aus dem Mesoderm Knochen, Muskeln, Blut und Geschlechtszellen, aus dem Endoderm das Epithelgewebe, das den Verdauungskanal auskleidet, sowie die Lunge und andere hohle Organe.

Schwangerschaft

Die befruchtete Eizelle wird in neun Monaten zu einem vollständigen Menschen. Im Laufe dieser Entwicklung teilt sich die ursprüngliche Zelle immer und immer wieder, bis mehr als zehn Billionen neue Zellen entstanden sind.

Schwangerschaft

Zeit von Konzeption bis Geburt

Die Schwangerschaft beginnt mit der Befruchtung und der nachfolgenden Einnistung der Blastocyste in die Gebärmutter. Dort wächst die Blastocyste zum Embryo und dann zum Fetus heran. Nach Abschluss der Entwicklung verlässt das Baby durch die Geburt den mütterlichen Körper. Die Schwangerschaft dauert normalerweise rund 40 Wochen. Etwa zehn Prozent aller Schwangerschaften führen zu frühgeborenen Kindern. Der Organismus der Mutter stellt sich während der Schwangerschaft auf den wachsenden Fetus ein.

Eine schwangere Frau
Allmählich wird der Bauch der Frau immer dicker.

Siehe auch

Arterie 88 • Befruchtung 136 • Blastocyste 137 • Diffusion 28 • Eileiter 129 Einnistung 137 • Eisprung 131 Eizelle 129 • Embryo 137 • Fetus 137 Frühgeburt 141 • Gebärmutter 129 Geburt 140 • Gen 132 • genetisch bedingte Erkrankung 135 • Geschlechtshormon 81 • Geschlechtsverkehr 136 Hormon 78 • Konzeption 137 • Milch 141 Samenzelle 128 • Vene 88 • weibliches Geschlechtshormon 81 • Zygote 136

Placenta

Ein Organ, das die Blutversorgung von Mutter und Kind verbindet

Die flache, schwammartige Placenta gehört teilweise zum Embryo und teilweise zur Mutter. Sie liegt an der Innenseite der Gebärmutter und ist mit dem Embryo bzw. Fetus über die Nabelschnur verbunden. Sie versorgt das Kind, weil sie es mit dem Kreislauf der Mutter verbindet. Sauerstoff und Nährstoffe diffundieren vom mütterlichen ins kindliche Blut, Abfallstoffe wandern in umgekehrter Richtung. Die Placenta produziert auch Hormone, die den mütterlichen Organismus auf die Schwangerschaft einstellen und auf die Milchproduktion vorbereiten.

Nabelschnur

Ein Verbindungsstrang zwischen Fetus und Placenta

Die Nabelschnur leitet Nährstoffe von der Placenta zum Embryo oder Fetus und Abfallstoffe in die umgekehrte Richtung. Sie enthält sowohl Arterien als auch Venen und ist rund 60 cm lang. Nach der Geburt wird sie durchgeschnitten; die verbleibende Narbe ist der **Bauchnabel**. Da die Nabelschnur keine Nerven enthält, ist der Schnitt schmerzlos.

Amnion

Eine flüssigkeitsgefüllte Haut, die den Embryo bzw. Fetus während der Entwicklung einhüllt

Das Amnion, das den Embryo und später den Fetus einhüllt, ähnelt einer durchsichtigen Blase voller **Fruchtwasser**. In dieser Flüssigkeit schwimmt der Embryo/Fetus, dem sie als Stoßdämpfer dient. Während der Schwangerschaft kann man eine Probe des Fruchtwassers entnehmen und untersuchen, eine Methode, die man **Amniocentese** nennt. Die Zellen im Fruchtwasser liefern dabei frühzeitig Hinweise auf eine genetisch bedingte Erkrankung.

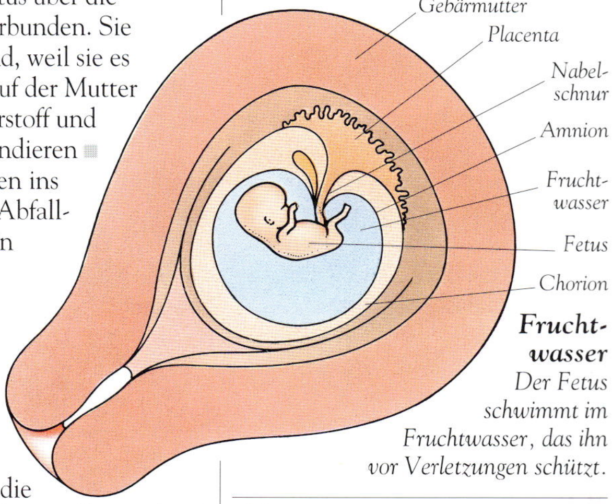

Fruchtwasser
Der Fetus schwimmt im Fruchtwasser, das ihn vor Verletzungen schützt.

Chorion

Die äußerste Hüllschicht des Embryos oder Fetus

Das Chorion ist für die Ernährung des Fetus von großer Bedeutung. Seine fingerförmigen Ausstülpungen, die **Chorionzotten**, gehören zur Placenta und bringen das Blut von Mutter und Fetus in engen Kontakt für den Stoffaustausch. Bei der **Chorionzottenbiopsie** entnimmt man Zellen aus dem Chorion und untersucht sie auf genetisch bedingte Krankheiten; dies ist schon in der achten Schwangerschaftswoche möglich.

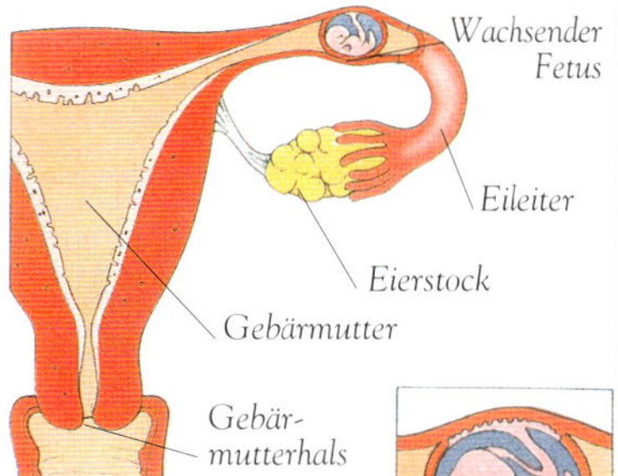

Bauchhöhlen-schwangerschaft
Schema der typischen Lage einer Bauch-höhlenschwangerschaft

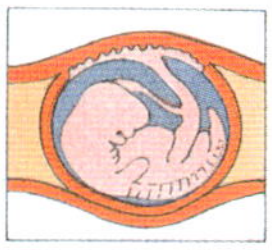

Fetus wächst im Eileiter.

Bauchhöhlen-schwangerschaft

Schwangerschaft mit einem außerhalb der Gebärmutter eingenisteten Embryo

Bei einer Bauchhöhlen-schwangerschaft setzt sich die Eizelle im Eileiter oder – seltener – in einem anderen Fortpflanzungsorgan fest. Dort kann der Embryo sich aber nicht ordnungsgemäß entwickeln, und ohne chirurgischen Eingriff stirbt unter Umständen auch die Mutter. Eine solche falsche Einnistung kommt bei 0,5 Prozent aller Schwangerschaften vor.

Mehrlingsschwangerschaft

Schwangerschaft mit mehreren Feten

Zur Mehrlingsschwangerschaft kommt es, wenn mehrere Eizellen befruchtet werden oder wenn die Eizelle sich nach der Befruchtung aufspaltet. Am häufigsten entstehen auf diese Weise **Zwillinge**. Viel seltener sind **Drillinge** und **Vierlinge**; sie entstehen in der Regel nur, wenn die Mutter fruchtbarkeitsfördernde Medikamente genommen hat.

Eineiige Zwillinge sehen sich sehr ähnlich.

Zweieiige Zwillinge

Zwillinge, die aus zwei verschiedenen befruchteten Eizellen hervorgehen

Manchmal produziert eine Frau zwei Eizellen gleichzeitig. Werden sie von zwei Samenzellen befruchtet, entstehen aus den beiden Zygoten zweieiige Zwillinge. Solche Zwillinge besitzen eine unterschiedliche Genausstattung und können auch unterschiedlichen Geschlechts sein. Sie ähneln einander nicht stärker als normale Geschwister.

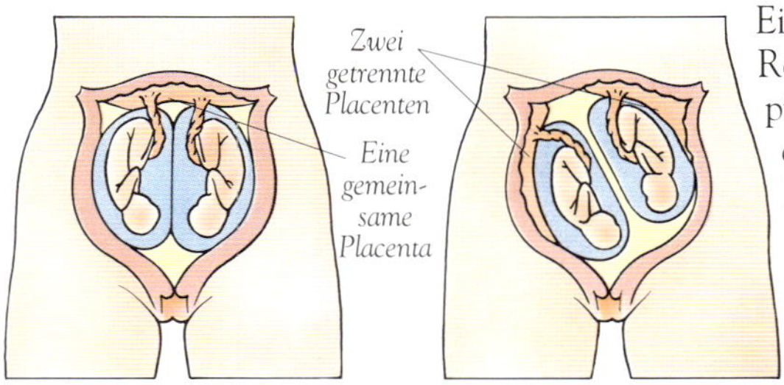

Eineiige Zwillinge **Zweieiige Zwillinge**

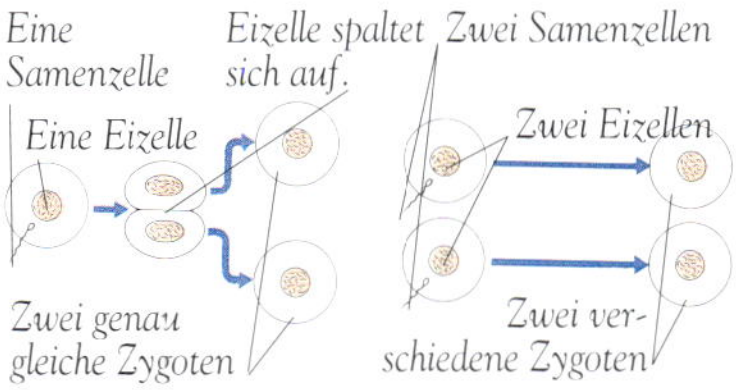

Ein- und zweieiige Zwillinge
Eineiige Zwillinge gehen aus einer einzigen befruchteten Eizelle hervor, zweieiige aus zwei verschiedenen Eizellen.

Eineiige Zwillinge

Zwillinge, die aus einer einzigen befruchteten Eizelle hervorgehen

In seltenen Fällen spaltet sich eine befruchtete Eizelle in zwei Zellen auf, die sich getrennt entwickeln und zu eineiigen Zwillingen heranwachsen. Solche Zwillinge haben genau die gleichen Gene und sehen sich meist so ähnlich, dass man sie kaum auseinander halten kann.

Unfruchtbarkeit

Unfähigkeit, Kinder zu bekommen

Die sexuelle Fortpflanzung ist ein komplizierter Vorgang mit vielen Einzelschritten. Funktioniert einer davon nicht richtig, ist Unfruchtbarkeit die Folge. Die Ursache kann beim Mann oder bei der Frau liegen. Manche Männer produzieren nicht genügend Samenzellen, bei Frauen findet manchmal kein normaler Eisprung statt. Manchmal lässt sich das Problem durch **In-vitro-Befruchtung** beheben (»in vitro« bedeutet »im Glas«). Man bringt Ei- und Samenzelle im Reagenzglas zusammen und pflanzt die befruchtete Eizelle dann in die Gebärmutter der Frau ein.

Geburtenkontrolle

Gezielte Steuerung von Schwangerschaft und Geburt

Durch Geburtenkontrolle oder **Familienplanung** bestimmt ein Paar, wie viele Kinder es haben will. Die einfachste Methode besteht darin, den Geschlechtsverkehr ganz oder während der fruchtbaren Tage der Frau zu vermeiden. Die meisten benutzen aber Verhütungsmittel.

Verhütungsmittel

Mittel zur Verhütung der Konzeption

Mit Verhütungsmitteln kann ein Paar Geschlechtsverkehr haben, ohne dass eine Schwangerschaft folgt. Am einfachsten sind **mechanische Verhütungsmittel** wie die **Kondome**, die den Kontakt zwischen Ei- und Samenzelle verhindern. **Hormonelle Verhütungsmittel**, insbesondere die **Pille**, enthalten geringe Mengen weibliche Geschlechtshormone und verhindern in der Regel den Eisprung. Manche Verhütungsmittel sind recht zuverlässig, hundertprozentig wirkt aber keines.

Die Geburt

Die Geburt ist für Mutter und Kind ein großer Augenblick. Nach neun Monaten in der Wärme und Geborgenheit des mütterlichen Körpers kommt das Baby in eine fremde Welt.

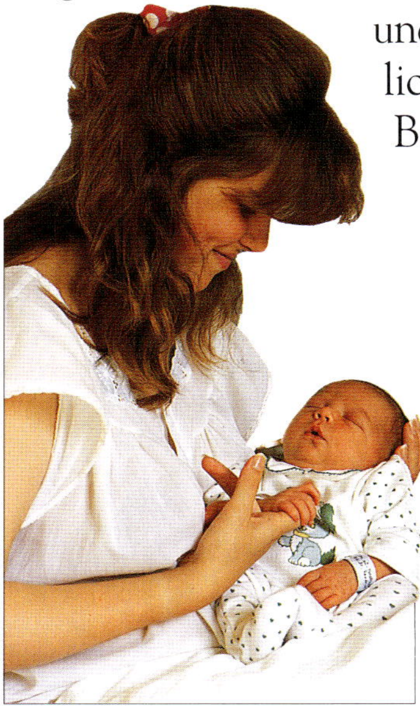

Mutter und Neugeborenes
Diese Frau hat gerade ihr Baby zur Welt gebracht.

Geburt

Die Austreibung des Kindes aus der Gebärmutter in die Außenwelt

Die Geburt, auch **Entbindung** genannt, findet normalerweise nach 38 bis 42 Schwangerschaftswochen statt. Ausgelöst wird sie durch Veränderungen der Hormone im Blut der Mutter. Die Gebärmutter zieht sich zusammen und schiebt das Kind mit dem Kopf voran durch die Scheide. Dort ist es sehr eng, und während der Kopf des Kindes durch das Becken der Mutter gleitet, wird er vorübergehend verformt. Sobald das Baby auf der Welt ist, atmet es zum ersten Mal, und das erste Blut strömt durch seine Lunge. Ein paar Minuten später wird die Placenta als Nachgeburt aus der Gebärmutter ausgestoßen.

Stadien der Geburt
Eine Geburt kann sehr unterschiedlich lange dauern, der Ablauf ist aber meist ähnlich.

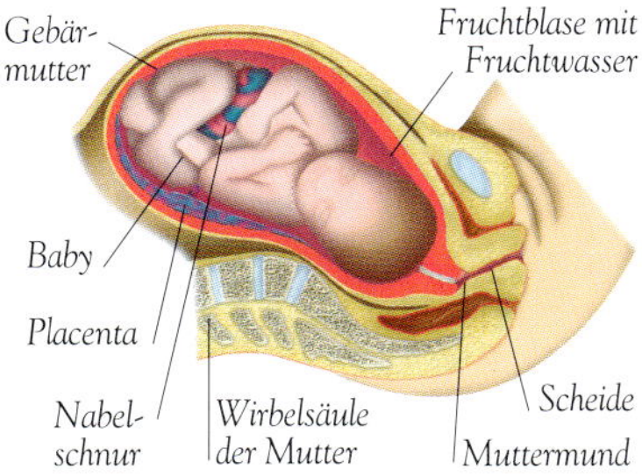

1 Nach rund 40 Wochen ist das Baby herangewachsen und hat sich in der Gebärmutter mit dem Kopf nach unten gedreht.

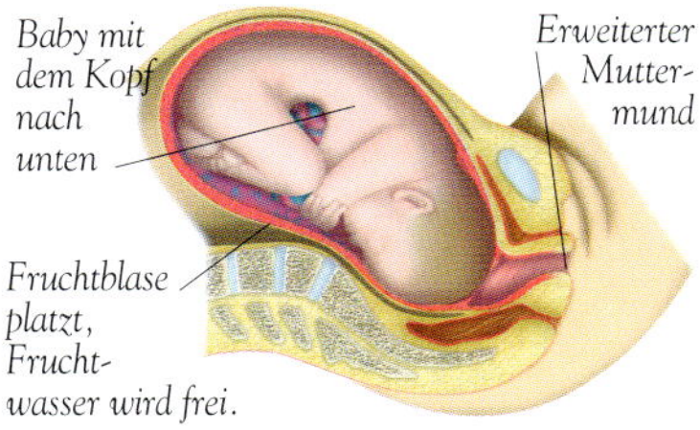

2 Im ersten Stadium öffnet sich der Muttermund bis zu einem Durchmesser von rund 10 cm.

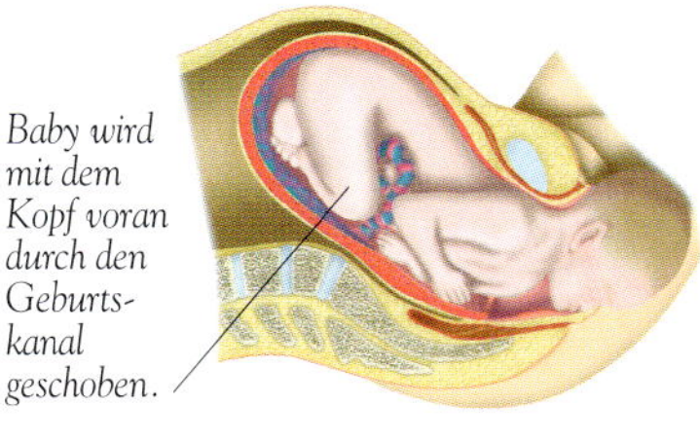

3 Im zweiten Stadium wird das Baby geboren. Kontraktionen schieben es aus der Gebärmutter durch den Geburtskanal (die Scheide).

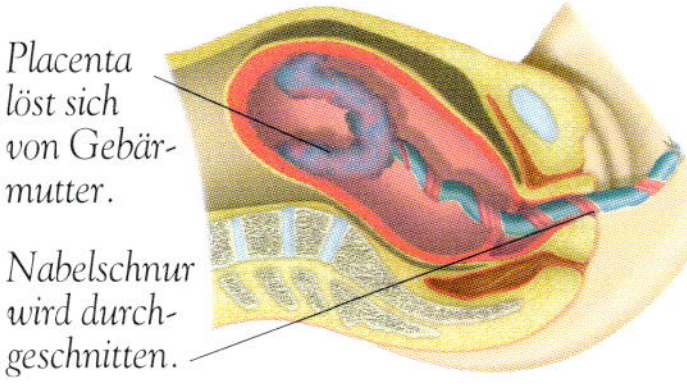

4 Im dritten Stadium der Geburt wird die Placenta ausgestoßen.

Wehen

Die Muskelkontraktionen vor und während der Geburt

Die Wehen setzen meist etwa zwölf Stunden vor der Geburt ein, manchmal aber auch erst später. Im **ersten Stadium** zieht die Gebärmutter sich in immer kürzeren Abständen zusammen, und der Muttermund öffnet sich allmählich. Im **zweiten Stadium** kommt der Kopf des Kindes zum Vorschein. Anschließend wird das Baby durch kräftige Kontraktionen aus der Gebärmutter geschoben. Im **dritten Stadium** schließlich wird die Placenta ausgestoßen. Die Wehen werden vom Oxytocin ausgelöst, einem Hormon aus der Hypophyse der Mutter.

Steißlage

Eine Geburt, bei der das Baby mit den Füßen zuerst zur Welt kommt

Normalerweise liegt der Fetus in den ersten Schwangerschaftswochen mit dem Kopf nach oben. Ungefähr bis zur 32. Woche hat er sich umgedreht, sodass er mit dem Kopf zuerst geboren werden kann. Bei einer Steißlage liegt er weiterhin mit dem Kopf nach oben, sodass Beine und Gesäß zuerst zum Vorschein kommen. Hier besteht ein größeres Verletzungsrisiko für das Kind; deshalb nimmt man häufig einen Kaiserschnitt vor.

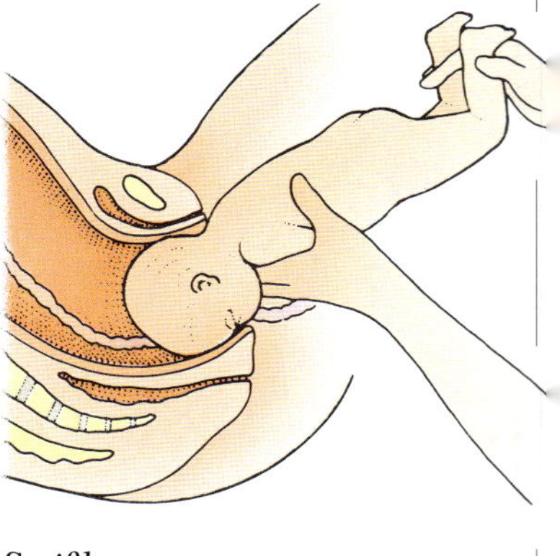

Steißlage
Bei einer Steißlage wird das Kind mit den Beinen voran geboren.

Kaiserschnitt

Eine Entbindung durch einen Schnitt im Bauch der Mutter

Beim Kaiserschnitt, einem chirurgischen Eingriff, wird das Kind unmittelbar aus der Gebärmutter gehoben. Er wird vorgenommen, wenn das Kind nicht durch das Becken der Mutter passt oder wenn während der Schwangerschaft und Wehen andere Komplikationen auftreten. Im Unterbauch der Mutter wird ein kurzer Schnitt gemacht. Man nimmt Baby und Placenta heraus und vernäht den Schnitt wieder. In manchen Regionen der Welt kommen viele Kinder auf diese Weise zur Welt.

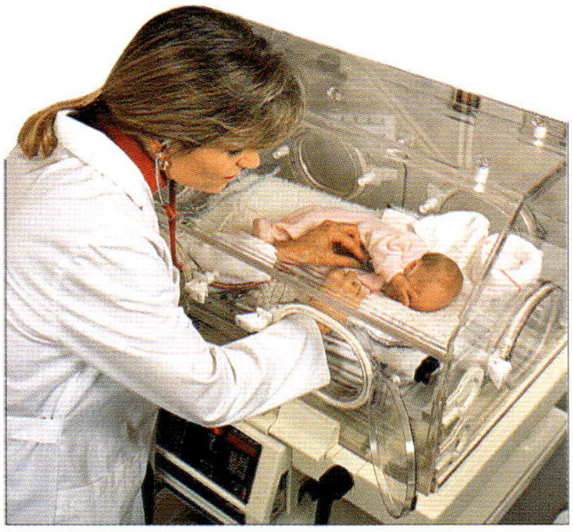

Ein Frühgeborenes
Ein winziges Baby wird in einem Brutkasten versorgt.

Frühgeburt

Eine Geburt nach weniger als 37 Schwangerschaftswochen

Frühgeborene Babys können wegen eines Mangels an Surfactant ▪ oft nur schwer atmen. Außerdem fehlt ihnen der kräftige Saugreflex, durch den normale Babys schon kurz nach der Geburt trinken können. Früher starben die meisten früh geborenen Kinder. Heute versorgt man sie im **Brutkasten**, einer durchsichtigen Kammer, die feuchte, warme Luft enthält. Mit ihm kann man Babys, die bis zu zwölf Wochen vor dem normalen Termin geboren wurden, am Leben erhalten.

Geburtsfehler

Körperlicher Defekt, der bei Geburt oder im Säuglingsalter auffällt

Das »perfekte« Baby gibt es nicht. Jedes Kind hat den einen oder anderen Fehler, und manche davon sind so schwer wiegend, dass sie medizinisch behandelt werden müssen. Ursache können Infektionen oder Medikamenteneinnahme während der Schwangerschaft sein, aber auch genetisch bedingte Erkrankungen ▪, die eine normale Entwicklung des Embryos oder Fetus ▪ verhindern. Ein **Muttermal** ist eine harmlose verfärbte Hautstelle, die sich während der Entwicklung im Mutterleib bildet. Manche Muttermale bleiben bestehen, andere verschwinden während der Kindheit.

Fehlgeburt

Der Verlust eines Babys, bevor es außerhalb des mütterlichen Körpers leben kann

Bei rund 20 Prozent aller Schwangerschaften stirbt der Embryo oder Fetus während der Entwicklung. Die meisten Fehlgeburten ereignen sich während der ersten zwölf Schwangerschaftswochen. Dafür gibt es viele Ursachen: Vielleicht hat der Fetus einen genetischen Defekt, oder die Mutter erkrankt während der Schwangerschaft. Meist kann die Frau trotz der Fehlgeburt später wieder Kinder bekommen, aber es ist ein schreckliches Erlebnis.

Milch

Die von der Mutter produzierte flüssige Nahrung

Muttermilch ist eine Vollnahrung, die das Baby während der ersten Monate ernährt. Sie enthält den Zucker Lactose ▪ sowie Fette, Proteine und kleine Mengen Antikörper ▪.

Siehe auch

Antikörper 98 • Becken 41 • Embryo 137
Fetus 137 • Gebärmutter 129
Gebärmutterhals 129 • genetisch bedingte Erkrankung 135 • Hormon 78
Hypophyse 79 • Lactose 22
Lymphocyt 83 • Oxytocin 79
Placenta 138 • Scheide 129
Schwangerschaft 138 • Surfactant 113

Vormilch

Eine wässerige Flüssigkeit, die vor der Milch produziert wird

Vom Ende der Schwangerschaft bis kurz nach der Geburt produzieren die Brüste der Mutter die gelbliche Vormilch **(Colostrum)**. Sie enthält viele Antikörper und Lymphocyten ▪, die das Abwehrsystem des Babys stärken. Etwa eine Woche nach der Geburt tritt die Milch an ihre Stelle.

Laktation

Die Produktion von Muttermilch

Die Milch wird von den **Brustdrüsen** der Frau produziert. Jede Brust enthält etwa 15–20 **Drüsenläppchen** und trägt in der Mitte die Brustwarze. Die Drüsen sind mit der Warze über die **Milchgänge** verbunden. Beim Stillen regt das Kind die Brust zur Absonderung von Milch an. Diese Reaktion wird von dem Hormon Oxytocin ausgelöst und setzt nach etwa einer Minute ein.

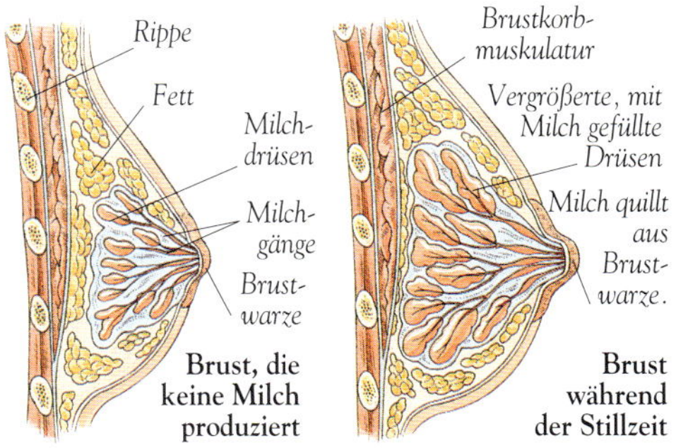

Milchproduktion
Die Milchdrüsen der Brust vergrößern sich nach der Geburt und produzieren Milch.

Wachstum & Altern

Der menschliche Körper macht im Laufe des Lebens eine Reihe vorhersehbarer Veränderungen durch. Der Säugling wird zum Kind, das Kind zum Jugendlichen, der Jugendliche zum Erwachsenen. Vom mittleren Alter an zeigen sich Alterserscheinungen.

Wachstum

Größenzunahme

Wachstum ist vorwiegend auf Zellteilung zurückzuführen. Es wird von mehreren Faktoren beeinflusst, unter anderem von Hormonen und Ernährung. Der Körper wächst in den einzelnen Lebensstadien unterschiedlich schnell. Den stärksten Wachstumsschub macht er vor der Geburt. Ein Säugling wächst ebenfalls schnell, ein Kind schon langsamer. Ein zweiter Wachstumsschub setzt in der Pubertät ein. Erwachsene wachsen nicht mehr, die Zellen teilen sich aber weiterhin.

Säugling

Ein Baby im ersten Lebensjahr

Das erste Lebensjahr bezeichnet man als **Säuglingsalter**. Ein Säugling ist hilflos und völlig auf seine Eltern angewiesen, die ihn ernähren und beschützen.

Pubertät

Die Phase körperlicher Veränderungen in der Jugend

In der Pubertät sorgen die Geschlechtshormone für einen Wachstums- und Entwicklungsschub. Sie beginnt bei Mädchen um das elfte Lebensjahr und bei Jungen rund zwei Jahre später, allerdings mit großen individuellen Unterschieden. In der Pubertät entwickeln sich die sekundären Geschlechtsmerkmale, und der Körper bereitet sich auf die sexuelle Fortpflanzung vor.

1 Ein Säugling hat einen großen Kopf, aber kurze Arme und Beine. Er ist völlig auf die Eltern angewiesen.

2 Beim Zweijährigen sind Arme und Beine viel länger als beim Säugling. Die Beine sind jetzt kräftig genug zum Gehen. Es ist nicht ganz so hilflos wie ein Säugling.

3 Um das 13. Lebensjahr macht der Körper in der Pubertät große Veränderungen durch. Die Körperbehaarung wächst; bei Mädchen entwickelt sich die Brust, und die Hüften werden breiter.

4 Etwa mit 18 Jahren sind die meisten Menschen ausgewachsen. Nur wenige Strukturen wie die Weisheitszähne wachsen noch.

Entwicklung

Komplexitätszunahme

Die vielgestaltigen Zellen des Körpers gehen aus einer einzigen Zelle hervor, der Zygote. Zur Entwicklung gehört die Differenzierung der Zellen, durch die sie sich auf ihre Aufgaben einstellen. Außerdem umfasst sie das **differenzielle Wachstum**: Manche Körperteile wachsen schneller als andere, sodass die Körpergestalt sich verändert. Wachstum und Entwicklung gehen meist Hand in Hand, können aber auch getrennt ablaufen. Die Zygote entwickelt sich anfangs zum Beispiel ohne Größenzunahme.

Jugend

Die Zeit zwischen Kindheit und Erwachsenenalter

Die Jugend zwischen dem zehnten und 20. Lebensjahr ist eine Zeit der körperlichen und seelischen Veränderungen im Vorfeld des Erwachsenwerdens. Der junge Mensch lernt, unabhängig von den Eltern zu leben und mit der sexuellen Reifung umzugehen. Oft ist die Jugend eine schwierige Zeit. Viele Jugendliche sorgen sich um ihr Äußeres, und der Wunsch nach Selbstständigkeit führt in vielen Fällen zu Spannungen mit den Eltern.

Heranwachsen

Wachstum und Entwicklung verlaufen bei allen Kindern ähnlich. Ein letzter Wachstumsschub setzt meist in der Pubertät ein, d. h. mit rund elf bis 13 Jahren bei Mädchen und 13 bis 16 Jahren bei Jungen.

Erwachsener

Mensch, dessen Wachstum und Entwicklung abgeschlossen sind

Ungefähr mit 18 Jahren stellt der Körper das Wachstum ein. Jetzt beginnt das Erwachsenenalter, in dem der Körper sich nur noch wenig weiterentwickelt. Zu späten Veränderungen gehören die Knochenbildung in manchen Teilen des Brustbeins und das Durchbrechen der Weisheitszähne.

Alterung

Der Vorgang des Älterwerdens

Die Alterung beginnt im mittleren Alter und betrifft alle Körperzellen: Sie erfüllen ihre alltäglichen Aufgaben nun weniger effizient. Deshalb verändert sich der ganze Körper. Die Haut verliert an Elastizität, die Muskeln werden schwächer, die Knochen sind brüchiger, und die Gelenke weniger beweglich. Die Ursachen der Alterung sind noch nicht ganz geklärt. Vielleicht verlieren die Zellen ihre Teilungsfähigkeit, oder schädliche Nebenprodukte des Stoffwechsels sammeln sich an. Die Menschen sind unterschiedlich von der Alterung betroffen, und das liegt ziemlich sicher an den Genen. Regelmäßige körperliche Betätigung und gesunde Ernährung können ihre Auswirkungen jedoch vermindern.

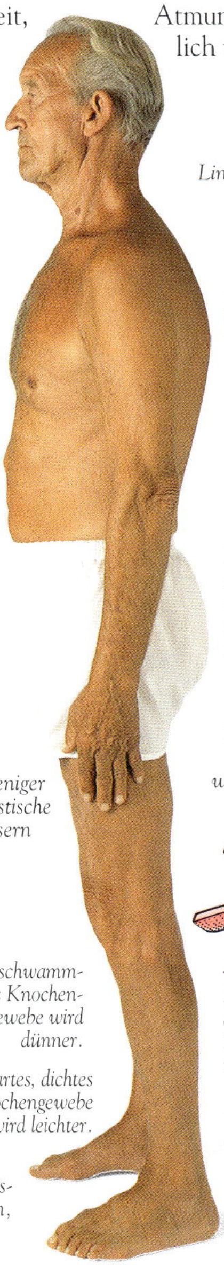

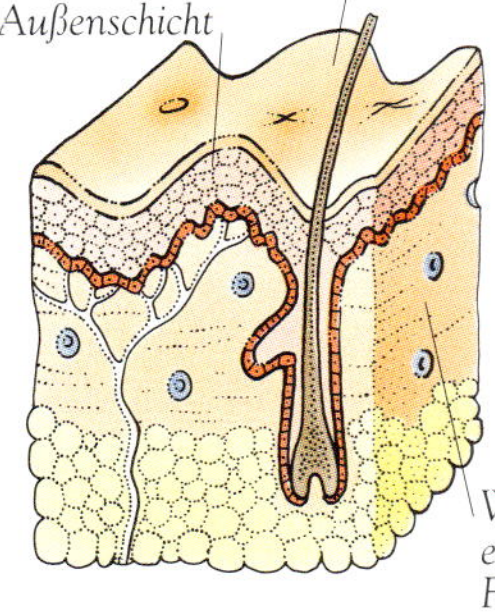

1 *Ältere Haut ist dünner und enthält in den tieferen Schichten weniger elastische Fasern. Deshalb wird sie lockerer und faltig.*

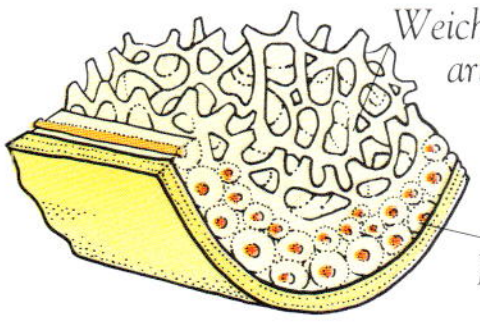

2 *Die Knochen älterer Menschen enthalten weniger Kollagen, das Elastizität verleiht, und weniger Calcium, das sie kräftigt. Deshalb werden die Knochen dünner und brüchiger.*

Tod

Das endgültige Ende der Lebensvorgänge

Wenn jemand stirbt, brechen Körpersysteme zusammen. Deshalb funktioniert auch der übrige Organismus nicht mehr, und seine chemischen Abläufe kommen zum Stillstand. Diese Veränderung tritt nicht sofort ein, und wenn sie noch nicht zu weit fortgeschritten ist, kann man sie manchmal rückgängig machen. Bei der **Wiederbelebung** werden Atmung und Herzschlag künstlich wieder hergestellt.

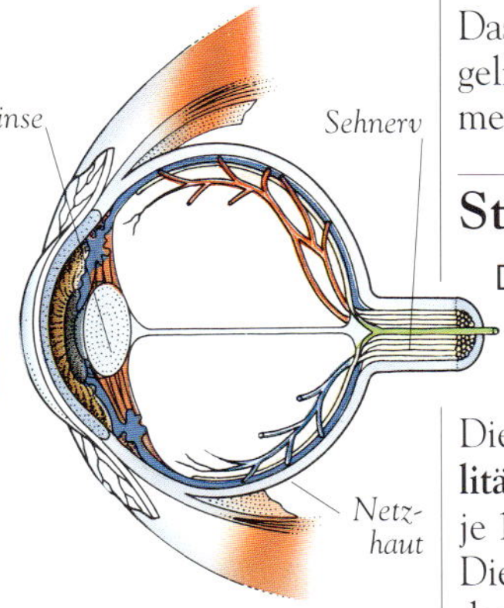

3 *Im Alter lässt vielfach die Sehfähigkeit nach. Das Linsengewebe verliert an Elastizität und kann sich nicht mehr gut verformen. Das beeinträchtigt die Sehschärfe.*

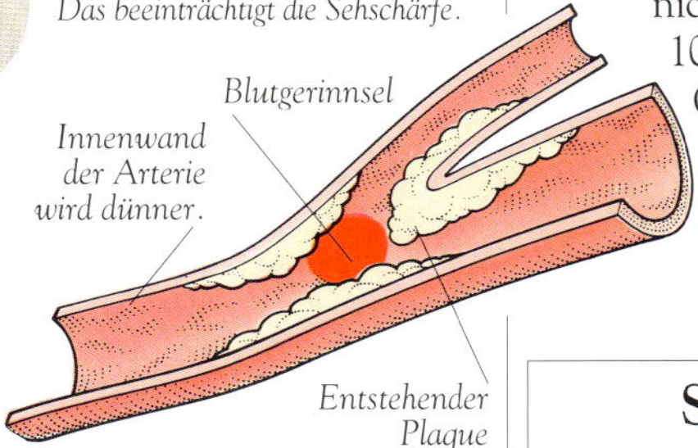

4 *In den Arterien können sich Fettablagerungen (Plaques) bilden, die das Gefäß verengen. Blutgerinnsel können Schlaganfall und Herzinfarkt verursachen.*

Alterserscheinungen
Im höheren Alter treten körperliche Veränderungen ein. Manche kann man durch eine gesunde Lebensweise vermeiden.

Lebenserwartung

Die Zahl der Jahre, die ein Neugeborenes voraussichtlich leben wird

Menschen können durchschnittlich 75 bis 85 Jahre alt werden. Das ist ihre **natürliche Lebenserwartung**. In Wirklichkeit können die meisten Menschen aber wegen Krankheiten und anderer Gefahren mit einem nicht ganz so langen Leben rechnen. In den Industrieländern liegt die tatsächliche Lebenserwartung zwischen 70 und 75 Jahren, in vielen Entwicklungsländern ist sie viel niedriger. Das liegt vorwiegend an mangelnder Ernährung und schlechter medizinischer Versorgung.

Sterblichkeit

Die Zahl der jährlichen Todesfälle in einer Bevölkerungsgruppe

Die Sterblichkeit oder **Mortalität** wird meist als Todesfälle je 1000 Menschen angegeben. Die **Geburtsrate** ist die Zahl der jährlich geborenen Kinder je 1000 Einwohner. Sind Sterblichkeit und Geburtsrate gleich, ändert sich die **Bevölkerungszahl** nicht. In den letzten 100 Jahren war die Geburtsrate aber in den meisten Ländern viel höher, sodass die Bevölkerung stark gewachsen ist.

Siehe auch

Brustbein 37 • Differenzierung 137
Ernährung 106 • Geburt 140 • Gen 132
Geschlechtshormon 81 • Haut 32
Hormon 78 • Knochen 34
Knochenbildung 35 • Metabolit 102
sekundäre Geschlechtsmerkmale 81
sexuelle Fortpflanzung 128
Weisheitszähne 119
Zellteilung 30 • Zygote 136

Infektionskrankheiten

Die folgende Auflistung enthält Krankheiten, die von Erregern wie Bakterien und Viren verursacht werden. Viele sind sehr ansteckend, das heißt, sie können leicht von einem Menschen zum anderen übertragen werden. Andere, so zum Beispiel die Malaria, werden nicht unmittelbar weitergegeben.

AIDS (*siehe Seite* 99)

Amöbenruhr
Erreger: Protozoen *(Entamoeba histolytica)*
Übertragung: Verbreitung durch verunreinigtes Trinkwasser und rohe Speisen.
Wirkungen: Vermehrt sich im Dickdarm; verursacht Durchfall und Blutungen der Darmwand.

Cholera
Erreger: Bakterien *(Vibrio cholerae)*
Übertragung: Verbreitet sich durch verunreinigtes Wasser und Lebensmittel.
Wirkungen: Verursacht Durchfall und Erbrechen. Unbehandelt sterben die Betroffenen am Flüssigkeitsverlust.

Diphtherie
Erreger: Bakterien *(Corynebacterium diphtheriae)*
Übertragung: Durch Tröpfcheninfektion oder Körperkontakt.
Wirkungen: Infektion von Rachen und Luftröhre, in schweren Fällen Lähmungen. Die Krankheit ist durch Schutzimpfung von Kindern in vielen Ländern selten geworden.

Echte Grippe (Influenza)
Erreger: Viren (verschiedene Typen)
Übertragung: Tröpfcheninfektion.
Wirkungen: Fieber, Kopf- und Gliederschmerzen. Da es viele Stämme des Erregers gibt, kann der Organismus kaum Immunität entwickeln.

Fleckfieber
Erreger: Bakterienähnliche Organismen (Rickettsien)
Übertragung: Durch Biss von Läusen, Zecken und anderen Tieren.
Wirkungen: Diese gefährliche Krankheit äußert sich durch Fieber, Blutvergiftung, Lungenentzündung und Herzversagen. Sie ist normalerweise selten, flammt aber nach Naturkatastrophen auf, wenn viele Menschen eng zusammenleben.

Gelbfieber
Erreger: Virus (Togavirus)
Übertragung: Mückenstiche.
Wirkungen: Infektion des Lymphsystems und vieler Organe; Leberschäden und Gelbsucht (Gelbfärbung von Haut und Augen). Im tropischen Amerika und Afrika weit verbreitet, Schutzimpfung möglich.

Gewöhnliche Erkältung
Erreger: Viren (Rhinoviren und andere)
Übertragung: Tröpfcheninfektion.
Wirkungen: Entzündung von Nasenhöhle und Rachenschleimhaut. Eigentlich eine ganze Gruppe von Krankheiten, verursacht durch mehr als 200 Virustypen.

Giardiasis
Erreger: Protozoen *(Giardia lamblia)*
Übertragung: Verunreinigtes Wasser und Lebensmittel; Sexualkontakte.
Wirkungen: Vermehrt sich im Dünndarm, verursacht Darmkrämpfe und schweren Durchfall. Vor allem in den Tropen verbreitet.

Gonorrhöe (Tripper)
Erreger: Bakterien *(Neisseria gonorrhoeae)*
Übertragung: Durch Geschlechtsverkehr.
Wirkungen: Entzündung der Geschlechtsorgane; breitet sich manchmal auf andere Körperteile aus.

Hepatitis
Erreger: Virus (verschiedene Typen)
Übertragung: Hepatitis A durch verunreinigte Lebensmittel und Wasser sowie durch Körperkontakt. Hepatitis B durch infiziertes Blut und Geschlechtsverkehr.
Wirkungen: Leberentzündung. Folge: Gelbsucht (Gelbfärbung Haut und Augen), manchmal schwerer Leberschaden.

Herpes zoster (Gürtelrose)
Erreger: Virus (Herpesvirus)
Übertragung: Tröpfcheninfektion.
Wirkungen: Wird vom gleichen Erreger verursacht wie Windpocken und betrifft vorwiegend Menschen über 50 Jahre. Infiziert die Nerven und ruft viele Jahre nach der Windpockenerkrankung Ausschlag auf einer Körperseite hervor.

Keuchhusten
Erreger: Bakterien *(Bordetella pertussis)*
Übertragung: Tröpfcheninfektion.
Wirkungen: Entzündung der Luftröhre und der Luftwege in der Lunge. Starker Husten. Betroffen sind vor allem Kinder; Schutzimpfung möglich.

Lepra
Erreger: Bakterien *(Mycobacterium leprae)*
Übertragung: Länger andauernder enger Kontakt.
Wirkungen: Infektion des peripheren Nervensystems, Verlust der Tastempfindlichkeit. Die Folge sind Schäden durch Unfälle. Vor allem in Afrika und Asien verbreitete Krankheit, ist schwer zu heilen.

Lungenentzündung
Erreger: Viren oder Bakterien (verschiedene Typen)
Übertragung: Meist Tröpfcheninfektion.
Wirkungen: Entzündung der Lunge, die das Atmen erschwert. Häufig als Begleiterscheinung anderer Krankheiten.

Malaria
Erreger: Protozoen (*Plasmodium*-Arten)
Übertragung: Durch Mückenstiche.
Wirkungen: Greift die roten Blutzellen an und verursacht wiederkehrende Fieberschübe. Kann zu Leber- und Nierenversagen führen. Diese gefährliche Krankheit lässt sich mit Medikamenten behandeln.

Masern
Erreger: Virus (Paramyxovirus)
Übertragung: Schnelle Übertragung durch Tröpfcheninfektion.
Wirkungen: Hautausschlag und Fieber. Betroffen sind vorwiegend Kinder; Schutzimpfung möglich.

Meningitis
Erreger: Viren oder Bakterien (verschiedene Typen)
Übertragung: Gesunde Menschen tragen häufig den Erreger in sich. Die Krankheit bricht nur aus, wenn er ins Zentralnervensystem gelangt.
Wirkungen: Entzündung der Hirnhäute, die Gehirn und Rückenmark einhüllen. Kopfschmerzen und Fieber. Manche Formen der bakteriellen Meningitis können zu dauerhaften Gehirnschäden oder zum Tod führen.

Mumps
Erreger: Virus (Paramyxovirus)
Übertragung: Tröpfcheninfektion.
Wirkungen: Schwellung der Speicheldrüsen. Betroffen sind sowohl Kinder als auch Erwachsene. Eine Schutzimpfung ist möglich.

Pfeiffersches Drüsenfieber
(infektöse Mononucleose)
Erreger: Virus (Herpesvirus)
Übertragung: Nicht genau bekannt; vermutlich durch Speichel.
Wirkungen: Lymphknotenschwellung, Mandelentzündung, Kopfschmerzen, Teilnahmslosigkeit; kann mehrere Wochen dauern.

Pocken
Erreger: Virus (Pockenvirus)
Übertragung: Tröpfcheninfektion.
Wirkungen: Große Blasen auf der Haut; in vielen Fällen tödlich. Die früher weit verbreiteten Pocken wurden durch ein weltweites Impfprogramm ausgerottet.

Poliomyelitis (Kinderlähmung)
Erreger: Virus (Poliovirus)
Übertragung: Vorwiegend durch verunreinigtes Wasser.
Wirkungen: Reichen von Kopfschmerzen bis zu Lähmungserscheinungen. Diese gefährliche Krankheit lässt sich durch eine Schutzimpfung verhüten.

Röteln
Erreger: Virus (Togavirus)
Übertragung: Tröpfcheninfektion.
Wirkungen: Roter Hautausschlag; meist geringfügige Erkrankung, kann aber bei Schwangeren zur Schädigung des Kindes führen. Schutzimpfung möglich.

Syphilis
Erreger: Bakterien (*Treponema pallidum*)
Übertragung: Durch sexuelle Kontakte.
Wirkungen: Anfangs Hautschäden und Ausschlag. Ohne Behandlung später Organschäden und geistige Störungen. Kann jahrelang andauern und vor der Geburt auf ein Kind weitergegeben werden.

Tetanus
Erreger: Bakterien (*Clostridium tetani*)
Übertragung: Vorwiegend durch Kontakt mit bakterienverseuchtem Boden und Abfall. Die Bakterien dringen in Schnittwunden ein.
Wirkungen: Infektion des Zentralnervensystems; Muskelstarre, später Atemstillstand. Schutzimpfung möglich.

Tollwut
Erreger: Virus (Rhabdovirus)
Übertragung: Durch den Biss infizierter Tiere (Hunde, Füchse, Waschbären).
Wirkungen: Fieber, Delirium, Rachenkrämpfe. Lässt sich durch Immunisierung innerhalb von zwei Tagen nach dem Biss verhüten.

Tuberkulose
Erreger: Bakterien (*Mycobacterium tuberculosis*)
Übertragung: Tröpfcheninfektion.
Wirkungen: Infektion der Lunge und manchmal auch anderer Organe; bildet kleine Klumpen (Tuberkel). Ist heilbar, fordert aber in den Entwicklungsländern jedes Jahr viele Opfer.

Typhus
Erreger: Bakterien (*Salmonella typhi*)
Übertragung: Durch verunreinigtes Wasser und Lebensmittel.
Wirkungen: Kopfschmerzen, Fieber, manchmal schwere Störungen des Verdauungssystems. Kommt in Ländern mit schlechten hygienischen Verhältnissen häufig vor.

Windpocken
Erreger: Virus (Herpesvirus)
Übertragung: Tröpfcheninfektion.
Wirkungen: Hautausschlag, der sich zu Blasen weiterentwickelt. Diese häufige Kinderkrankheit ist bei Erwachsenen seltener, verläuft dann aber schwerer.

Nichtinfektiöse Krankheiten

Die folgende Aufstellung enthält Krankheiten, die nicht von Krankheitserregern verursacht werden. Manche sind die Folge ererbter, defekter Gene. Andere werden durch Umweltfaktoren ausgelöst, z. B. durch Allergene in der Luft.

Akromegalie *(siehe Seite 79)*

Albinismus
Ursache: Erbliche Erkrankung; Gendefekte.
Wirkungen: Keine Produktion des Pigments Melanin. Die Betroffenen haben sehr helle Haut und weiße Haare; sie bekommen schnell Sonnenbrand.

Allergie *(siehe Seite 100)*

Alzheimer-Krankheit
Ursache: Unbekannt. Gene dürften eine Rolle spielen.
Wirkungen: Gedächtnisverlust, geistige Verwirrung, Koordinationsstörungen. Betroffen sind vorwiegend Personen über 60 Jahre. Eine Heilung ist bisher nicht möglich.

Anämie *(siehe Seite 82)*

Arteriosklerose *(siehe Seite 89)*

Arthritis *(siehe Seite 47)*

Asbestose
Ursache: Längerer Kontakt mit Asbestfasern; Asbest diente früher als Baumaterial.
Wirkungen: Atemstörungen durch Narbenbildung in der Lunge; kann zu Behinderung und Tod führen. Eine von mehreren Lungenkrankheiten, die durch Staub oder Fasern in der Luft verursacht werden.

Asthma
Ursache: Meist allergische Reaktion auf Inhaltsstoffe der Luft oder auf plötzliche Veränderungen der Lufttemperatur.
Wirkungen: Verengung Lungenbronchiolen, Atembeschwerden. Häufig bei Kindern.

Beriberi *(siehe Seite 109)*

Bluterkrankheit *(siehe Seite 84)*

Diabetes
Ursache: Ungenügende Produktion des Hormons Insulin, ausgelöst z. B. durch eine Pankreasinfektion oder genetische Faktoren.
Wirkungen: Anormal hoher Blutzuckerspiegel; Folgen: Schwäche, Müdigkeit, verminderte Immunabwehr, manchmal Koma. Behandlung: regelmäßige Insulinspritzen, eingeschränkte Zuckeraufnahme.

Down-Syndrom
Ursache: Chromosomenanomalie; die Betroffenen besitzen nicht die normalen zwei, sondern drei Exemplare des Chromosoms 21.
Wirkungen: Charakteristische Gesichtszüge mit Falten beiderseits der Nase an den inneren Augenwinkeln. Unterschiedlich stark ausgeprägte geistige Behinderung.

Ekzem
Ursache: Mehrere, z. B. Allergien, Reizung durch Chemikalien oder Wirkungen ererbter Gene.
Wirkungen: Hautentzündung, wunde, trockene, schuppige Bereiche.

Emphysem
Ursache: Rauchen; in seltenen Fällen Gendefekte.
Wirkungen: Schädigung Lungenbläschenwände; Folgen: Atemnot, Komplikationen durch unzureichende Sauerstoffversorgung des Blutes.

Epilepsie
Ursache: Störungen der normalen Gehirntätigkeit, ausgelöst durch Infektionen, Medikamente oder Gendefekte.
Wirkungen: Unterschiedlich, von kurzzeitigem Bewusstseinsverlust und Krampfanfällen bis zur vorübergehenden Lähmung des ganzen Körpers. Nach dem Anfall weiß Betroffener häufig nichts vom Geschehen.

Farbenblindheit *(siehe Seite 71)*

Fettsucht *(siehe Seite 107)*

Herzinfarkt *(siehe Seite 87)*

Ischias
Ursache: Druck auf Ischiasnerv, meist durch Bandscheibenvorfall
Wirkungen: Schmerzen im Bein, Muskelschwäche.

Krebs *(siehe Seite 31)*

Kurzsichtigkeit *(siehe Seite 70)*

Kwashiorkor
Ursache: Mangelernährung
Wirkungen: Wachstumsverzögerungen, Lebervergrößerung, schuppige Haut, Schwäche. Betroffen: vorwiegend Kleinkinder, die zum ersten Mal feste Nahrung zu sich nehmen. Verbreitet in Hungergebieten der Welt.

Leukämie
Ursache: Nicht gesichert; verbunden mit schneller Vermehrung der weißen Blutzellen im Knochenmark.
Wirkungen: Leukämie ist eine Form von Krebs. Schwächt körpereigene Infektionsabwehr; verursacht Müdigkeit und Blutergüsse. Häufig sind Kinder betroffen.

Magersucht *(siehe Seite 107)*

Migräne
Ursache: Nicht gesichert; vielleicht erblich, ausgelöst aber auch durch bestimmte Nahrungsmittel oder Umweltfaktoren wie helles Licht oder Lärm.
Wirkungen: Starke Kopfschmerzen, häufig mit Erbrechen und gesteigerter Lichtempfindlichkeit.

Minderwuchs *(siehe Seite 79)*

Motoneuronenlähmung
Ursache: Unbekannt; die meisten Formen der Krankheit sind offenbar erblich.
Wirkungen: Zerstörung von Motoneuronen in Gehirn und Rückenmark mit allmählichem Verlust der Beweglichkeit. Betroffen sind vorwiegend Menschen über 50 Jahre; kommt bei Männern häufiger vor als bei Frauen.

Multiple Sklerose (MS)
Ursache: Unbekannt; vermutlich eine Störung des Immunsystems: Der Körper greift sein eigenes Gewebe an.
Wirkungen: Allmähliche Zerstörung des Myelins in Gehirn und Rückenmark. Die Folgen sind Taubheitsgefühl, Schwäche und Verlust der Muskelkontrolle. MS betrifft meist jüngere Menschen und kann während des ganzen Lebens bestehen bleiben.

Muskelschwund
Ursache: Gendefekt
Wirkungen: Allmählicher Abbau der Muskelfasern mit Schwäche und manchmal Verlust der Beweglichkeit. Es gibt mehrere Formen der Krankheit; einige sind geschlechtsgekoppelt und kommen nur bei Männern vor.

Nachtblindheit *(siehe Seite 71)*

Nebenhöhlenentzündung
(siehe Seite 39)

Osteoporose
(siehe Seite 35)

Parkinsonkrankheit
Ursache: Unbekannt.
Wirkungen: Degeneration mancher Gehirnzellen. Folgen sind Störungen der Muskelkontrolle, Zitterbewegungen, Muskelsteifigkeit und Schwäche. Betroffen sind vorwiegend Personen über 60 Jahre.

Pellagra *(siehe Seite 109)*

Phenylketonurie (PKU)
Ursache: Erbliche Erkrankung, verursacht durch ein einziges defektes Gen.
Wirkungen: Der Organismus kann die Aminosäure Phenylalanin nicht auf dem normalen Weg abbauen. Sammelt sie sich im Körper in zu großer Menge an, sind Epilepsie und geistige Störungen die Folge.

Rachitis *(siehe Seite 109)*

Rheuma *(siehe Seite 47)*

Rheumatoide Arthritis
(siehe Seite 47)

Schilddrüsenüberfunktion
(siehe Seite 103)

Schizophrenie
Ursache: Nicht gesichert. Manchmal erblich; andere Ursachen sind Gehirnschäden oder die Wirkungen mancher Drogen.
Wirkungen: Schizophrenie heißt »Geistesspaltung«. Beeinträchtigung des Zentralnervensystems, vor allem bei jungen Erwachsenen. Häufig starke emotionale Störungen und unlogisches Verhalten.

Schlaganfall *(siehe Seite 84)*

Schuppenflechte (Psoriasis)
Ursache: Unbekannt; in vielen Fällen handelt es sich um eine erbliche Krankheit. Anfälle meist bei Krankheit oder Stress.
Wirkungen: Hautentzündung mit rascher Teilung der Zellen knapp unter der Oberfläche. Die Folgen sind rote Flecken oder größere, schuppige Bereiche. In schweren Fällen von Arthritis begleitet.

Sichelzellanämie
Ursache: Ein Gen, das anormales Hämoglobin entstehen lässt.
Wirkungen: Rote Blutzellen nehmen eine Sichel- oder Halbmondform an; ihre Fähigkeit zum Sauerstofftransport ist beeinträchtigt. Die Folgen sind Müdigkeit und Organschäden. Betroffen sind vorwiegend Menschen dunkler Hautfarbe.

Skorbut *(siehe Seite 109)*

Spina bifida
Ursache: Unbekannt.
Wirkungen: Spina bifida heißt »gespaltene Wirbelsäule«. Das Rückenmark des Fetus entwickelt sich nicht normal und ist nicht vollständig von der Wirbelsäule umschlossen. In schweren Fällen dauerhafte Behinderung.

Taubheit *(siehe Seite 73)*

Tinnitus
Ursache: Schädigung Hörnerv.
Wirkungen: Ständige Wahrnehmung eines Pfeifens oder Klingelns, die nicht durch tatsächliche Schallwellen verursacht wird.

Weitsichtigkeit *(siehe Seite 70)*

Zöliakie
Ursache: Allergische Reaktion auf Gluten, ein Protein, das in Weizen und manchen Getreideprodukten enthalten ist.
Wirkungen: Schädigung der Dünndarmschleimhaut; Folgen sind Schwäche und Müdigkeit. Therapie mit glutenfreier Ernährung.

Pioniere der Biologie und Medizin des Menschen

Addison, Thomas
Britischer Arzt, 1793–1860
Erforschte die Nebennieren; Mitbegründer der Wissenschaft der Endokrinologie.

Alkmäon
Griechischer Arzt und Philosoph, geb. ca. 535 v. Chr.
Entdeckte den Sehnerv und erkannte, dass nicht das Herz, sondern das Gehirn der Sitz von Gefühlen, Wahrnehmungen und Gedanken ist.

Alhazen (Ibn al-Haitham)
Islamischer Naturforscher, ca. 965–ca. 1039
Untersuchte die Physik des Lichtes (Optik) und erkannte, dass die Augen das Licht nicht (wie zuvor gedacht) aussenden, sondern aufnehmen.

Al-Nafis, Ibn
Arabischer Arzt und Anatom, 1213–1288
Zeigte als Erster, dass das Blut durch die Lunge fließt und sich im Kreis bewegt.

Anderson, Elizabeth Garrett
Britische Ärztin, 1836–1917
Machte als erste Frau in Großbritannien das Examen in Medizin und brach so mit der Tradition, wonach nur Männer Ärzte sein konnten.

Avicenna (Ibn Sina)
Persischer Philosoph und Arzt, 980–1037
Schrieb den *Canon medicinae*, ein vielbändiges Lehrbuch, das in Europa 500 Jahre lang in Gebrauch war.

Baer, Karl Ernst von
Estnischer Embryologe, 1792–1876
Begründer der Entwicklungsgeschichte. Entdeckte, dass der Graaf-Follikel eine Eizelle enthält, und untersuchte die Formentwicklung bei Tieren.

Banting, Sir Frederick Grant
Kanadischer Physiologe, 1891–1941
Entwickelte ein Verfahren zur Gewinnung von Insulin aus dem Pankreas und eröffnete damit einen Weg zur Diabetesbehandlung.

Bartholin, Caspar
Dänischer Anatom, 1585–1629
Veröffentlichte 1611 die *Anatomicae Institutiones Corporis Humani* (*»Anatomische Einrichtungen des menschlichen Körpers«*), ein wichtiges anatomisches Lehrbuch. Sein Sohn Thomas Bartholin (1616–1680), ebenfalls ein angesehener Anatom, erkannte, dass die Lymphgefäße ein eigenes System bilden.

Beaumont, William
Amerikanischer Chirurg, 1785–1853
Erforschte die Mechanismen der Verdauung an einem Mann, der durch einen Schuss verletzt worden war. Durch eine Öffnung im Magen dieses Mannes konnte Beaumont Proben des Inhalts entnehmen.

Bell, Sir Charles
Britischer Chirurg und Neurologe, 1774–1842
Zeigte, dass Nerven viele einzelne Fasern (die Neuronen) enthalten und dass jede Faser entweder sensorische oder motorische Signale weiterleitet, aber nicht beide. Schloss außerdem, dass Muskeln sowohl von sensorischen als auch von motorischen Fasern versorgt werden müssen.

Benenden, Edouard van
Belgischer Cytologe, 1846–1910
Entdeckte, dass jede Spezies einschließlich des Menschen in ihren Zellen eine charakteristische Chromosomenzahl besitzt.

Bernard, Claude
(siehe Seite 77)

Bichat, Marie François Xavier
Französischer Pathologe, 1771–1802
Wies nach, dass Organe aus Zellansammlungen bestehen, die er »Gewebe« nannte. Mitbegründer der Histologie.

Bowman, Sir William
Britischer Arzt, 1816–1892
Stellte eingehende Untersuchungen an der Feinstruktur der Gewebe an, insbesondere an Muskeln und Nieren. Nach ihm ist die Bowman-Kapsel benannt.

Broca, Paul
Französischer Chirurg, 1824–1880
Zeigte als Erster, dass bestimmte Gehirnbereiche unterschiedliche Körperfunktionen steuern. Dies schloss er aus seinen Beobachtungen an einem Mann, der nach der Schädigung eines kleinen Gehirnteils nicht mehr sprechen konnte. Dieser Bereich, den man heute Broca-Zentrum nennt, steuert die Sprechfähigkeit.

Buchner, Eduard
Deutscher Chemiker, 1860–1917
Wies nach, dass Gärung außerhalb lebender Zellen ablaufen kann. Das führte zum Verständnis der Enzyme.

Calmette, Albert Léon Charles
Französischer Bakteriologe, 1863–1933
Entwickelte mit Camille Guérin den Impfstoff BCG gegen Tuberkulose.

Chain, Sir Ernst Boris
Britischer Biochemiker russ. Herkunft, 1906–1979
Trug zur Gewinnung des Penicillins als Medikament bei.

Chargaff, Erwin
Amerikanischer Biochemiker, geb. 1905
Wies nach, wie die vier Basen der DNA sich paaren.

Chen Chuan
Chinesischer Arzt, gest. 643
Beschrieb wohl als Erster die Symptome des Diabetes. Zu seiner Zeit war die Medizin in China weiter entwickelt als im Abendland.

Colombo, Matteo
Italienischer Anatom, 1516–1559
Wies nach, dass das Blut vom Herzen zur Lunge und wieder zurückfließt.

Crick, Francis Harry Compton
Britischer Biochemiker, geb. 1916
Baute mit dem amerik. Biochemiker James Watson ein Modell, das zum ersten Mal die Doppelhelixstruktur der DNA zeigte. Eine der wichtigsten Entdeckungen der Naturwissenschaft.

Dioskurides, Pedanius D.
Griechischer Arzt, geb. ca. 20 n. Chr.
Schuf das Nachschlagewerk *De Materia Medica* über die medizinische Verwendung vieler hundert Pflanzenarten.

Doisy, Edward Adelbert
Amerikanischer Biochemiker, 1893–1986
Isolierte das Vitamin K, das bei der Blutgerinnung mitwirkt.

Duve, Christian René de
Belgischer Biochemiker, geb. 1917
Entdeckte die Lysosomen, Organellen, in denen die Zellen verschiedene Stoffe und manchmal auch sich selbst verdauen.

Ehrlich, Paul
(siehe Seite 93)

Eijkman, Christiaan
Niederländischer Hygieniker, 1858–1930
Entdeckte, dass man die Mangelkrankheit Beriberi durch eine Ernährungsumstellung heilen kann.

Einthoven, Willem
Niederländischer Physiologe, 1860–1927
Erfand den Elektrokardiografen zur Aufzeichnung der Herztätigkeit.

Empedokles
Griechischer Philosoph, ca. 483–430 v. Chr.
Erkannte als einer der Ersten, dass das Herz das Zentrum eines Blutgefäßsystems ist. Die Vorstellung von einem Kreislauf war damals noch unbekannt.

Eustachi, Bartolommeo
Italienischer Anatom, 1520–1574
Untersuchte den Aufbau mehrerer Organe und Organsysteme wie Niere, Ohr und sympathisches Nervensystem. Beschrieb als Erster die Eustachischen Röhren.

Fabricius, Hieronymus
Italienischer Anatom, 1537–1619
Veröffentlichte 1603 *De Venarum Ostiolis (»Über die Klappen der Venen«)*, die erste eindeutige Beschreibung der Venen. Gilt außerdem als Mitbegründer der Embryologie.

Fallopio, Gabriello (Fallopius)
Italienischer Anatom, 1523–1562
Entdeckte die Eileiter zwischen Eierstöcken und Gebärmutter.

Fick, Adolf
(siehe Seite 113)

Fleming, Sir Alexander
Britischer Bakteriologe, 1881–1955
Bemerkte, dass Bakterien von bestimmten einzelligen Pilzen abgetötet werden. Dies führte zur Entdeckung des Penicillins, des ersten Antibiotikums.

Flemming, Walther
Deutscher Zellbiologe, 1843–1905
Beobachtete und beschrieb als Erster die Stadien der Mitose während der Zellteilung.

Florey, Sir Howard Walter
Britischer Pathologe, 1898–1968
Wirkte bei der Isolierung des Antibiotikums Penicillin und seiner Weiterentwicklung zum Medikament mit.

Fracastoro, Girolamo
Italienischer Humanist und Arzt, 1483–1553
Veröffentlichte 1546 *De Contagione et Contagiosis Morbis (»Über Ansteckung und ansteckende Krankheiten«)*, einen ersten Versuch, die Ausbreitung von Krankheiten zur erklären. Danach verbreiteten Krankheiten sich durch Teilchen, die Samen ähnelten – was der Wahrheit recht nahe kam.

Franklin, Rosalind
Britische Biochemikerin, 1920–1958
Untersuchte DNA-Moleküle mit Röntgenstrahlen. Sie trug zur Aufklärung der Doppelhelixstruktur bei.

Galen (Claudius Galenus)
Röm. Arzt griech. Herkunft, 129–199
Erforschte Aufbau und Funktion des menschlichen Körpers. Seine Ideen – manche davon falsch – waren in Europa Jahrhunderte lang herrschende Lehre.

Galvani, Luigi
Italienischer Arzt, 1737–1798
Entdeckte durch Zufall, dass Elektrizität die Muskeln zur Kontraktion anregt.

Golgi, Camillo
(siehe Seite 59)

Graaf, Regnier de
(siehe Seite 131)

Hales, Stephen
Britischer Physiologe und Chemiker, 1677–1761
Maß als Erster an einem Pferd den Blutdruck; ermittelte die Blutmenge und zeigte, dass Kapillaren sich zusammenziehen und verengen können.

Haller, Albrecht von
Schweizer. Arzt, 1708–1777
Mitbegründer der Experimentalphysiologie; wies nach, dass Nerven Sinnesinformationen ans Gehirn übermitteln.

Harvey, William
Britischer Arzt, 1578–1657
Verfasste *De Motu Cordis (»Über die Bewegung des Herzens«)*, die erste vollständige Beschreibung des Blutkreislaufs. Zu Recht schloss er, das Blut müsse aus den Arterien in die Venen gelangen; die Kapillaren, die das möglich machen, kannte er noch nicht.

Havers, Clopton
(siehe Seite 35)

Helmholtz, Hermann Ludwig Ferdinand von
Deutscher Physiker und Physiologe, 1821–1894
Neben vielen physikalischen Entdeckungen erfand Helmholtz auch den Augenspiegel, ein Instrument zur Untersuchung der Netzhaut im Auge.

Henle, Friedrich
Deutscher Anatom, 1809–1885
Erforschte ansteckende Krankheiten und wurde zum Mitbegründer der Histologie. Nach ihm ist die Henle-Schleife in den Nephronen benannt.

Hippokrates
Griechischer Arzt, ca. 460–ca. 370 v. Chr.
Begründer der wissenschaftlichen Medizin, die sich nicht auf Mythen und Magie, sondern auf Beobachtungen und Diagnose stützt.

His, Wilhelm
Schweizer.-dt. Anatom, 1831–1904
Erfand das Mikrotom, ein Instrument zur Herstellung sehr dünner Gewebeschnitte, die man dann mit dem Mikroskop untersuchen kann.

Hodgkin, Dorothy Crowfoot
Britische Chemikerin, 1910–1994
Entwickelte ein Verfahren zur Untersuchung der Molekülstruktur mit Röntgenstrahlen, die auf reine Kristalle fallen. Klärte so die Struktur von Penicillin und Vitamin B_{12} auf.

Hooke, Robert
Englischer Physiker und Naturforscher, 1635–1703
Erkannte als Erster die Zellen; sein 1665 erschienenes Werk *Micrographia* gab einen Überblick über Objekte, die man im Mikroskop sehen kann.

Hopkins, Sir Frederick Gowland
Britischer Biochemiker, 1861–1947
Erforschte mit zahlreichen Experimenten die Vitaminwirkung und wies nach, dass sie ein unentbehrlicher Nahrungsbestandteil sind.

Hunter, John
Britischer Chirurg und Anatom, 1728–1793
Erzielte Forschritte in der chirurgischen Behandlung von Verletzungen, schrieb eines der ersten Werke über sexuell übertragbare Krankheiten. Schuf eine riesige anatomische Sammlung.

Fortsetzung nächste Seite ➤

Jenner, Edward
(siehe Seite 101)

Khorana, Har Gobind
Indisch-amerikanischer Biochemiker, geb. 1922
Trug zur Entschlüsselung des genetischen Codes bei, indem er nachwies, welche Aminosäuren von den einzelnen Codons (Basen-Dreiergruppen in der Nucleinsäure) festgelegt werden.

Kitasato, Shibasaburo
Japanischer Bakteriologe, 1856–1931
1894 Mitentdecker des Pestbakteriums Pasteurella pestis.

Koch, Robert
Deutscher Bakteriologe, 1843–1910
Bewies am Beispiel des bei Rindern und Menschen vorkommenden Milzbrandes, dass Bakterien Krankheiten auslösen können. Entdeckte außerdem die Tuberkulosebakterien und den Erreger der Cholera.

Krebs, Sir Hans Adolf
Brit. Biochemiker dt. Herkunft, 1900–1981
Entdeckte den Citrat- oder Krebs-Zyklus, eine Reaktionsfolge in der aeroben Zellatmung, die der Energiegewinnung aus Glucose dient.

Kühne, Wilhelm
Deutscher Physiologe, 1837–1900
Benutzte als Erster den Begriff »Enzym«; entdeckte, dass Sehpigmente bei Lichteinwirkung eine chemische Veränderung durchmachen.

Laennec, René Théophile Hyacinthe
Französischer Arzt, 1781–1826
Untersuchte Brusterkrankungen und entwickelte das erste Stethoskop aus einem Rohr und einem Holzstab.

Landsteiner, Karl
(siehe Seite 85)

Langerhans, Paul
Deutscher Pathologe, 1847–1888
Entdeckte die Zellgruppen im Pankreas, die heute Langerhanssche Inseln genannt werden.

Lavoisier, Antoine Laurent de
(siehe Seite 105)

Leeuwenhoek, Antoni van
(siehe Seite 129)

Levi-Montalcini, Rita
Ital.-amerik. Neurophysiologin, geb. 1909
Erforschte die Entwicklung der Nerven und entdeckte, dass weit mehr Neuronen entstehen, als gebraucht werden. Die überzähligen Zellen sterben während der Embryonalentwicklung.

Lind, James
Britischer Arzt, 1716–1794
Stellte fest, dass Zitrusfrüchte die Mangelkrankheit Skorbut verhüten.

Lister, Joseph Baron
Britischer Chirurg, 1827–1912
Führte in der Chirurgie die Verwendung von Desinfektionsmitteln ein. Daraufhin halbierte sich die Zahl der Todesfälle nach Amputationen.

Lower, Richard
Britischer Physiologe, 1631–1691
Führte bei Tieren die erste erfolgreiche Bluttransfusion durch. Erforschte die Herz- und Lungenfunktion und entdeckte, dass venöses Blut bei Kontakt mit Luft hellrot wird.

Ludwig, Karl Friedrich Wilhelm
Deutscher Physiologe, 1816–1895
Mitbegründer der Physiologie; wandte physikalische Gesetzmäßigkeiten auf Abläufe im Körper an.

Macewen, Sir William
Britischer Chirurg, 1848–1924
Bewies, dass keimfreie Methoden die Infektionen nach Operationen verhüten können.

Malpighi, Marcello
Italienischer Anatom, 1628–1694
Sah als Erster die Kapillaren und erforschte auch andere Gewebe wie Nerven und Haut. Die Malpighi-Schicht in der Haut ist nach ihm benannt.

Mead, Margaret
Amerikanische Ethnologin, 1901–1978
Stellte in verschiedenen Kulturen eingehende Untersuchungen des menschlichen Verhaltens an.

Mechnikow, Ilja
Russ. franz. Bakteriologe, 1845–1916
Entdeckte bei Tierzellen die Phagocytose, die auch bei weißen Blutzellen des Menschen vorkommt.

Medawar, Sir Peter Brian
Brit. Zoologe und Anatom, 1915–1987
Erforschte die Gewebeabstoßung nach Transplantationen und entdeckte, dass das Immunsystem Zellen toleriert, die ihm zu Beginn des Lebens begegnen.

Mendel, Gregor Johann
Österreichischer Mönch und Genetiker, 1822–1884
Zeigte mit Experimenten an Pflanzen, wie Merkmale vererbt werden; wurde damit zum Begründer der Genetik.

Meselson, Matthew
Amerikanischer Biochemiker, geb. 1930
Erforschte die DNA-Verdoppelung und wies nach, dass das Molekül keine vollständige Kopie seiner selbst herstellt, sondern dass sich an jedem Strang ein neuer Partner bildet.

Meyerhof, Otto Fritz
Deutsch-amerikanischer Biochemiker, 1884–1951
Entdeckte, wie die Milchsäure in den Muskeln entsteht.

Monod, Jacques Lucien
Französischer Biochemiker, 1910–1976
Entdeckte einen Mechanismus zum Ein- und Ausschalten von Genen.

Montagu, Lady Mary
Britische Schriftstellerin, 1689–1762
Führte in England die Pockenimpfung ein, nachdem sie deren Erfolg in der Türkei gesehen hatte, wo sie seit Jahrhunderten praktiziert wurde. Mary Montagu ließ ihre Kinder impfen, 50 Jahre bevor Edward Jenner (siehe Seite 101) den Nutzen des Verfahrens bewies. Die Pocken wurden später durch Impfungen ausgerottet.

Morgagni, Giovanni Battista
Italienischer Pathologe, 1682–1771
Erforschte Krankheitsursachen mit Hilfe von Obduktionen und veröffentlichte ein wichtiges Lehrbuch über das Thema.

Morgan, Thomas Hunt
Amerikanischer Genetiker, 1866–1945
Entwickelte die Theorie, wonach Chromosomen genetische Information tragen.

Müller, Johannes Peter
Deutscher Physiologe und Anatom, 1801–1858
Leistete Pionierarbeiten in der Physiologie durch Erforschung von Kreislauf, Sinnesorganen und Nerven.

Paré, Ambroise
Französischer Chirurg, ca. 1510–1590
Setzte als einer der Ersten Verbände zur Förderung der Wundheilung ein und band als erster Chirurg Blutgefäße während Operationen ab.

◄ *Fortsetzung von der vorherigen Seite*

Pasteur, Louis
Französischer Mikrobiologe, 1822–1895
Pionier der Mikrobiologie; vertrat die Theorie, dass ansteckende Krankheiten von Mikroorganismen verursacht werden.

Pauling, Linus Carl
Amerikanischer Chemiker, 1901–1994
Erforschte die Proteinstruktur und entwickelte Vorstellungen über den Aufbau der DNA.

Pawlow, Iwan Petrowitsch
Russischer Physiologe, 1849–1936
Wies nach, dass Reflexe durch Lernen abgewandelt oder erzeugt werden können.

Perutz, Max Ferdinand
Brit. Chemiker österr. Herkunft, geb. 1914
Klärte die Struktur des Hämoglobinmoleküls auf .

Pinel, Philippe
Französischer Psychiater, 1745–1826
Wandte neue Behandlungsmethoden für psychische Krankheiten an. Bis zu seiner Zeit waren die Patienten meist wie im Gefängnis angekettet.

Pott, Percival
Britischer Chirurg, 1714–1788
Entdeckte, dass Schornsteinfeger durch den Teer an Krebs erkranken können. Bewies zum ersten Mal wissenschaftlich, dass Krankheiten durch Umweltfaktoren verursacht werden.

Purkinje, Johannes Evangelista
Tschechischer Zellbiologe, 1787–1869
Stellte an Zellen Beobachtungen an und entdeckte im Gehirn stark verzweigte Neuronen (Purkinje-Zellen).

Ramón y Cayal, Santiago
Spanischer Histologe, 1852–1934
Pionier der Nervenforschung und ihrer Anfärbung für die Mikroskopie. Vermutete als Erster, dass beim Lernen neue Verbindungen zwischen Neuronen geknüpft werden.

Réaumur, René Antoine Ferchault de
Französischer Naturforscher, 1683–1757
Wies nach, dass chemische Substanzen an der Verdauung mitwirken.

Rhazes
Arabischer Arzt, ca. 865–932
In Bagdad ansässig. Mehrere Werke wurden ins Lateinische übersetzt und kursierten im mittelalterlichen Europa. Erste genaue Beschreibung der Pocken.

Röntgen, Wilhelm Conrad
Deutscher Physiker, 1845–1923
Entdeckte die Röntgenstrahlen und ihre Wirkung auf einen fotografischen Film.

Ross, Sir Ronald
Brit. Tropenmediziner u. Bakteriologe, 1857–1932
Klärte den Lebenszyklus des Malariaparasiten auf.

Roux, Pierre Paul Émile
Französischer Bakteriologe, 1853–1933
Entdeckte, dass Bakterien starke Gifte (Toxine) abgeben, die manche Krankheitssymptome hervorrufen.

Salk, Jonas E.
Amerikanischer Mikrobiologe, 1914–1995
Entwickelte 1954 den ersten ungefährlichen, wirksamen Impfstoff gegen Kinderlähmung.

Sanger, Frederick
Britischer Biochemiker, geb. 1918
Klärte die erste Aminosäuresequenz eines Proteins auf (das Insulin).

Santorio, Santorio
(siehe Seite 103)

Schwann, Theodor
Deutscher Anatom, 1810–1882
Entdeckte die Schwann-Zellen, die die Neuronen umgeben. Wurde zum Mitentwickler der Theorie, dass alle Lebewesen aus Zellen bestehen.

Semmelweis, Ignaz Philipp
Ungarischer Geburtshelfer, 1818–1865
Entdeckte, dass Hygiene und insbesondere Händewaschen das Kindbettfieber, eine häufige Krankheit bei jungen Müttern, drastisch vermindert.

Smith, Theobald
Amerikanischer Pathologe, 1859–1934
Entdeckte, dass eine Rinderkrankheit durch Zecken übertragen wird; dies war der erste wissenschaftliche Beweis, dass die Ansteckung über Stechinsekten erfolgen kann.

Snow, John
Britischer Arzt, 1813–1858
Entdeckte Bedeutung verunreinigten Wassers für Ausbreitung der Cholera.

Stanley, Wendell Meredith
Amerikanischer Biochemiker, 1904–1971
Wies nach, dass man gereinigte Viren kristallisieren kann.

Starling, Ernest
(siehe Seite 81)

Sturtevant, Alfred Henry
Amerikanischer Genetiker, 1891–1970
Entwickelte Methoden zur Chromosomenkartierung durch Nachweis gemeinsam vererbter Gene.

Swammerdam, Jan
Holländischer Naturforscher, 1637–1680
Beobachtete und beschrieb 1659 zum ersten Mal die roten Blutzellen.

Szent-Györgyi, Albert von
(siehe Seite 49)

Takamine, Jokichi
(siehe Seite 81)

Vesalius, Andreas
Fläm. Anatom deutsch. Herkunft, 1514–1564
Veröffentlichte *De Humani Corporis Fabrica (»Über die Machart des menschlichen Körpers«)*, die erste genaue Beschreibung über den Aufbau des Körpers.

Virchow, Rudolph
Deutscher Pathologe, 1821–1902
Vertrat die Zelltheorie, wonach alle Lebewesen aus Zellen bestehen und Zellen immer aus Zellen hervorgehen. Trug auch zu den Grundlagen der Pathologie bei.

Watson, James Dewey
Amerikanischer Biochemiker, geb. 1928
Leitete mit Francis Crick die Doppelhelixstruktur der DNA ab. Dieser Durchbruch, der 1953 gelang, lieferte auch die Erklärung, wie Gene von einer Generation zur nächsten weitergegeben werden.

Wöhler, Friedrich
Deutscher Chemiker, 1800–1882
Wies nach, dass man Harnstoff, eine organische Verbindung, aus anorganischen Substanzen herstellen kann. Damit widerlegte er die verbreitete Ansicht, es gebe einen grundsätzlichen Unterschied zwischen den Stoffen in lebender und unbelebter Materie.

Yersin, Alexandre John Emile
Schweizer. Tropenarzt, 1863–1943
Entdeckte (gleichzeitig mit Kitasato) das Pestbakterium und stellte einen Impfstoff gegen die Krankheit her.

Young, Thomas
(siehe Seite 71)

Register

In diesem Register sind alle Haupteinträge und Untereinträge mit den zugehörigen Seitenzahlen zu finden. Hinter den Untereinträgen steht der Haupteintrag in Klammern. Tabelleneinträge sind mit dem kursiven Wort *Tabelle* gekennzeichnet.

A

B

I

J

K

L

M

T

U

V

Danksagungen

Dorling Kindersley dankt folgenden Personen: Kate Eagar, Rachael Foster, Carlton Hibbert, Christopher Howson, and Robin Hunter für ihre Mitarbeit beim Design. Claire Watts für ihre Mitarbeit beim Lektorat. Helen Annan für die Modelle. Fotos von Andy Crawford, Peter Chadwick, Geoff Dann, Phillip Dowell, Philip Gatward, Steve Gorton, David Johnson, Dave King, David Murray, Dave Rudkin, Jules Seumes, Jane Stockman, Clive Streeter und Matthew Ward.

David Burnie dankt allen, die ihn bei diesem Buch unterstützt haben. So auch Fiona Robertson, Gillian Cooling, Mark Regardsoe und den Mitgliedern des Dorling-Kindersley-Teams für ihre Geduld und Anteilnahme in den vielen Monaten harter Arbeit sowie Richard Walker für seinen kritischen Blick, mit dem er den gesamten Text und alle Abbildungen prüfte.

BILDNACHWEISE
l = links r = rechts o = oben u = unten M = Mitte
Action Plus: / Chris Barry 56ol
Biophoto Associates: 74ul; 89Mr; 96or
Bruce Coleman: / Kim Taylor 93ol; 101Mu;
Mary Evans Picture Library: 7ul; 49or; 85or; 93or; 101or; 103or; 105or
Hulton Deutsch Collection: 71or
Image Select / Ann Ronan Collection: 11
Mansell Collection: 10; 77or; 131Mr **Microscopix:** / Andrew Syred 100ur; 101ol **Oxford Medical Illustration:** 80oru; / Carol Barnett 100or
Science Photo Library: 16or; 35ur; 47ur; / Peter Aprahamian 23 ur; / Biophoto Associates 134ur; 132u; / Dr Arnold Brody 113u; / Dr Jeremy Burgess 33oM; / Dr R Clark & Mr R Goff 17oM; / CNRI 6Mr; 28Mr; 44ul; 82u; 83ol; 95ul; 95M; 125or ; Prof. C Ferland 111Mro; 111Mru; Secchu Le Caque, Roussel-Uglaf 9 Mu; 59Mo; / Custom Medical Stock Photo, Robert Becker 12-13; John Smith 16M; / Martin Dohrn 68Mul; 68Mur; / Simon Fraser 85M; Royal Victoria Infirmary, Newcastle-upon-Tyne 126ur; / John Greim 12oM; / Adam Hart-Davis 71Ml; / Institut Pasteur 29Mr; 99Ml; 99Mr; / Manfred Kage 123o; 124ur; Nancy Kedersha, Immunogen 31ur; / Lungrafix 90or; / Prof. R. Motta, Dept. of Anatomy, Univ. La Sapienza, Rom 30ol; 75ul; 121Mu; 130ur; / NIBSC 16ul; 82or; / Profs. P.M. Motta & S Correr 88u / Alfred Pasteka 5ol; 26ol; / Dr Steve Patterson 93Mu; / Petit Format 7Ml; 137u; 137Mr; / D Philips 84ul; 136u; / K.R. Poiter 27Mr; / J.C. Revy 37M; 80ur; /Salisbury District Hospital, Dept. of Clinical Radiology 41or; 47M; / Dr. K.F. R. Schiller 120ur; / Jonathan Watts 93M.
Royal College of Physicians: 9M; 59or; 81or; 113; 129or
Simon Fraser/ SPL/ AG. Focus: Umschlag vorne
Sporting Pictures: 77Ml
Tony Stone Images: 95ur; 119ur; / Lori Adamski Peek 103 ol; / Doug Armand 81ur; / Bruce Ayres 93ur / David Hiser 76ul; / Laurence Monneret 138Ml; / RNHRD NHS Trust 42M; 87or; 99Mul
M.I. Walker: 48ur; 48Ml
Dr. R.M. Youngson: 69ol
ZEFA: 11ul; 11Ml; 12ul; 33Ml; 67or; 89ul; 139ul; 140ol; 141Ml; / Heilman 9Ml; 59Mr; / Stockmarket 64ol

Es wurde alles versucht, um die jeweiligen Copyright-Inhaber herauszufinden. Falls hier doch jemand unabsichtlich nicht erwähnt sein sollte, so bittet Dorling Kindersley, dies zu entschuldigen, und ist gerne bereit, einen entsprechenden Copyright-Hinweis in einer späteren Auflage zu bringen.

ILLUSTRATIONSNACHWEISE
Peter Dennis: 142
DK Multimedia: 11ur; 18ul; 51rM; 61M; 74oM; 75ur; 79; 91; 96l; 97u; 110lM; 111lu; 126lM; 140M
William Donohue: 44/45u
Fernando Farah: 20/21; 22ol; 22or; 23ul
Nick Hall: 48l
Janos Marffy: 25; 67ur; 74rM; 84ur; 87M; 102; 103M; 104; 105; 116u; 117uM; 119o; 120or; 127; 132/133; 134ul; 135ol; 138rM; 139M
Marks Creative: 52or; 53ul; 54o; 56r; 57l
Colin Salmon: 44rM; 45o; 62; 63; 90
Raymond Turvey: 69ur
Lydia Umney: 18ol; 18uM; 18Mr; 19lM; 19ur; 78; 114; 115; 122ol; 122uM; 123; 131
Peter Visscher: 34; 58; 60; 61ur; 70o; 71uM; 72ol; 76oM; 76ur; 84ol; 88; 94ur; 120uM; 121; 137ol; 139ol
John Woodcock: 14ur; 15lM; 15or; 24u; 30rM; 31lM; 31M; 33r; 35M; 37Mr; 39o; 41M; 55ul; 65M; 66or; 73oM; 75ol; 82o; 83ur; 86ur; 87M; 96rM; 98; 100; 107; 118; 124; 125; 128ul; 136lM; 134or; 141